工控技术精品丛书

三菱 FX_{2N} PLC 及变频器应用技术

郭纯生 编著

電子工業出版社
Publishing House of Electronics Industry
北京 • BEIJING

内 容 简 介

本书以日本三菱电机有限公司 FX_{2N} PLC 为主，介绍了 PLC 的特点、工作原理、系统构成、编程软件、指令系统和编程技术；同时介绍了三菱 FR-E740 变频器的主要功能、参数设置方法和变频器应用技术；最后还介绍了三菱 PLC 的培训软件和 15 个项目应用实践。

本书系统完整，涉及面广，实用性强，对电气自动化、机电一体化、电子通信等专业的师生，以及工程技术人员、PLC 及变频器自学者有重要的参考价值，也可作为大专院校相关专业的教材。

图书在版编目（CIP）数据

三菱 FX2N PLC 及变频器应用技术 / 郭纯生编著. —北京：电子工业出版社，2020.7
（工控技术精品丛书）
ISBN 978-7-121-39135-4

Ⅰ. ①三…　Ⅱ. ①郭…　Ⅲ. ①PLC 技术②变频器　Ⅳ. ①TM571.6②TN773

中国版本图书馆 CIP 数据核字（2020）第 103158 号

责任编辑：陈韦凯
文字编辑：孙丽明
印　　刷：三河市鑫金马印装有限公司
装　　订：三河市鑫金马印装有限公司
出版发行：电子工业出版社
　　　　　北京市海淀区万寿路 173 信箱　邮编 100036
开　　本：787×1 092　1/16　印张：21.25　字数：544 千字
版　　次：2020 年 7 月第 1 版
印　　次：2020 年 7 月第 1 次印刷
定　　价：69.00 元

凡所购买电子工业出版社图书有缺损问题，请向购买书店调换。若书店售缺，请与本社发行部联系，联系及邮购电话：（010）88254888，88258888。

质量投诉请发邮件至 zlts@phei.com.cn，盗版侵权举报请发邮件至 dbqq@phei.com.cn。

本书咨询联系方式：chenwk@phei.com.cn，（010）88254441。

前　　言

可编程逻辑控制器（PLC）是 20 世纪 60 年代末结合计算机技术与自动控制技术开发出的用于替换传统继电器，适用工业环境的新型通用自动控制装置。经过几十年的发展，其功能和性能已有了极大的提高，现在的 PLC 产品集数据处理、程序控制、参数调节和通信网络功能于一体，编程简单、体积小、组装维护方便、可靠性高、抗干扰能力强。从柔性制造系统、工业机器人到大型分散控制系统，在工业控制的各个领域，PLC 正发挥着越来越重要的作用，已成为现代工业自动化三大支柱（PLC、机器人、CAD/CAM）之首。

另外，随着电子技术、现代控制理论、PLC 控制技术等的发展，变频技术已广泛应用于石油化工、家用电器、电气控制设备、高铁、电动汽车、机器人、军事等领域，相信随着变频器技术的发展，变频器在各行各业的应用将会越来越普及。

因此学习和掌握 PLC、变频器的工作原理及应用技术，对于大专院校自动控制、电气自动化、电子工程、机电一体化等专业的学生和厂矿企业有关技术人员而言，具有很高的实用价值。

本书的内容以三菱电机有限公司 FX_{2N} PLC 和 FR-E740 变频器为主，全书共 7 章。第 1 章概述，讲述 PLC 产生的历史、发展趋势、特点、分类、常见性能指标、基本结构、工作原理及应用前景；第 2 章三菱 FX 系列 PLC 系统构成，主要介绍 FX_{2N} PLC 的基本构成及系统配置；第 3 章三菱编程软件操作使用，主要介绍 GX Developer V8 编程软件和 GX Simulator V6 仿真软件及 BEG V1 版培训软件；第 4 章三菱 FX_{2N} PLC 指令系统，主要介绍 FX_{2N} PLC 的指令；第 5 章 PLC 编程技术，介绍 PLC 编程原则、基本编程电路、程序设计；第 6 章三菱变频器的应用，介绍变频器的基本原理及三菱 FR-E740 变频器的结构、操作应用等；第 7 章三菱 PLC 及变频器控制系统应用设计实践，通过 15 个实验项目介绍三菱 PLC、变频器控制系统的应用设计。书末附有附录 A～D，方便读者查询。

因精力和水平有限，书中谬误和疏漏在所难免，欢迎读者提出宝贵意见。

联系地址：防灾科技学院电子科学与控制工程学院；邮箱：gcs@cidp.edu.cn。

郭纯生

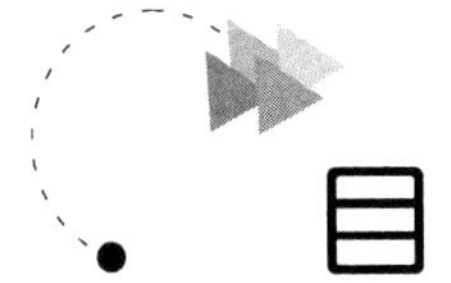

目　录

第 1 章　概　　述

本章主要讲述 PLC 的产生、发展趋势、特点、分类、常见性能指标、基本结构、工作原理以及应用前景。重点是 PLC 的性能指标、基本结构和工作原理。

1.1　PLC 的历史和特点

1.1.1　PLC 的历史和名称由来

世界上第一台 PLC 是 1969 年由美国数字设备公司（DEC）生产的。当时工厂中生产线的控制系统都是继电器控制系统，该系统虽然具有简单易懂、操作方便、价格较低的优点，但其硬件设备多，接线复杂。在市场经济的环境下，产品的品种和型号不断地更新换代，导致产品的生产线及其控制系统需要不断地修改或再设计，采用继电器控制系统既浪费了许多硬件设备，又延长了施工周期，大大增加了产品的成本、企业的负担。于是人们迫切地寻求研制一种新型的通用控制系统，以取代原来的继电器控制系统，使其既保留继电器控制系统的优点，又能结合当时的计算机技术，具有功能丰富，控制灵活，通用性强、少换设备，简化接线的优点，还可以缩短施工周期，降低生产成本，在恶劣的工业环境下运行。根据上述要求，1968 年美国通用汽车公司（GM）采用招标的形式向世界各国发包，在标书中明确提出了如下十项指标（又称 GM10 条）：

（1）编程简单，可在现场修改和调试程序。

（2）维护方便，各部件最好采用插件方式。

（3）可靠性高于继电器控制系统。

（4）设备体积小于继电器控制柜。

（5）数据可以直接送入管理计算机。

（6）成本可与继电器控制系统相竞争。

（7）输入量为 115V 交流电压。

（8）输出量为 115V 交流电压，输出电流在 2A 以上，能直接驱动电磁阀。

（9）系统扩展时，原系统只需进行很小的变动。

（10）用户程序存储器容量能扩展到 4KB。

结果美国数字设备公司（DEC）中标，并于 1969 年研制出世界上第一台 PLC，在美国通用汽车公司首先成功使用。初期的可编程序控制器主要用于顺序控制，只能进行逻辑运算，所以称之为可编程序逻辑控制器，简称 PLC（Programmable Logic Controller）。后来随着电子技术和计算机技术的迅速发展，可编程序控制器已不仅能实现继电器控制所具有的逻

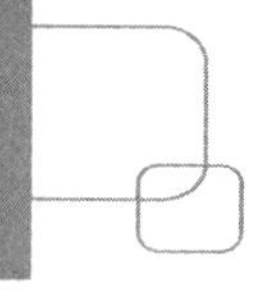

辑判断、计时、计数等顺序功能，同时还增加了数据传送、算术运算、控制模拟量等功能，真正成为一种电子计算机工业控制装置，而且体积做到了超小型化。这种采用微计算机技术的工业控制装置的功能远远超出了逻辑控制、顺序控制的范围，故称为可编程序控制器 PC（Programmable Controller）。但由于个人计算机（Personal Computer）也简称 PC，为避免混淆，所以世界各国都习惯将可编程序控制器统称为 PLC。

1.1.2 PLC 的特点

与传统的继电器控制系统相比较，可编程序控制器主要具有如下优点。

1．编程简单、维护方便

国际电工委员会（IEC）在规定 PLC 的编程语言时认为：主要的程序组织语言应是顺序执行功能表，功能表的每个动作和转换条件可以运用梯形图编程。PLC 采用面向用户的梯形图编程语言，这是一种以继电器梯形图为基础的形象编程语言，其中的梯形图符号与定义和常见的继电器控制系统中的继电器图符号类似，电气工程技术人员很容易掌握，这种简单的编程风格是 PLC 能迅速推广应用的一个重要因素。由于 PLC 采用软件编程来完成控制任务，所以随着要求的变化对程序的维护也显得十分方便。

2．接线简单、成本降低

PLC 实现了硬件软件化，在需要大量中间继电器、时间继电器和计数器的场合，PLC 无须增加硬件设备，利用微处理器及存储器的功能，就可以很容易地完成，并大大减少了复杂的接线，从而降低了控制成本，使产品具有很强的竞争力。

3．可靠性高、抗干扰能力强

由于采用了大规模集成电路和计算机技术，因此可靠性高，抗干扰能力强，坚固耐用且密封性好，平均无故障时间（MBTF）约为 5 万小时，可经受 1000V/μs 矩形脉冲的干扰，所以 PLC 特别适合在恶劣的工业环境下运行。

4．模块化组合，灵活方便

现在的 PLC 多采用模块化组合，而且多种多样，这使得用户可以针对不同的控制对象灵活组合和扩展，以满足不同的工业控制需要。

5．维修便利、施工周期缩短

PLC 具有完善的监控诊断功能，内部工作状态、通信状态、I/O 点的状态及异常状态均有醒目的显示，维修人员可以及时准确地发现并排除故障，大大缩短了维修时间。

6．通信功能强，高度网络化

采用适配器、RS-232/RS-422/RS-485 等多种通信接口、C-NET 网络，并采用多种功能的编程语言和先进指令系统，如 BASIC 等高级语言，能轻松实现 PLC 之间以及 PLC 与管理计

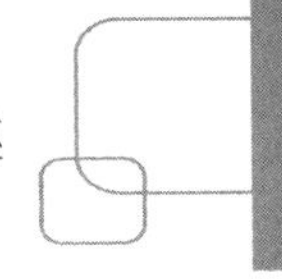

算机之间的通信，形成多层分布控制系统或整个工厂的自动化网络，使通信更方便快捷。

1.2　PLC的基本结构和工作原理

1.2.1　PLC的基本结构

PLC 采用了典型的计算机结构，主要由中央处理器 CPU，存储器 ROM、RAM 和专门设计的输入/输出接口电路，以及电源部分等组成。

1. 中央处理器 CPU

CPU 是可编程序控制器的核心部件，它由大规模或超大规模集成电路微处理器构成。早期低档的 PLC 一般采用 Z80A 芯片，现在绝大多数的 PLC 一般采用 MCS51/96 系列芯片，也有一些公司的 PLC 将位片式微处理器作为 CPU。

以三菱电机公司为例，F 系列 PLC 的 CPU 采用 Intel8039，F1、F2 系列 PLC 的 CPU 采用 Intel8031，FX 系列 PLC 的 CPU 由 16 位微处理器和一片专用逻辑处理器构成。有的 PLC 采用多个 CPU 芯片，例如，三菱高性能 Q 系列 PLC 可支持多达 4 个 CPU，一个系统中可集成顺序控制 CPU、过程控制 CPU、运动控制 CPU（最大 96 轴）、PC CPU，如图 1-2-1 和表 1-2-1 所示。

什么是多 PLC 系统？多 PLC 系统在主基板上有多个（最多 4 个）CPU 模块来控制相应的 I/O 和智能功能模块。通过配置带有 PLC CPU、运动 CPU 和 PC CPU 模块的多 PLC 系统实现顺序控制、运动控制和格式化处理的无缝集成。应选择符合用户系统规模和应用需求的最佳 CPU 模块来配置系统。

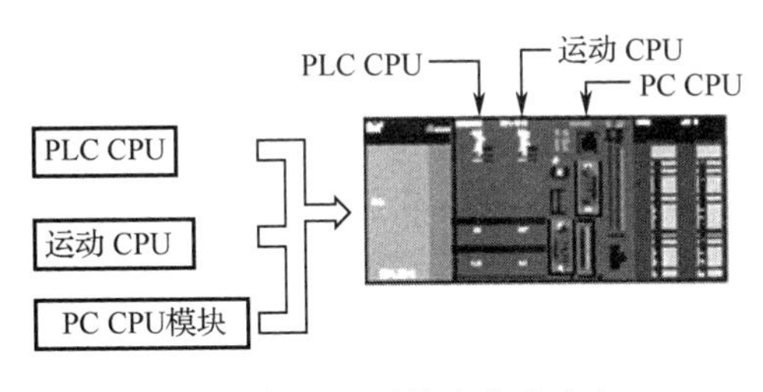

图 1-2-1　一个 PLC 系统中集成多个 CPU

表 1-2-1　三菱 Q 系列可使用的 CPU 模块

PLC CPU	Q02CPU
	Q02HCPU
	Q06HCPU
	Q12HCPU
运动 CPU	Q172CPU
	Q173CPU
PC CPU 模块	PPC-CPU686（MS）-64
	PPC-CPU686（MS）-128

PLC 的内部结构和逻辑结构如图 1-2-2、图 1-2-3 所示，CPU 通过地址总线、数据总线和控制总线与存储单元、输入/输出（I/O）接口电路相连接，发挥大脑指挥的作用，其主要功能如下：

（1）读入现场状态。
（2）控制存储和解读用户逻辑。
（3）执行各种运算程序。
（4）输出运算结果。
（5）执行系统诊断程序。
（6）与外部设备或计算机通信。

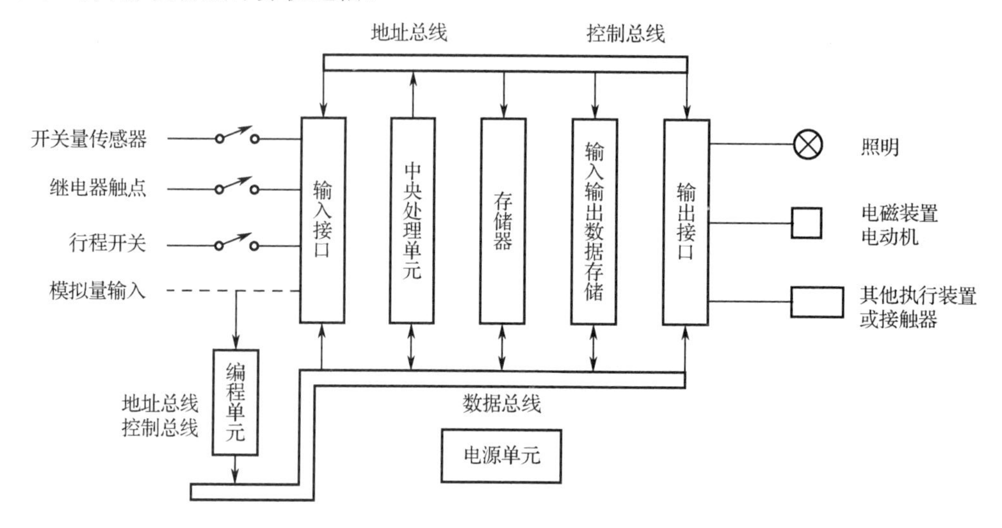

图 1-2-2　PLC 内部结构图

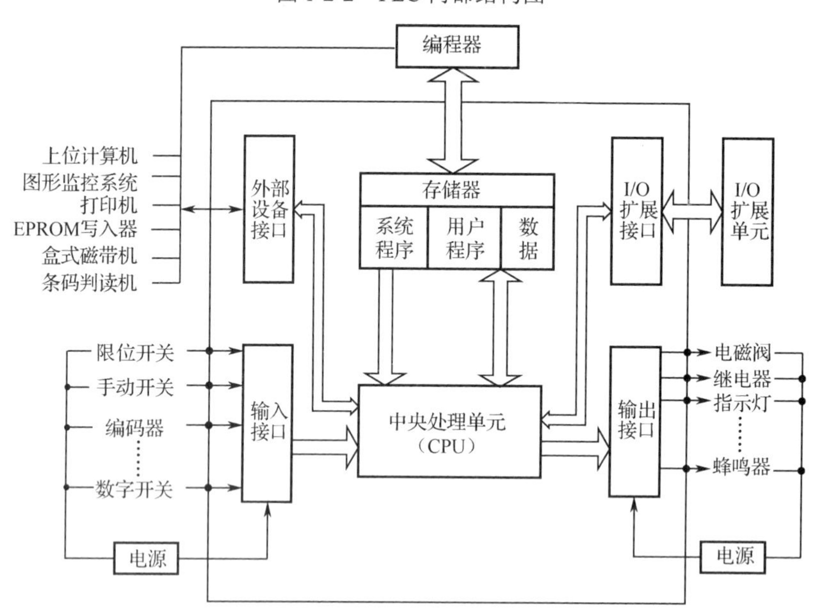

图 1-2-3　PLC 逻辑结构示意图

2．存储器 ROM、RAM

存储器具有存储记忆功能，主要用于存储系统程序、应用程序、逻辑变量和其他一些信息，它一般有 ROM 和 RAM 两种类型。

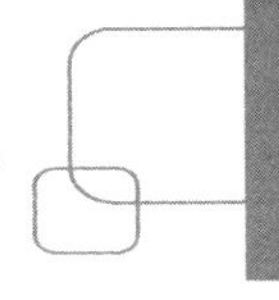

1）只读存储器 ROM

ROM 具有一旦写入便不可修改的特点，这种特点使得厂家常用 ROM 来存放非常重要的 PLC 系统程序，系统程序一般包含检查程序、翻译程序、监控程序 3 个部分。

（1）检查程序。PLC 加电后，首先由程序检查 PLC 各部件是否正常，并将检查结果显示给操作人员。

（2）翻译程序。将用户键入的控制程序变换成由微计算机指令组成的程序，然后再执行，还可以对用户程序进行语法检查。

（3）监控程序。相当于总控程序。根据用户的需要调用相应的内部程序，如用编程器选择 PROGRAM 程序工作方式，则总控程序就调用“键盘输入处理程序”，将用户键入的程序送到 RAM 中。若用编程器选择 RUN 运行工作方式，则总控程序将启动。

2）随机存储器 RAM

RAM 的特点是读出时其中的内容不会被破坏，写入时原先保存的信息会被冲掉。一般用户的程序保存在 RAM 中，当用户将计算机中已编制好的 PLC 程序下载到 PLC 中时，原有的程序就会被新下载的程序替代，所以用户应注意保存。而如果不再写入，则下载到 PLC 中的程序可以随意读出而不被破坏。表 1-2-2 列出了 ROM 和 RAM 的作用比较。

表 1-2-2　ROM 和 RAM 的作用比较

PLC 程序分类	提供对象	存储地方
系统程序	厂家提供	固化到 ROM 中，只能读
应用（用户）程序	用户编写	写入到 RAM 中，可修改

3. 输入/输出接口电路

输入/输出接口电路是 PLC 与控制设备联系的交通要道，用户设备需输入 PLC 的各种控制信号，如操作按钮、限位开关、选择开关、传感器输出的模拟量或开关量等，通过输入接口电路将这些信号转换成 PLC 的 CPU 能够接收和处理的信号。输出接口电路将 PLC 中的 CPU 送出的弱电控制信号转换成现场需要的强电信号输出，以驱动电磁阀、接触器、电动机等被控设备的执行元件。

1）输入接口电路

（1）光电耦合电路。光电耦合电路的关键器件是光耦合器，一般由发光二极管和光电三极管组成。采用耦合电路与现场输入信号相连是为了防止现场的强电干扰进入 PLC。当在光耦合电路的输入端加上变化的电信号时，发光二极管就产生与输入信号变化规律相同的光信号，光电三极管在光信号的照射下导通，导通程度与光信号的强弱有关。

（2）微计算机的输入接口电路。微计算机的输入接口电路一般由数据输入寄存器、选通电路、中断请求逻辑电路构成，这些电路集成在一个芯片上，现场的输入信号通过光电耦合电路送到输入数据寄存器，然后通过数据总线送给 CPU。

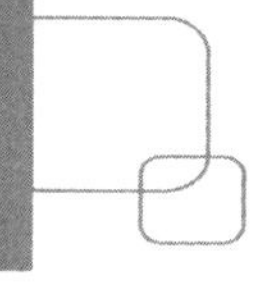

2）输出接口电路

一般采用光电耦合电路，将 CPU 处理过的信号转换成现场需要的强电信号输出，以驱动接触器、电磁阀等外部设备的通断电。有以下 3 种常见类型：

（1）继电器输出型：有触点输出方式，用于接通或断开开关频率较低的直流负载或交流负载回路，如图 1-2-4（a）所示。

（2）晶闸管输出型：无触点输出方式，用于接通或断开开关频率较高的交流电源负载，如图 1-2-4（b）所示。

（3）晶体管输出型：无触点输出方式，用于接通或断开开关频率较高的直流电源负载。这其中又分为 PNP 集电极电路和 NPN 集电极电路两种类型，如图 1-2-4（c）、（d）所示。

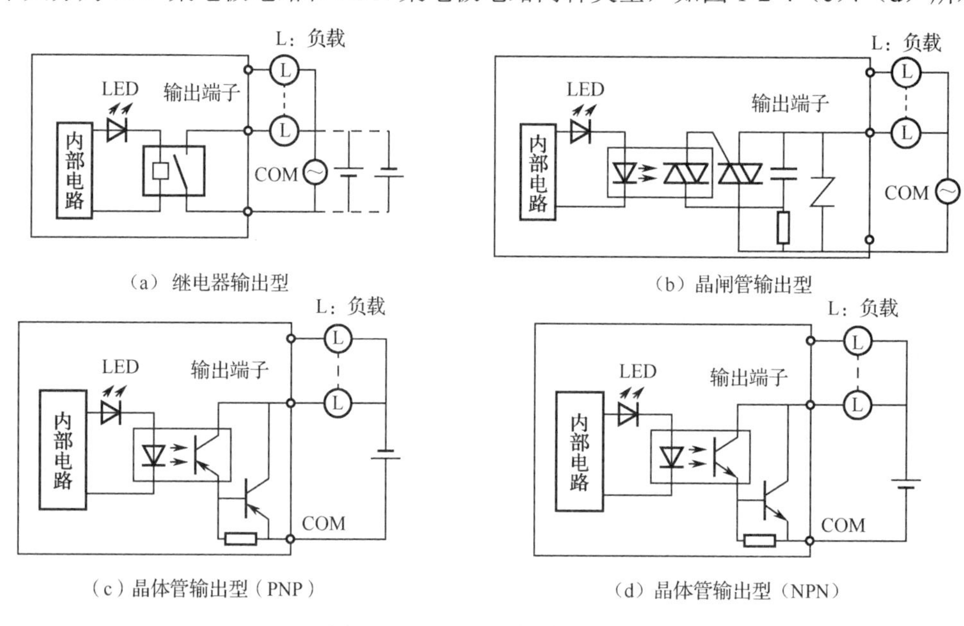

图 1-2-4　PLC 的输出接口电路

4．电源部分

电源是 PLC 的能源供给中心，电源的好坏直接影响 PLC 的功能和可靠性，电源部件通常将交流电转换成 PLC 需要的直流电，目前大部分 PLC 采用开关式稳压电源供电，PLC 的供电可分为 220V 或 110V 交流电，部分机型也采用 24V 直流电源。

1.2.2　PLC 的工作原理

PLC 的工作原理与微机不同，微机一般采用等待命令的工作方式，如常见的键盘扫描方式或 I/O 扫描方式，当有键按下或有 I/O 变化时，转去执行相应的子程序，若无，则继续扫描等待。而 PLC 则采用“循环扫描”的工作方式，从第一条指令开始逐条顺序执行用户程序，直至遇到结束符后又返回第一条指令，如此周而复始不断循环，每一个循环称为一个扫描周期，如图 1-2-5 所示，左边是 PLC 的梯形图程序，右边是指令表执行语言，中间是其步

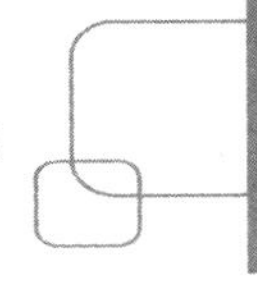

序执行示意图。

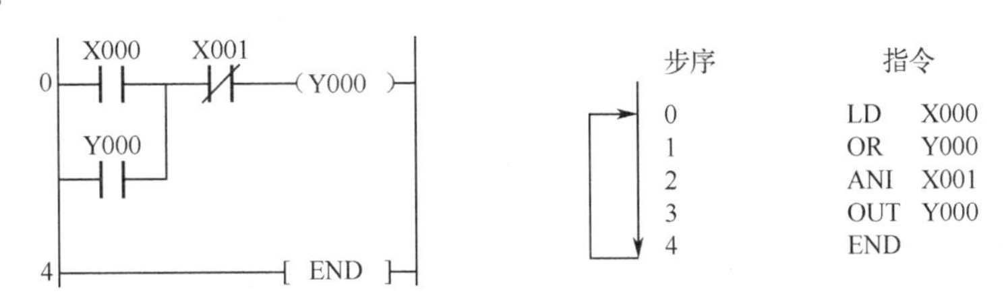

图 1-2-5　PLC 的循环扫描

一个循环扫描周期可分为如下五个阶段：

（1）自诊断阶段：每次执行用户程序前，都要执行故障自诊断程序，自诊断内容为 I/O 部分、存储器、CPU 等，若诊断发现异常，则停机显示出错，若正常，则转入下一阶段。这一阶段的工作类似于计算机开机时的“自检”。

（2）通信请求阶段：自诊断结束后，PLC 检查是否有编程器、计算机等的通信请求；若有，则接收来自编程器、计算机的各种命令、程序和数据等，并将要显示的状态、数据、出错信息等发送给编程器或计算机显示；若无，则直接进入第三阶段。

（3）输入采样阶段：此阶段 PLC 将对各个输入端进行扫描，并将结果送到输入状态寄存器中。

（4）程序执行阶段：输入采样结束后，PLC 将按图 1-2-5 所示格式逐条执行用户程序。

（5）输出刷新阶段：当执行完用户程序后，PLC 将存储在输出状态寄存器中的结果转换成被控设备所能接收的电压或电流信号，以驱动被控设备。

PLC 的扫描工作过程如图 1-2-6 所示。

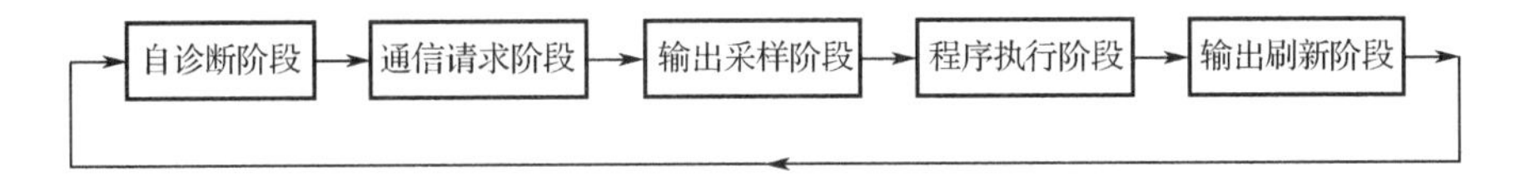

图 1-2-6　PLC 扫描工作过程

如用户程序事先写入，一般通信请求阶段可忽略，则一个扫描周期通常为：

$$T=\text{读入一个点的时间}\times\text{输入点数}+\text{运算速度}\times\text{程序步数}+\text{输出一个点的时间}\times\text{输出点数}+\text{故障诊断时间}$$

扫描周期 T 是 PLC 的重要指标之一，从上式可见，影响 PLC 扫描周期的主要因素是程序的长短。

PLC 控制系统与继电器控制系统的主要区别也在于工作方式不同，继电器是“并行工作”的，也就是按照同时执行的方式工作的，只要形成电流通路，就可能有几个继电器同时动作。而 PLC 是以反复扫描的方式工作的，它是循环地连续逐条执行程序，在任一时刻它只能执行一条指令，也就是说，PLC 是“串行工作”的，这种串行工作方式可以避免继电器控制的触点竞争和时序失配问题。

总之，PLC 的基本工作原理可以概括成“循环扫描，串行工作”，这是 PLC 区别于单片机、继电器控制系统的最大特点之一，在使用中需要特别注意。

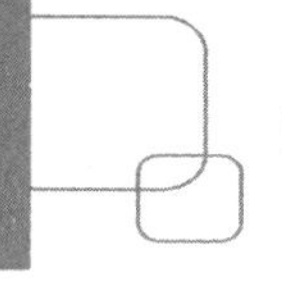

1.3 PLC 的性能指标

虽然市场上各厂家 PLC 产品的技术性能各有不同，且各具特色，但其主要性能通常是由以下几种指标进行综合描述的。

1. 输入/输出点数（I/O 点数）

输入/输出点数指 PLC 外部输入、输出端子数，这是 PLC 最重要的一项技术指标。选用 PLC 作为工业控制设备时，要考虑的一个因素就是 I/O 点数，一般点数越多，价钱越贵，但同时也要考虑到可扩展性，如三菱 FX_{2N}-80MR 输入点数为 40，输出点数为 40，最多可扩展到 256 点；FX_{3U} PLC 输入点数可达 248，输出点数也可达 248，可扩展点数最多为 384 点。

2. 扫描速度

PLC 的扫描速度一般以执行 1000 步指令所需的时间来衡量，单位为 ms/千步，如以执行一步指令的速度计，则为μs/步或μs/指令，扫描速度越快，扫描周期越短。如三菱 FX_{2N} PLC 的基本指令执行速度高达 0.08μs/指令，功能指令执行速度为 1.52～数百μs/指令，而 FX_{3U} PLC 的基本指令执行速度为 0.065μs/指令，功能指令执行速度为 0.642～数百μs/指令。

3. 内存容量

在 PLC 中，程序指令是按“步”而论的，一“步”占一个地址单元，一个地址单元占两个字节，如一个 1000 步的程序，其内存为 2000 字节。以三菱 FX_{2N} PLC 为例，内置有 8000 步的程序容量。

4. 指令条数

这是衡量 PLC 软件功能强弱的主要指标，PLC 具有的指令种类及条数越多，则其软件功能越强，编程越灵活、方便。例如，三菱 FX_{2N} PLC 支持基本指令 27 条，步进指令 2 条，常用功能指令 128 条；FX_{3U} PLC 支持基本指令 29 条，步进指令 2 条，常用功能指令 209 条；均能进行一般的逻辑运算、算术运算、计时、计数、8 位/16 位/32 位数据的传输和变换，以及完成中断控制、子程序调用、程序跳转、脉冲输出、高速计数、输入延时滤波、脉冲捕获、凸轮控制、步进控制等指令，丰富的指令为用户提供了极大的方便。

5. 内部寄存器

PLC 中有许多“通用寄存器”“专用寄存器”“索引寄存器”“辅助寄存器”等内部寄存器，用以存放变量状态、中间结果、定时计数、索引等数据，它可为用户提供许多特殊功能，并简化整个系统的程序设计，因此，内部寄存器的多少也是衡量 PLC 性能的指标。三菱 FX_{2N} PLC 拥有 10 个状态寄存器（S0～S9），200 个通用数据寄存器（D0～D199）。

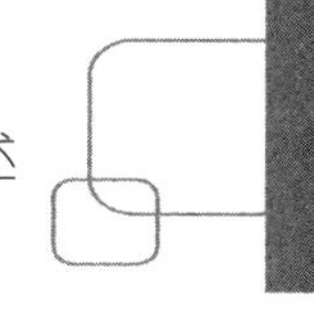

6. 高功能模块

除主控模块外，PLC 还可以配接各种高级模块，主控模块主要实现基本控制功能，高级模块主要实现一些特殊的专用功能，如 A/D 和 D/A 转换模块、高速计数模块、位置控制模块、PID 控制模块、远程通信模块等。高级模块的配置反映了 PLC 功能的强弱，是衡量 PLC 产品档次高低的一个重要指标。

1.4　PLC 的分类、应用和发展

1.4.1　PLC 的分类

1. 以输入/输出点数（I/O 点数）的多少进行分类

I/O 点数在 64 点以下的为超小型机；I/O 点数在 65～128 点的为小型机；I/O 点数在 129～512 点的为中型机；I/O 点数在 513～896 点的为大型机；在 896 点以上的为超大型机。PLC 的 I/O 点数越多，其存储量越大，功能也越强，分类示意图如图 1-4-1 所示。

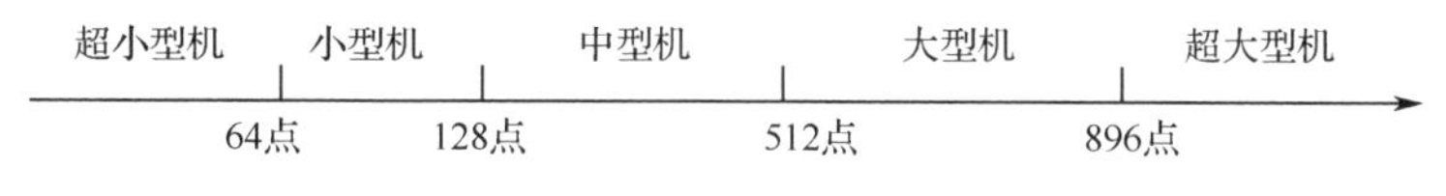

图 1-4-1　PLC 根据 I/O 点数分类

这种分类只是一个大概的划分，并不严格，如有的资料将大型机的 I/O 点数定在 1024 点以上，读者不必过分拘泥于各种机型对应的 I/O 点数到底是多少，只要建立起小型机、中型机、大型机等控制规模的概念即可。

2. 按结构形式分为整体式、模块式、板式

整体式将中央处理器、电源部分、输入和输出模块集中配置在一起，具有结构紧凑，体积小，质量轻和价格低的特点，小型机一般采用此结构；模块式将 PLC 中诸如中央处理器、电源部分、输入和输出模块等各部分单独分开，使用时只需将这些模块分别插入机架底座上，具有配置灵活、方便、便于扩展的特点，一般大、中型机采用此结构；板式只是结构更加紧凑，体积更加小巧，价格也相对便宜，它适用于安装空间很小或成本要求较低的场合。

3. 按功能分为低档机、中档机、高档机

低档机一般具有逻辑运算、定时、计数等功能，可实现条件控制、定时、计数、顺序控制等，有些还具有模拟量处理、算术运算的功能，其应用面很广；中档机具有逻辑运算、算术运算、数据传送、数据通信、模拟量输入/输出等功能，可完成既有开关量又有模拟量的较为复杂的控制；高档机具有数据运算、模拟调节、联网通信、监视、记录、打印、中断控制、智能控制、远程控制等多方面的功能，在大规模的过程控制中，可构成分布式控制系统

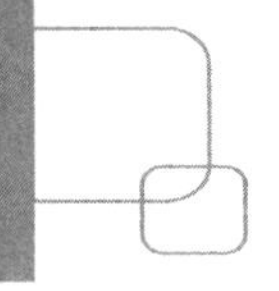

或整个工厂的自动化网络。

1.4.2 PLC 的应用及发展趋势

1985 年 1 月国际电工委员会给 PLC 下的定义是：可编程序控制器是一种数字运算操作的电子系统，专为在工业环境下应用而设计。它采用可编程的存储器，在其内部存储执行逻辑运算、顺序控制、定时、计数和算术运算等操作指令，并通过数字式和模拟式的输入和输出控制各种类型的机械或生产过程。可编程序控制器及其有关设备，都应按易于与工业控制系统形成一个整体，易于扩展其功能的原则设计。

可编程序控制器的出现，立即引起了各国的注意。日本日立公司于 1971 年从美国引进了可编程序控制器技术，并于 1971 年研制成功了日本第一台 PLC；德国西门子公司于 1973 年引进了可编程序控制器技术，并于同年研制成功了欧洲第一台 PLC。我国于 1973 年开始研制可编程序控制器，1977 年应用到工业生产线上。例如，沈阳鹭岛公司、河北省微机中心开发部都研制成功了 PLC。当时的国产 PLC 虽然价格较低，但是质量，特别是可靠性方面存在不少缺陷，并且后续的开发、服务都跟不上，开发公司维持不下去，在残酷的 PLC 市场竞争中，不敌国外 PLC 的产品，生生被淘汰出局。进入 21 世纪，中国和利时公司（HOLLiAS）从 2003 年开始进行 PLC 的开发研制，于 2004 年推出了完全自主生产的 PLC，该公司生产的 LEC G3 是一款小型一体化 PLC 产品，拥有多种 CPU 模块（LM3104～LM3109），多种扩展模块（模拟量、数字量、专用功能模块），具有高速计数、高速输出、实时时钟，以及无限制级的定时器（1 毫秒～49 天，无调用次数限制）和计数器，丰富的指令（基本指令 340 条，扩展指令 50 条）和强大的编程软件 PowerPro 等功能。因其具有性能稳定，质量可靠，价格适中等优点，广泛应用于自动化领域的众多行业，赢得了广大用户的好评，实现了国产 PLC 的产业化。

可编程序控制器经过 30 多年的发展，历经第一代、第二代、第三代，现已发展到第四代产品，并已形成了完整的工业控制产品系列，其功能从初期的仅有计时、计数及简单逻辑运算的功能，发展到目前的具有强有力的软硬件功能，如浮点运算、数据传送和比较、文件传送、诊断、逻辑判断、中断控制、人机对话及网络通信等功能。随着半导体工艺的进步，PLC 的产品外观尺寸日趋小型化、组合化，从而为机电一体化产品打下了基础。目前，PLC 产品已成为控制领域中最常见、最重要的控制装置之一，它代表了当前电子程序控制技术的发展潮流，其应用已渗透到国民经济的各个领域，正发挥着日益明显的作用，因而在世界各国受到越来越多的重视。

PLC 正在向大型化、复杂化、高功能化、多层分布式工厂全自动网络化方向发展，向上可与上位机通信，向下可以直接控制数控系统和机器人等执行机构。同时也正朝着小型化、超小型化方向发展。微处理器的出现，标志着电子技术特别是集成电路技术的飞跃，为 PLC 的发展带来了深刻的影响，为 PLC 向小型化、超小型化发展提供了条件。PLC 的小型、超小型化产品，适合小型分散、低要求的市场，以适应单机控制和机电一体化的要求。

可编程序控制器是在继电器控制和计算机技术的基础上开发而来的，并逐渐发展成以微处理器为核心，集计算机技术、自动控制技术及通信技术于一体的一种新型工业控制装置。作为一种先进而又成熟的工业控制技术，PLC 已广泛应用于冶金、矿山、机械、轻工、水

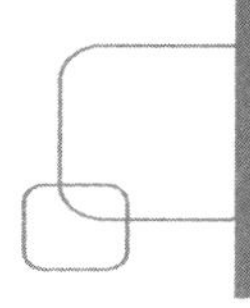

泥、石油、化工、电力、汽车、造纸、纺织、环保等国民经济的各行各业中，为自动化领域提供了一种有力的支撑工具，在我国已取得了可观的经济效益和社会效益，被列为现代工业生产自动化领域三大支柱（PLC、机器人、CAD/CAM）的首位，其发展前景和应用领域将更为广阔。

以三菱公司的 FX 系列 PLC 为例，FX 系列 PLC 采用整体式和模块式相结合的叠装式结构。整体式结构紧凑，安装方便，体积小巧，易于与机床、电控箱连成一体，但由于点数有搭配关系，加上各单元尺寸大小不一致，因此不易安装整齐。模块式结构点数配置灵活，易于构成较多点数的大系统，但尺寸较大，难以与小型安装设备相连。三菱公司开发出叠装式结构，它的结构也是各种单元，CPU 自成独立的模块，但安装不用基板，仅用电缆进行单元间连接，且各单元可以一层层地叠装，这样既达到了配置灵活的目的，又可以做得体积小巧。FX 系列 PLC 应用领域极为广泛，适用于各行各业、各种场合的检测、监测及控制的自动化。从替代继电器的简单控制到复杂的自动化控制网络，所有与自动检测、自动化控制有关的工业及民用领域都有应用，包括各种机床、机械、电力设施、民用设施、环境保护设备，例如，冲压机床、磨床、印刷机械、橡胶化工机械、中央空调、电梯控制、运动系统、纺织机械、木工机械、污水处理、包装机等。FX 系列 PLC 产品凭借其先进性、成熟性和广泛的适用性及强大的通信功能，在大型网络控制系统、集散自动化系统中发挥着强大的作用。图 1-4-2 展示了三菱 PLC 的应用领域。

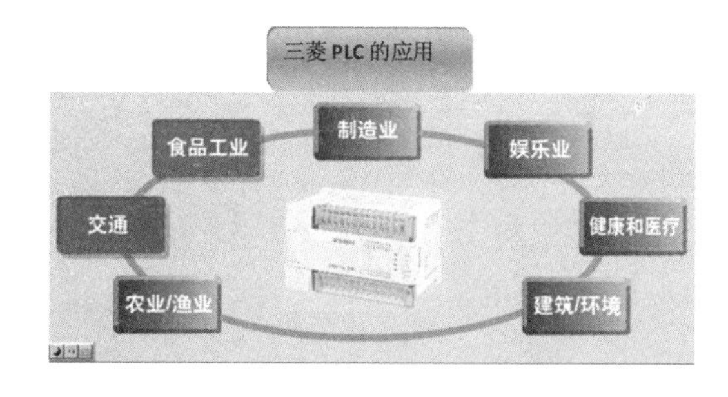

图 1-4-2　三菱 PLC 的应用领域

习　　题

1-1　什么是 PLC？PLC 产生的原因是什么？

1-2　与继电器控制系统相比，PLC 控制系统主要有哪些优点？

1-3　与工业控制计算机相比，PLC 主要有哪些优点？

1-4　为什么可编程序控制器（Programmable Controller）习惯上称为 PLC？

1-5　PLC 的发展方向是什么？简单说出当下市场上流行的几个著名 PLC 品牌。

1-6　举例说明 PLC 可能应用的场合。

1-7　PLC 常用的存储器有哪几种？各有什么特点？用户存储器主要用来存储什么信息？

1-8　什么叫扫描周期？扫描周期主要由哪几部分组成？影响 PLC 扫描周期长短的因素是什么？

1-9　大型、中型和小型 PLC，其分类的主要依据是什么？

1-10　填空题。

（1）世界上第一台 PLC 诞生于________年________国。

（2）现在大多数 PLC 的控制芯片主要采用________芯片。

（3）在工作原理上，微机采用________工作方式，PLC 采用________工作方式。

（4）PLC 的“扫描速度”一般指________的时间，其单位为________。

（5）PLC 的“内存容量”实际是指________的内存容量，它一般和________成正比。

（6）PLC 的存储器可分为________存储器和________存储器两大部分，前者具有________的特点，后者具有________的特点。

第2章 三菱FX系列PLC系统构成

2.1 三菱FX系列PLC简介

2.1.1 三菱FX系列产品简介

三菱电机有限公司（Mitsubishi Electric Corporation）是一家成立于1921年，主要生产电子产品和建筑设备的日本公司。三菱公司旗下的PLC产品有FX系列、Q系列、A系列等。A系列是三菱公司开发的中型机，主要产品有A1、A2、A3系列，如A_{1N}、A_{2N}、A_{3A}等，A系列的输入/输出继电器编号采用16进制。Q系列是功能更为强大的大、中型机，分为基本型（Q00J、Q00、Q01）和高性能型（Q02、Q02H、Q06H、Q12H、Q25H），基本型所支持的最大I/O点数为1024点，高性能型I/O点数最大可达4096点，程序容量最大达252K步，指令执行速度最快达0.034μs/指令。

FX系列是20世纪90年代推出的一款小型机，当下市场中还在大量使用的有FX_{0S}、FX_{1S}、FX_{0N}、FX_{1N}、FX_{2N}、FX_{2NC}、FX_{3U}等型号的PLC，FX系列因在容量、速度、特殊功能、网络功能等方面都有很强的功能，有较高的性能价格比，应用广泛。FX_{1N} PLC最多可达128个I/O点，适合在小型环境中使用。FX_{3U} PLC是该系列家族中最新推出的成员，通过CC-Link可以扩展到384点，运算速度达到了0.065μs/基本指令，程序存储器的容量达64K步，但需要编程软件GX Developer 8.23以上版本支持。由于FX_{2N} PLC的高性价比和市场占有率，本书重点介绍三菱公司的FX_{2N} PLC。

2.1.2 三菱FX_{2N} PLC产品特点

FX_{2N} PLC是目前FX系列中市场占有率最大、使用频率最高、性能先进的高级PLC。FX_{2N} PLC的I/O点数可为16～256点，FX_{2N} PLC的特点概括如下。

（1）配置灵活。FX_{2N} PLC基本单元有六种类型16/32/48/64/80/128，最大可扩展至256点。

（2）体积小，节省空间。FX_{2N} PLC的高度为90mm，深度为87mm，宽度视机型而不同，六种类型16/32/48/64/80/128所对应的宽度依次为130/150/182/220/285/350mm。FX_{2NC} PLC的体积更小，其高度仍为90mm，深度仍为87mm，16/32/64/96四种类型对应的宽度分别为35/35/60/86mm，紧凑的结构使其体积大为缩小，可以将其很方便地安装到比标准PLC小很多的位置上去，节省空间。

（3）安装容易，节省配线。FX_{2N} PLC安装时有多种主基板和扩展基板供选择，使用DIN导轨或便利的安装孔使安装更加容易，连接器类型的端子可在控制盒内进行接线，机器的维护和快速更换也很容易完成，优越的模块插口设置节省了配线、时间和空间。

（4）完善的指令系统和高速运算能力。FX_{2N} PLC 拥有完善的指令系统，基本顺序指令 27 条，步进梯形指令 2 条，应用指令最多可达 298 条，有浮点数、三角函数等数学指令和 PID 过程控制指令处理功能。它的指令处理能力很强，基本指令的执行速度为 0.08μs/步，应用指令的执行速度为 1.52～几百μs/步。

（5）足够的程序容量和丰富的软件资源。FX_{2N} PLC 的基本程序容量为 8K 步，最大可扩展到 16K 步，拥有丰富的软件资源，例如，有 3072 个辅助寄存器，256 个定时器，235 个计数器，8000 点数据寄存器。

（6）强大的网络功能。提供 CC 链接、MODBUS、Profibus-DP、DeviceNet、AS-i 网络、以太网等开放式网络，可实现 *N*:*N* 链接、并行链接、计算机链接、I/O 链接等数据链接，配有 RS-232、RS-485、RS-422 等多种串行通信模式，使 FX_{2N} PLC 网络功能非常强大，如图 2-1-1 所示。

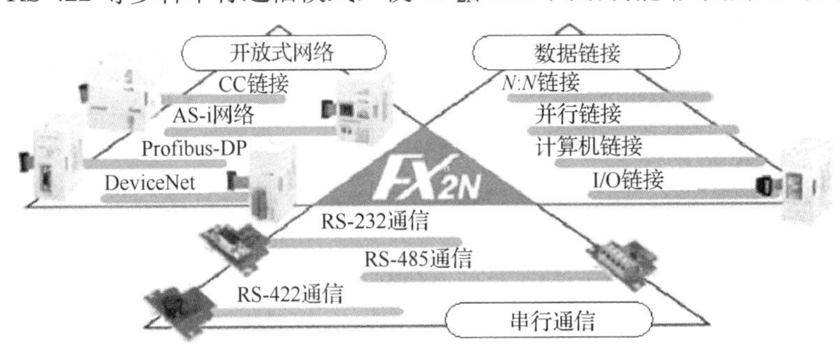

图 2-1-1　FX_{2N} PLC 网络功能

（7）高性能模块。提供多种特殊功能模块或功能扩展板（如模拟 I/O、高速计数器、定位控制、温度控制、脉冲输出等模块），可实现多达 16 轴的定位控制，可以连接多达 8 个特殊功能模块（见图 2-1-2），配有实时时钟功能，时间设置和比较指令易于操作，小时表功能为过程跟踪和机器维护提供了方便，图 2-1-3 显示 FX_{2N} PLC 扩展连接这些高性能模块后的功能更为强大。

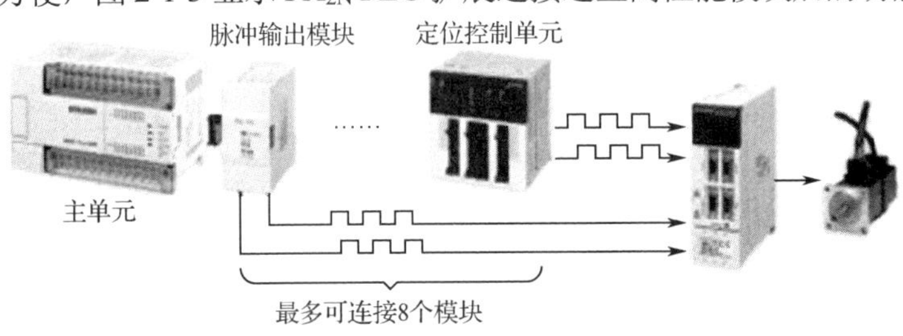

图 2-1-2　FX_{2N} PLC 扩展特殊功能模块

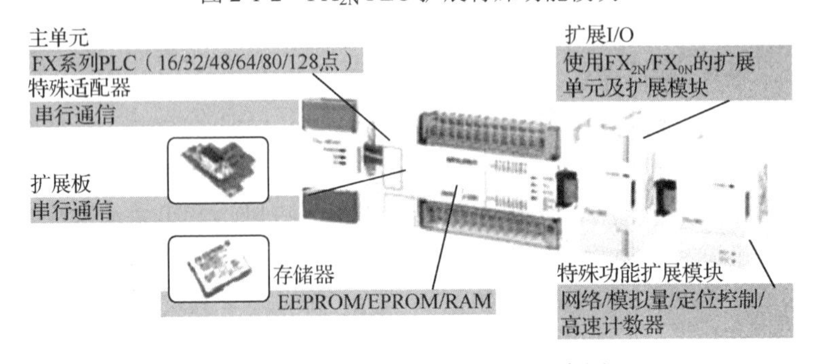

图 2-1-3　FX_{2N} PLC 扩展构成示意图

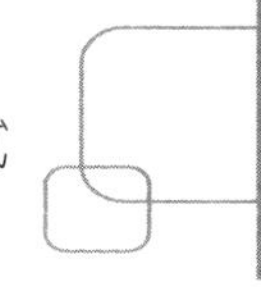

（8）基于 Windows 的编程软件：配有支持 IEC61131-3 标准的基于 Windows 的 GX-Developer 或 FX/PCS-Win 编程软件，使 PLC 的软件开发更为轻易快速。

2.2　FX_{2N} PLC 基本构成

2.2.1　FX_{2N} PLC 命名规则及单元类型

1. FX 系列 PLC 命名规则及 FX_{2N} PLC 基本单元类型

三菱 FX 系列 PLC 的命名规则一般由系列名称、I/O 总点数、单元类型、输出形式、其他区分五部分组成。以三菱 FX_{2N} PLC 基本单元为例，其型号名称命名示意图如图 2-2-1 所示。基本单元分类如表 2-2-1 所示。

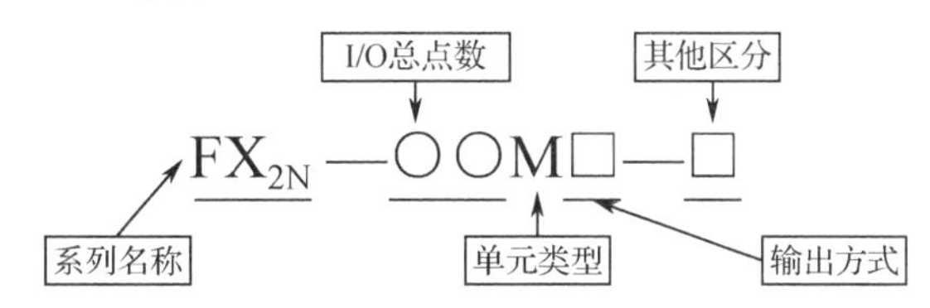

图 2-2-1　FX_{2N} PLC 命名示意图

表 2-2-1　FX_{2N} PLC 基本单元分类

I/O 总点数	输入点数	输出点数	FX_{2N} PLC 基本单元类型				
			AC 电源 DC 24V 输入			DC 电源 DC 24V 输入	
			继电器输出	晶闸管输出	晶体管输出	继电器输出	晶体管输出
16	8	8	FX_{2N}-16MR-001	—	FX_{2N} -16MT-001	—	—
32	16	16	FX_{2N} -32MR-001	FX_{2N} -32MS-001	FX_{2N} -32MT-001	FX_{2N} -32MR-D	FX_{2N} -32MT-D
48	24	24	FX_{2N} -48MR-001	FX_{2N} -48MS-001	FX_{2N} -48MT-001	FX_{2N} -48MR-D	FX_{2N} -48MT-D
64	32	32	FX_{2N} -64MR-001	FX_{2N} -64MS-001	FX_{2N} -64MT-001	FX_{2N} -64MR-D	FX_{2N} -64MT-D
80	40	40	FX_{2N} -80MR-001	FX_{2N} -80MS-001	FX_{2N} -80MT-001	FX_{2N} -80MR-D	FX_{2N} -80MT-D
128	64	64	FX_{2N} -128MR-001	—	FX_{2N} -128MT-001	—	—

FX 系列 PLC 命名规则中各符号的含义如下。

（1）系列名称：指明具体为 FX 系列中的那一系列，如 0S、0N、1N、2N、2NC 等。

（2）单元类型：指明具体是基本单元还是扩展单元、扩展模块等。

每个符号所代表的含义为：

M——基本单元；　　　　　E——输入/输出混合扩展单元及扩展模块；

EX——扩展输入模块；　　EY——扩展输出模块。

（3）I/O 总点数：指明该系列 PLC 某单元的 I/O 总点数。

（4）输出方式：指明输出端是继电器、晶闸管还是晶体管输出。

每个符号所代表的含义为：

R——继电器输出（有接点，交流、直流负载两用）；

S——晶闸管输出（无接点，交流负载用）；

T——晶体管输出（无接点，直流负载用）。

（5）其他区分：指明电源和 I/O 类型等特征。

每个符号所代表的含义为：

无符号：通指为 AC 电源、DC 输入、横式端子排、标准输出（继电器输出 2A/点，晶体管输出 0.5A/点；晶闸管输出 0.3A/点，个别继电器输出可达 8A/点）。

D——DC 电源，DC 输出；

A1——AC 电源，AC（AC 100～120V）输入或 AC 输出模块；

H——大电流输出扩展模块；

V——立式端子排的扩展模块；

C——接插口输入/输出方式；

F——输入滤波时间常数为 1ms 的扩展模块；

L——TTL 输入型扩展模块；

S——独立端子（无公共端）扩展模块；

R——DC 输入 4 点，继电器输出 4 点的混合；

X——输入专用（无输出）；

YR——继电器输出专用（无输入）；

YS——晶闸管输出专用（无输入）；

YT——晶体管输出专用（无输入）。

FX_{2N} PLC 各型号及尺寸如表 2-2-2 所示。

表 2-2-2　FX_{2N} PLC 各型号及尺寸

分　类	型　号	I/O 总数	输入/输出类型	尺寸 宽×厚×高 （单位 mm）	外形图片
AC 电源 DC 24V 输入	FX_{2N}-16MR-001 FX_{2N}-16MT	16（8/8）	输入：漏型 输出：继电器/晶体管	130×87×90	
	FX_{2N}-32MR-001 FX_{2N}-32MT	32（16/16）		150×87×90	
	FX_{2N}-48MR-001 FX_{2N}-48MT	48（24/24）		182×87×90	
	FX_{2N}-64MR-001 FX_{2N}-64MT	64（32/32）		220×87×90	

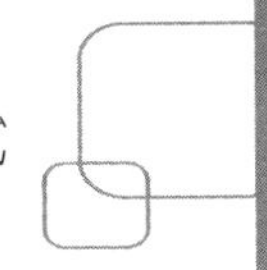

续表

分　类	型　号	I/O 总数	输入/输出类型	尺寸 宽×厚×高 (单位 mm)	外 形 图 片
AC 电源 DC 24V 输入	FX_{2N}-80MR-001 FX_{2N}-80MT	80（40/40）	输入：漏型 输出：继电器/晶体管	285×87×90	
	FX_{2N}-128MR-001 FX_{2N}-128MT	128（64/64）		350×87×90	
DC 电源 DC 24V 输入	FX_{2N}-32MR-D FX_{2N}-32MT-D	32（16/16）		150×87×90	
	FX_{2N}-48MR-D FX_{2N}-48MT-D	48（24/24）		182×87×90	
	FX_{2N}-64MR-D FX_{2N}-64MT-D	64（32/32）		220×87×90	
	FX_{2N}-80MR-D FX_{2N}-80MT-D	80（40/40）		285×87×90	

2．FX_{2N} PLC 扩展单元/扩展模块类型及命名

FX_{2N} PLC 的扩展单元带电源，分 AC 电源 DC 24V 输入和 DC 电源 DC 24V 输入两种，具体如表 2-2-3 所示。

表 2-2-3　FX_{2N} PLC 扩展单元

FX_{2N} PLC 带电源的 I/O 扩展单元						I/O 总点数	输入点数	输出点数
AC 电源 DC 24V 输入			DC 电源 DC 24V 输入					
继电器输出	晶闸管输出	晶体管输出	继电器输出	晶闸管输出	晶体管输出			
FX_{2N} -32ER	—	FX_{2N} -32ET	—	—	—	32	16	16
FX_{2N} -48ER	—	FX_{2N} -48ET	FX_{2N}-48ER-D	—	FX_{2N} -48ET-D	48	24	24

FX_{2N} PLC 的扩展模块如表 2-2-4 所示。

表 2-2-4　FX$_{2N}$ PLC 扩展模块

FX$_{2N}$ PLC 扩展模块				I/O 总点数	输入点数	输出点数
输　入	输　出					
	继电器输出	晶体管输出	晶闸管输出			
FX$_{0N}$-8ER	FX$_{0N}$-8ER	—	—	8	4	4
FX$_{0N}$ -8EX	—	FX$_{0N}$ -8EYT-D	—	8	8	0
—	FX$_{0N}$-8EYR	FX$_{0N}$ -8EYT	—	8	0	8
FX$_{0N}$ -16EX	—	—	—	16	16	0
—	FX$_{0N}$ 16EYR	FX$_{0N}$ -16EYT	—	16	0	16
FX$_{2N}$-16EX	—	—	—	16	16	0
—	FX$_{2N}$-16EYR	FX$_{2N}$-16EYT	FX$_{2N}$-16EYS	16	0	16

扩展单元及扩展模块的命名与基本单元相同，只是在单元类型中用“E”代替“M”。例如 FX$_{2N}$-32ER 表明是 FX$_{2N}$ PLC 中 32 点的扩展单元，输出形式是继电器输出；又如 FX$_{2N}$-32MT-D 表示是 FX$_{2N}$ PLC 中 32 个 I/O 点的基本单元，晶体管输出，使用直流电源，24V 直流输出型；而 FX$_{2N}$-8EX 则是扩展模块。

3. FX$_{2N}$ PLC 单元/模块区别及特殊扩展设备一览表

在三菱 FX$_{2N}$ PLC 中，单元和模块是指不同的装置，不要混为一谈，它们的区别和特点如表 2-2-5 所示。

表 2-2-5　FX$_{2N}$ PLC 单元/模块的分类和含义

分　类		内　涵	特　点	举　例
基本单元		包括 CPU、存储器、I/O 接口及电源，是 PLC 的主要部分	① 内部有电源，可提供 DC 24V 或 DC 5V 供电 ② 可单独使用	FX$_{2N}$-16MR-001
扩展单元		用于增加 I/O 点数的装置，内部有电源	① 内部有电源，可提供 DC 24V 或 DC 5V 供电 ② 无 CPU，必须与基本单元一起使用	FX$_{2N}$ -32ER
扩展模块		用于增加 I/O 点数及改变 I/O 比例的装置，内部无电源	① 内部无电源 ② 无 CPU，必须与基本单元或扩展单元一起使用，不需要外部接线	FX$_{2N}$-16EYR
特殊扩展设备	特殊单元	是一些专门用途的装置，如高速计数器模块、RS-422 通信板、1 轴定位脉冲输出单元	自给（内置 DC 5V）	FX-1GM
	特殊模块		需外供 DC 5V	FX$_{2N}$-4AD
	特殊功能板		需外供 DC 5V	FX$_{2N}$-8AV-BD

三菱 FX$_{2N}$ PLC 的特殊扩展设备分为特殊单元、特殊模块、特殊功能板三种，其对应的装置如表 2-2-6 所示。

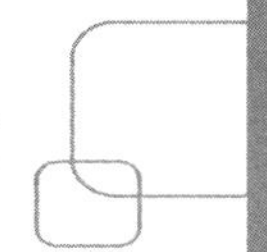

表 2-2-6　三菱 FX$_{2N}$ PLC 特殊扩展设备一览表

一、特殊功能板			二、特殊模块		
型号	名称	耗电	型号	名称	耗电
FX$_{2N}$-8AV-BD	容量适配器	20mA	FX$_{0N}$-3A	2ch 模拟输入，1ch 模拟输出	30mA
FX$_{2N}$-422-BD	RS422 通信板	60mA	FX$_{0N}$-16NT	M-NET/MINI 用（绞合导线）	20mA
FX$_{2N}$-485-BD	RS485 通信板	60mA	FX$_{2N}$-4AD	4ch 模拟输入，模拟输出	30mA
FX$_{2N}$-232-BD	RS232 通信板	20mA	FX$_{2N}$-4DA	4ch 模拟输出	30mA
FX$_{2N}$-CNV-BD	FX$_{2N}$ 用适配器连接板	—	FX$_{2N}$-4AD-PT	4ch 温度传感器输入	30mA
三、特殊单元			FX$_{2N}$-4AD-TC	4ch 温度传感器输入（热电偶）	30mA
型号	名称	耗电	FX$_{2N}$-1HC	50kHz2 相高速计数器	90mA
FX-1GM	*定位脉冲输出单元（1 轴）*	*自给*	FX$_{2N}$-1PG	100kpps 脉冲输出模块	55mA
FX-10GM	*定位脉冲输出单元（1 轴）*	*自给*	FX$_{2N}$-232IF	RS232　通信接口	40mA
FX-20GM	*定位脉冲输出单元（2 轴）*	*自给*	*FX-16NP*	*M-NET/MINI 用（光纤）*	80mA
备注： 表格中特殊模块或特殊单元斜体部分在使用时，需要用 FX$_{2N}$-CNV-IF 型电缆			*FX-16NT*	*M-NET/MINI 用（绞合导线）*	80mA
			FX-16NP-S3	*M-NET/MINI 用（光纤）*	80mA
			FX-16NT-S3	*M-NET/MINI 用（绞合导线）*	80mA
			FX-2DA	*2ch 模拟输出*	30mA
			FX-4DA	*4ch 模拟输出*	30mA
			FX-4AD	*4ch 模拟输入*	30mA
			FX-2AD-PT	*2ch 温度输入（PT-100）*	30mA
			FX-4DA	*4ch 传感器输入（热电偶）*	40mA
			FX-1HC	*50kHz2 相高速计数器*	70mA
			FX-1PG	*100kpps 脉冲输出模块*	55mA
			FX-1D1F	*1D1F 接口*	130mA

扩展单元按点数严格地讲，只有 32E、48E 两种，带电源是指其能提供 DC 24V 或 DC 5V 供电。扩展模块按点数严格地讲，只有 8E、16E 两种，它需要靠基本单元或扩展单元供电，尽管它们在命名中的单元类型都是“E”，但实际是有区别的。

2.2.2　FX$_{2N}$ PLC 面板介绍

1．FX$_{2N}$ PLC 面板介绍

图 2-2-2 以 FX$_{2N}$-48MR 基本单元为例，展示了 FX$_{2N}$ PLC 的面板结构。图 2-2-3 展示了 FX$_{2N}$ PLC 基本单元面板组成部分。

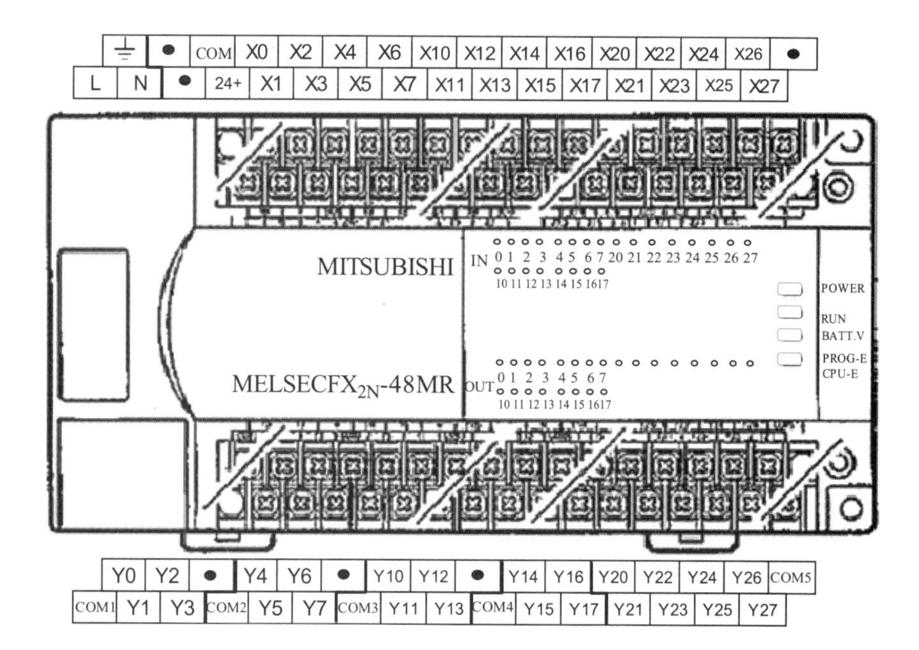

图 2-2-2　FX_{2N}-48MR 基本单元面板

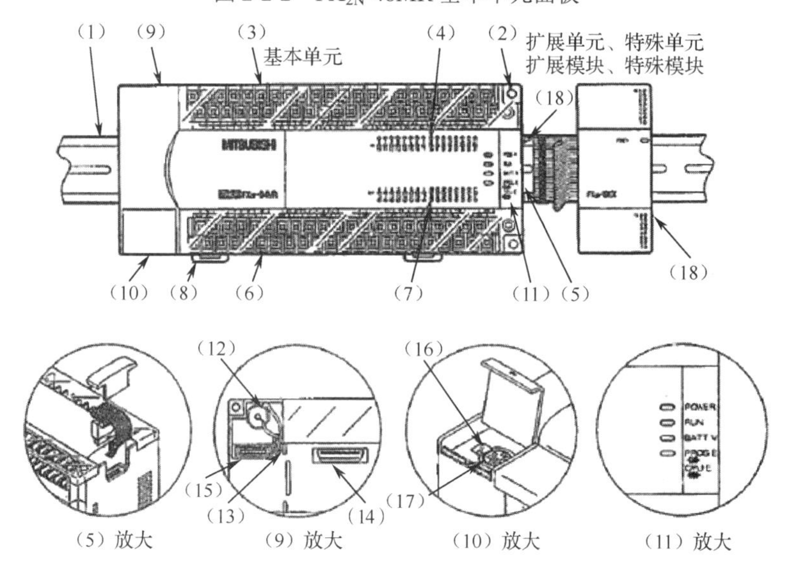

图 2-2-3　FX_{2N} PLC 基本单元面板组成部分

以图 2-2-3 为例，对 PLC 面板中各部件的名称说明如下：

（1）35mm 宽 DIN 导轨。

（2）安装孔 4 个（ϕ45mm，32 点以下者 2 个）。

（3）电源、辅助电源、输入信号用的装卸式端子台（带盖板，FX_{2N}-16M 除外）。

（4）输入指示灯。

（5）扩展单元、扩展模块、特殊单元、特殊模块、接线插座盖板。

（6）输出用的装卸式端子台（带盖板，FX_{2N}-16M 除外）。

（7）输出动作指示灯。

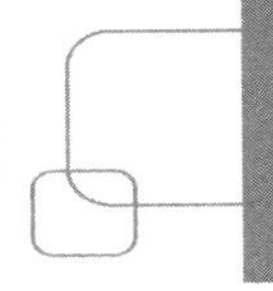

（8）DIN 导轨装卸用卡子。

（9）面板盖。

（10）外围设备接线插座、盖板。

（11）动作指示灯，其中，POWER：电源指示；RUN：运行指示；BATT.V：电池电压下降指示；PROG-E：出错指示灯闪烁（程序出错）；CPU-E：出错指示灯亮（CPU 出错）。

（12）锂电池（F2-40BL，标准装备）。

（13）锂电池连接插座。

（14）存储器滤波器安装插座。

（15）功能扩展板安装插座。

（16）内置 RUN/STOP 开关。

（17）编程设备、数据存储单元接线插座。

（18）产品型号指示。

图 2-2-4 对 FX_{2N} PLC 扩展单元面板进行了介绍。图 2-2-4 中左图为具有 AC 电源、DC 输入 16 点、继电器输出 16 点、晶体管输出 16 点的扩展单元（FX_{2N}-32ER、FX_{2N}-32ET）。图 2-2-4 右图为具有 AC 电源、DC 输入 24 点、继电器输出 24 点、晶体管输出 24 点的扩展单元（FX_{2N}-48ER、FX_{2N}-48ET）。

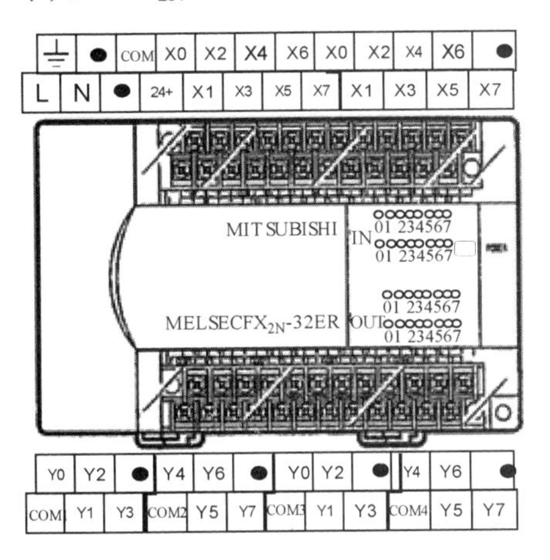

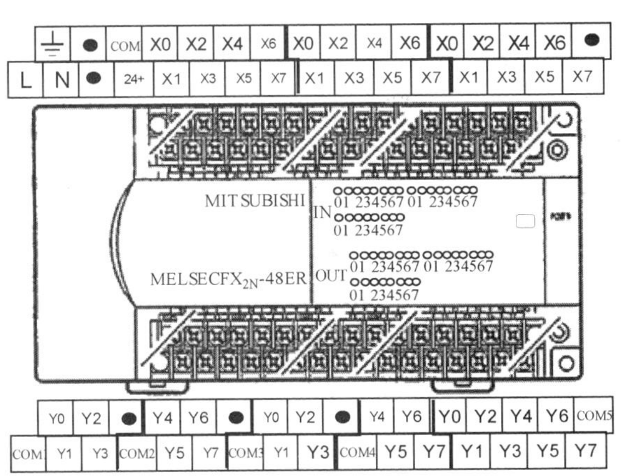

图 2-2-4　FX_{2N} PLC 扩展单元面板示例

简而言之，主机称为基本单元，扩展单元是“电源+I/O”，扩展模块是“I/O”，特殊扩展设备用于特殊控制。

2．面板中指示灯含义

在面板中有几个指示灯，对其含义进行介绍。

1）“POWER”LED 灯

基本单元、扩展单元和扩展模块表面的“POWER”LED，当接上电源时应该亮灯，若该指示灯不亮，请卸下可编程序控制器的 24+端子检查，如果这时亮灯了，表示由于传感器电源的负载短路或负载电流过大，供给电源电路的保障功能在起作用。若电流容量不足，请

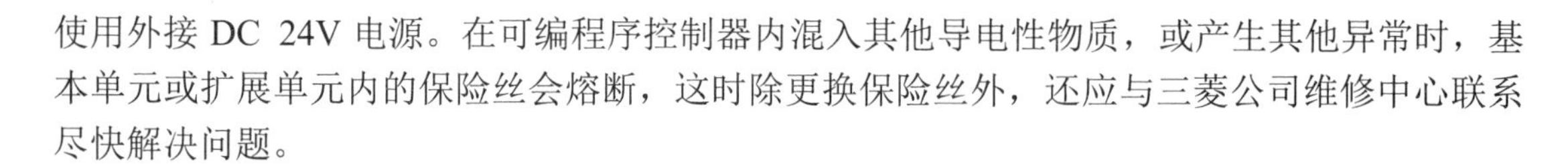

使用外接 DC 24V 电源。在可编程序控制器内混入其他导电性物质，或产生其他异常时，基本单元或扩展单元内的保险丝会熔断，这时除更换保险丝外，还应与三菱公司维修中心联系尽快解决问题。

2）"RUN" LED 灯

灯亮表示 PLC 处于运行状态。

3）"BATT.V" LED 灯

当电源接通时，如果该指示灯亮灯，表示电池电压下降，PLC 内部的特殊辅助继电器 M8006 在工作。当电池电压下降约 1 个月后，程序内容（使用 RAM 存储器时）、电池后备方面的各种存储器的停电保持将失效。因此在发现此灯亮后要尽快更换电池。

4）"PROG.E" LED 灯

如果"PROG.E" LED 灯闪烁，表示 PLC 未设置定时器、计数器的常数，或者梯形图电路不对、电池电压异常下降或者 PLC 有异常噪声、混入导电性异物，使程序存储器的内容有变化。请再次校验程序，检查有无导电性异物混入，有无严重的噪声源，检查电池电压的指示值查看电压是否下降。

运行出错时，可把 M8004～M8009、M8060～M8068 的值写入特殊数据寄存器 D8004 中。如果该寄存器写入内容是 M8064，通过看 D8004 的内容，就能知道出错的编码号。关于出错编码所对应的实际出错内容，请参考三菱公司有关资料。

5）"CUP.E" LED 灯

该指示灯亮表示以下几种情况：

（1）可编程序控制器内部混入导电性异物，外部异常噪声传入导致 CPU 失控，或者当运算周期超过 200ms 时，监视定时器出错，该 LED 亮。使用多个特殊单元、特殊模块在起始时，也会出现监视定时器出错。这种情况下，要重新查看起始程序，或者用程序改变特殊数据寄存器 D8000 的内容。

（2）监视定时器出错时，通过监视数据寄存器 D8061（出错编码 6105 被存入寄存器中）可判断是程序的问题（监视定时器出错）还是硬件问题（CPU 失控或故障）。

（3）在通电时若进行存储卡盒的装卸，也会出现该 LED 亮灯。出现这种情况，可在 LED 亮灯后关闭一次可编程序控制器电源，然后再进入运行状态。

（4）请检查有无异常噪声的发生源，有无导电性异物混入的可能。此外，还要检查是否进行了第三种接地。

（5）检查结果，该 LED 有亮灯→灭灯的变化时，请进行程序校验，如果 LED 一直亮灯，那么就要考虑是否运算周期过长，还是程序有问题（监视 D8021 可知最大运行周期）。

（6）在全面检查后，若"CPU.E" LED 亮灯状态不能解除，就要考虑到可编程序控制器的内部电路发生了故障。此时可与三菱维修中心联系。

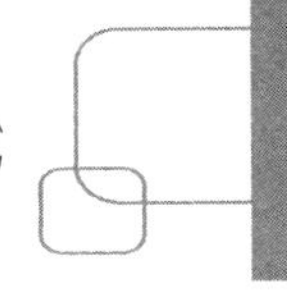

2.2.3 PLC 的内部软元件

三菱 FX 系列 PLC 内部软元件是指输入继电器、输出继电器、定时器、计数器、辅助继电器、状态继电器和数据寄存器等。它们都是内部逻辑器件，不是物理硬件。

1．输入继电器 X 和输出继电器 Y

可编程序控制器接收外部的开关信号的接口是输入继电器，该软元件符号为 X。

可编程序控制器驱动外部负载的接口为输出继电器，该软元件符号为 Y。

传感器等外部开关的输入信号经输入端子与输入继电器连接。FX 系列的输入继电器编号按八进制编号，如 X000～X007、X010～X017。

输出继电器 Y 是 FX 系列的输出继电器的编号也按八进制编号，如 Y000～Y007、Y010～Y017。

FX_{2N} PLC 输入继电器/输出继电器的点数最大为 184 点，两者合计不能超过 256 点。

扩展单元/扩展模块的编号，接在基本单元后面，以八进制方式依次对 X、Y 连续编号。

2．辅助继电器 M

辅助继电器是可编程序控制器内部具有的继电器，也有线圈和常开常闭触点。辅助继电器不能获取外部的输入，也不能直接驱动外部负载。辅助继电器的触点使用次数不受限制。辅助继电器以十进制编号，FX_{2N} PLC 辅助继电器的分类及作用如表 2-2-7 所示。

表 2-2-7　FX_{2N} PLC 辅助继电器的分类及作用

辅助继电器分类	作　用	举　例
一般用（或通用型）	线圈得电触点动作，线圈失电触点复位	M0～M499（共 500 点）
停电保持用	当供电恢复时能保持停电前的状态	M500～M3071（共 2572 点）
特殊用	具有各种特殊功能的作用	M8000～M8255（共 256 点）。 例如，M8000：常 ON； M8011～M8013：产生 10ms、100s、1s 的连续时钟脉冲

3．状态继电器 S

状态继电器是步进顺序控制中的重要软元件。状态只有“1”和“0”两种，当状态为“1”时，可驱动输出继电器或其他软元件。当状态为“0”时，表示复位。状态继电器 S 可以发生转移，即可以由 1→0，也可以由 0→1。状态继电器触点的使用次数不限。状态可以强制置位或强制复位。状态继电器以十进制编号，其分类及作用如表 2-2-8 所示。

表 2-2-8　FX_{2N} PLC 状态继电器的分类及作用

分　类	作　用	举　例
初始状态继电器	初始化状态	S0～S499（共 500 点，通用），其中又细分有： S0～S9：初始状态继电器； S10～S19：回零状态继电器
回零状态继电器	返回原点状态	
通用状态继电器	指定通用状态	

续表

分　类	作　用	举　例
停电保持状态继电器	停电保持用	S500～S899（共 400 点）
报警用状态继电器	信号报警用	S900～S999（共 100 点）

4．定时器 T

定时器指定时间到，则指定编号的定时器触点动作。FX_{2N} PLC 共有定时器 256 个，编号为 T0～T255。定时器按是否积算分为非积算定时器和积算定时器两种，都属于通电延时 ON 定时器，当达到设定时间时定时器接通。一般非积算型的设定值用十进制常数 K 设定，范围为 K1～K32767，积算型用数据寄存器 D 设定，D 中数据范围一般也为 K1～K32767。在 256 个定时器中，其中编号 T192～T199 指定为子程序和中断程序专用的定时器。使用定时器 T 的定时精度可达到 0.001～3276.7s。各定时器的功能如表 2-2-9 所示。

表 2-2-9　FX_{2N} PLC 定时器功能表

	非积算定时器		积算定时器	
定时单位	100ms	10ms	1ms	100ms
定时范围	0.1～3276.7s	0.01～327.67s	0.001～32.767s	0.1～3276.7s
定时器编号 （T0～T255） 256 点	T0～T199 （200 点） 子程序用 T192～T199	T200～T245 （46 点）	T246～T249 （4 点）	T250～T255 （6 点）
触点动作	计时时间到，T 接通，驱动触点动作			
设定方法	“十进制常数 K×定时单位”或“数据寄存器 D 中设定值×定时单位”			
断电保持功能	无后备锂电池，不具有断电保持功能，当停电或定时器线圈输入断开，定时器复位，恢复供电或定时器输入再接通时，重新计时		有后备锂电池，具有断电保持功能，当停电或定时器线圈输入断开，定时器保存已计时间，恢复供电或定时器输入再接通时，定时器继续计时，所计时间为原保存时间与继续计时时间之和。需用 RST 强制复位	

5．计数器 C

计数器用作计数控制，当计数器计数到达设定值时，指定编号计数器的触点接通。FX_{2N} PLC 共有 256 个计数器，编号为 C0～C255，分为 16 位和 32 位计数器两种，也可分成通用、停电保持计数器两种。

16 位计数器：计数触发信号每接通一次，计数器的值增 1，当计数器的当前值等于设定值时，计数器的输出触点接通。当复位信号接通时，计数器复位。通用型计数器在停电后将失去原有计数值，计数触发信号再次接通时，重新计数。32 位计数器计数范围增大，同时可以使用增/减双向方式改变计数方向。

停电保持型计数器在停电后，当前值和输出触点的置位和复位状态保持不变。计数器的设定值可用十进制常数 K 设定，也可用数据寄存器 D 来间接设定。

高速计数器都具有停电保持功能。高速计数器在 PLC 中占用 6 个输入端 X000～X005，当 1 个输入端被高速计数器占用时，就不能再用于另一个高速计数器，也不能用做其他输入端。计数器的分类、计数值如表 2-2-10 所示，32 位计数器使用特殊辅助继电器来决定计数的增/减方向。

表 2-2-10　计数器分类、计数值

16 位增计数器		32 位增/减双向计数器		32 位高速可逆计数器
计数范围：0～32767		计数范围：-2147483648～2147483647		
通用	停电保持用	通用	停电保持	停电保持用
C0～C99 （100 点）	C100～C199 （100 点）	C200～C219 （20 点）	C220～C234 （15 点）	C235～C255 （共 21 点），其中： C235～C245：1 相 1 输入 C246～C250：1 相 2 输入 C251～C255：2 相输入
—	—	由对应的 M8200～M8255 状态决定计数方向，当置 1 时，降序；当复位时，增序		

6．数据寄存器 D

数据寄存器 D 用于存放各种数据的软元件，数据寄存器可按字存取一个 16 位数据，若要存取 32 位数据，需要用 2 个序号连续的数据寄存器（序号低的存放低 16 位，序号高的存放高 16 位）。数据寄存器分为通用寄存器、停电保持数据寄存器、特殊数据寄存器、文件寄存器、变址寄存器、外部调整寄存器，具体类型如表 2-2-11 所示。

表 2-2-11　数据寄存器类型

类　型	点　数	用　途
通用数据寄存器	D0～D199 （200 点）	存放通用数据，直至再一次被改写，当 PLC 由 RUN→STOP 时，其中的值将全部置 0。但如果特殊辅助继电器 M8033 置 1，PLC 由 RUN→STOP 时，其中的值将保持不变
停电保持数据寄存器	D200～D7999 （7800 点）	用于停电时保持数据。当 PLC 由 RUN→STOP 时，保存在此数据寄存器中的内容不变
特殊数据寄存器	D8000～D8255 （256 点）	存放特定目的的数据，如后备锂电池电压、正在动作的状态编号，当 PLC 电源接通时被置于初始值（先全部清零，后由系统 ROM 写入）
文件寄存器	D1000～D7999 （7000 点）	以 500 点为单位，可将此 7000 点分成 1～14 块，用于存储大量的数据，如采集数据、统计数据、多组控制参数，可被外部设备存取，通过块传送指令 BMOV 可改写
变址寄存器	V0～V7 Z0～Z7	用于修改运算操作数地址，同其他软元件编号或数值组合使用。当进行 32 位数据运算时，要将 V、Z 串联组合使用，并指定 Z 为低位
外部调整寄存器	—	FX_{1S}、FX_{1N} PLC 的外部调整寄存器对应 D8030、D8031，对应该型号 PLC 的 2 个电位器，用来修改定时器的时间设定值

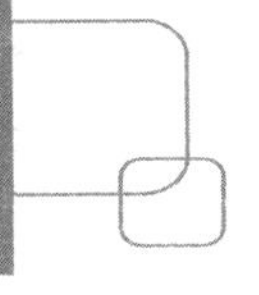

7. 常数 K 和 H 及其他进制数值

1）十进制数

K 表示十进制常数，16 位常数为-32768～32767 的整数，32 位常数为-2147483648～2147483647 的整数。

2）十六进制

H 表示十六进制常数，4 位十六进制常数范围为 0～FFFF，8 位十六进制常数范围为 0～FFFFFFFF。

3）二进制数

在 PLC 内部，十进制或十六进制数其实是用二进制数来处理的，当在外围设备上进行监控时，二进制数将自动转换为十进制数或十六进制数。

4）八进制数

八进制数只有 0～7 八个字符，逢 8 进位。FX_{2N} PLC 的输入继电器/输出继电器采用八进制编号。

5）BCD 码

BCD 码是以 4 位二进制数来表示 1 位十进制数的码。在进行数字式开关或七段码等显示器控制时很方便。

6）浮点数

FX_{2N} PLC 可编程序控制器具有高精度的浮点数运算功能，可用二进制浮点数进行浮点运算，同时用十进制浮点数实时监控。

表 2-2-12 列出了各种进制数据的转换对比关系。

表 2-2-12　各种进制数据的转换对比关系

十进制（DEC）	十六进制（HEX）	八进制（OCT）	二进制（BIN）	BCD
0	0	0	00000000	0000
1	1	1	00000001	0001
2	2	2	00000010	0010
3	3	3	00000011	0011
4	4	4	00000100	0100
5	5	5	00000101	0101
6	6	6	00000110	0110
7	7	7	00000111	0111
8	8	10	00001000	1000
9	9	11	00001001	1001

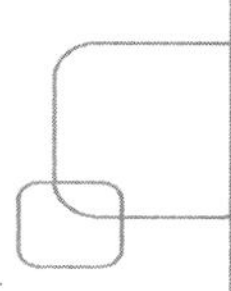

续表

十进制（DEC）	十六进制（HEX）	八进制（OCT）	二进制（BIN）	BCD
10	A	12	00001010	00010000
11	B	13	00001011	00010001
12	C	14	00001100	00010010
13	D	15	00001101	00010011
14	E	16	00001110	00010100
15	F	17	00001111	00010101

8．指针P/I

指针P/I指跳转和中断等程序的入口地址，与跳转、中断程序和子程序等指令一起使用。包括分支和子程序用的指针P和中断用的指针I，分支指针P指定CJ跳转或CALL子程序的跳转目标，中断用指针I分为输入中断用、定时器中断用、计数器中断用三种，如表2-2-13所示。

表2-2-13　指针列表

分支用指针	中断用指针（共9点）		
	输入中断用	定时器中断用	计数器中断用
P0～P127 （128点）	I00□（X0） I10□（X1） I20□（X2） I30□（X3） I40□（X4） I50□（X5） （6点，每个输入只用一次）	I6□□ I7□□ I8□□ （3点，定时器中断号6～8，每个定时器只用一次）	I010 I020 I030 I040 I050 I060 （6点，不能重复使用）

2.2.4　三菱FX_{2N} PLC产品性能指标

三菱FX_{2N} PLC产品的性能指标如表2-2-14所示。

表2-2-14　三菱FX_{2N} PLC产品性能指标

运算控制方式		存储程序反复运算方法（专用LSI），中断命令
输入/输入控制方式		批处理方式（在执行END指令时），但有I/O刷新指令
程序语言		继电器符号+步进梯形图方式（可用SFC表示）
程序存储器	最大存储容量	16K步（含注释文件寄存器最大16K步），有键盘保护功能
	内置存储器容量	8K步，RAM（内置锂电池后备），电池生命约5年，使用RAM卡盒约3年（保修期1年）
	可选存储卡盒	RAM，8K步（也可自配16K步）；EEPROM，4K/8K/16K步；EPROM，8K步（也可匹配16K步），不能使用带有实时锁存功能存储卡盒

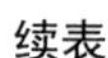

指令种类	顺控步进梯形图	基本（顺控）指令 27 条，步进梯形图指令 2 条	
	应用指令	128 种，298 条	
运算处理速度	基本指令	0.08μs/步	
	应用指令	1.52～数百 μs /指令	
I/O 点数	输入继电器	X000～X267（8 进制）184 点	扩展并用时总点数 256 点
	输出继电器	Y000～Y267（8 进制）184 点	
辅助继电器	一般用①	M0～M499，500 点	
	保持用②	M500～M1023，524 点	
	保持用③	M01024～M3071，2048 点	
	特殊用	M8000～M8255，256 点	
状态寄存器	初始化	S0～S9，10 点	
	一般用①	S10～S499，490 点	
	保持用②	S500～S899，400 点	
	储备用③	S900～S999，100 点	
定时器（限时）	100ms	T0～T199，200 点（0.1～3276.7 秒）	
	10ms	T200～T245，46 点（0.01～327.67 秒）	
	1ms 积算定时器	T246～T249，4 点（0.001～32.767 秒）	
	100ms 积算定时器	T250～T255，6 点（0.1～3276.7 秒）	
计数器	16 位通用加①	C0～C99，100 点（0～32767 计数器）	
	16 位锁存加②	C100～C199，100 点（0～32767 计数器）	
	32 位通用加①	C200～C219，20 点（-2.147483648～+2.147483647 计数器）	
	32 位锁存加②	C220～C234，15 点（-2.147483648～+2.147483647 计数器）	
	32 位高速双向②	C235～C255，6 点	
高速计数器	1 相无启动复位输入①	C235～C240，6 点	
	1 相带启动复位输入①	C241～C245，5 点	
	2 相双向高速计数器②	C246～C250，5 点	
	A/B 相高速计数器	C251～C255，5 点	
数据寄存器	通用数据寄存器	D0～D199，200 点	
	锁存数据寄存器	D200～D7999，7800 点	
	文件寄存器	D1000～D7999，D1000 后以 500 点为单位设置文件寄存器	
	特殊寄存器	D8000～D8255，256 点	
	变址寄存器	V0～V7，Z0～Z7，16 点	
指针	JAMP，CALL 分支用	P0～P127，128 点	
	输入中断，计时中断	I0□□～I8□□，9 点	
	计数中断	I010～I060，6 点	
使用 MC 和 MCR 的嵌套层数		N0～N7，8 点	

续表

常数	十进制 K	16 位：−32768～32767；32 位：−2.147483648～2.147483647
	十六进制 H	16 位：0～FFFF；32 位：0～FFFFFFFF
	浮点数	32 位：±（1.175×10^{-38}～3.403×10^{38}）

注：① 非电池后备区，通过参数设置可变为电池后备区。

② 电池后备区，通过参数设置可变为非电池后备区。

③ 电池后备固定区，区域特性不可改变。

2.3　FX_{2N} PLC 的系统配置

三菱 FX_{2N} PLC 基本单元就是一个独立的可供使用的 PLC 装置，但当工程开发中三菱 FX_{2N} PLC 基本单元的点数不够或者需要拓展某些特殊功能时，就需要加装一些设备如图 2-3-1 所示，此时需要注意 FX_{2N} PLC 系统配置的一些问题，表 2-3-1 列出了基本单元、扩展单元、扩展模块、特殊扩展设备组合的情况及其注意事项。

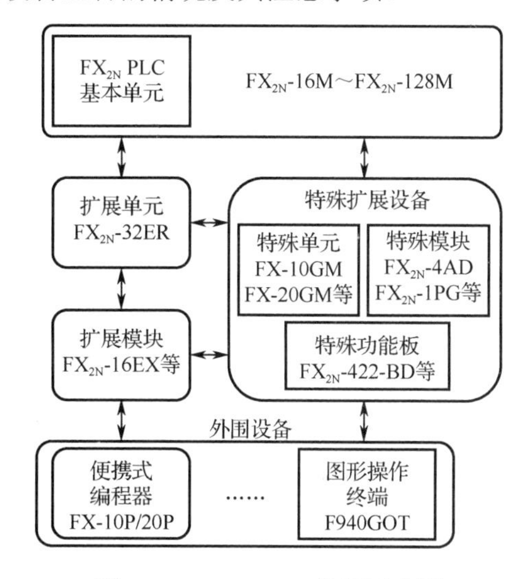

图 2-3-1　FX_{2N} PLC 扩展示意图

表 2-3-1　基本单元、扩展单元、扩展模块、特殊扩展设备组合及注意事项

区　分	组　合	说　明
基本单元	只有基本单元 基本单元	不需要计算电流容量，需注意 I/O 点数的限制
输入/输出的扩展	只接扩展单元 基本单元 + 扩展单元 …… 扩展单元	不需要计算电流容量，需注意 I/O 点数限制

续表

区　分	组　合	说　明
输入/输出的扩展	只接扩展模块 基本单元 + 扩展模块……扩展模块 接扩展单元和扩展模块 基本单元及其他扩展设备 + 扩展单元 + 扩展模块……扩展模块	需注意 I/O 点数限制；需计算 DC 24V 供给时的电流容量
特殊设备的扩展		需注意 I/O 点数限制；需计算 DC 5V 供给时的电流容量

配置时需要注意的问题有 I/O 点数的限制、供电电压的有无及选择、电流容量的消耗、连接电缆的选择等，现介绍如下。

1. I/O 点数限制

FX_{2N} PLC 可连接的 I/O 点数限制如表 2-3-2 所示，千万要注意在输入、输出合计使用时其点数总计不能超过 256 点，而不是 368 点。

表 2-3-2　FX_{2N} PLC 可连接的 I/O 点数限制

	单独使用	合计使用
输入点数	184 点以内	256 点以内
输出点数	184 点以内	

注意连接特殊扩展设备时的点数问题。其中，特殊功能板不占有 I/O 点数，特殊单元、特殊模块每块占有点数为 8 点，因此特殊单元和特殊模块件数最多不超过 8 块，且每台按 8 点计算，不分配给 I/O 序号，从最大点数 256 点中扣除（以下除外，特殊模块 FX-16NP-S3、FX-16NT-S3、FX-1DIF 占有点数为输入 8 点，输出 8 点；FX-16NP、FX-16NT 占有点数为输入 16 点，输出 8 点，且都分配有 I/O 序号）。因此在连接特殊扩展设备时通用 I/O 点数的计算公式如下：

通用 I/O 点数=256（最大点数）−8×特殊单元或特殊模块使用的件数

2. 供电电压和电缆的选择

FX_{2N} PLC 基本单元和扩展单元内部都装有电源，对扩展模块可供给 DC 24V 电源，对特殊单元、特殊模块可供给 DC 5V 电源，因此要注意各单元或模块的供电电压的有无和种类（见表 2-2-3），此外还要注意扩展电缆的选择（是专用电缆还是不用电缆）。

3. 电源容量的计算

连接扩展模块、特殊模块时应注意它们的耗电量，基本要求是耗电量应被控制在基本单元和扩展单元的电源容量范围内，换句话说，电源容量≥0，否则即使连接上也带动不起来。

1）连接扩展模块

（1）DC 24V 供给。

扩展模块本身不带电源，需要基本单元/扩展单元的 DC 24V 提供电源，表 2-3-3 列出了 FX_{2N} PLC 基本单元/扩展单元的电流容量，图 2-3-2 画出了在连接扩展模块时用基本单元/扩展单元进行 DC 24V 供给的连接示意图，图 2-3-3 画出了连接扩展模块时的电流容量计算公式，其中需要注意的是：使用 FX_{2N}-CNV-IF 电缆，FX_1、FX_2 用扩展模块时最多可接 16 点，超过 16 点时，请连接 FX_1、FX_2 用扩展单元。

表 2-3-3 基本单元/扩展单元电流容量

基本单元	扩展单元	电流容量	备注
FX_{2N}-16M～32M	FX_{2N} -32E	250mA	为扩展模块供电
FX_{2N}-48M～128M	FX_{2N} -48E	460mA	

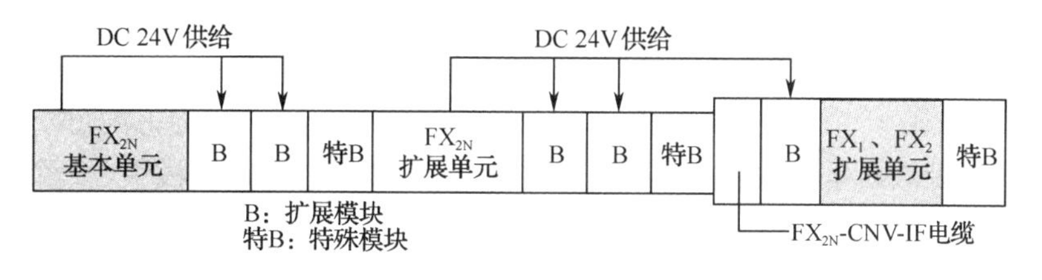

图 2-3-2 连接扩展模块时 DC24V 供给示意图

（2）电流容量计算公式。

连接扩展模块时电流容量的消耗可参照图 2-3-3 所示的电流容量计算公式进行计算，图中虚线部分是指用 FX_1、FX_2 扩展模块扩展时的电量消耗计算。

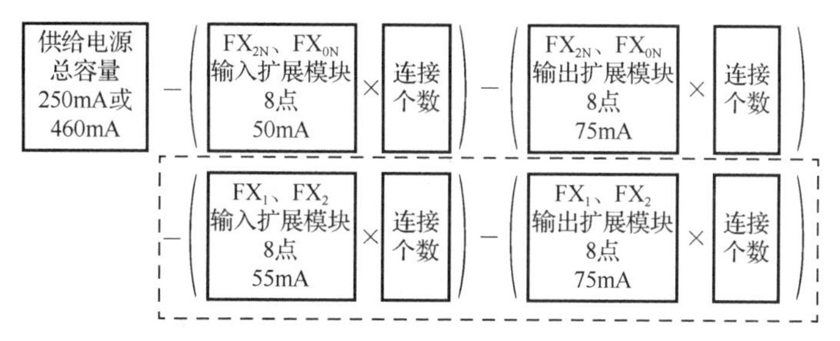

图 2-3-3 连接扩展模块时的电流容量计算公式

下面举例说明扩展模块连接的电流容量计算。

【例 2-1-1】 基本单元 FX_{2N}-48MR，连接 FX_{0N}-8EX 输入扩展模块 1 块，FX_{2N}-16EX 输入扩展模块 1 块，FX_{0N}-8EYR 输出扩展模块 1 块，问是否可以这样扩展？

首先考虑 I/O 点数的限制：

基本单元 48 点+扩展模块输入点数 24 点+扩展模块输出点数 8 点=80 点，没有超过最大 256 点的限制。

其次进行电流容量的计算：

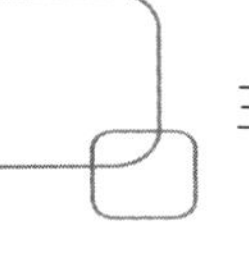

根据图 2-3-3 计算公式，输入扩展模块 8 点的消耗电流为 50mA，16 点的输入扩展模块按 2 个 8 点的输入扩展模块计算，输出扩展模块 8 点的消耗电流为 75mA，则扩展后的电源容量为：电源容量=460mA−50mA−50mA×2−75mA=235mA>0。

综合上述两个方面得出结论，可以扩展。

（3）电流容量计算表。

有关电流容量的消耗除可用上述相关公式进行计算外，还可以在图 2-3-4 中用表格形式推算出来。由于 FX_{2N}、FX_{0N} 用扩展模块和 FX_1、FX_2 用扩展模块的 DC24V 消耗电量不同（前者输入电流消耗 50mA，输出电流消耗 75mA，后者输入电流消耗 55mA，输出电流消耗 75mA），所以图 2-3-4 又细分成两个表，其中（a）、（b）为 FX_{2N}、FX_{0N} 用扩展模块在 DC 24V 时的消耗电流推算表，其中（c）、（d）为 FX_1、FX_2 用扩展模块在 DC 24V 时的消耗电流推算表。

图 2-3-4 的单元格中，原点阴影部分为基本单元、扩展单元的电流总容量，分别为 250mA、460mA。横向箭头方向表示为接输入扩展模块，每接一个模块输入点数扩充 8 点，纵向箭头方向表示为接输出扩展模块，每接一个模块输出点数扩充 8 点。在图 2-3-4（a）、（b）中，横向方向每扩展 8 点，消耗电流 50mA，纵向方向每扩展 8 点，消耗电流 75mA。在图 2-3-4（c）、（d）中，横向方向每扩展 8 点，消耗电流 55mA，纵向方向每扩展 8 点，消耗电流 75mA。查看图 2-3-4（b）的阴影部分，当系统接 2 个输入扩展模块，2 个输出扩展模块时，电流容量为 210mA，系统可以这样配置扩展。

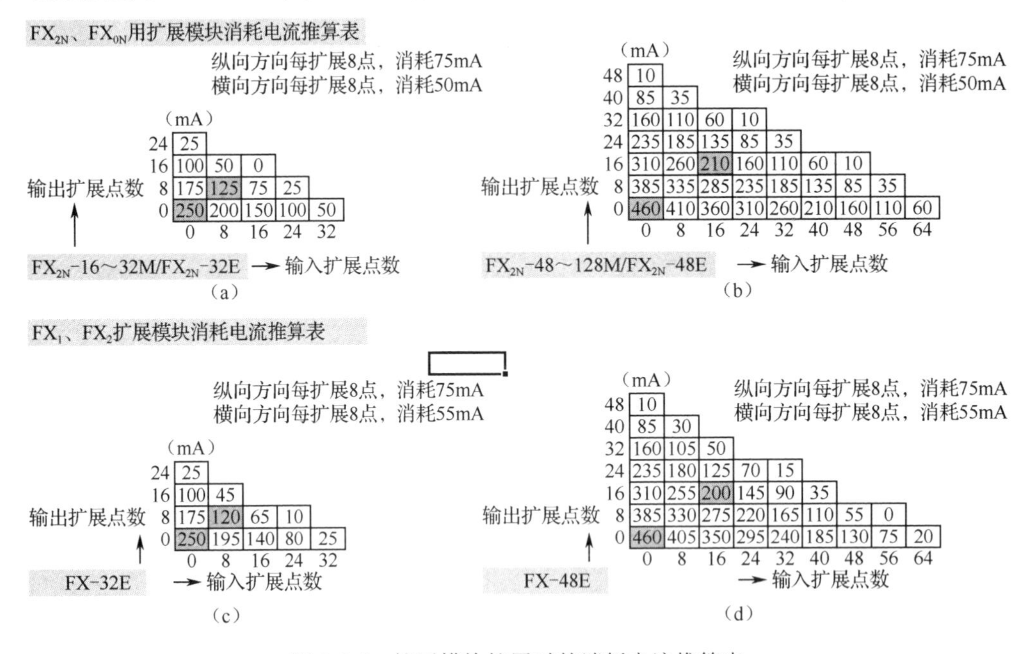

图 2-3-4　扩展模块扩展时的消耗电流推算表

2）连接特殊模块

（1）特殊单元/特殊模块件数限制。

使用特殊单元/特殊模块和功能扩展板时，需要注意连接个数和 DC 5V 的消耗电量，连接个数的限制如表 2-3-4 所示。

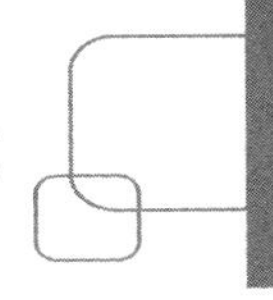

表 2-3-4　基本单元可连接的最多个数

类　别	最多连接个数	备　注
功能扩展板	1	基本单元上面的面板可接 1 块
特殊单元	8	FX_{2N}-16NT、FX_{2N}-16NP/NT 除外
特殊模块		

（2）DV 5V 供给。

参见表 2-2-6 特殊扩展设备一览表，特殊单元自带 5V 电源，特殊模块等特殊扩展设备需要外部供给 5V 电压，图 2-3-5 展示了基本单元和扩展单元扩接特殊单元、特殊模块时 DC 5V 供电的情况，图中基本单元上的面板可接 1 块功能扩展板。

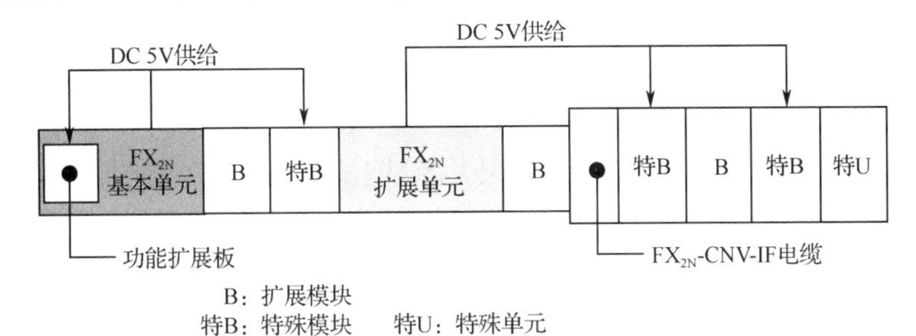

图 2-3-5　特殊单元/模块连接时 DC 5V 供给连接示意

（3）DC 5V 供给时电源容量的计算。

基本单元/扩展单元扩接特殊模块时也要考虑电流的消耗，其电流容量应满足：

电流容量=基本单元 DC 5V 总容量−特殊模块 DC 5V 消耗电量≥0

当满足上式时，特殊模块等扩展设备可连接，若差小于 0，表示容量不够，需在中间使用 FX_{2N}-32E、FX_{2N}-48E 扩展单元，以解决电源容量不够的问题。

【例 2-1-2】 FX_{2N}-48MR 基本单元可否连接 3 块 FX_{0N}-3A，1 块 FX-1HC，1 块 FX-10GM？

查表 2-3-4 知，FX_{0N}-3A 消耗电流 30mA，FX-1HC 消耗电流 70mA，FX-10GM 自带电源，所以，其电流容量为：

电流容量=250mA−30mA×3−70mA−0=90mA>0

结论：可以连接。

下面给出了两个实例，图 2-3-6 是一个实际的用 32 点的基本单元/扩展单元连接扩展模块和特殊模块时的系统配置示意图。图 2-3-7 是基本单元（32MR）/扩展单元（32ER）连接 3 个特殊模块的实际连接示意图。

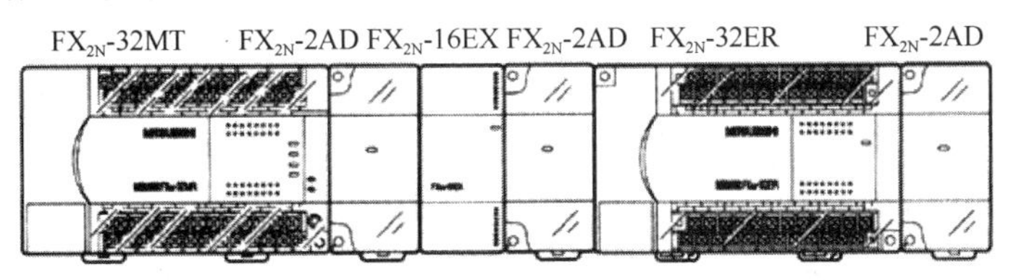

图 2-3-6　扩展模块实际连接示意图

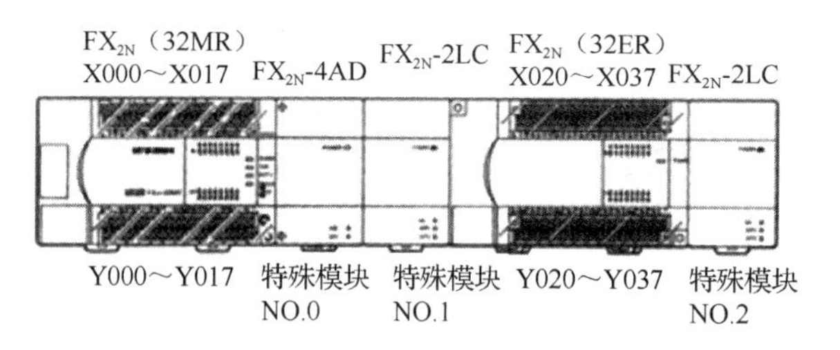

图 2-3-7　特殊模块实际连接示意图

2.4　三菱 FX_{2N} PLC 安装

1. 安装环境

安装 PLC 时，首先要注意是否满足安装环境条件，FX_{2N} PLC 的安装环境如表 2-4-1 所示。

表 2-4-1　FX_{2N} PLC 的安装环境

环境温度	使用时：（0～55）℃；储存时：（-20～+70）℃	
相对湿度	使用时：35%～89%RH（不结露）	
抗振动	符合 JISC0911 标准，10～55Hz，0.5mm（最大 2G）3 轴方向各 2 小时（用 DIN 导轨安装时 0.5G）	
抗冲击	符合 JISC0912 标准，10G，3 轴方向各 3 次	
抗噪声	噪声电压为 $1000V_{P-P}$，噪声脉宽为 1μs，周期为 30～100Hz 的噪声模拟干扰，PLC 仍工作正常	
耐压	AC 1500V 1min	所有端子与接地端之间
绝缘电阻	5MΩ以上（DC 500V 绝缘电阻表）	
接地	第三种接地，不能接地时亦可悬空	
工作环境	无腐蚀性气体，导电性尘埃不严重	

PLC 尽量不要安装在有灰尘、油烟、导电性尘埃、腐蚀性气体、可燃性气体的场所，高温、结露、风吹雨淋的环境，有振动、冲击的场所也不宜使用 PLC，会引起火灾、误动作，产品损伤或质量下降。

2. 电源规格

FX_{2N} PLC 的电源规格如表 2-4-2 所示，安装时电源应遵守表 2-4-2 的规格规定。

表 2-4-2　FX_{2N} PLC 的电源规格

项　目	FX_{2N}-16M	FX_{2N}-32M FX_{2N}-32E	FX_{2N}-48M FX_{2N}-48E	FX_{2N}-64M	FX_{2N}-80M	FX_{2N}-128M
额定电压	AC 100～240V					
电压允许范围	AC 85～264V					
额定频率	50～60Hz					

续表

项　目		FX_{2N}-16M	FX_{2N}-32M FX_{2N}-32E	FX_{2N}-48M FX_{2N}-48E	FX_{2N}-64M	FX_{2N}-80M	FX_{2N}-128M
允许瞬间断电时间		10ms 以内的瞬间断电，机器继续运行。 当电源电压为 AC 200V 系列时，通过用户程序可将其改为 10～100ms					
电源保险丝		250V 3.15A，Φ5×20mm		250V 5A，Φ5×20mm			
耗电量（VA）		30	40①	50②	60	70	100
冲击电流		最大 40mA 5ms 以下/AC100V，最大 60A 5ms 以下/AC200V					
传感器电源	无扩展模块	DC 24V 250mA 以下		DC 24V 460mA 以下			
	有扩展模块	参照 DC24V 电流容量计算方法，当容量≥0 时允许接扩展模					

注：① FX_{2N}-32E 为 35；
② FX_{2N}-48E 为 45。

具体在配线时，还要注意：

（1）AC 电源配线，接于专用端子，若将 AC 电源接在直流输入/输出端子或直流电源端子上，就烧坏了可编程序控制器；

（2）基本单元/扩展单元的“24+”端子，不需要从外部供给电源，且不需要相互连接，基本单元/扩展单元的“COM”端可以相互连接，“24+”端子、“COM”端子可以作为传感器供电电源；“●”空端子要在外部配线，以防损伤设备。基本单元的“接地”端子，要用 $2mm^2$ 以上的电线，实行第三种接地（见图 2-4-1），但是，不能与强电系统共用接地。

PLC 的接地方式有三种，如图 2-4-1 所示，其中第一种专用接地方式最好。

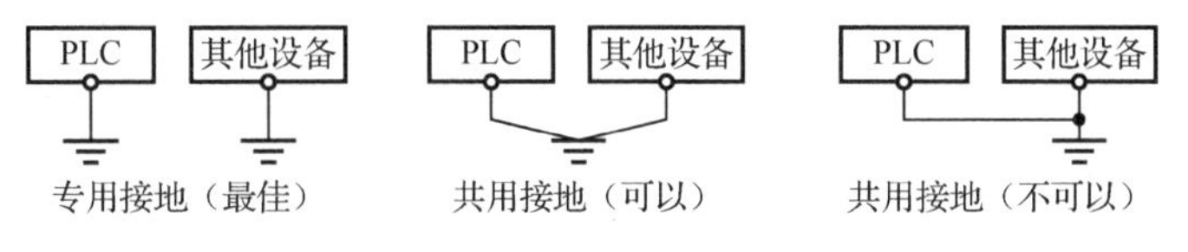

图 2-4-1　接地方式

3. 安装

PLC 有两种安装方式，如图 2-4-2 所示。

（1）DIN 导轨安装方式：将机器安装在 35mm 宽的 DIN 导轨上（DIN46277），拆卸主机时，请将 DIN 导轨安装挂钩向下拉出。

（2）直接安装方式：直接安装时，用 M4 螺钉对准螺孔固定就可以完成安装；但各个器件之间需要留 1～2mm 的间隙。

端子的紧固转矩为 0.5～0.8N · m，请准确无误地拧紧。基本单元扩展单元的端子台为装卸式（FX_{2N}-16M 和扩展模块除外）。FX_1、FX_2 系列 PLC 请用 M3.5 螺钉。

安装 FX_{2N} PLC 的扩展单元时，请按箭头所示方向推出 DIN 导轨安装挂钩。压接端子请使用图 2-4-3 所示尺寸。

安装时的其他注意事项：

- 扩展模块附带防尘罩，安装配线施工时请将防尘罩贴到通风口上。
- 扩展电缆，请接于离基本单元较近的扩展单元、扩展模块和特殊单元的左侧端子。
- PLC 主机和其他设备或结构物之间留 50mm 以上的空隙，尽量远离高压线、高压设备和动力设备。

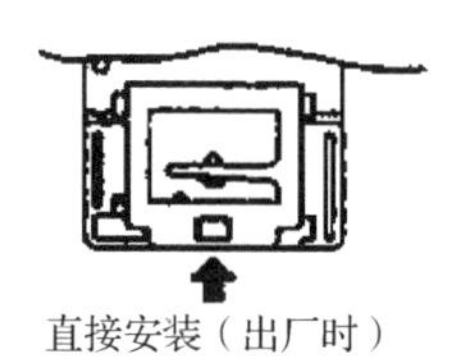

图 2-4-2　PLC 的两种安装方式

图 2-4-3　压接端子尺寸

- 55mm 扩展电缆附属于扩展单元，650mm 扩展电缆用于可选件的 FX_{2N}-65EC。单列配置时用 55mm 扩展电缆，双列配置时用 650mm 扩展电缆（可选）。扩展模块内装电缆，接扩展电缆时，要折入对方的端子盖板下面。PLC 安装时空隙和电缆的选择，如图 2-4-4 所示。

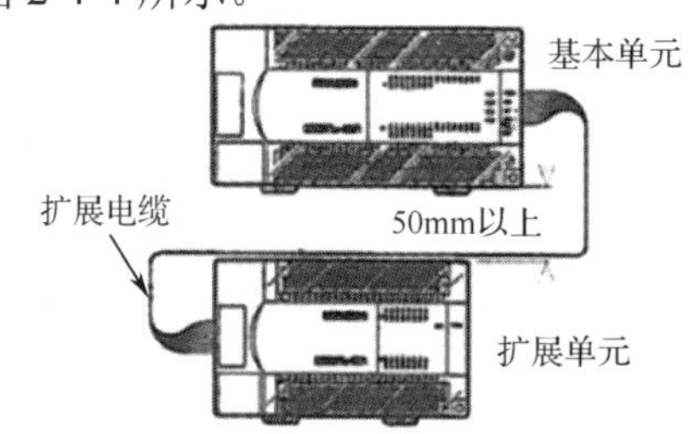

图 2-4-4　PLC 安装时空隙和电缆的选择

4．电池寿命和定期更换

三菱 PLC 的电池寿命与更换标准如表 2-4-3 所示。

表 2-4-3　电池寿命与更换标准

程序存储器种类	电池寿命与更换标准		
	保质期	寿命	定期更换期
内置存储器 EEPROM 存储器 EPROM 存储卡盒	1 年	5 年	3 年
FX-RAM-8 型存储卡盒	1 年	3 年	2 年

电池更换示意图如图 2-4-5 所示。

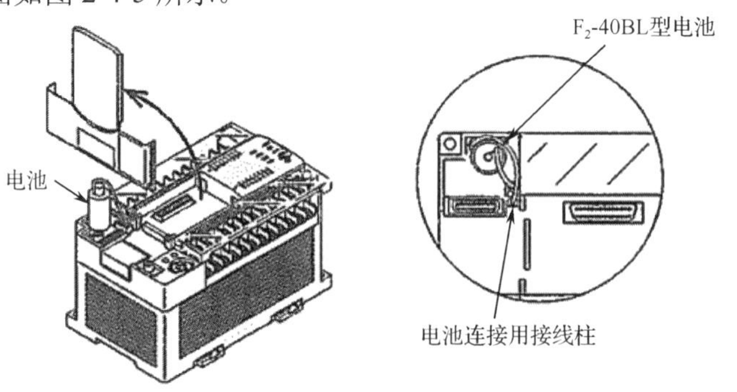

图 2-4-5　电池更换示意图

（1）关闭可编程序控制器的电源。

（2）用手指握住面板盖左角，抬起右侧，卸下面板盖。

（3）从电池架取出旧电池，拨出插座。

（4）在插座拨出后的 20s 内，插入新电池的插座。

（5）把电池插入电池架，装上面板盖。

（6）使用功能扩展板时，请注意电池的簧片不要接触功能扩展板。

5．输入/输出接线

基本单元（AC 电源 DC 输入型）接扩展单元、扩展模块时的配线示意图如图 2-4-6 所示。图中“L”“N”是工频交流电 AC 供电的接线柱，“L”为接相线、“N”为接中线，“⏚”为接地线，“●”为空端子，“24+”为 DC 24V 直流端子（可给传感器、输入供电）。

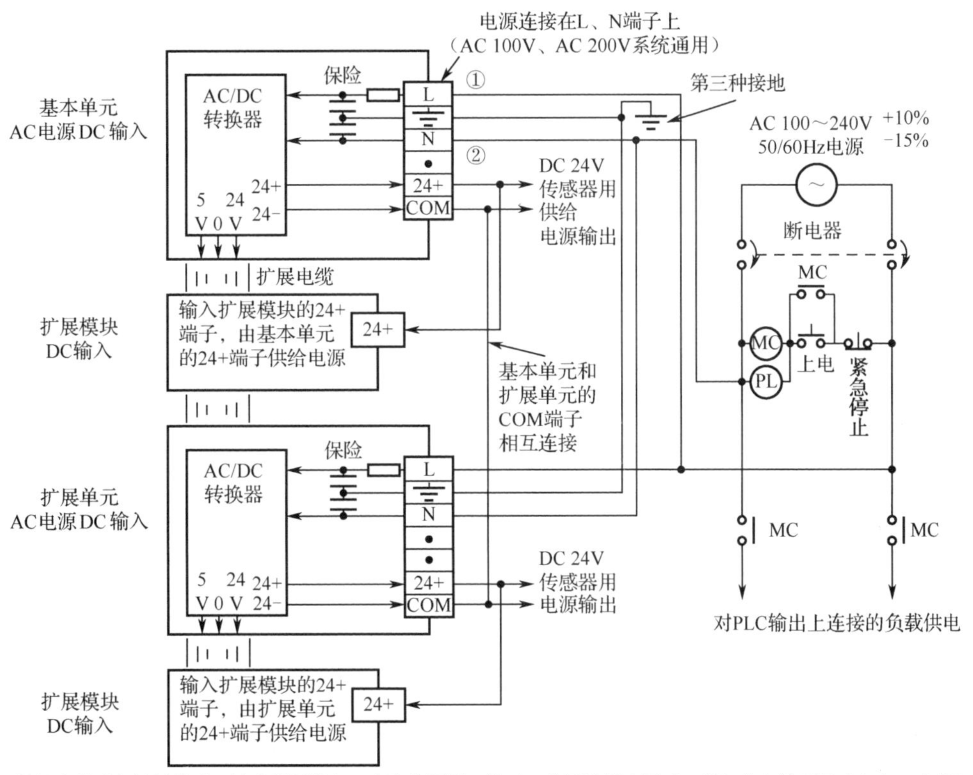

注：①基本单元和扩展单元、特殊扩展设备，建议使用同一单元。使用外部电源时，请与基本单元同时上电，或者比基本单元先上电。切断电源时，请先确认整个系统的安全性，然后同时断开PLC（包括特殊扩展设备）的电源。

②“●”端子是空端子，请不要对其进行外部接线，也不要将其作为中继端子使用。

图 2-4-6　AC 电源 DC 输入型基本单元配线示意图

图 2-4-7 是输入端接线示意图，输入器件主要有接近开关、光电开关、各种传感器、按钮等，24+提供 DC 24V 供电，COM 端为公共端，有时多个输入共用一个 COM 端。

图 2-4-8 是输出端接线示意图，输出端主要接有继电器、电磁阀、接触器等部件，这些部件根据电源种类和电压不同分为不同的等级范围，比如分成交流负载和直流 24V 负载，根据电压不同分成 AC 220V、AC 110V 等负载。COM 端为公共端，根据机型不同有 4 点、8 点同用一个 COM 端的多种组合。表 2-4-4 列出了 FX_{2N} PLC 的输入规格和输出规格（仅以继电器输出为

例），表中明确列出了继电器输出型的电路隔离、动作指示、驱动负载、响应时间等指标要求。

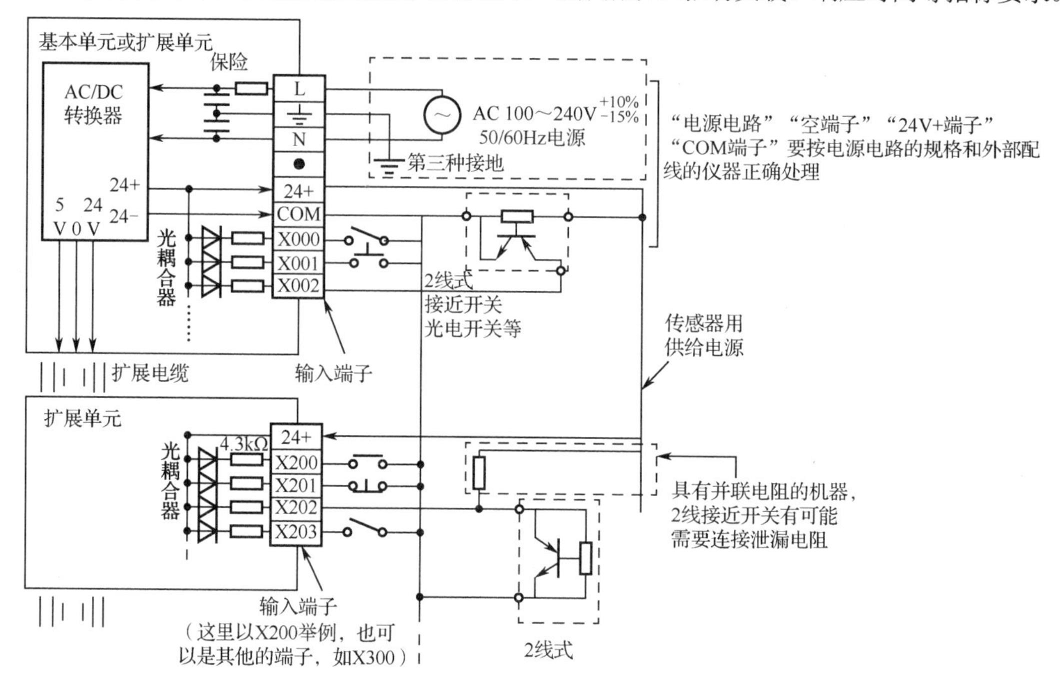

图 2-4-7　输入端接线示意图

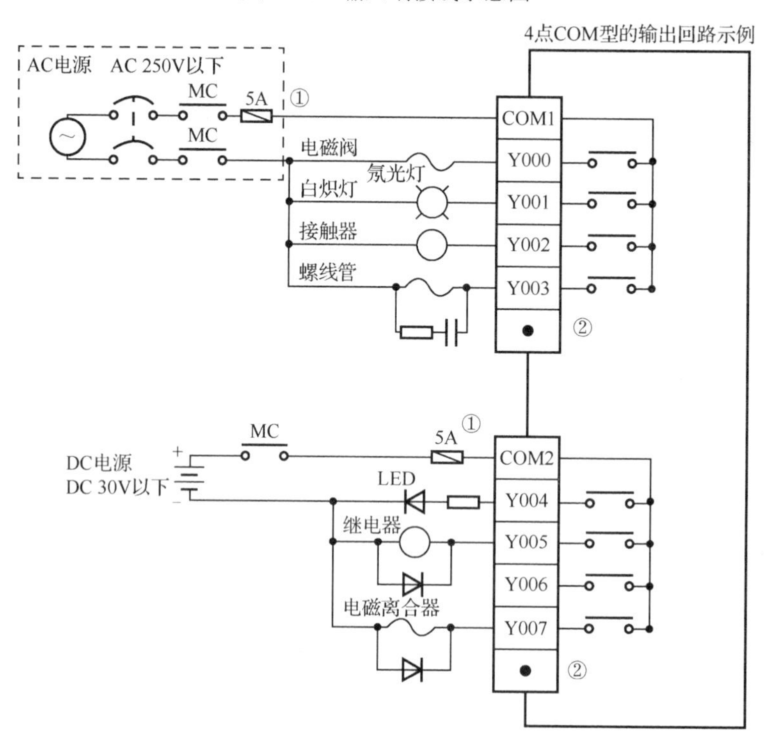

注：①该可编程序控制器的输出电路无内置保险，为了防止负载短路等故障烧断PLC的基板配线，请每4点设置5～10A保险。
② "空端子"请按配线注意事项正确处理。

图 2-4-8　输出端接线示意图

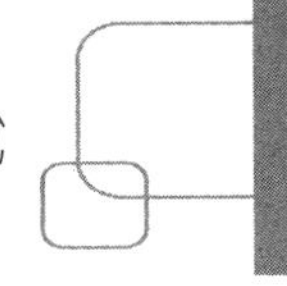

表 2-4-4　FX$_{2N}$ PLC 输入规格和输出规格（仅以继电器输出为例）

项　目	DC 输入（AC 电源型）	项　目	继电器输出
机型	FX$_{2N}$ PLC 基本单元	机型	FX$_{2N}$ PLC 基本单元 扩展单元 扩展模块
输入电路组成	可编程序控制器 24+ 传感器用供给电源 24V COM X□□0 3.3kΩ ① X□□7 3.3kΩ ① ①：X010以后以及扩展单元为4.3kΩ。	输出电路组成	负载 外部电源 可编程控制器
输入信号电压	DC 24V	内部电源	AC 250V，DC 30V 以下
输入信号电流	7mA/DC 24V （X010 以后 5mA/DC 5V）	电路隔离	继电器隔离
输入 ON 电流	4.5mA/DC 24V （X010 以后 3.5mA/DC 5V）	动作指示	继电器通电 LED 灯亮
输入 OFF 电流	1.5mA/DC 24V （X010 以后 1.5mA/DC 5V）	最大负载　电阻负载	2A/1 点 8A/4 点公用 8A/8 点公用
输入应答时间	约 10ms	最大负载　感应性负载	80VA
	X000～X017 内含数字滤波器，可在 20～60ms 内转换，但最小为 50μs	最大负载　灯负载	100W
输入信号形式	接点输入或 NPN 开路集电极晶体管	开路漏电流	—
输入电路绝缘	光耦合隔离	最小负载	DC 5V 2mA
输入动作显示	输入连接时 LED 灯亮	响应时间　OFF→ON	约 10ms
		响应时间　ON→OFF	约 10ms

习　　题

2-1　三菱 FX$_{2N}$ PLC 基本单元有几种规格？说出它的命名规则。

2-2　指出三菱 FX_{2N} PLC 基本单元、扩展单元、扩展模块、特殊模块、特殊单元的区别。

2-3　三菱 FX_{2N} PLC 有哪几类继电器？哪几类寄存器？

2-4　三菱 FX_{2N}-48MR 型 PLC 面板上有几个指示灯？这些指示灯有什么意义？

2-5　三菱 FX_{2N} PLC 最大可扩展点数是多少？

2-6　判断题

（1）FX_{2N} -48MT-001 是扩展模块，内部无电源。（　　）

（2）FX_{2N} -48ER、FX_{0N}-8ER 是扩展单元。（　　）

（3）输入/输出继电器以十进制编号，辅助继电器以八进制编号。（　　）

（4）P 是分支指针、I 是中断指针。（　　）

（5）基本单元最多可以接 8 个特殊单元。（　　）

（6）FX_{2N} -48MR 端子接线中“N”可以接地。（　　）

2-7　填空题

（1）FX_{2N}-32MR 有输入继电器________点，输出继电器________点。

（2）FX_{2N}-32MR 中字母“M”代表________，“R”代表________，FX_{2N}-32E 中字母“E”代表________，前面的数字代表________。

（3）FX_{2N} PLC 共有定时器________个，分________和________两种，属通电延时________定时器。

（4）FX_{2N}-128MR 基本单元共有 I/O 点数为________点，单独使用时输入点数、输出点数最多可达________点，合计使用时最多可达________点。

（5）FX_{2N} PLC 共有计数器________个，16 位计数器为________计数器，32 位计数器为________计数器。

（6）状态继电器只有________和________两种状态，S0～S9 一般用作________状态继电器。

（7）特殊单元一般________供电，特殊模块一般需要________供电，扩展模块一般需要________供电，必须与________单元一同使用。

2-8　在图 T2-8 中，假定基本单元为 FX_{2N}-16MR，扩展单元为 FX_{2N}-32E，B1 表示扩展模块 FX_{2N}-16EX，B2 表示扩展模块 FX_{2N}-16EYR，特 B 表示特殊模块 FX_{2N}-4AD，问可否按图 T2-8 方式进行系统配置？若可以，其最大的 I/O 点数为多少？

FX_{2N} 基本单元	B1	B1	B2	FX_{2N} 扩展单元	B1	特B	B2

B1、B2：扩展模块　　特B：特殊模块

图 T2-8

2-9　简述三菱 FX_{2N} PLC 安装的注意事项。

2-10　简述位元件与字元件的区别与联系。

第3章　三菱编程软件操作使用

3.1　编程工具

3.1.1　PLC 编程电缆

编程电缆是将 PLC 和计算机或编程器通信连接起来的必备工具，现在的编程电缆多是RS232 接口电缆，一端与 PLC 相连，另一端一般接在计算机的 COM 端口上，PLC 新机型的编程电缆现在也有采用 USB 接口电缆的。FX 系列 PLC 常见的编程电缆有 RS-232C（长3m）和 RS-422（长 1.5m）两种。

3.1.2　计算机或编程器

三菱公司实现 PLC 编程的手段有两种，一种是计算机，用户必须在计算机上安装三菱公司的 PLC 编程软件，通过软件编程将 PLC 软件编好下载到 PLC 中实现，如图 3-1-1 所示。另一种是编程器，用户只要将编程电缆连接到 PLC 中，直接根据编程器中的面板用指令表语言输入指令到 PLC 中即可，三菱公司的编程器有 FX-10P-E、FX-20P-E 两种，适用于所有 FX 系列 PLC，但 FX-20P-E 编程器通过转换器 FX-20P-E-FKIT 也可用于 F 系列 PLC，图 3-1-2 是 FX-20P-E 手持编程器（Handy Programming Panel，HPP）与 PLC 的连接示例。

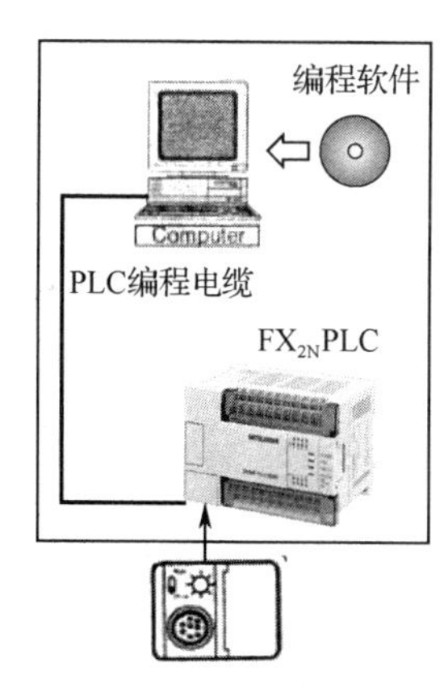

图 3-1-1　FX_{2N} PLC 和计算机联机

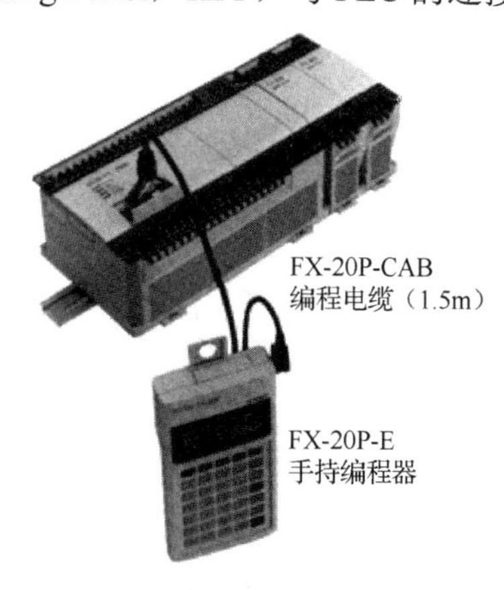

图 3-1-2　FX-20P-E 手持编程器与 PLC 的连接

FX-20P-E 手持编程器有联机和脱机两种操作方式。

（1）联机（Online）方式：编程器可对 PLC 的用户程序存储器进行直接操作、存取，在写入程序时，若 PLC 内未装 EEPROM 存储器，程序写入 PLC 内部 RAM，若 PLC 内装有

EEPROM 存储器，程序写入该存储器。

（2）脱机（Offline）方式：脱机方式可进行 HPP 内部存储器的存取，编制的程序应先写入 HPP 内部的 RAM，再成批地传送到 PLC 的存储器中，也可以在 HPP 和 ROM 写入器之间进行程序传送。

本书主要讲述计算机编程方式，编程器的使用方法读者可参考相关说明书或参考资料。

3.1.3 可编程工具软件

目前，能够在 Windows 环境下编写 FX_{2N} PLC 程序的编程软件有以下几种。

1．SWOPC-FXGP/WIN-C 编程软件

SWOPC-FXGP/WIN-C 编程软件可对 FX 系列 PLC 进行编程，其特点是占用内存小（不到 2MB）、使用方便、可在 Windows 3.1 和 Windows 95 环境下运行，并实现实时监控，C 表明是中文版（若为英文版则最后英文为 E），图 3-1-3 是 SWOPC-FXGP/WIN-C 软件的启动画面，图 3-1-4 是该软件支持的 PLC 型号。

图 3-1-3　SWOPC-FXGP/WIN-C 软件启动画面

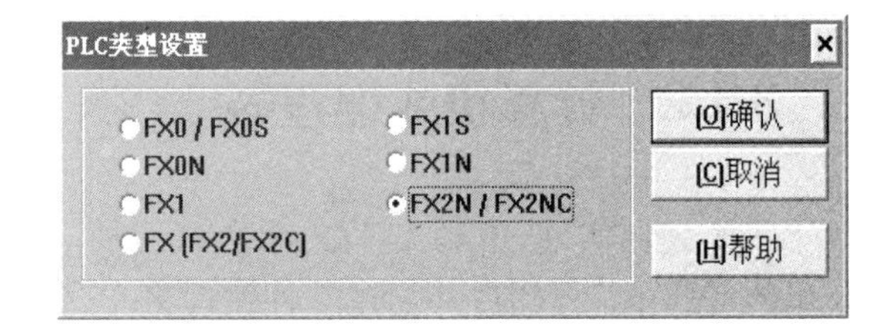

图 3-1-4　SWOPC-FXGP/WIN-C 软件支持的 PLC 型号

2．GX Developer 编程软件

GX Developer 是另一个能够编写三菱 FX_{2N} PLC 程序且功能比 SWOPC-FXGP/WIN-C 更强大的编程软件。GX Developer 软件的特点如下。

（1）可以创建梯形图、SFC（顺序功能图）、ST（结构化文本）或者指令表等多种 PLC 程序并将其存储为文件，用打印机打印，能够成批量注释数据。

（2）能够在软件中与 PLC 进行实时通信、文件传送、操作监控和测试。

（3）在安装配套仿真软件的情况下，能够脱离 PLC 进行模拟仿真。

（4）支持 Windows 9x 以上的各种操作系统。

（5）使用 GX Developer 同一个软件可以创建 Q 系列、A 系列、FX 等系列的 PLC 程序，特别是利用它编写的 FX 系列 PLC 程序，能够在 DOS 版程序［FXGP（DOS）格式］、SWOPC-FXGP/WIN 版程序［FXGP（WIN）格式］之间相互转换，实现了设置操作的通用性。

（6）可充分利用 Windows 应用程序 Excel、Word 的特点来创建注释数据，加强现有资源的利用，操作起来非常方便。

（7）GX Developer 还使编程标准化，例如，通过标签编程可创建顺控程序，可将反复使用的梯形图程序转化为功能块（FB）使顺控程序的开发变得简便易行；在任意的梯形图程序

中附加宏名再将其宏登记到文件中，只需要通过输入简单的指令，就可以读出或者改变软元件加以利用。

GX Developer 编程软件开始得到大家充分认可的是其 Version 7（简称 V7）版本，图 3-1-5 是 V7 版本的启动画面，图 3-1-6 是当下流行的 Version 8（简称 V8）版本。和 V8 版本比较起来，V7 版本在安装时没有选择部件 1——选择 ST 语言，在工具栏中也没有菜单中的“ST”选项，并且不支持其最新的 FX_{3U} PLC，用 V8 版本创建的工程，在 V7 版本中有可能不能读取，两个版本的对应情况如表 3-1-1 所示。

图 3-1-5　GX Developer 的 V7 版启动画面

图 3-1-6　GX Developer 的 V8 版

表 3-1-1　GX Developer V8 对比

通过 GX Developer V8 创建		打开工程的 GX Developer V7	
使用标签	梯形图/列表	标签+FB	○
	MELSAP3		×
	MELSAP—L		×
	FB		○
	结构体		×
	ST		○①
	FB（ST）		○①
不使用标签	梯形图/列表	无标签	○
	MELSAP3		○
	MELSAP—L		○

注：○：可以读取；×：不可以读取；①可以读取标签程序形式的数据。

GX Developer 编程软件名称的统一格式为 SWnD5-GPPW-E 或 SWnD5-GPPW-C，其中 n 为版本号，E 表示为英文版，C 表示为中文版，例如 SW8D5-GPPW-C 表示是中文的 V8 版。

本书主要介绍 GX Developer V8.86 版本（截至 2017 年 9 月，三菱公司发布的最新版本是 V8.103H 版）。

3.2 三菱 GX Developer V8 软件的安装与运行

3.2.1 安装 GX Developer V8 软件

GX Developer V8.86 版本中完整的安装包内容应与图 3-2-1 所示一致，其中除有安装程序 Setup.exe、序列号 sn 等主体文件外，还有四个子文件夹：DNaviplus、EnvMEL、GX_Com、Update，在安装 GX Developer V8 之前请先卸载先前的版本，如 V7，然后安装三菱 PLC 软件的“通用环境”，再安装 V8，否则所安装的程序有可能不能正常工作。

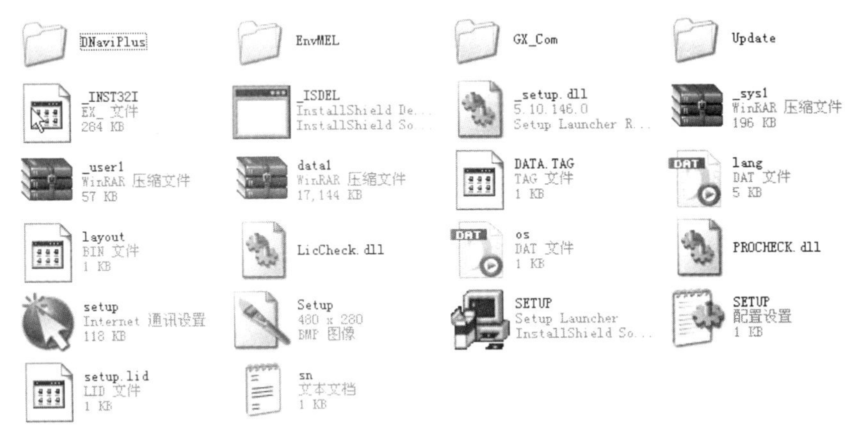

图 3-2-1　GX Developer V8 安装包中的内容

1. 环境安装

在光盘所带的“EnvMEL”子文件夹中单击“Setup.exe”，先安装三菱“通用环境”软件，其安装首界面如图 3-2-2 所示，在出现如图 3-2-3 所示安装提示后，通用环境安装结束。

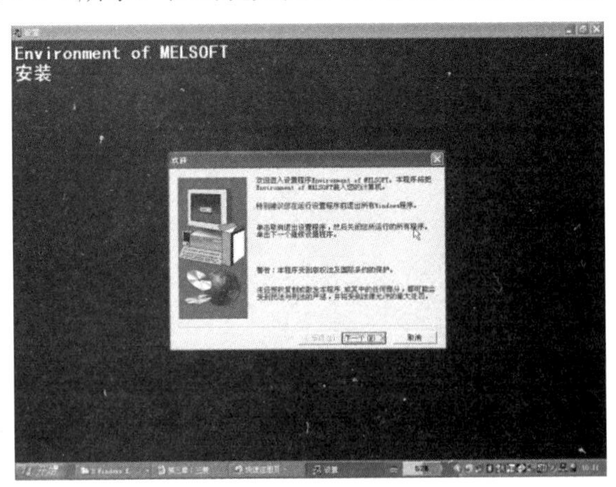

图 3-2-2　GX Developer 环境安装首界面

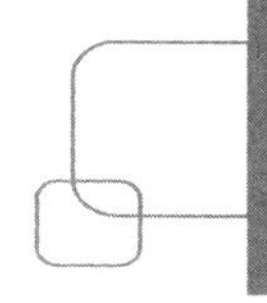

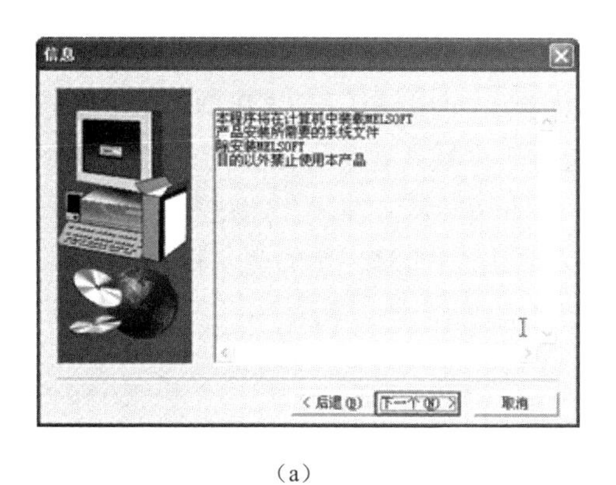

（a）

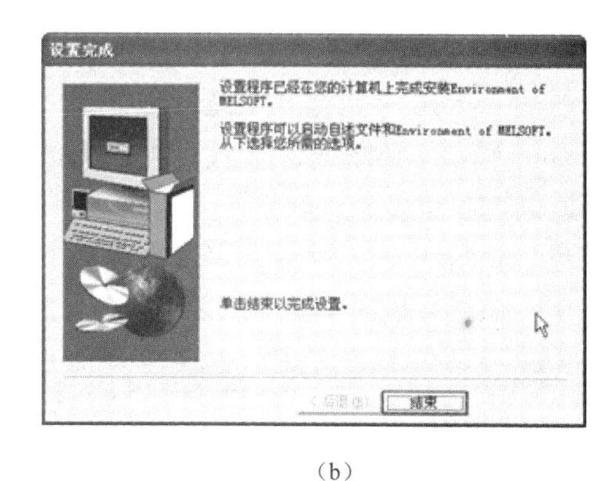

（b）

图 3-2-3　GX Developer V8 通用环境安装提示

2．GX Developer V8 的安装

在完成通用环境的安装后，再单击光盘根目录中的 Setup.exe，开始安装 GX Developer V8 软件。

在出现图 3-2-4 所示的“设置”向导后，出现图 3-2-5 所示的欢迎画面，在图 3-2-6 所示的“用户信息”中输入“公司”名称，得到图 3-2-7 所示的“注册确认”。

图 3-2-4　GX Developer V8“设置”向导

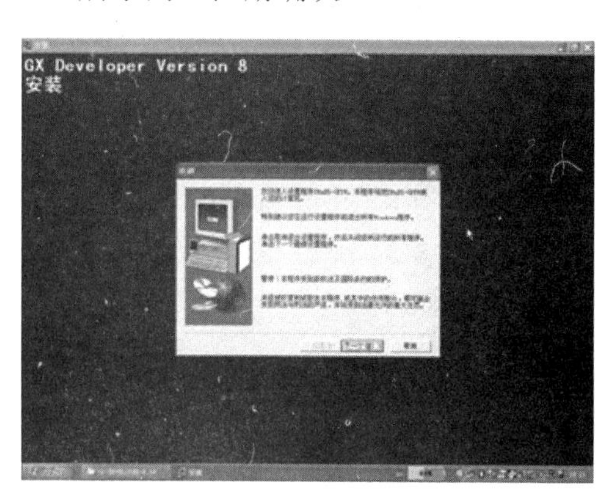

图 3-2-5　GX Developer V8 欢迎画面

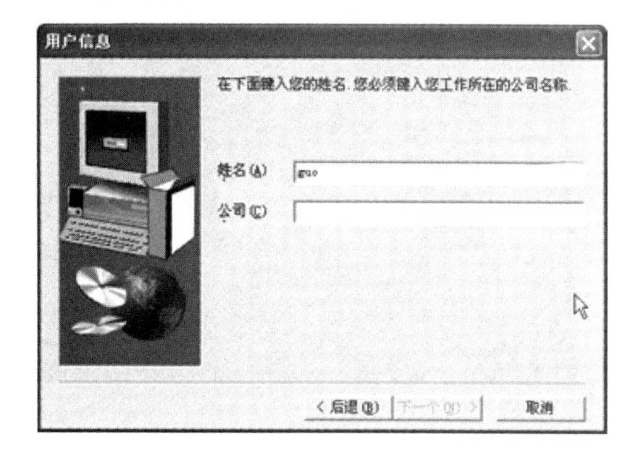

图 3-2-6　用户信息

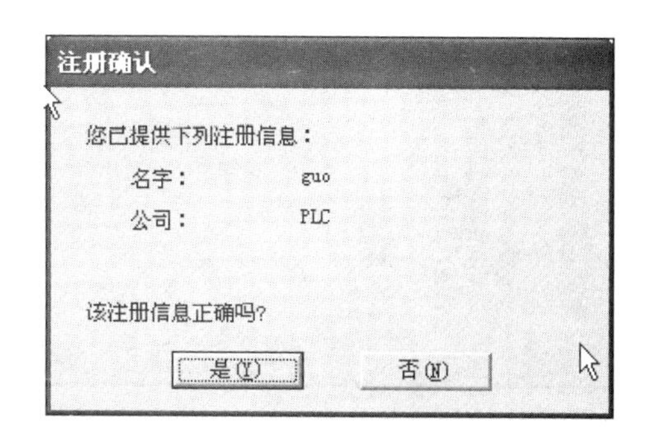

图 3-2-7　注册确认

在图 3-2-8 中输入产品的序列号后，在图 3-2-9 中注意选择第一个部件——ST 语言程序功能，在图 3-2-10 中注意不要选择任何部件，在图 3-2-11 中请选择“MEDOC 打印文件的读出”等 3 个选项。在图 3-2-12 所示的“选择目标位置”中默认选择目标文件夹，出现图 3-2-13 所示的安装过程进度条，软件开始在所选择的目标文件夹安装文件，在此过程中会出现一系列提示信息（如图 3-2-14 所示的安装共通部件等），之后出现图 3-2-15 的提示信息，本软件产品安装完毕，在计算机的桌面会出现一个 GX Developer V8 的快捷方式图标（见图 3-2-16）。

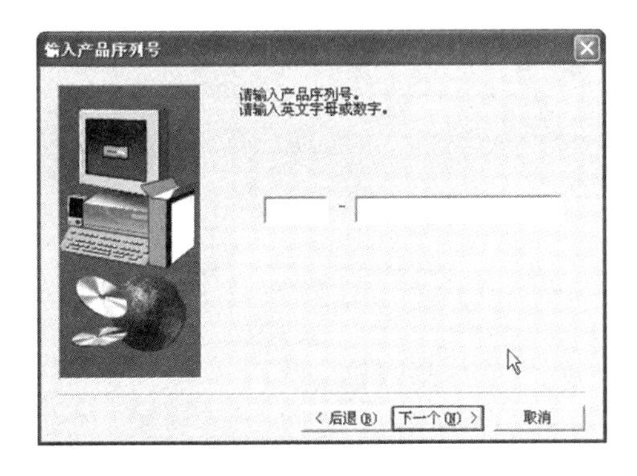

图 3-2-8　输入产品序列号

图 3-2-9　选择部件 1——选择

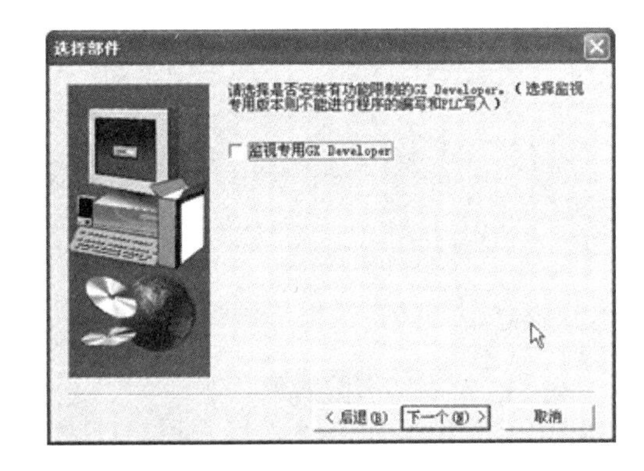

图 3-2-10　选择部件 2——不选择

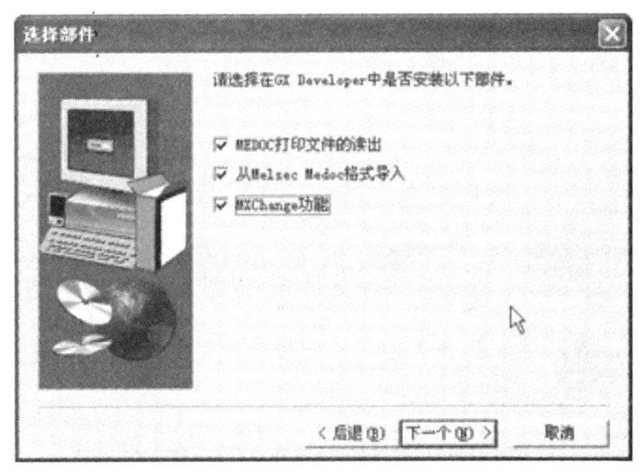

图 3-2-11　选择部件 3——选择 3 个选项

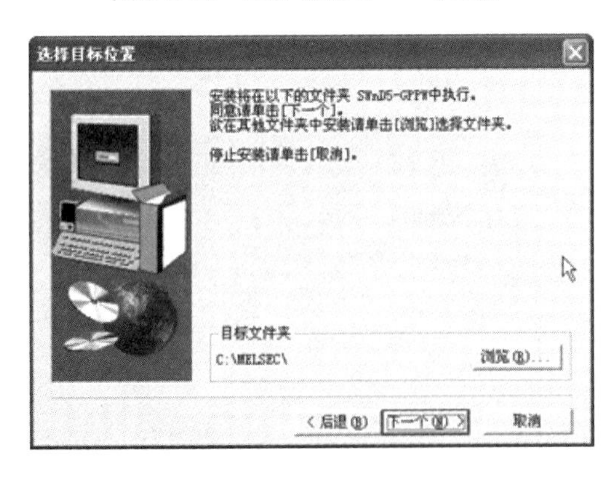

图 3-2-12　选择目标位置

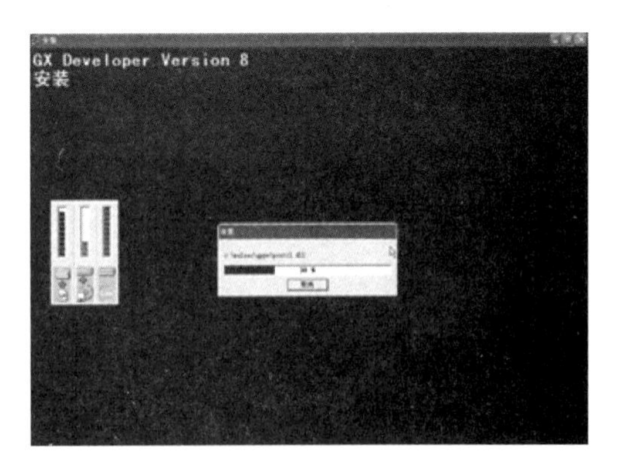

图 3-2-13　安装过程进度条

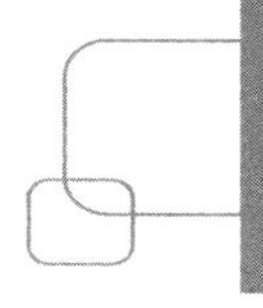

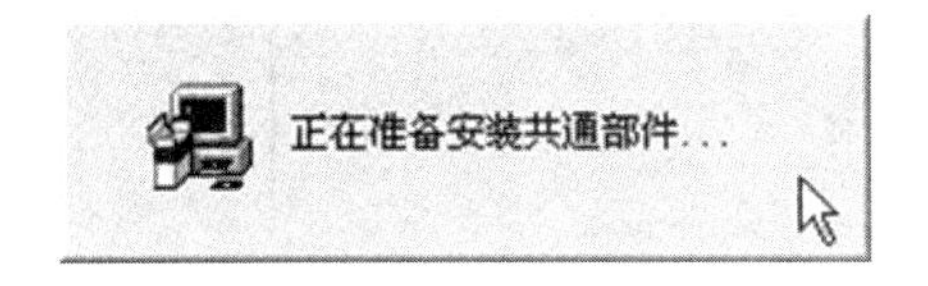

图 3-2-14　安装共通部件

图 3-2-15　安装完毕

图 3-2-16　桌面快捷方式图标

3.2.2　启动 GX Developer V8

1. 启动程序

单击如图 3-2-16 所示的桌面快捷方式图标，启动 GX Developer V8，出现如图 3-2-17 所示的 GX Developer V8 默认窗口。

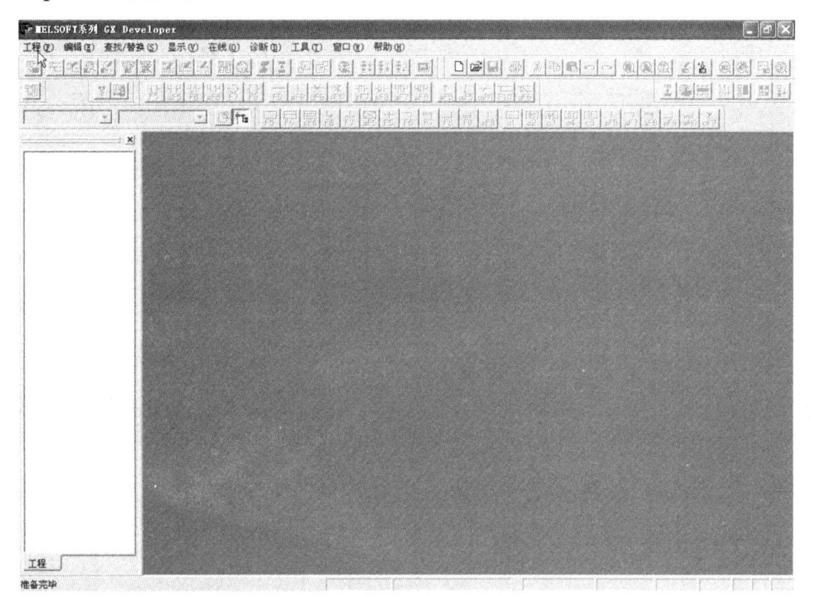

图 3-2-17　GX Developer V8 的默认窗口

2. 选择 PLC 机型

单击“🗋”图标新建工程，出现如图 3-2-18 所示的创建新工程窗口，图 3-2-18（a）是 V8 版本的默认窗口，它支持 Q 系列 PLC。因本书以介绍 FX_{2N} 机型为主，所以在“PLC 系列”和“PLC 类型”中分别选择“FXCPU”和“FX2N（C）”，保持默认的“梯形图”程序类型，如图 3-2-18（b）所示，在“工程名设定”中可对所创建的工程进行名称和保存路径设定，也可在以后完成，创建新工程后的窗口如图 3-2-19 所示。

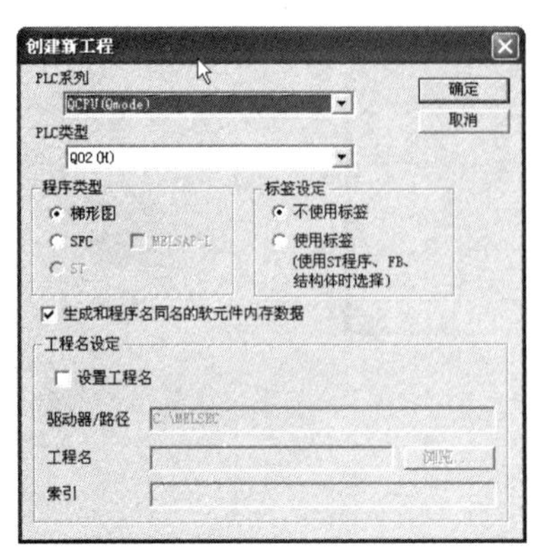

(a) V8 版默认选择的 PLC 机型

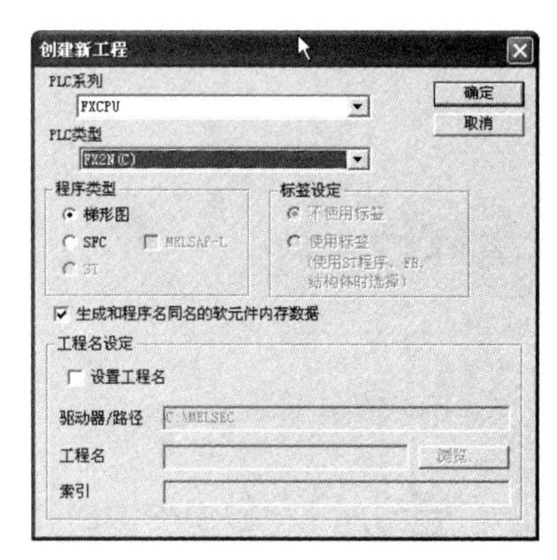

(b) 选择 FX_{2N} 机型

图 3-2-18　创建新工程窗口

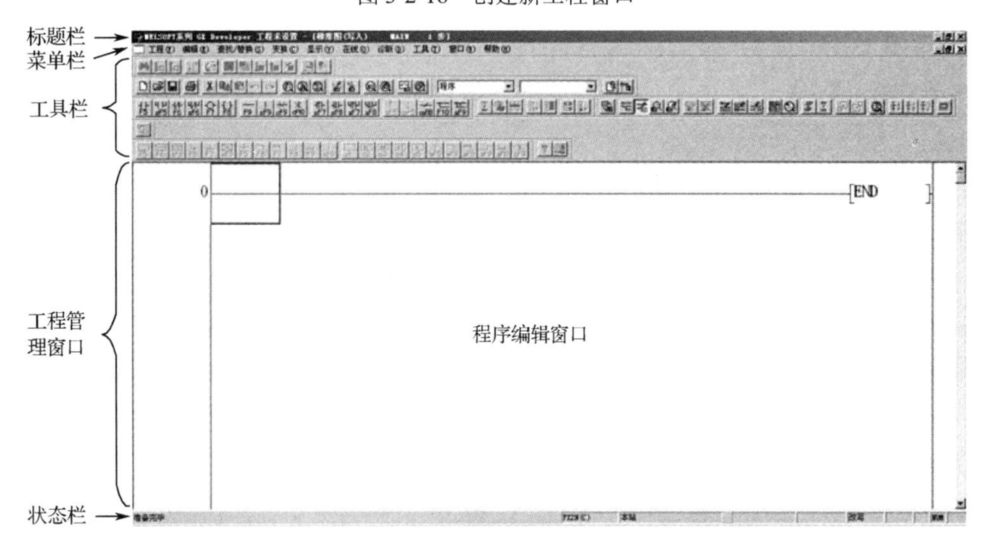

图 3-2-19　创建新工程后的窗口

3.2.3　编程软件界面介绍

进入 GX Developer V8 的编程工作环境后（见图 3-2-19），其工作界面分成以下几个部分。

标题栏：指出三菱 GX Developer V8 创建的工程名及保存路径（如果在图 3-2-18 中进行了工程名设定）、编程语言、步数等。

菜单栏：列出了编程软件各菜单命令。

工具栏：提供了常见命令的快捷操作方式。

工程管理窗口：对创建的新工程进行管理。

程序编辑窗口：编辑程序的窗口，可使用梯形图、指令表、SFC 等语言编程。

状态栏：对软件的操作进行相关记录。

下面对主要的菜单栏、工具栏进行介绍。

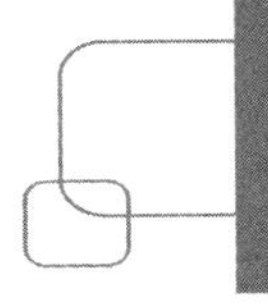

1．菜单栏

三菱 GX Developer V8 软件在没有新建或打开工程前共提供了 9 个菜单，如图 3-2-20（a）所示，在成功创建新工程后菜单由 9 个变成 10 个，即在“显示”菜单前增加了一个“变换”菜单，如图 3-2-20（b）所示。

工程(F) 编辑(E) 查找/替换(S) 显示(V) 在线(O) 诊断(D) 工具(T) 窗口(W) 帮助(H)

（a）

工程(F) 编辑(E) 查找/替换(S) 变换(C) 显示(V) 在线(O) 诊断(D) 工具(T) 窗口(W) 帮助(H)

（b）

图 3-2-20　GX Developer V8 的菜单栏

1）工程菜单

如图 3-2-21 所示，提供了常见的创建新工程/打开工程/保存工程等工程命令。本菜单中重要的有编辑数据（见图 3-2-22）、改变 PLC 类型（见图 3-2-23）、读取其他格式的文件（见图 3-2-24）、写入其他格式的文件（见图 3-2-25）等命令。其中，编辑数据中的改变程序类型如图 3-2-26 所示，它可以在梯形图、SFC 之间转换。改变 PLC 类型可以根据实际的 PLC 机型来选择转换要编写的程序，读取（写入）其他格式的文件可以读取以前 FXGP-WIN 或 FXGP-DOS 的文件或者按以前的文件格式写入 PLC 中。

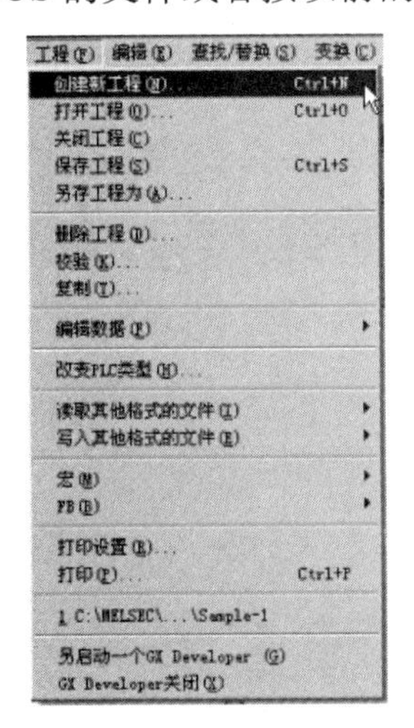

图 3-2-21　工程菜单

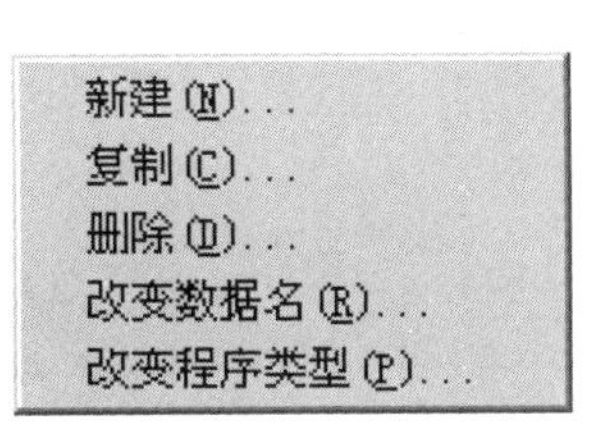

图 3-2-22　编辑数据

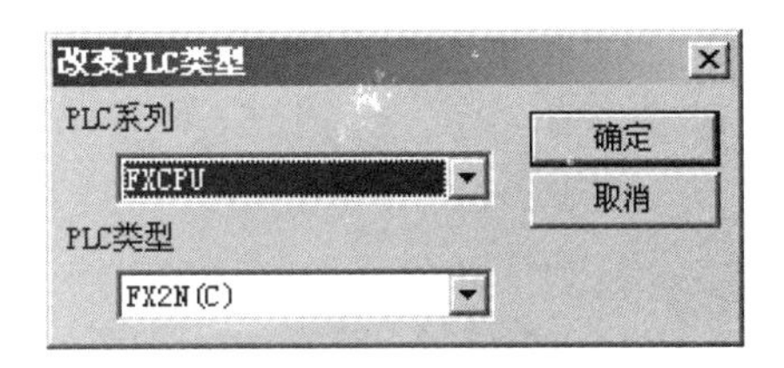

图 3-2-23　改变 PLC 类型

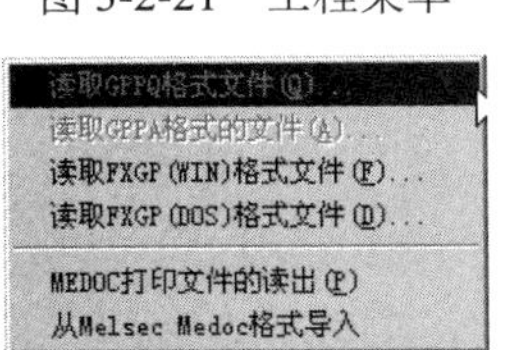

图 3-2-24　读取其他格式的文件

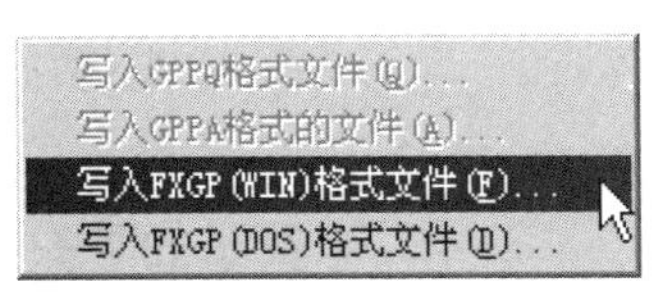

图 3-2-25　写入其他格式的文件

图 3-2-26　改变程序类型

2）编辑菜单

编辑菜单主要完成梯形图程序的编辑修改，如插入、删除等。创建或打开工程后的编辑菜单如图 3-2-27 所示。编辑菜单中，默认的编辑模式是“写入模式”，“梯形图标记”下拉命令是在编辑梯形图程序中一些常见的命令（见图 3-2-28），“文档生成”是指在保存编写的程序时自动生成的一些文档，用户可以自行选择。

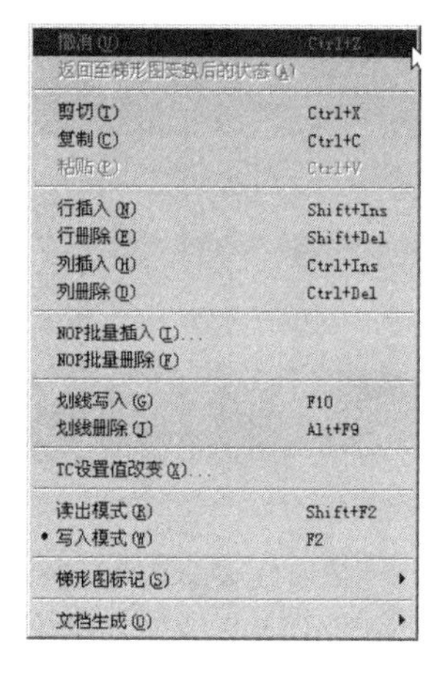

图 3-2-27　编辑菜单

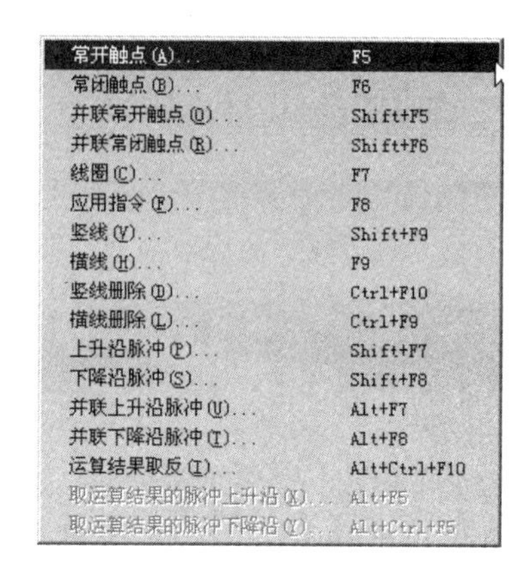

图 3-2-28　“梯形图标记”下拉命令

3）查找/替换菜单

如图 3-2-29 所示，本菜单主要用于查找或者替换一些软元件/指令/步号/字符串等。

4）变换菜单

如图 3-2-30 所示，变换菜单主要用于转换软件的工作状态，一般在程序编写完成后进行变换，但也可以在程序运行中写入进行变换，也可将编辑中的全部程序进行变换。

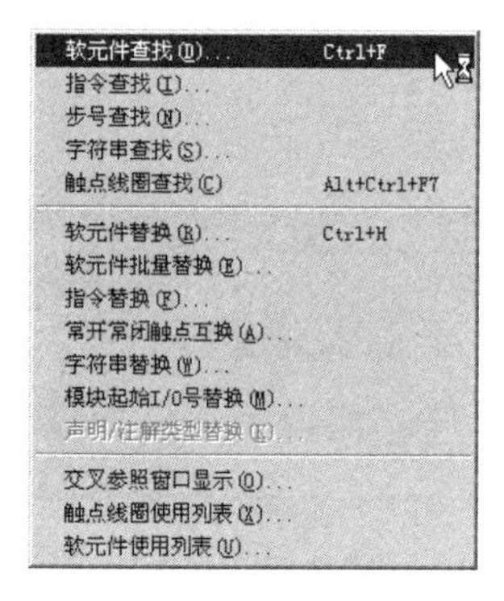

图 3-2-29　查找/替换菜单

图 3-2-30　变换菜单

5）显示菜单

默认的显示菜单如图 3-2-31（a）所示，它显示的是梯形图程序，通过“Alt+F1”组合键或者鼠标选择，也可显示列表形式程序，如图 3-2-31（b）所示。

除注释/别名显示等以外，本菜单中一个重要的命令是“工具条”，单击该命令可弹出默认的工具条选框，如图 3-2-32（a）所示，工具条选框的作用是对工具栏进行设置，单击“●”使之在“●”和“○”之间转换，可以设置工具栏，图 3-2-32（b）所示的设置使工具栏只留下了“标准”工具。

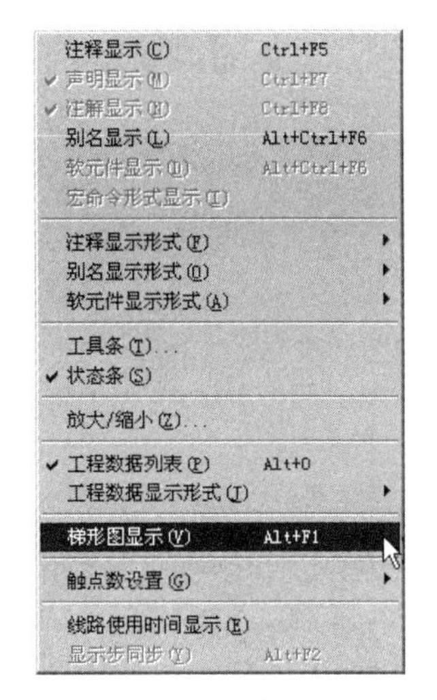

（a）梯形图显示

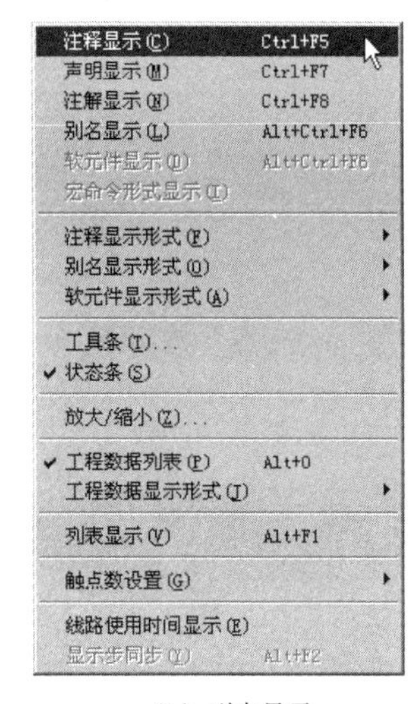

（b）列表显示

图 3-2-31　显示菜单

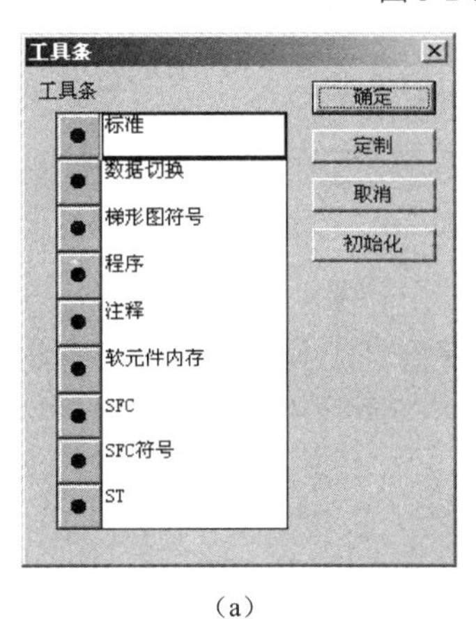

（a）

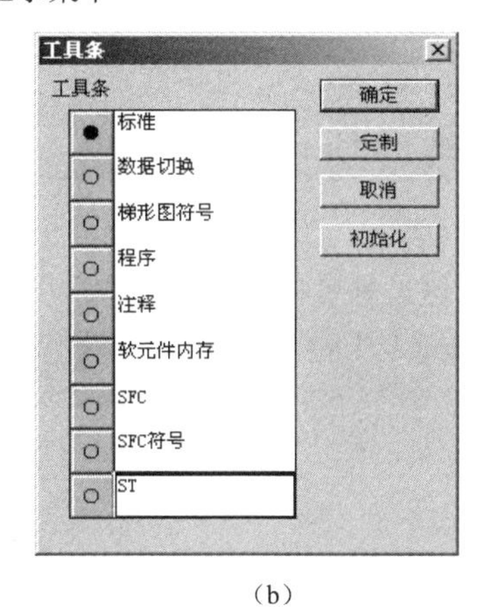

（b）

图 3-2-32　工具条选框

显示菜单中另一个较常见的命令是“放大/缩小”命令，通过改变“倍率”可以改变梯形图程序显示的大小，其对话框如图 3-2-33 所示。

6）在线菜单

如图 3-2-34 所示，在线菜单中最主要也是最常用的命令有三大类，“PLC 写入”命令将已编写并变换好的程序下载到 PLC 中，“PLC 读取”命令将程序从 PLC 上传到计算机中，“监视”“调试”“跟踪”命令用于对 PLC 程序进行监控和调试。

7）诊断菜单

如图 3-2-35 所示，诊断菜单主要用于诊断 PLC 或者网络、以太网等，并报告出错信息。

图 3-2-33　放大/缩小对话框

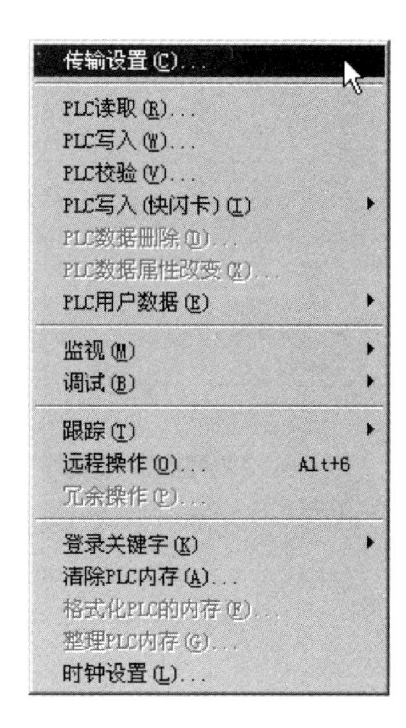

图 3-2-34　在线菜单

8）工具菜单

如图 3-2-36 所示，工具菜单主要列出了软件和 PLC 所配备的一些工具，如程序检查、数据合并工具，这是软件默认带的，如果用户安装了一些智能功能模块，其所配套的工具软件也会在此菜单列表中显示，如果用户配套安装有仿真工具软件，“梯形图逻辑测试起动”命令将有效。

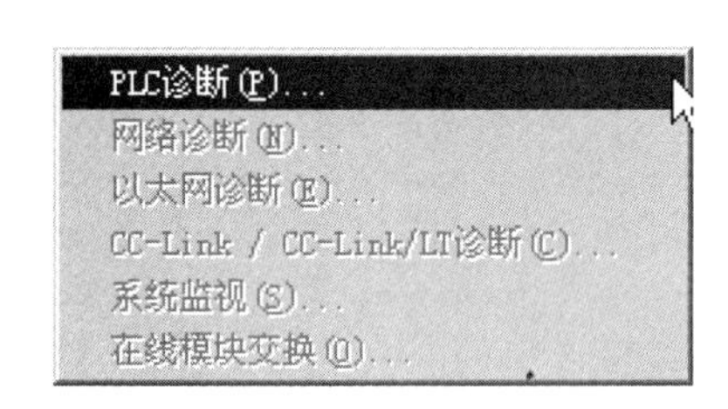

3-2-35　诊断菜单

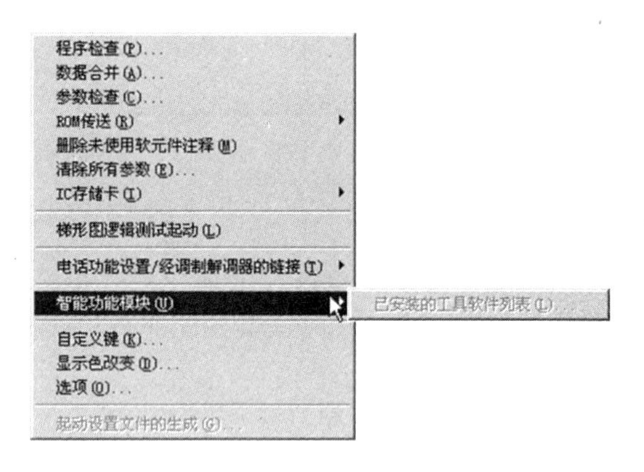

图 3-2-36　工具菜单

9）窗口菜单

如图 3-2-37 所示，窗口菜单主要用于排列显示窗口。

10）帮助菜单

如图 3-2-38 所示，帮助菜单主要对用户进行一些简单的帮助提示。

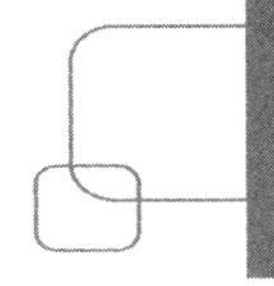

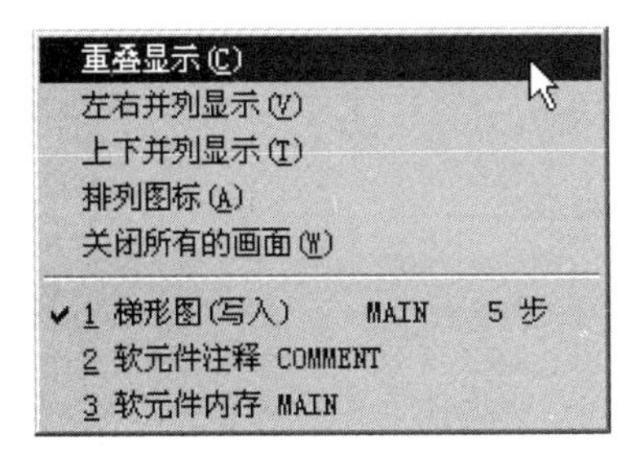

图 3-2-37　窗口菜单

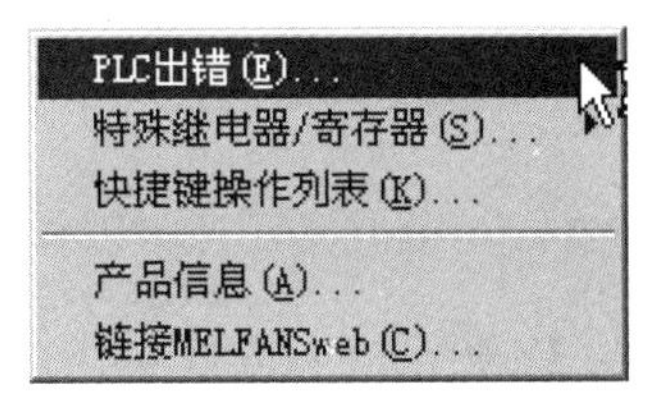

图 3-2-38　帮助菜单

2. 工具栏

三菱 GX Developer V8 常见工具栏如图 3-2-39～图 3-2-47 所示，一共 9 个，可以参考图 3-2-32 对其设置。

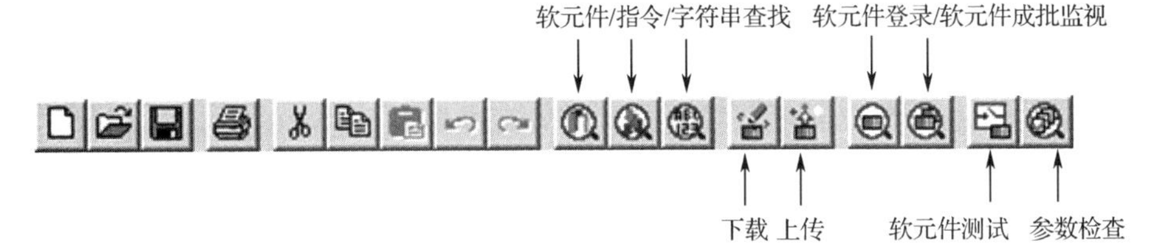

图 3-2-39　标准工具栏

工程数据列表显示/非显示

程序

打开

图 3-2-40　数据切换工具栏

F5 sF5 F6 sF6 F7 F8 F9 sF9 cF9 cF10 sF7 sF8 aF7 aF8 aF5 caF5 caF10 F10 aF9

图 3-2-41　梯形图符号工具栏

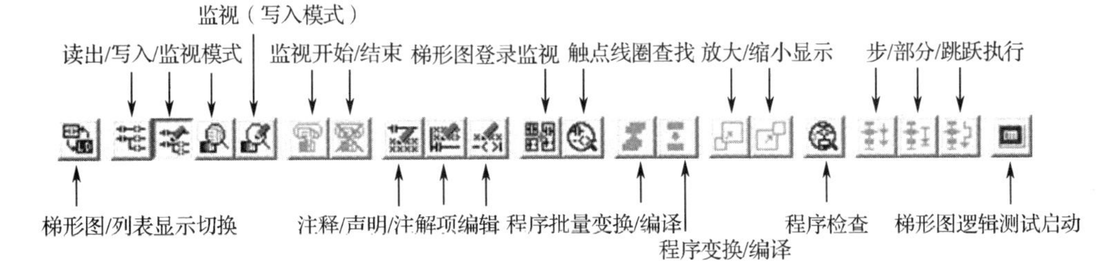

图 3-2-42　程序工具栏

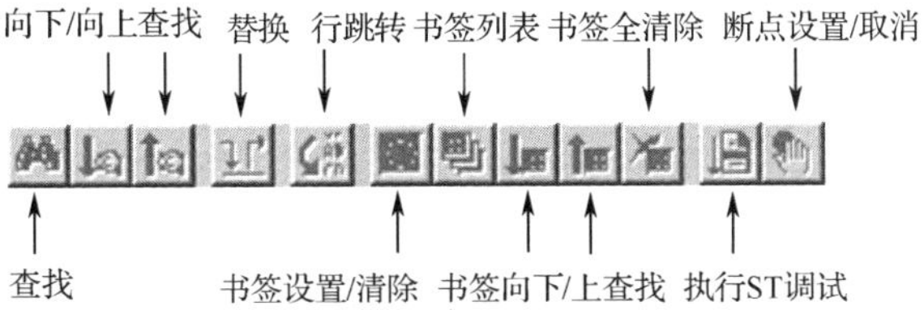

向下/向上查找　替换　行跳转　书签列表　书签全清除　断点设置/取消

查找　书签设置/清除　书签向下/上查找　执行ST调试

图 3-2-43　列表工具栏

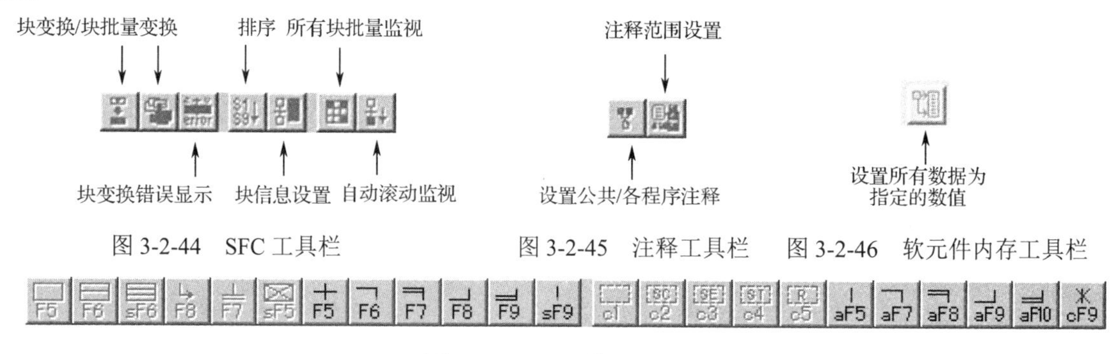

图 3-2-44　SFC 工具栏　　图 3-2-45　注释工具栏　　图 3-2-46　软元件内存工具栏

图 3-2-47　SFC 符号工具栏

3.2.4　输入 PLC 示例程序

1. 输入程序

在创建新工程进入 PLC 编程环境后，光标停在程序显示区段的左上角（见图 3-2-19），按如下步骤输入梯形图示例程序。

1）输入触点与线圈

在图 3-2-41 所示的梯形图符号工具栏中，单击第一个按钮“”，或者按快捷键“F5”，弹出图 3-2-48 所示的“梯形图输入”对话框，在其中输入 x24（软件会默认为 X024，下同），按“确定”按钮，常开触点 X024 输入梯形图程序中。

在图 3-2-41 所示的梯形图符号工具栏中，单击第三个按钮“”，或者按快捷键“F6”，弹出图 3-2-49 所示的“梯形图输入”对话框，在其中输入 x21，单击“确定”按钮，常闭触点 X021 输入梯形图程序中。

在图 3-2-41 所示的梯形图符号工具栏中，单击第五个按钮“”，或者按快捷键“F7”，弹出图 3-2-50 所示的“梯形图输入”对话框，在其中输入 y20，单击“确定”按钮，线圈 Y020 输入梯形图程序中。

这三步输入完后梯形图程序的第一行如图 3-2-51 所示。

图 3-2-48　输入常开触点 X024　　图 3-2-49　输入常闭触点 X021

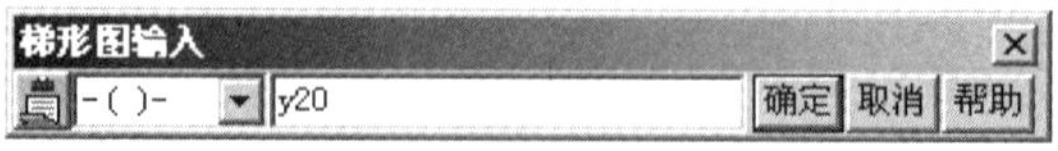

图 3-2-50　输入线圈 Y020 　　图 3-2-51　第一行输入结果

2）输入定时器指令

将光标移动到第二行，按上述方法输入常开触点 X021（见图 3-2-52）。

在图 3-2-41 的梯形图符号工具栏中，单击第五个按钮“”，或者按快捷键“F7”，弹出图 3-2-53 所示的“梯形图输入”对话框，在其中输入“t1 k30”，单击“确定”按钮，定时器指令被输入梯形图程序中。

按上述方法分别按“F5”“F7”快捷键，输入 T1 和线圈 Y021，如图 3-2-54 和图 3-2-55 所示。

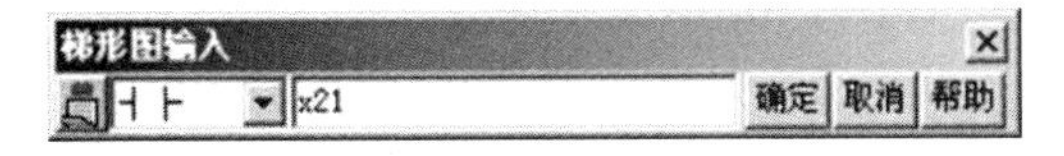

图 3-2-52　输入常开触点 X021

图 3-2-53　输入定时器指令

图 3-2-54　输入定时器 T1

图 3-2-55　输入线圈 Y021

3）输入计数器指令

按上述方法输入常开触点 X022（见图 3-2-56）。在图 3-2-41 的梯形图符号工具栏中，单击第五个按钮“”，或者按快捷键“F7”，弹出图 3-2-57 所示的“梯形图输入”对话框，在其中输入“c0 k10”，单击“确定”按钮，计数器指令被输入梯形图程序中。

按上述方法分别按“F5”“F7”快捷键，输入计数器 C0 和线圈 Y022，如图 3-2-58 和图 3-2-59 所示。

图 3-2-56　输入常开触点 X022

图 3-2-57　输入计数器指令

图 3-2-58　输入计数器 C0

图 3-2-59　输入线圈 Y022

4）输入高级指令——数据传送指令 MOV

按上述方法输入常开触点 X023（见图 3-2-60）。

在图 3-2-41 所示的梯形图符号工具栏中，单击第六个按钮“”，或者按快捷键“F8”，弹出图 3-2-61 所示的“梯形图输入”对话框，在其中输入“mov d0 d2”，单击“确定”按钮，数据传送高级指令 MOV 被输入梯形图程序中。

图 3-2-60　输入常开触点 X023

图 3-2-61　输入高级指令 MOV

5）程序转换

输入后的完整示例程序如图 3-2-62 所示，此时程序编辑窗口呈灰色，表明仍处于程序编辑状态，单击工具栏中的“”或“”按钮或按快捷键“F4”，转换后的程序已有步数显示，且程序窗口变为白色，如图 3-2-63 所示。

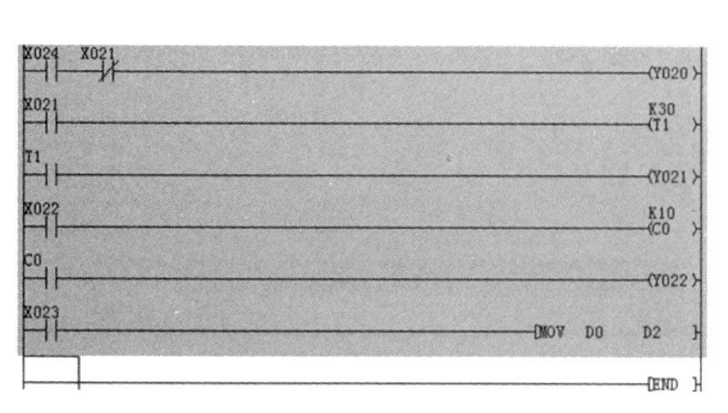

图 3-2-62　转换前的梯形图程序

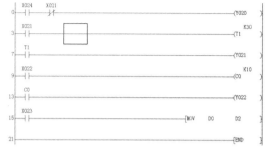

图 3-2-63　转换后的梯形图程序

2．PLC 和计算机联机工作

PLC 和计算机联机工作的步骤如下。

（1）将计算机编程软件中编写的 PLC 程序保存。

（2）用编程电缆将 PLC 装置通过 PLC 的编程接口和计算机的 COM 接口或 USB 接口连接好。

（3）接通 PLC 的电源。

（4）将计算机中的 PLC 程序下载至 PLC。

单击工具栏中的“ ”下载按钮，将 PLC 程序下载，如图 3-2-64 所示。

单击图 3-2-64 中的“选择所有”按钮，将“程序”“软元件注释”“参数”下的内容都选上（见图 3-2-65），再单击图 3-2-64 中的“执行”按钮，出现图 3-2-66 所示对话框，单击“是(Y)”按钮后 PLC 程序开始写入，会看到写入过程的进度条（见图 3-2-67），如果没有注释内容，将弹出消息提示框如图 3-2-68 所示，图 3-2-69 所示对话框表示将程序下载到 PLC 的工作已完成。

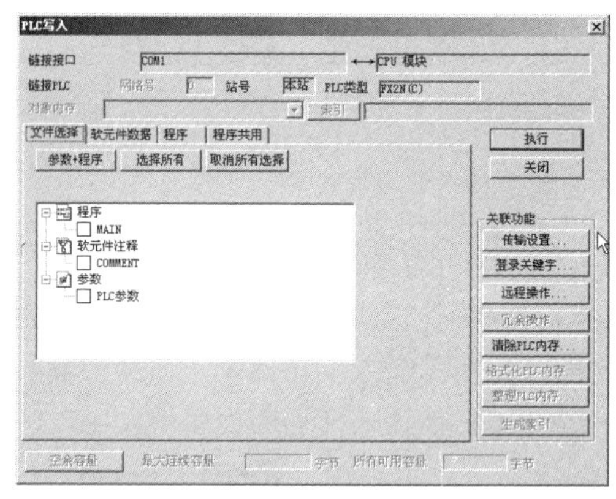

图 3-2-64　PLC 写入对话框

图 3-2-65　选择所有

图 3-2-66　执行 PLC 写入

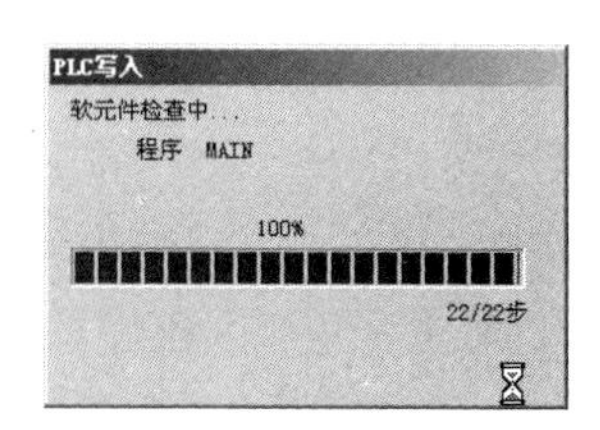

图 3-2-67　PLC 写入过程

图 3-2-68　消息提示框

图 3-2-69　写入完成

（5）PLC 程序上传至计算机。

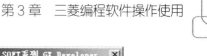

单击“ ”上传按钮，弹出 PLC 读取对话框如图 3-2-70 所示，在其中的“文件选择”页中单击“参数+程序”，将参数、程序都选择上，单击“执行”按钮，弹出图 3-2-71 所示对话框，单击“是(Y)”按钮，PLC 开始读取，出现读取过程的进度条如图 3-2-72 所示。在相继出现图 3-2-73、图 3-2-74 所示对话框后，PLC 程序从 PLC 装置上传至计算机。

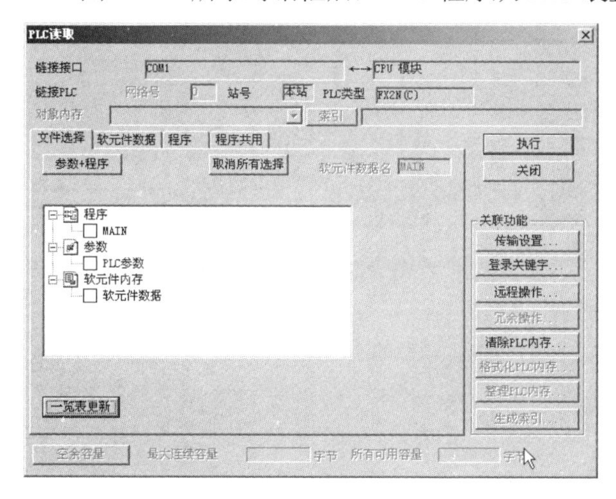

图 3-2-70　PLC 读取

图 3-2-71　执行 PLC 读取

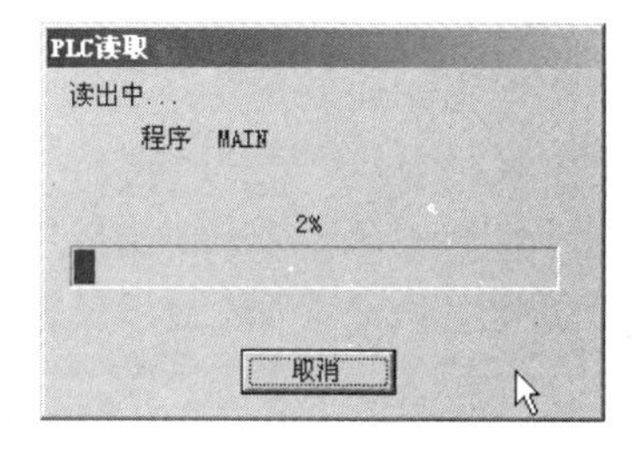

图 3-2-72　PLC 读取过程进度条

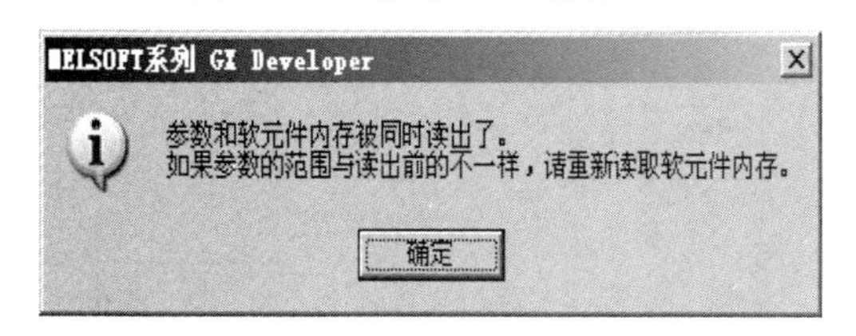

图 3-2-73　PLC 读取消息提示框

图 3-2-74　读取完成

（6）通信设置。

如果 PLC 与计算机没有联通，可以单击图 3-2-70 中的“传输设置”按钮进行通信设置，在弹出的图 3-2-75 所示对话框中，单击“ ”串行图标，在弹出的图 3-2-76 所示对话框中选择正确的通信端口（如 COM1 口），单击图 3-2-75 中的“通信测试”按钮，如果弹出图 3-2-77 所示对话框，表示 PLC 与计算机正确连接上了，否则系统会一直测试到连接成功为止。单击图 3-2-75 中的“系统图象”按钮，弹出图 3-2-78 所示对话框，显示计算机与 PLC 通信的状况。

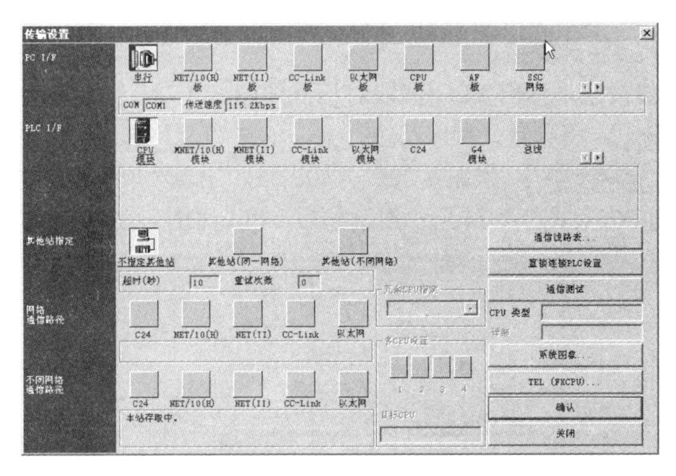

图 3-2-75　传输设置

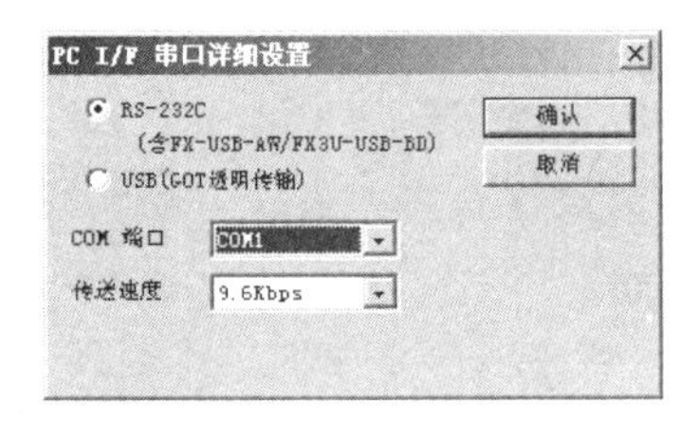

图 3-2-76　选择通信端口

图 3-2-77　计算机与 PLC 连接成功

（7）梯形图、列表互换。

单击工具栏中的“ ”，或者在图 3-2-31（b）所示的“显示”菜单中单击“列表显示”命令，可以把 PLC 程序在梯形图、列表形式之间进行显示切换，图 3-2-79 所示是与图 3-2-63 所示梯形图程序对应的列表显示转换结果。

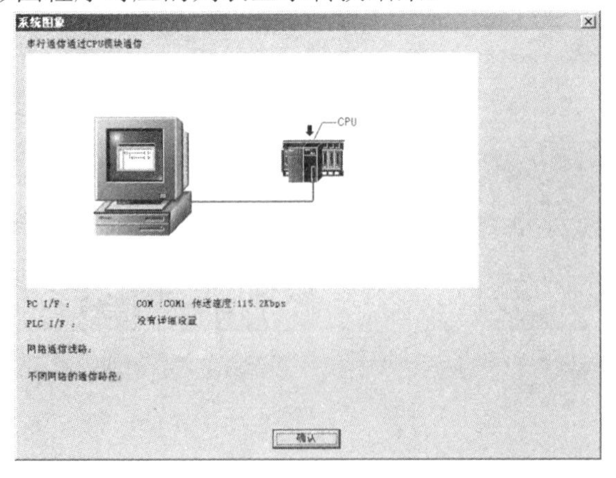

图 3-2-78　计算机与 PLC 正常联通系统图像

```
0    LD     X024
1    ANI    X021
2    OUT    Y020
3    LD     X021
4    OUT    T1     K30
7    LD     T1
8    OUT    Y021
9    LD     X022
10   OUT    C0     K10
13   LD     C0
14   OUT    Y022
15   LD     X023
16   MOV    D0     D2
21   END
```

图 3-2-79　列表显示

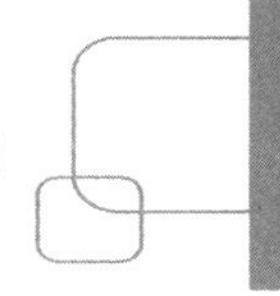

3.3　三菱 PLC 仿真软件介绍

三菱公司提供了一款 PLC 的仿真软件 GX Simulator，用户安装到计算机中后就可以在没有 PLC 装置的情况下对所编写的梯形图程序进行逻辑测试，它所能模拟仿真的 PLC 有 FX 系列、A 系列、Q 系列，现在比较常用的是 GX Simulator Version6（简称 GX Simulator V6）版。

3.3.1　仿真软件的安装

图 3-3-1 所示是在运行仿真软件的安装程序 Setup.exe 后的安装画面，它的安装较为简单，在此不做过多介绍，只是需要注意必须先安装 GX Developer 再安装 GX Simulator V6，才能正常运行。图 3-3-2 所示是仿真软件是否正确安装的标志，若“梯形图逻辑测试启动/结束”按钮有效，则说明仿真软件已正确安装并能正常运行了。

图 3-3-1　GX Simulator V6 安装画面

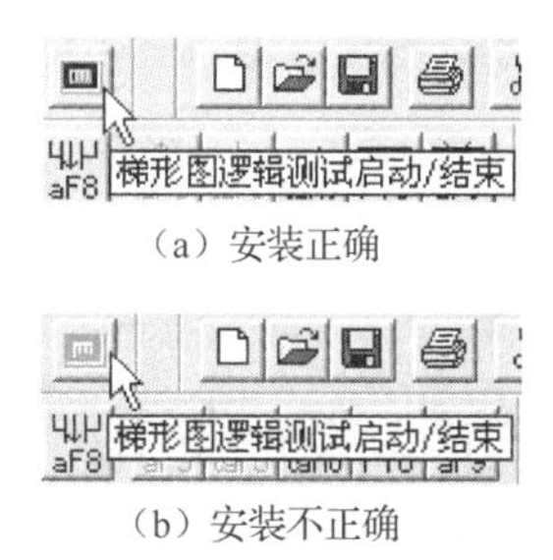

图 3-3-2　仿真软件是否正确安装标志

3.3.2　模拟仿真

现以图 3-3-3 所示的 PLC 程序为例，介绍 GX Simulator V6 的模拟仿真过程。该程序假设 X000 为启动按钮，X001 为停止按钮，当按下启动按钮后，Y000 接通并自锁，同时启动定时器 T0，10s 过后，Y001 接通。

在输入完图 3-3-3 所示的 PLC 程序后，在图 3-3-2 所示的工具栏中单击“▣”按钮启动梯形图逻辑测试工具（LADDER LOGIC TEST TOOL，见图 3-3-4）。启动中可见到如图 3-3-5 所示的仿真程序写入进度，同时还可见到图 3-3-6 所示的监视状态，表明计算机现在已进入虚拟仿真的监视状态。

在图 3-3-4 中，选择“菜单起动”命令中的“继电器内存监视”（见图 3-3-7），弹出如图 3-3-8 所示的继电器内存监视（DEVICE MEMORY MONITOR）窗口，在其中的“时序图”菜单中选择“起动”，启动时序图，如图 3-3-9 所示。

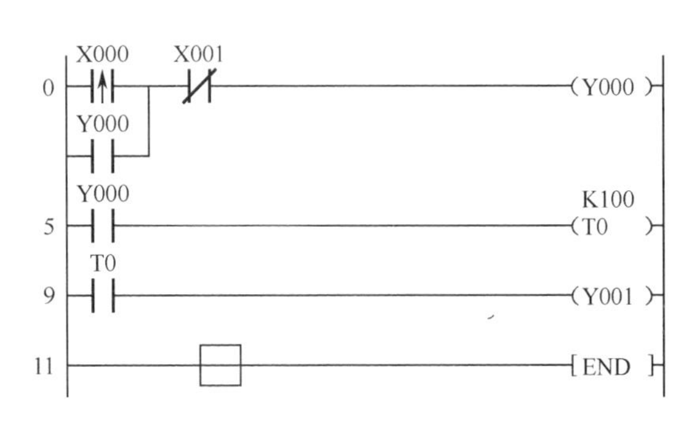

图 3-3-3　PLC 程序

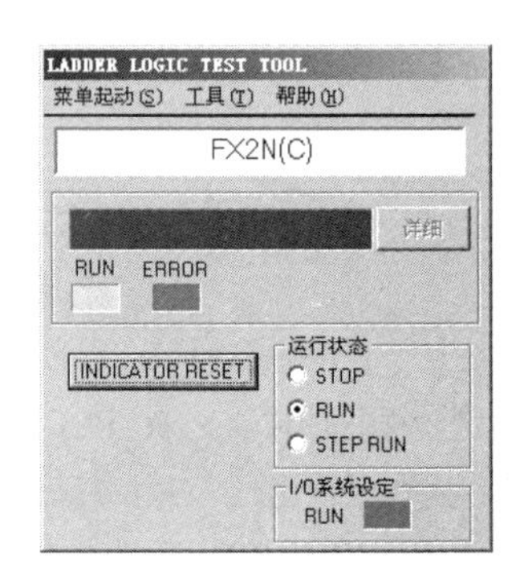

图 3-3-4　梯形图逻辑测试工具

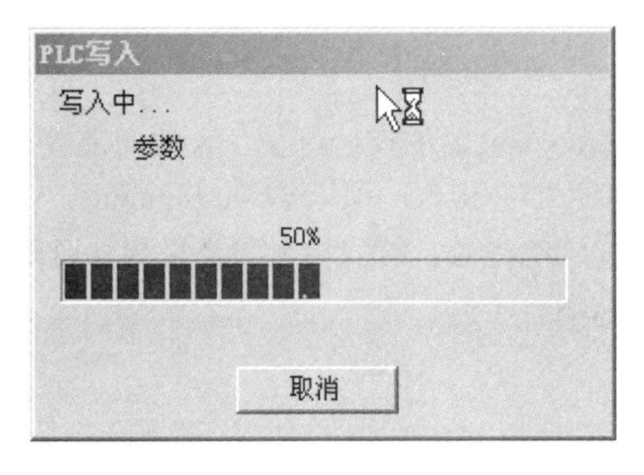

图 3-3-5　仿真程序写入进度

图 3-3-6　监视状态

图 3-3-7　继电器内存监视

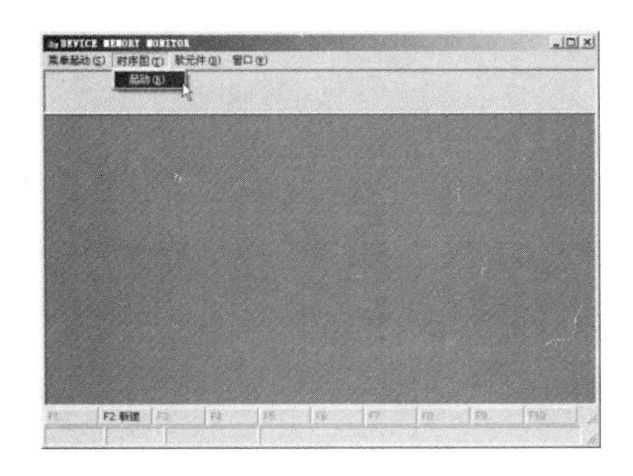

图 3-3-8　继电器内存监视窗口

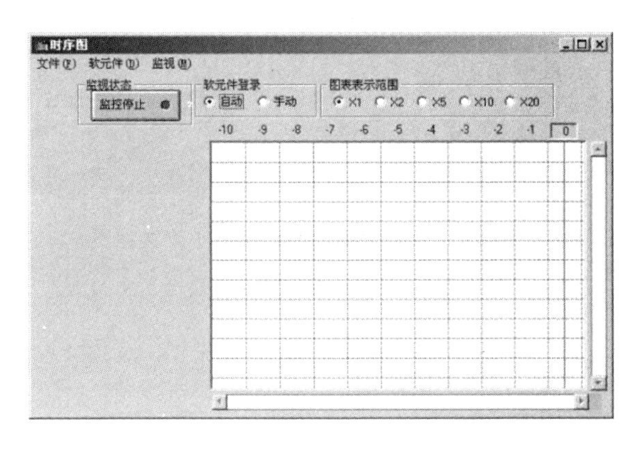

图 3-3-9　启动时序图

按 F2 快捷键，或单击“软元件”菜单中的“软元件登录”（见图 3-3-10），在弹出的“软元件登录”窗口（见图 3-3-11）中选择软元件 X0 登录（软件默认为 X0），接着在图 3-3-12 中单击“是（Y）”按钮确认，则输入继电器 X000 登录成功（见图 3-3-13）。按图 3-3-14～图 3-3-17 的顺序依次登录 X1、Y0、T0、Y1 后的界面如图 3-3-18 所示，然后单击图 3-3-18 中“监视”菜单下的“采样周期”命令设定采样周期，默认的采样周期为 1，为便于监视，扫描周期不要过快，这里将采样周期设定为 10，如图 3-3-19 所示。

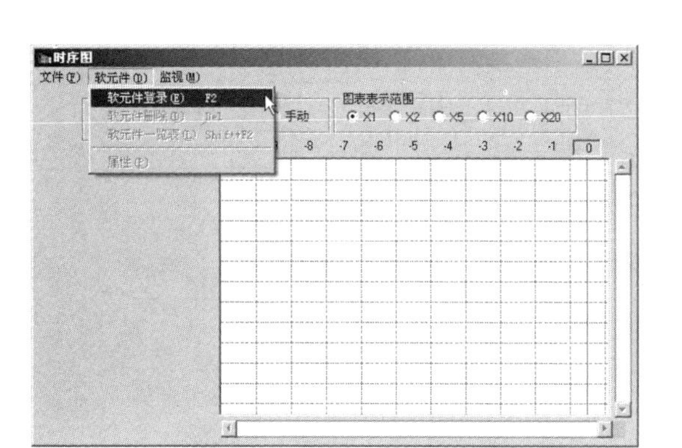

图 3-3-10　软元件登录窗口

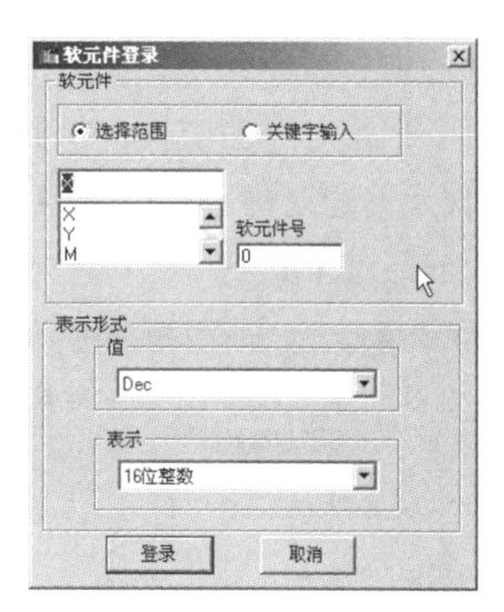

图 3-3-11　选择软元件 X0 登录

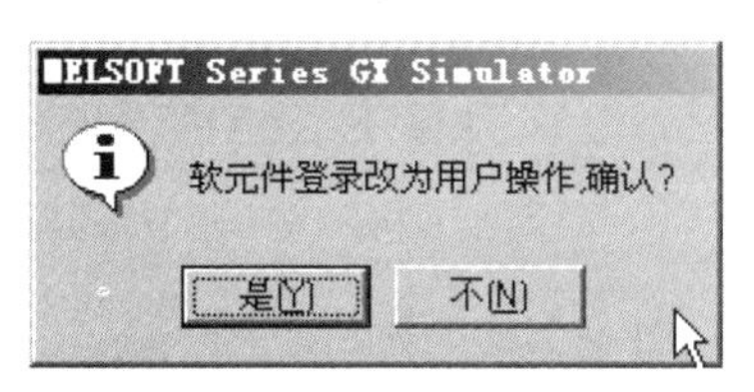

图 3-3-12　软元件登录改为手动

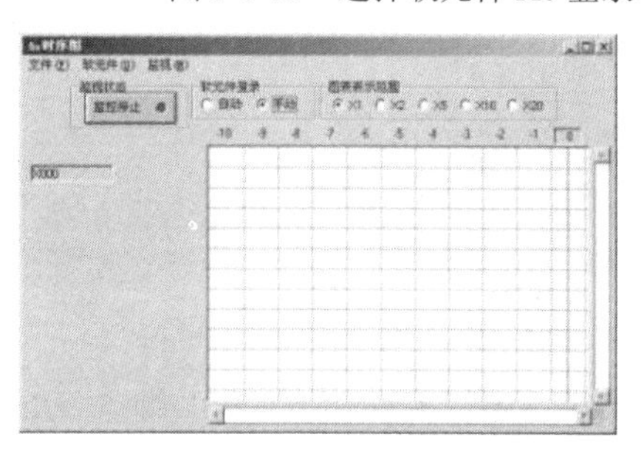

图 3-3-13　输入继电器 X000 登录成功

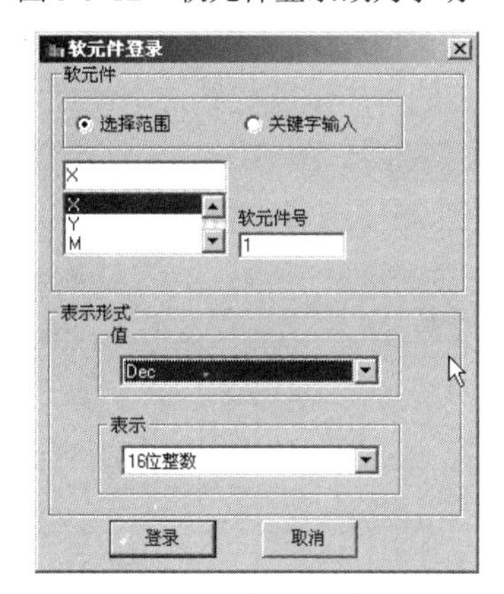

图 3-3-14　选择软元件 X1 登录

图 3-3-15　选择软元件 Y0 登录

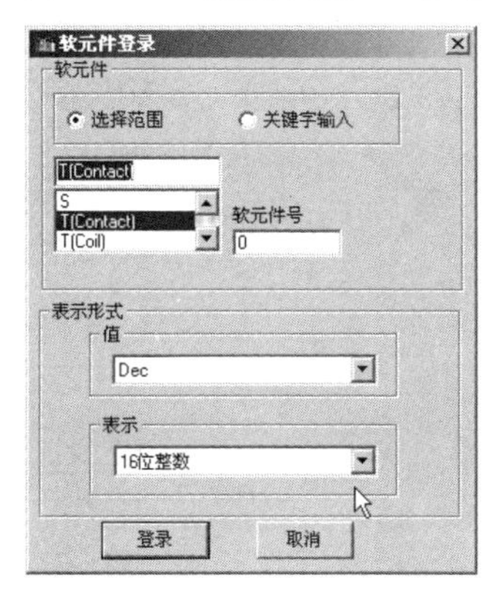

图 3-3-16　选择定时器 T0 登录

图 3-3-17　选择软元件 Y1 登录

采样周期设定完毕后，按 F3 快捷键，或在图 3-3-18 中单击“监视”菜单下的“开始/停止监视”命令开始时序图监控，得到图 3-3-20 所示页面，在该图中可看到监视状态为“正在进行监控”，软元件登录由“自动”改为“手动”，图表表示范围，默认为 X1，并且有蓝色扫描线从右侧逐渐扫描过来。

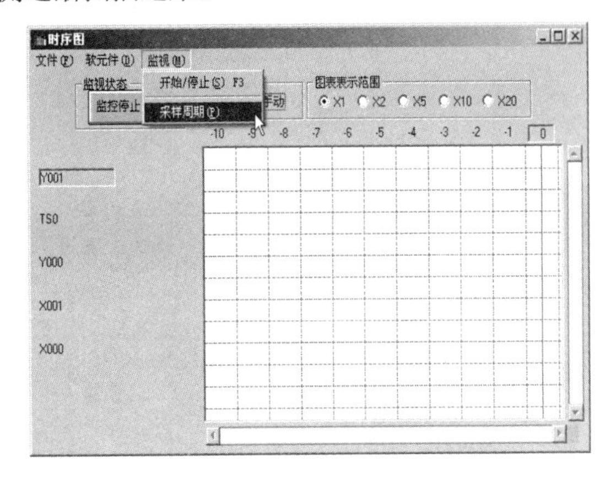

图 3-3-18　登录设定完毕

（a）采样周期默认值为 1

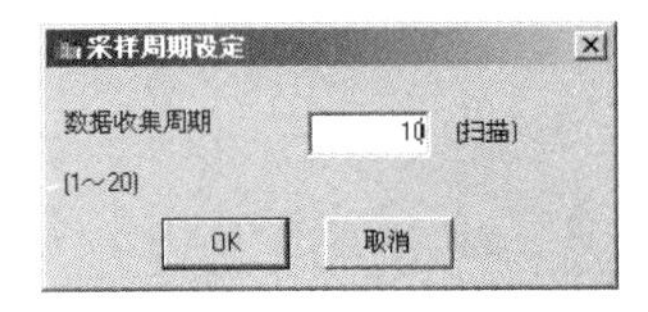

（b）采样周期设定为 10

图 3-3-19　采样周期设定

将鼠标移到图 3-3-20 中左边的触点“X000”处并双击，触点 X000 变成黄色，如　　图 3-3-21 所示，黄色标志着 X000 已接通，并可以马上看到 Y000 也接通，时序图监控结果可看到 X000、Y000 由低电平变成高电平，10s 过后，可看到 T0（窗口图中为 TS0）、Y001 分别呈黄色，也就是它们都已接通。图 3-3-22 是按下停止按钮 X001 后的时序图监控结果，可见各信号都已关闭。但是，这样看不到时序图的全貌，为此，调整图表表示范围，图 3-3-23 是将图表表示范围由 X1 挡调整至 X5 挡后得到的时序图，从这张图中可看到整个时序图启动和停止的全貌。

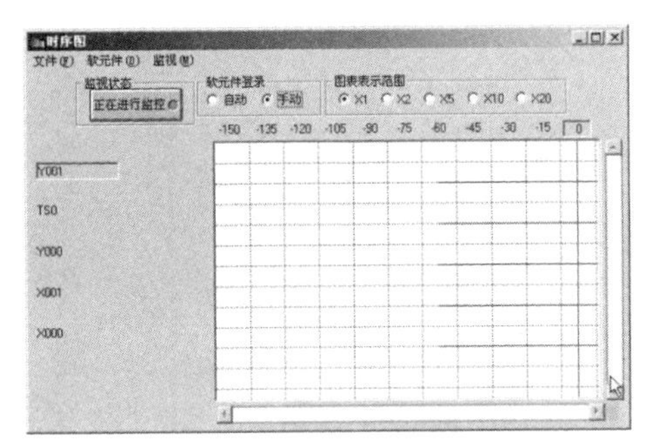

图 3-3-20　开始监视

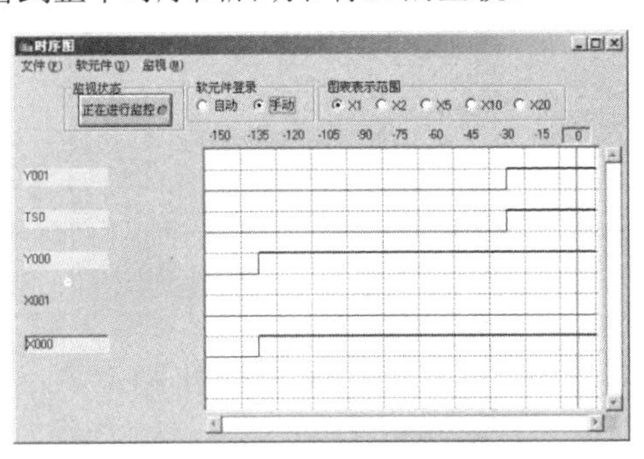

图 3-3-21　各触点、线圈接通的时序图

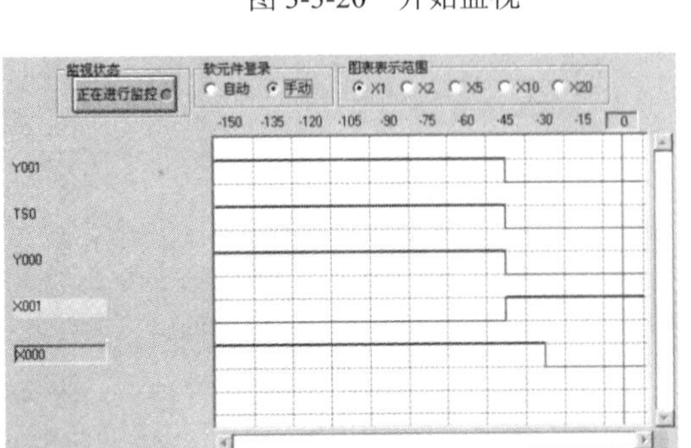

图 3-3-22　按下停止按钮的时序图结果

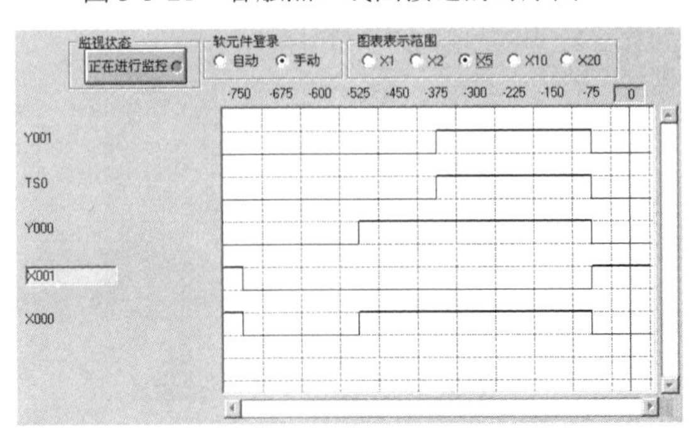

图 3-3-23　调整图表显示范围的时序图

再次按下“ ”按钮，在图 3-3-24 中单击“确定”，则模拟仿真停止。如果需要保存时序图结果，可参考图 3-3-25 所示以“.DAT”文件格式保存。图 3-3-26 所示是监控中成功模拟仿真的梯形图程序，从仿真结果可知，该梯形图程序达到了预定的设计目的。

图 3-3-24　停止模拟仿真

图 3-3-25　保存时序图结果数据

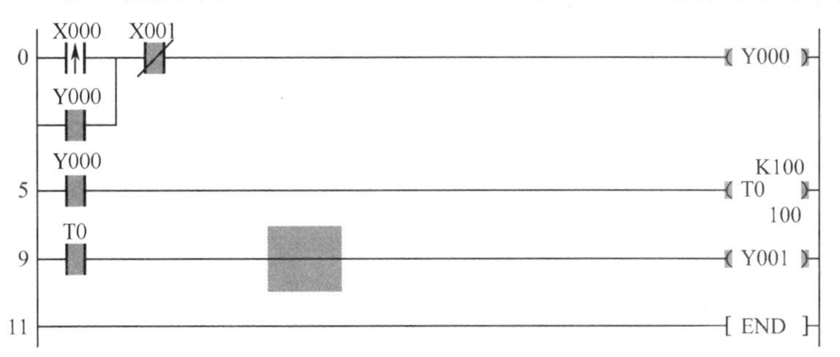

图 3-3-26　成功模拟仿真的梯形图程序

3.4　三菱 PLC 培训软件演练

GX Simulator 是三菱公司的 PLC 模拟仿真软件，利用它可以在没有或脱离 PLC 设备后进行模拟仿真，但 GX Simulator 必须依附另一个强大的 PLC 编程工具软件——GX Developer 才能使用。三菱公司的 PLC 受到大家欢迎的一个原因是其产品的服务、推广工作相当出色，该公司为初学者推出了一款培训学习软件 SWOD5C-FX-TRN-BEG-C，该软件的目的在于帮助使用者学习、理解、掌握 PLC 的基本编程知识，提高使用者的 PLC 编程水平。用户在自己的计算机中安装该软件后，相当于安装了一个三菱 PLC 编程工具、一个虚拟的 PLC 设备，以及一些模拟机器、输入/输出开关和指示灯，用户可以使用这款培训软件学习编写 PLC 程序，并进行仿真测试和保存，下面给广大读者介绍该款软件的 V1.10 版本。

3.4.1　培训软件安装

1．FX-TRN-BEG-C 软件对系统的要求

三菱培训软件 SW0D5C-FX-TRN-BEG-C V1.10 要求操作系统为 Windows 98、98SE、Me 及 2000、XP 等，在硬件方面现在市面上流行的硬件都可以支持。

2．培训软件安装

SW0D5C-FX-TRN-BEG-C 软件的安装很简单，只要单击光盘目录中的 Setup.exe 执行文件即可顺利安装，此处不再多说。

软件安装后，在计算机“开始”的“所有程序”中可以找到如图 3-4-1 所示的三菱培训软件和“ReadMe”文档，在桌面上建立该软件的快捷方式，如图 3-4-2 所示。

图 3-4-1　“开始”程序栏中的三菱培训软件图标　　　图 3-4-2　三菱培训软件快捷方式

由于培训软件对计算机的性能要求不高，因此如果用户使用高性能的计算机，有可能仿真运行速度过快，不能实现理想的控制，可能会出现部件不能在传感器前停顿，或输入数据不能正确接收等错误现象，这一情况可以通过选择菜单中的“工具”→“选项”来调整（见图 3-4-3）。如果在“仿真背景”中选择了“简易画面模式”，则仿真时有关的 3D 画面仿真背景将被取消，其结果就是仿真速度得到提高，但有可能出现上述描述的仿真控制实现起来不理想的情况，这时可取消“简易画面模式”或者将仿真速度调整到“中”，初学者可以保持其默认设置，待到后面有 3D 方面的仿真控制时再做相应设置。

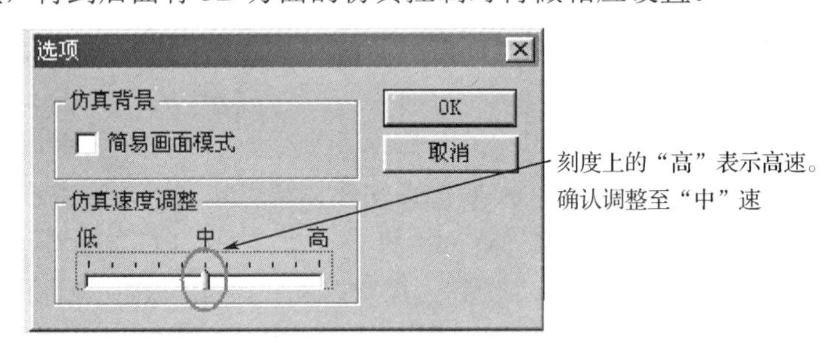

图 3-4-3　仿真速度和仿真背景调整

3.4.2　培训软件构成

1．用户登录

单击桌面上的快捷方式启动培训软件，在闪过如图 3-4-4 所示的软件启动画面后，出现图 3-4-5 所示的用户登录对话框，选择“从头开始”，设置用户名为“guo”，密码为“PLC”

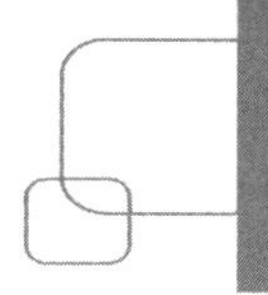

（读者可自行设置），单击开始。

图 3-4-4　软件启动画面

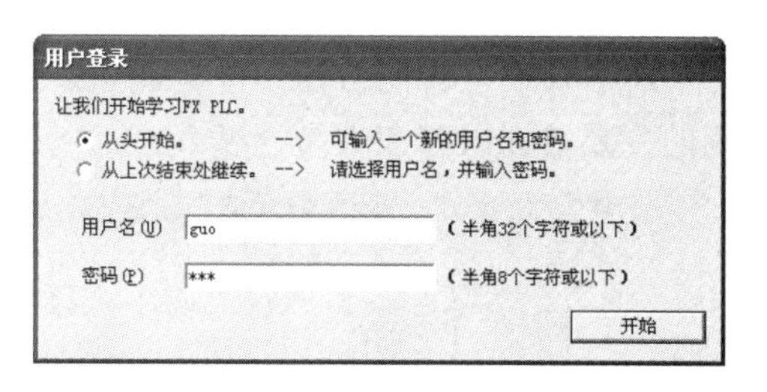

图 3-4-5　用户登录对话框

2. 培训软件构成

1）主画面

成功登录后的主画面如图 3-4-6 所示。除培训软件名称、菜单栏外，主画面还包括如下六大类别：

A——让我们学习 FX 系列 PLC；

B——让我们学习基本的；

C——轻松的练习；

D——初级挑战；

E——中级挑战；

F——高级挑战。

这些类别根据难易程度分类。每一类别又有若干个培训练习题目，单击可以进入相应的培训练习，培训练习标题中“✪”的个数表示培训内容的难易程度。

在主画面的右下角，有 5 个按钮，是培训软件学习流程、主画面配置及系统要求和注意事项等的说明按钮。

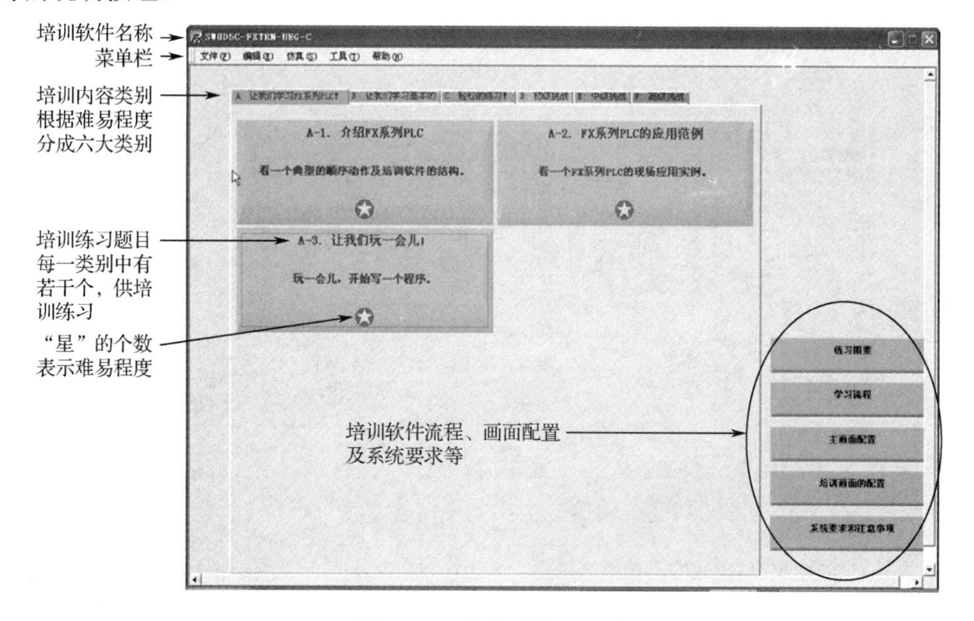

图 3-4-6　登录后的主画面

2）说明按钮

单击“练习概要”说明按钮，弹出图 3-4-7 所示界面，该界面主要说明了从 A 到 F 六大培训类别的主要培训内容和难易程度。

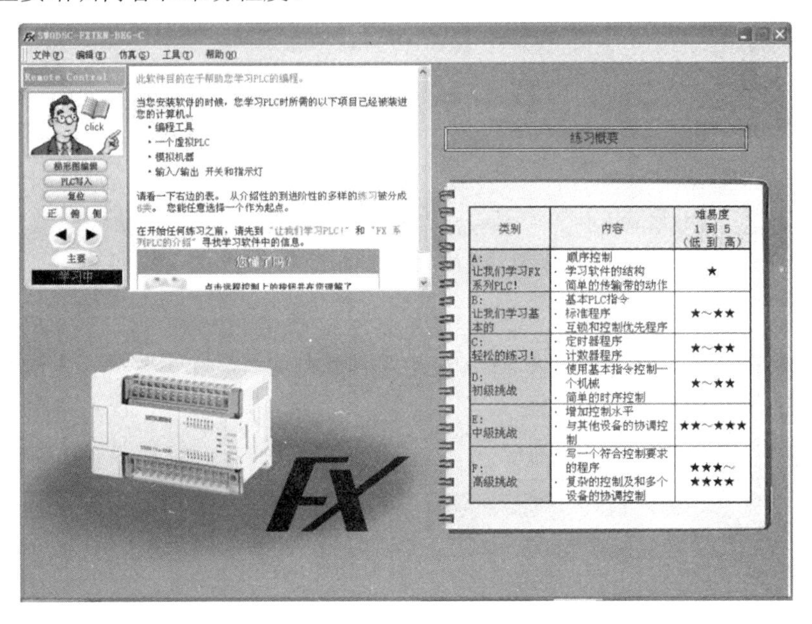

图 3-4-7 练习概要

单击“学习流程”说明按钮，弹出图 3-4-8 所示界面，该界面主要介绍了培训软件的学习方法和学习流程。

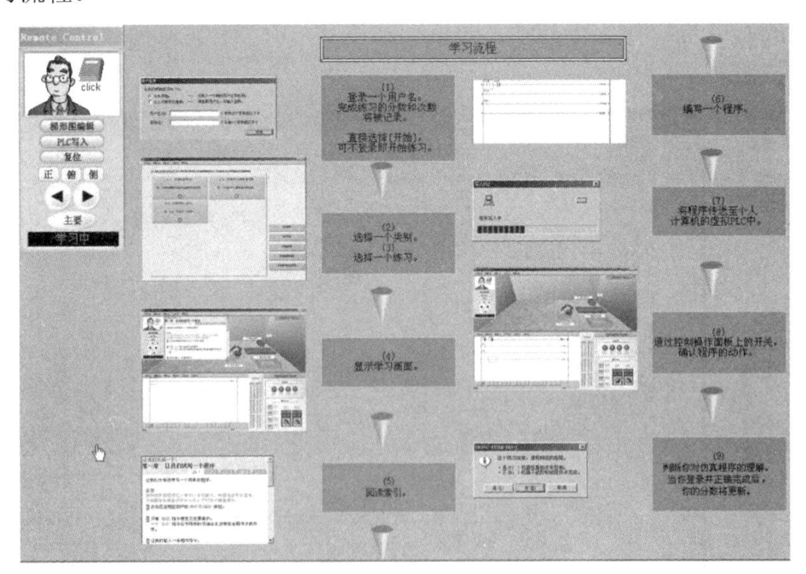

图 3-4-8 学习流程

单击“主画面配置”说明按钮，弹出图 3-4-9 所示界面，该界面主要对培训软件的主画面进行介绍。

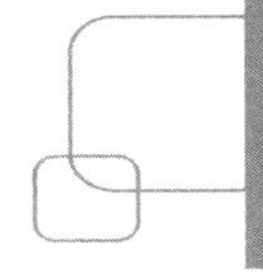

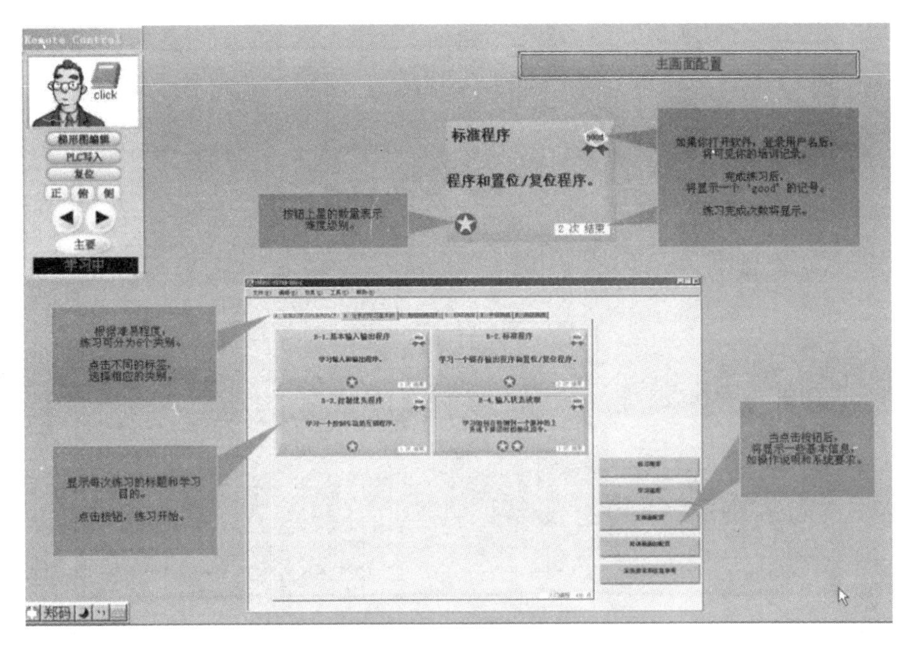

图 3-4-9　主画面配置

单击“培训画面的配置”说明按钮，弹出图 3-4-10 所示界面，该界面主要对进入培训练习的画面组成进行介绍。

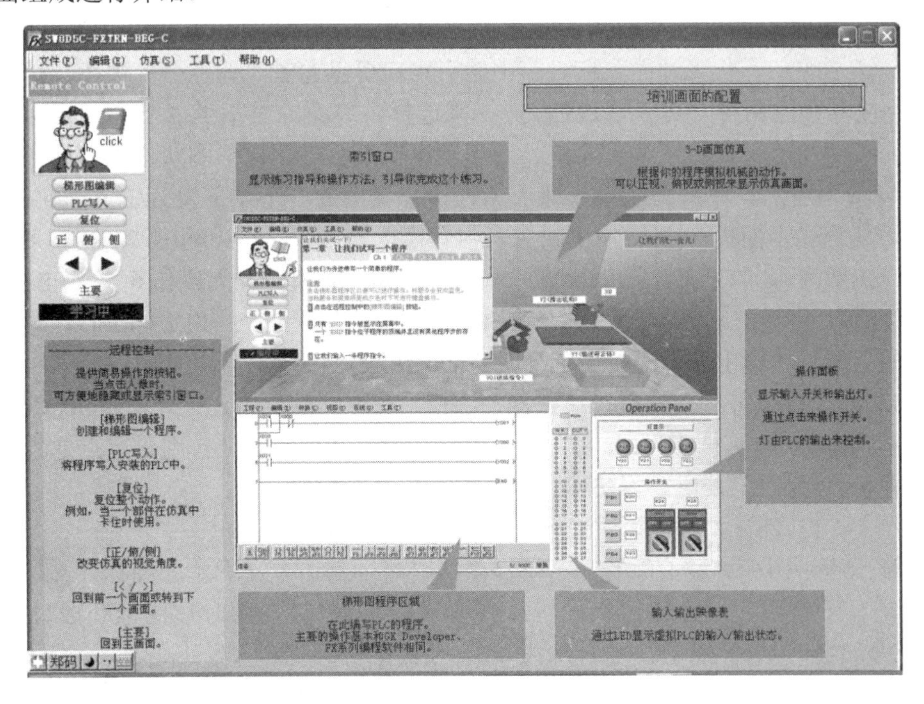

图 3-4-10　培训画面的配置

单击“系统要求和注意事项”说明按钮，弹出图 3-4-11 所示界面，该界面主要对培训软件的系统要求和注意事项进行说明。

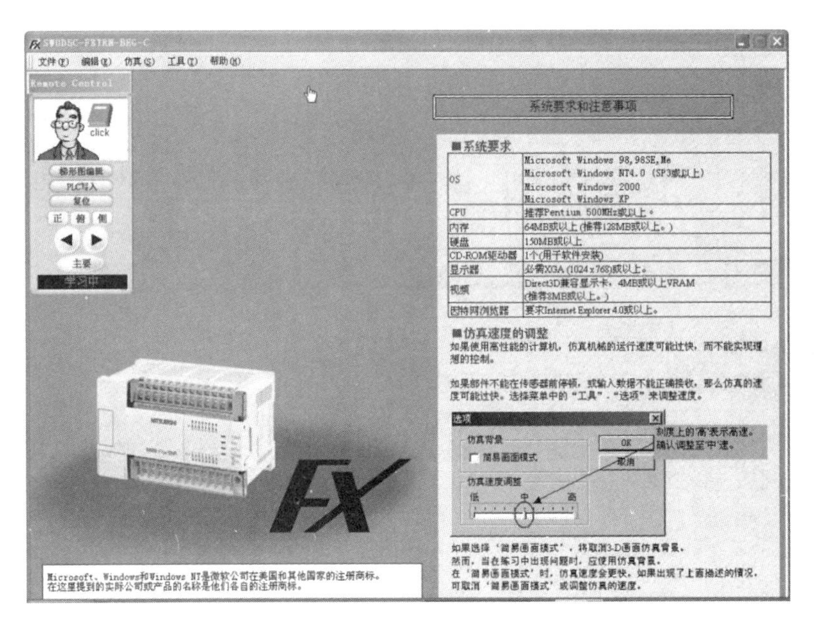

图 3-4-11　系统要求和注意事项

3）培训画面构成

如图 3-4-12 所示，是在图 3-4-6 中选择培训类别和练习题目（假设选择了 A-3 项）后得到的界面，该培训画面主要构成为：上半部分为培训软件名称、培训软件菜单栏、“遥控器”面板、索引窗口、仿真画面窗口。其中索引窗口可以通过“遥控器”关闭，仿真画面有 3D 仿真和简易画面两种，可以通过图 3-4-3 来选择。界面的左下半部分主要为梯形图编辑区，有梯形图菜单栏、梯形图编辑窗口、梯形图编辑工具栏、梯形图状态栏，用户可以在梯形图编辑窗口中用工具栏来快速输入梯形图程序。界面的右下半部分为输入/输出映像表和输入操作、输出显示面板，输入/输出映像表中有模拟输入 24 点、输出 24 点，相当于 FX PLC 中 I/O 点数为 48 的 PLC，输入操作、输出显示面板有模拟输入操作 6 个（PB1～PB4 按钮 4 个，SW1～SW2 旋钮式开关 2 个），模拟输出指示灯 4 个（PL1～PL4），个别培训练习题目的输入操作、输出显示面板会有细微不同。

在图 3-4-12 中，最重要的是“遥控器”面板，在培训软件中，把“Remote Control”翻译成“远程控制”，如图 3-4-13（a）所示，由于它的重要性，加上作用又有点像我们日常生活中的电视机“遥控器”，所以将其称为“遥控器”更为贴切。

现以图 3-4-13（b）为例，说明“遥控器”各部分的作用。

（1）显示索引图标：最上面有一个培训老师，老师旁边有一书本的图标“”，这一图标的作用是显示索引，单击该图标，可以打开“索引窗口”，同时该图标变成打开的书本“”，如图 3-4-13（c）所示。

（2）“梯形图编辑”按钮：单击该按钮，可以进入梯形图编辑状态，此时梯形图程序编辑区的菜单栏处于有效状态，如图 3-4-14 所示。

（3）“PLC 写入”按钮：在编写好梯形图程序后，单击此按钮可以进行虚拟仿真。

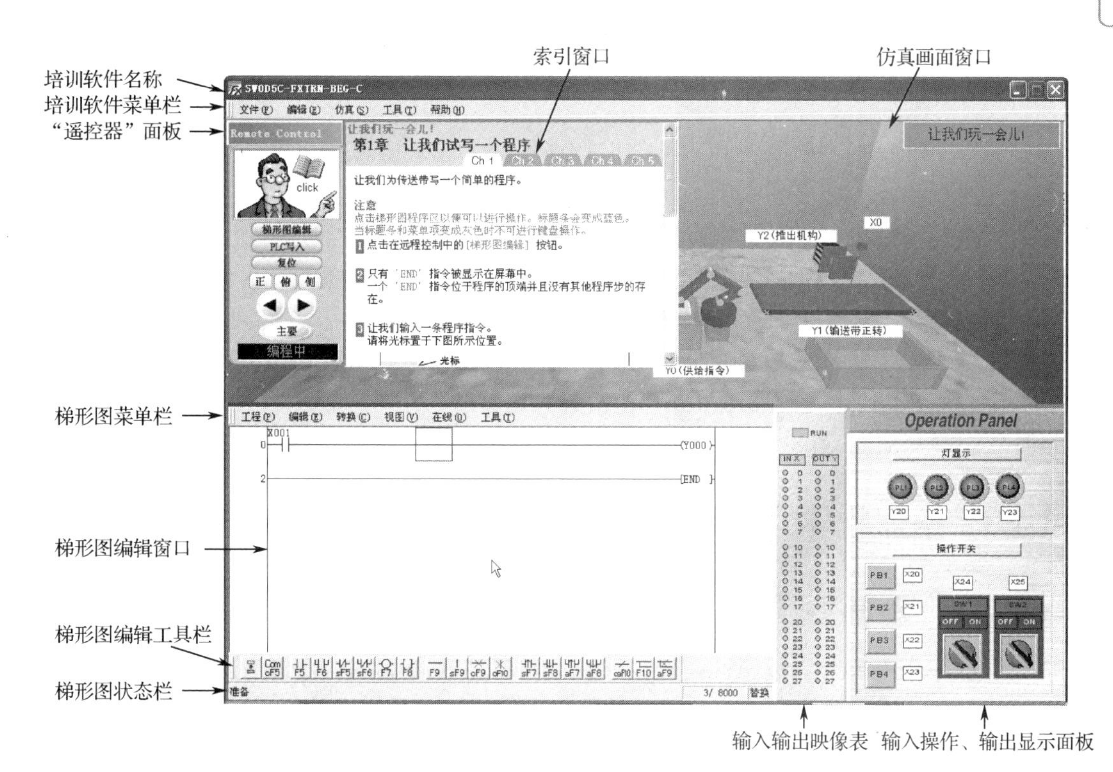

图 3-4-12　培训画面构成

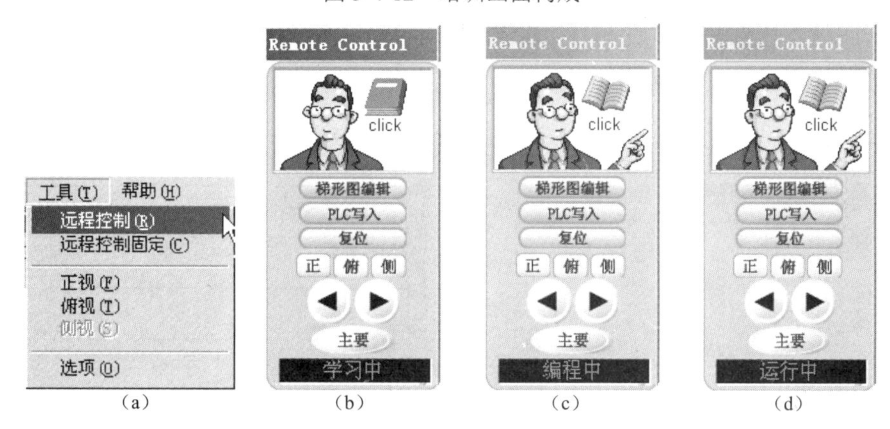

图 3-4-13　“遥控器”面板

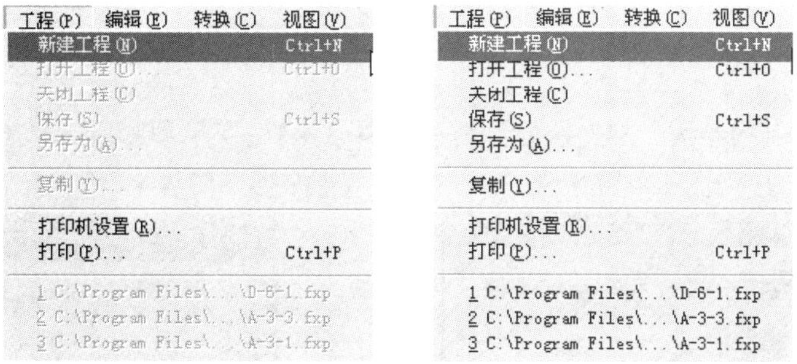

工程(P)　编辑(E)　转换(C)　视图(V)
新建工程(N)　Ctrl+N
打开工程(O)...　Ctrl+O
关闭工程(C)
保存(S)　Ctrl+S
另存为(A)...
复制(Y)...
打印机设置(R)...
打印(P)...　Ctrl+P
1 C:\Program Files\...\D-6-1.fxp
2 C:\Program Files\...\A-3-3.fxp
3 C:\Program Files\...\A-3-1.fxp

工程(P)　编辑(E)　转换(C)　视图(V)
新建工程(N)　Ctrl+N
打开工程(O)...　Ctrl+O
关闭工程(C)
保存(S)　Ctrl+S
另存为(A)...
复制(Y)...
打印机设置(R)...
打印(P)...　Ctrl+P
1 C:\Program Files\...\D-6-1.fxp
2 C:\Program Files\...\A-3-3.fxp
3 C:\Program Files\...\A-3-1.fxp

图 3-4-14　梯形图编辑进入前后菜单栏的状态

（4）“复位”按钮：单击此按钮，可以将输入、输出及寄存器等复位到开始仿真的原始状态。

（5）“正、俯、侧”按钮：这三个按钮的作用是对 3D 仿真画面进行正视、俯视、侧视等不同角度的观察。

（6）“前进”、“后退”按钮：前进到学习培训的下一阶段或者后退到上一阶段。

（7）“主要”按钮：单击此按钮，进入到图 3-4-6 所示的主画面选择培训内容。

（8）状态指示栏：在图 3-4-13（b）、（c）、（d）中，分别列出了培训软件的三种状态：“学习中”——说明用户处于主画面的培训内容、流程学习、选择练习等学习状态；“编程中”——说明用户处于梯形图程序的编辑状态；“运行中”——说明用户处于 PLC 程序模拟仿真运行状态。

3.4.3 培训软件的使用

1. 编辑示例程序

按如下顺序进入梯形图编辑区窗口：①启动培训软件→②用户登录→③在主画面中选择 A-3→④在图 3-4-12 培训画面中单击“遥控器”面板中的“梯形图编辑”，在得到的图 3-4-15 所示梯形图编辑区窗口中，可看到该区域中的菜单栏及工具栏处于有效状态，并且工具栏图标及快捷键与 GX Developer V8 一样。

在梯形图编辑区窗口，仿照前面 GX Developer V8 的操作，练习输入图 3-4-16 所示的示例程序，具体输入参考前面介绍的操作方法。

图 3-4-15 梯形图编辑区

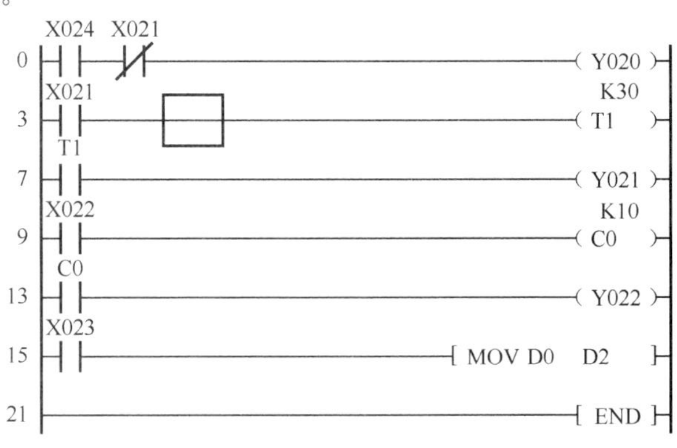

图 3-4-16 示例程序

2. 模拟仿真

将输入好的示例程序按“F4”快捷键转换成图 3-4-16 所示程序后，单击菜单栏“在线”中的“写入 PLC…”，出现图 3-4-17 和图 3-4-18 提示框后得到图 3-4-19 所示开始仿真的程序。

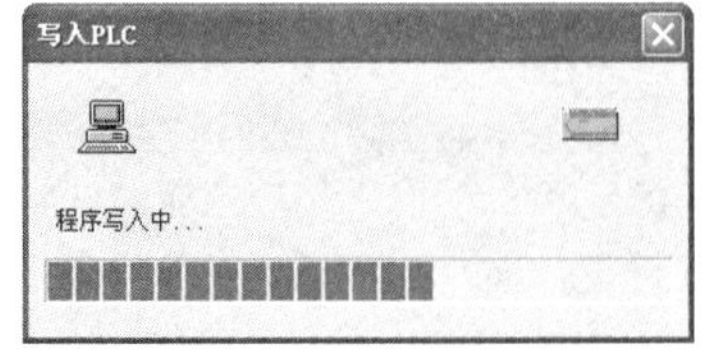

图 3-4-17 程序写入虚拟 PLC 中

图 3-4-18 写入完成

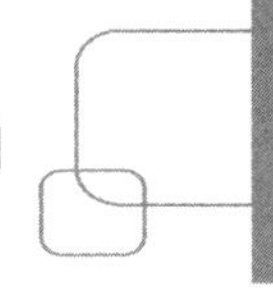

下面介绍具体的仿真步骤。

1）常开/常闭触点的仿真

在图 3-4-19 中，常闭触点 X021 已导通，单击操作面板中的输入操作开关 SW1，使 X024 接通并且保持，此时仿真结果如图 3-4-20 所示，Y020 导通，在图 3-4-21 中可看到 PL1 指示灯亮。

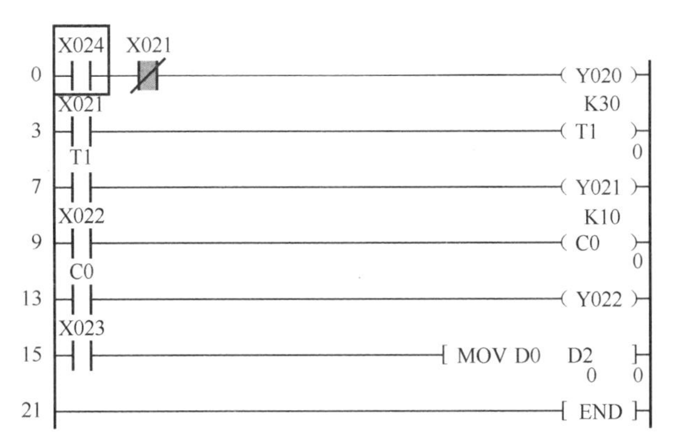

图 3-4-19　开始仿真的程序

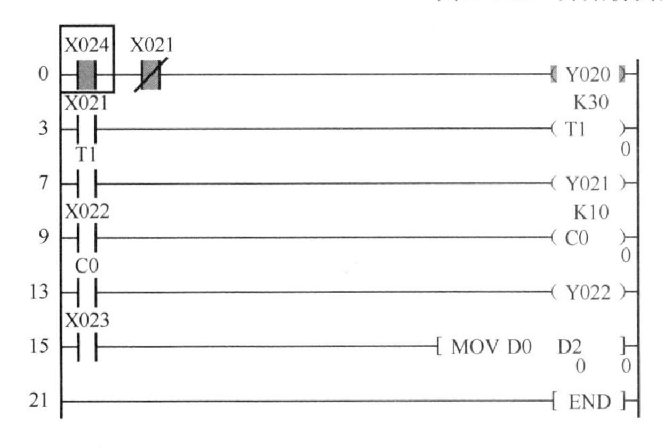

图 3-4-20　常开/常闭触点仿真

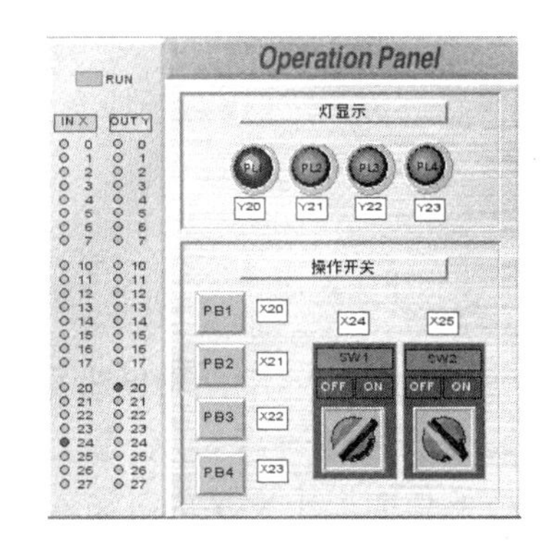

图 3-4-21　输入/输出模拟操作与显示

2）定时器仿真

单击“在线”菜单中的“元件测试”命令（图 3-4-22），得到图 3-4-23 所示对话框，在位元件中选择 X021 元件，并选择“强制 ON”命令，执行结果为 X021 强制接通并保持，定时器 T1 开始计时，观察到定时器为顺计时，定时时间 3s 到后，T1 导通，Y021 也导通。梯形图定时器仿真结果如图 3-4-24 所示，操作面板仿真结果为 PL1 指示灯灭，PL2 指示灯亮，如图 3-4-25 所示。

图 3-4-22　“元件测试”命令

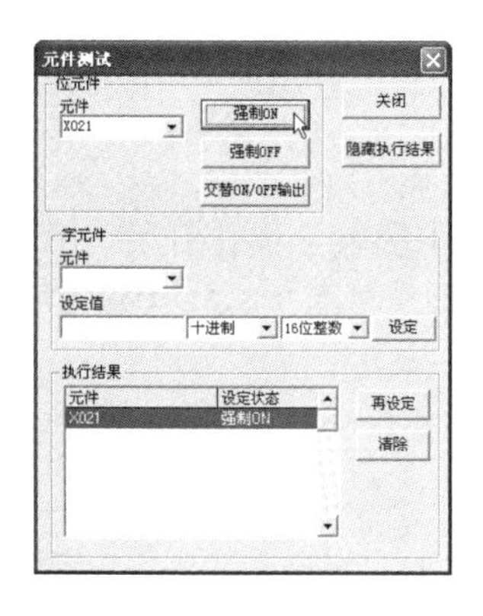

图 3-4-23 选择位元件“X021”“强制 ON”

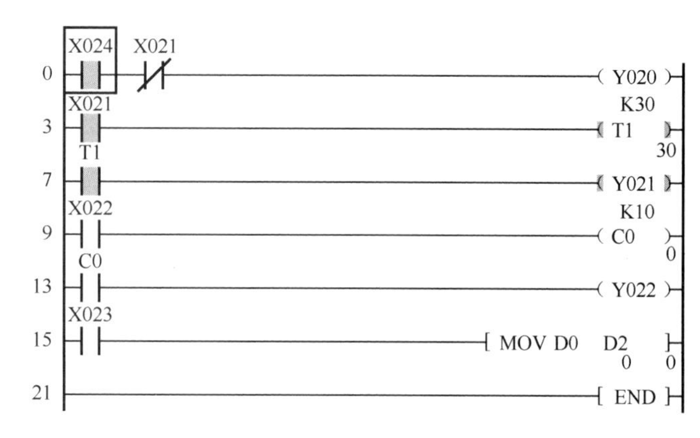

图 3-4-24 梯形图定时器仿真结果

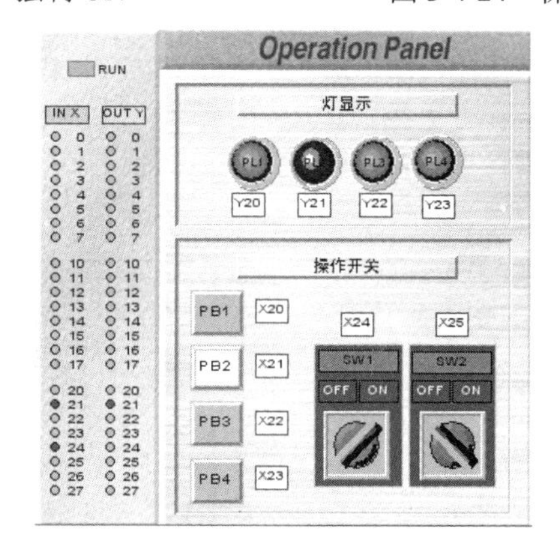

图 3-4-25 操作面板定时器仿真结果

3）计数器仿真

在图 3-4-26 中，如果选择“X022 位”元件为“交替 ON/OFF 输出”，结果可看到 X022 接通 1 次，计数器 C0 计数为 1，在图 3-4-26 中反复单击“交替 ON/OFF 输出”命令，或者在操作面板中反复单击输入操作开关 PB3（X022），可观察到计数器的计数值不断增 1，如图 3-4-27 所示，当到达预定值 10 时，C0 导通，Y022 也导通。梯形图计数器仿真结果如图 3-4-28 所示，操作面板计数器仿真结果如图 3-4-29 所示。

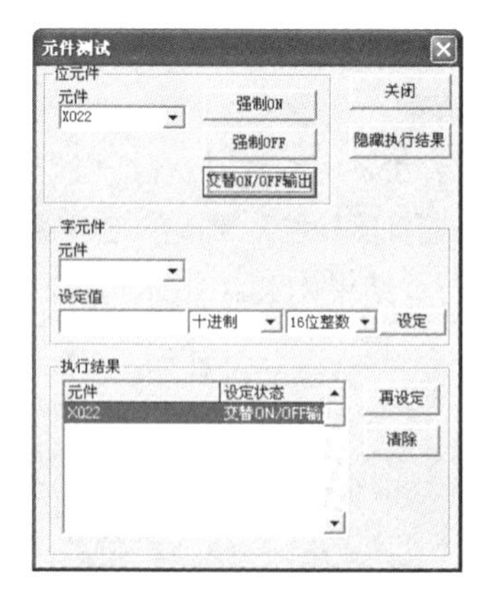

图 3-4-26 选择位元件 X022 交替 ON/OFF 输出

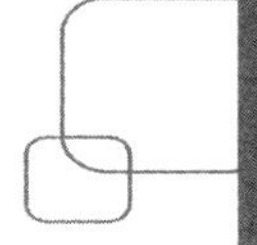

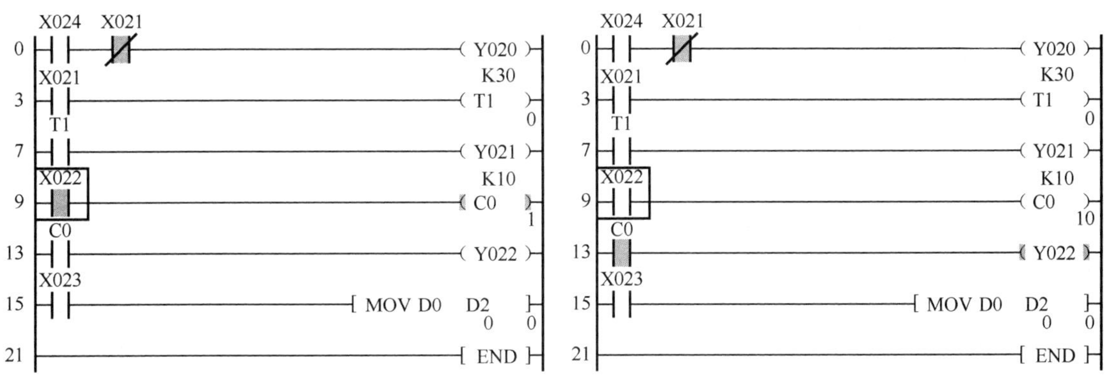

图 3-4-27　X022 每接通 1 次，计数值增 1

图 3-4-28　梯形图计数器仿真结果

4）数据传送仿真

在图 3-4-30 中，预先选择字元件“D0”，将其设定为“十进制数 K10”，结果可看到 D0 仿真结果为事先存入的数据 K10，然后在图 3-4-30 中选择位元件“X023”为“强制 ON”，梯形图的仿真结果如图 3-4-31 所示，从图中可见当 X023 接通后，数据 K10 已传送到了 D2 寄存器中，完成了数据传送命令。

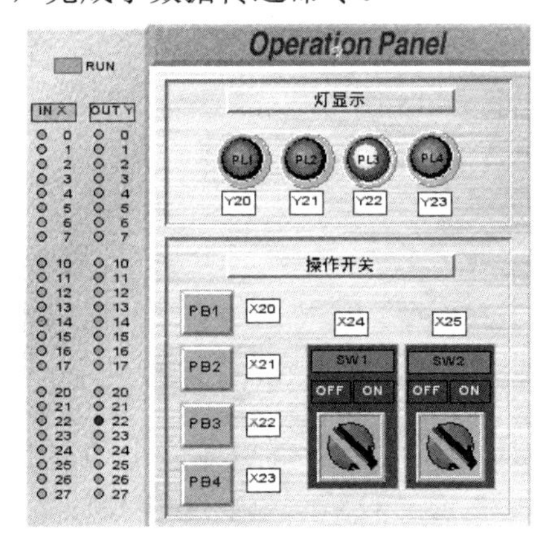

图 3-4-29　操作面板计数器仿真结果

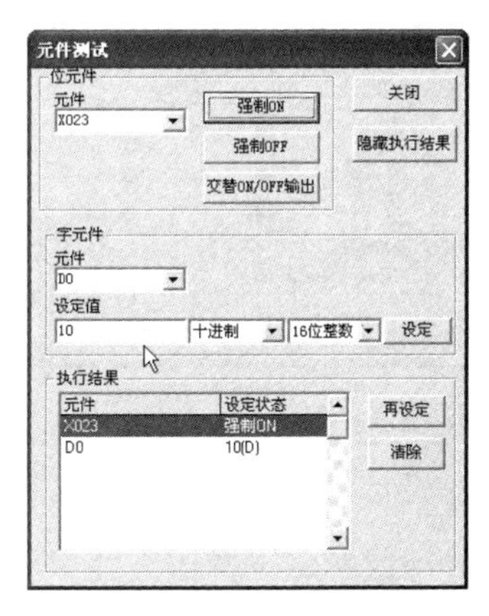

图 3-4-30　字元件设定

如图 3-4-32 所示，将示例程序加以保存，还可以在将来供其他编程软件使用。

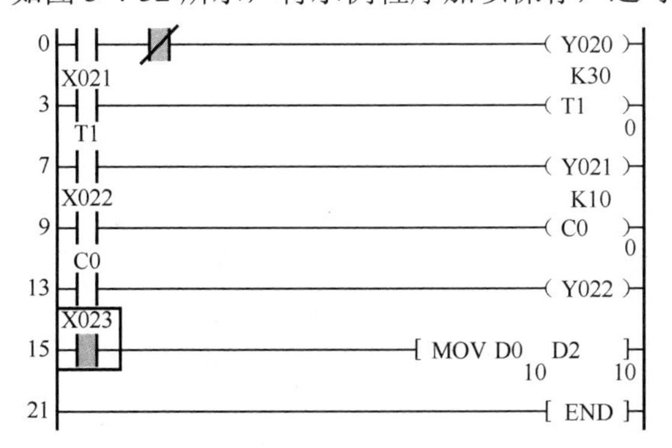

图 3-4-31　数据传送仿真结果

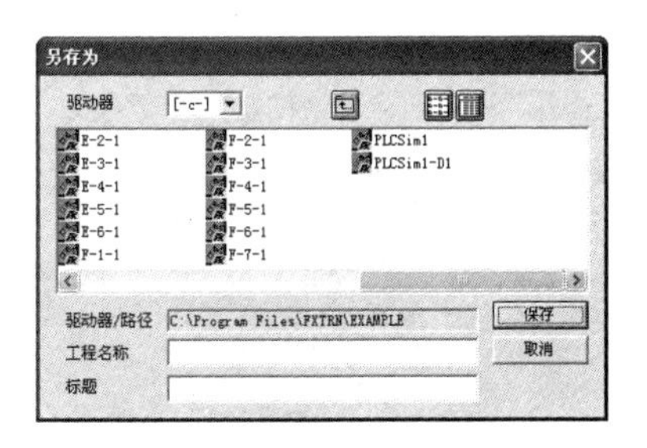

图 3-4-32　保存工程

3．培训、演练与提高

前面用示例程序说明了模拟仿真的操作过程和观察方法，下面介绍软件中的培训练习，以使学习者得到培训、演练与提高。

假设在图 3-4-6 主画面中选择 A-3 为培训练习内容，A-3 单元模拟了一个利用传输带自动传输某种物件的装置，图 3-4-33 展示了该装置的 3D 正视仿真画面。单击“遥控器”中的“梯形图编辑”，再在“梯形图编辑区”的“工程”菜单中选择“打开工程”，如图 3-4-34 所示，培训软件已预置了三个与 A-3 相对应的 PLC 程序，假设选择 A-3-3 程序，打开后的程序如图 3-4-35 所示。

图 3-4-33　3D 正视仿真画面

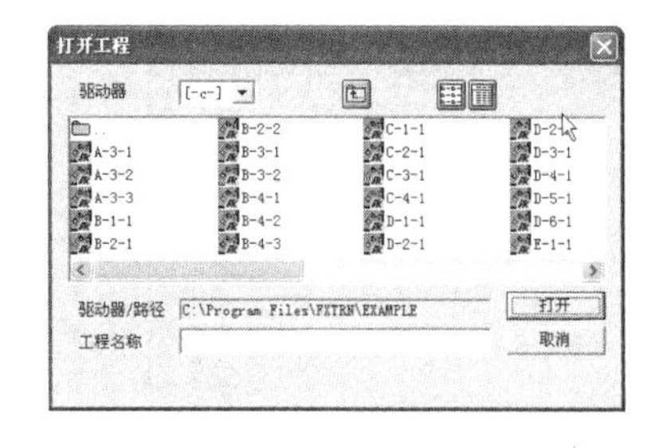

图 3-4-34　打开 A-3-3 程序

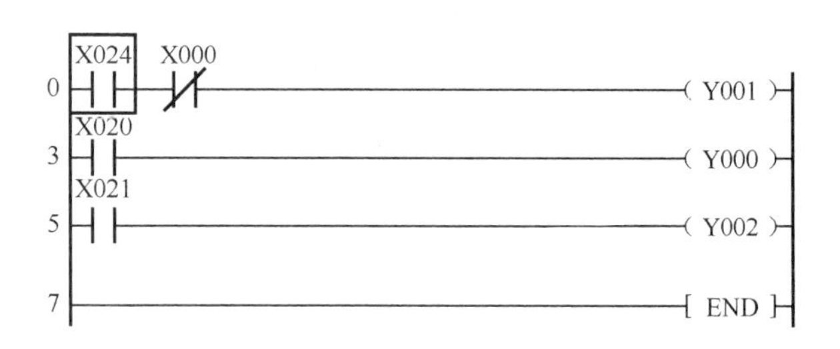

图 3-4-35　A-3-3 程序

单击菜单栏“在线”中的“写入 PLC…”，将该程序写入计算机虚拟的 PLC 中开始模拟仿真。首先用鼠标单击操作开关 SW1，将输入 X024 置为 ON，结果 Y001 接通，在 3D 仿真画面中可看到由 Y001 控制的传输带开始正转。

用鼠标单击按钮 PB1 一次，使 X020 接通，则供给命令 Y000 接通，表示机器开始取一件物件到传输带上。以后每单击 PB1 一次，就取一件物件。

当物件传输到预定位置后，位于装置上方的检测传感器 X000 接通，传输带正转停止。图 3-4-36 是此时的 3D 侧视仿真画面。

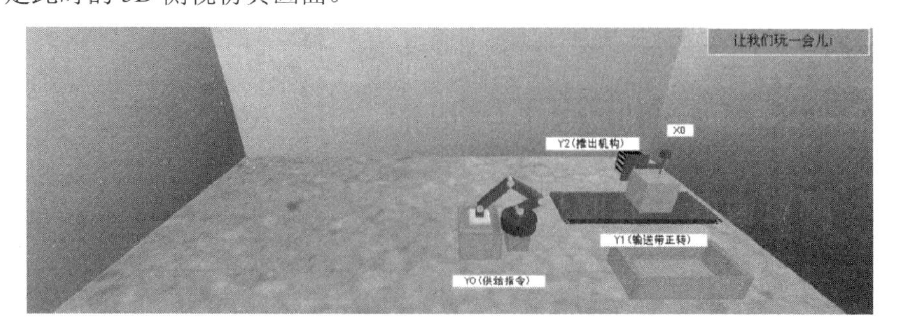

图 3-4-36　3D 侧视仿真画面

单击 PB2 按钮，模拟当检测传感器 X021 接通时 Y002 接通的状态，推出机构执行推出动作，将物件推入物件槽中供人取走。图 3-4-37 是 3D 俯视仿真画面，可看到物件已被推入到物件槽中，一位穿绿色工作服的工作人员走过来准备取走物件。

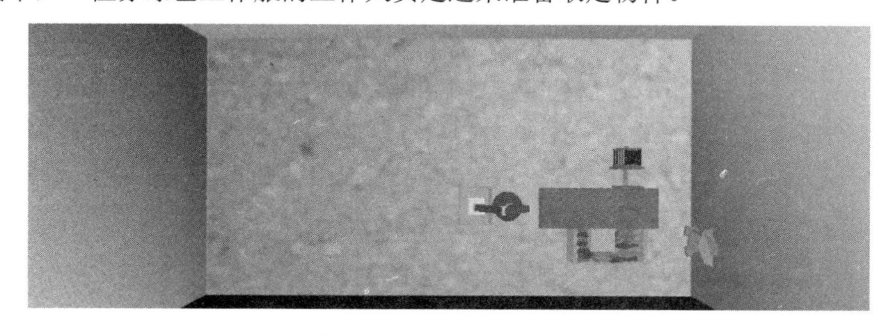

图 3-4-37 3D 俯视仿真画面

仿真结束后，单击“前进”按钮，弹出如图 3-4-38 所示的对话框，选择“否”，软件将不给练习者做出评判（此为默认选择）。在选择“是”后，软件将回到主画面中，练习后的 A-3 单元将变成如图 3-4-39 所示，右上角有“good”标志出现，右下角记录了练习者的练习次数。

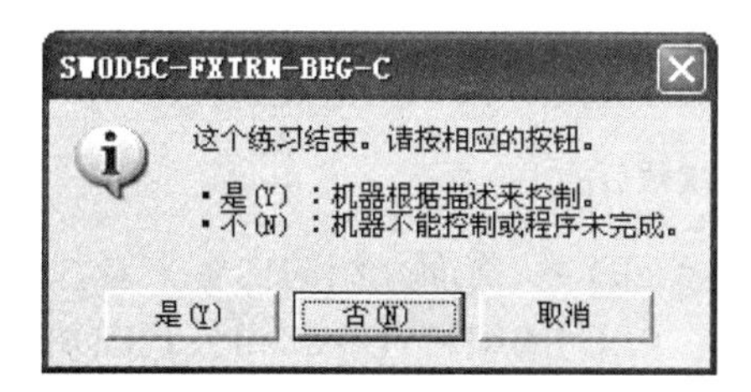

图 3-4-38 练习结束确认

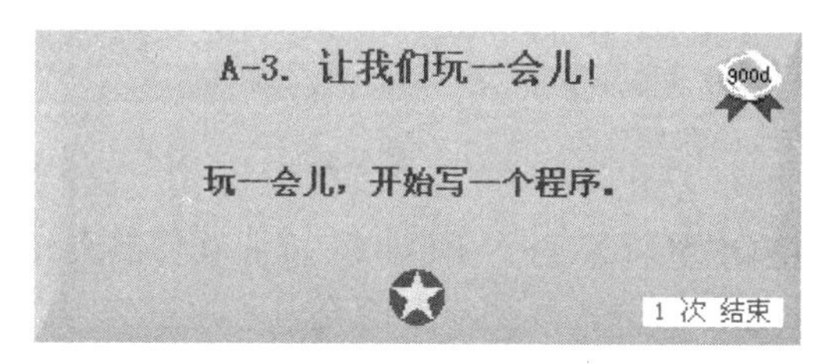

图 3-4-39 练习后的 A-3 单元

单击“文件”菜单中的“高分”命令，将弹出一个消息框，它记录了练习者历次培训练习所得的分数和培训级别，图 3-4-40（a）所示是第一次练习记录，图 3-4-40（b）是中级编程水平的分数记录。图 3-4-41 是达到“中级编程”次数后的主画面，在主画面右下角会出现“级别”和“分数”的记录。

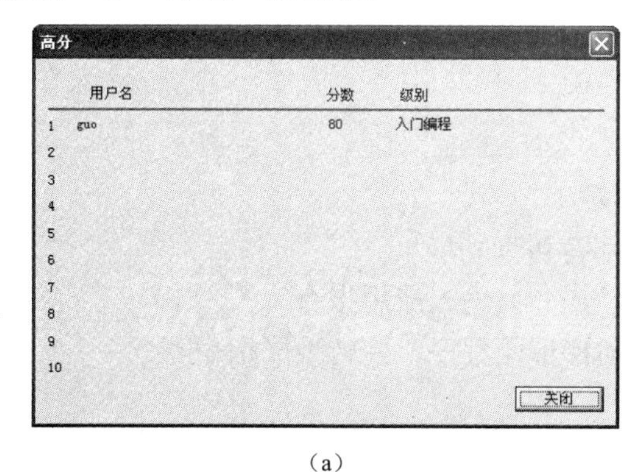

（a）

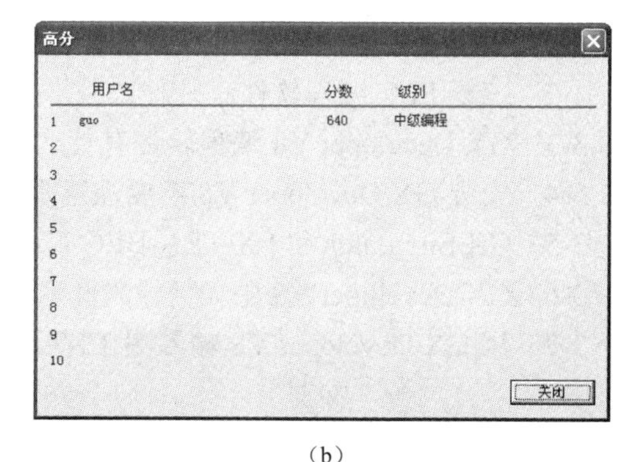

（b）

图 3-4-40 “高分”消息框

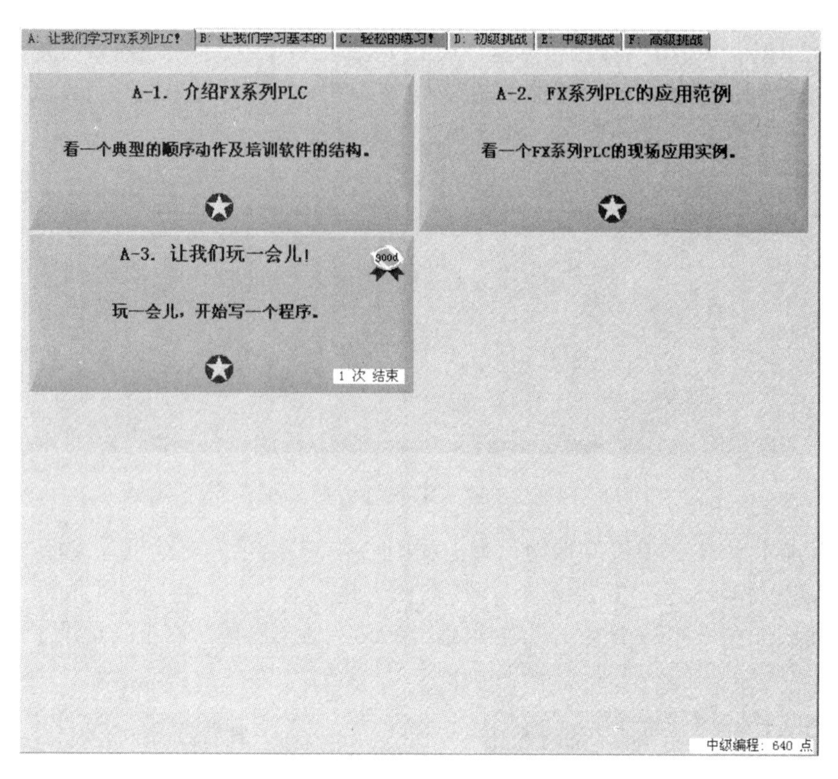

图 3-4-41 达到“中级编程”次数后的主画面

SWOD5C-FX-TRN-BEG-C 培训软件的介绍到此结束，从前面介绍的内容来看，此款软件非常适合初学者，初学者应充分利用它来学习理解 PLC 的编程理论和相关基础知识，通过多次培训演练来提高自己的编程水平。

习　　题

3-1 举例说明编写三菱 PLC 程序需要哪些编程工具。

3-2 三菱 PLC 编程软件有几种?

3-3 GX Developer V8 编程软件有什么特点?

3-4 安装 GX Developer V8 需要注意那些事项?

3-5 GX Simulator 和 FX-TRN-BEG-C 是否都有仿真功能?

3-6 GX Developer V8 中如何输入和删除“|”，如何输入应用指令?

3-7 用 GX Developer V8 输入图 T3-7 所示的梯形图程序，并转换成指令表。

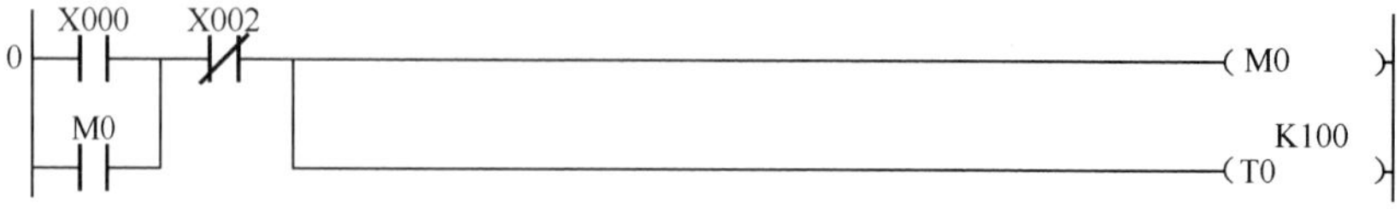

X000 X002 M0 M0 K100 T0

图 T3-7

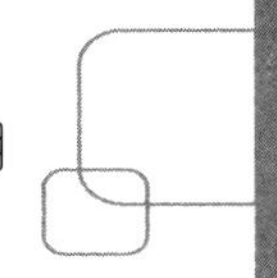

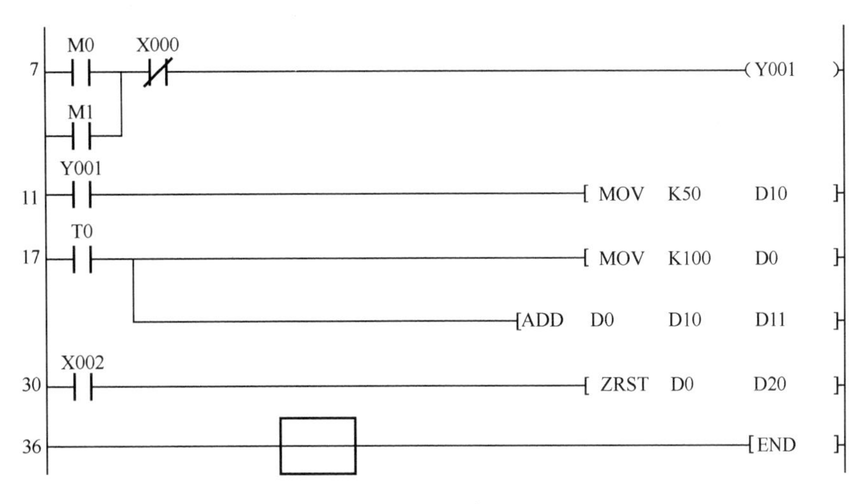

图 T3-7（续）

3-8　用 GX Simulator 模拟仿真图 T3-8 所示程序，得到监控时序图并写出仿真结果。

X001
K6
0
C0
C0
5
Y000
K100
T9
T0
10
Y001
12
END

图 T3-8

3-9　用 FX-TRN-BEG-C 软件练习 F-6 级别培训内容。

3-10　用 FX-TRN-BEG-C 软件模拟仿真图 T3-10 所示的程序。

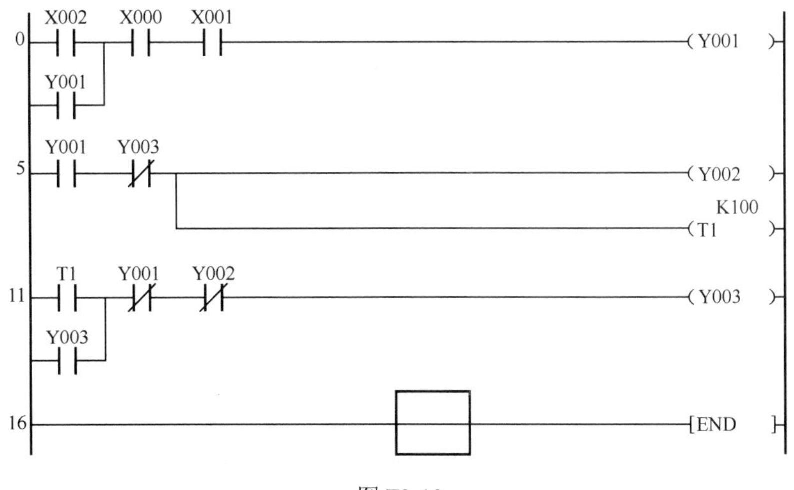

图 T3-10

第 4 章　三菱 FX_{2N} PLC 指令系统

FX_{2N} PLC 拥有完善的指令系统，有基本顺序指令 27 条、步进梯形指令 2 条、应用指令 298 条，能够处理浮点数、三角函数、PID 过程控制等，它的指令处理速度很快，基本指令处理速度为 0.08μs/指令，应用指令为 1.52～几百μs/指令。

4.1　基本指令

三菱 FX_{2N} PLC 基本指令共有 27 条，指令表的格式为：

步序	助记符	操作数
0	LD	X0

某些指令（如栈操作指令）没有操作数，有些指令可能有几个操作数。

4.1.1　逻辑输入/输出指令

LD（Load）：逻辑输入指令，表示以常开触点（A 类接点）开始逻辑运算。

LDI（Load Inverse）：逻辑非输入指令，表示以常闭触点（B 类接点）开始逻辑非运算。

OUT：驱动输出线圈。

/（Inverse）：非，将该指令处的运算结果取反。

【例 4-1-1】　逻辑输入/输出指令程序举例

如图 4-1-1 所示，当 X000 接通时，Y000 接通；当 X000 断开时，Y001、Y002 接通。

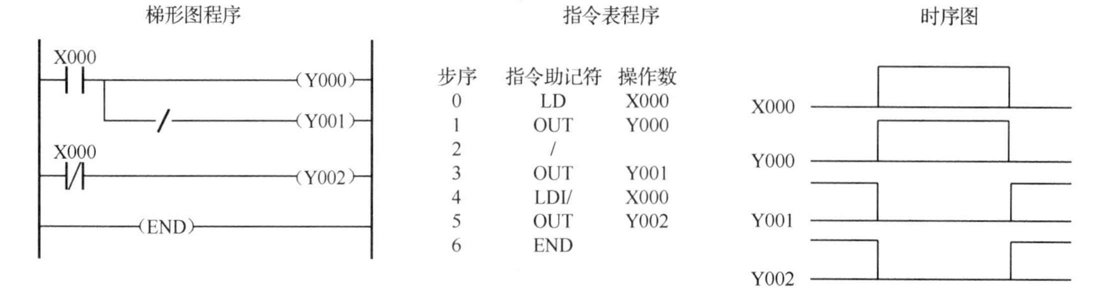

步序	指令助记符	操作数
0	LD	X000
1	OUT	Y000
2	/	
3	OUT	Y001
4	LDI/	X000
5	OUT	Y002
6	END	

图 4-1-1　逻辑输入/输出指令

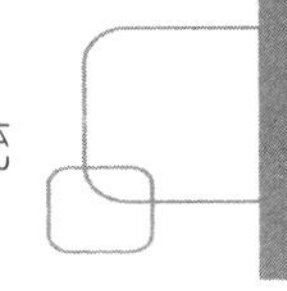

4.1.2　触点串联、并联指令

AND：逻辑“与”运算，相当于串联一个常开触点。

ANI：逻辑“与非”运算，相当于串联一个常闭触点。

OR：逻辑“或”运算，相当于并联一个常开触点。

ORI：逻辑“或非”运算，相当于并联一个常闭触点。

【例 4-1-2】 逻辑操作指令程序举例

如图 4-1-2 所示，当 X000 或 X003 接通，且 X001 和 X002 接通时，Y000 接通，注意观察时序图波形。

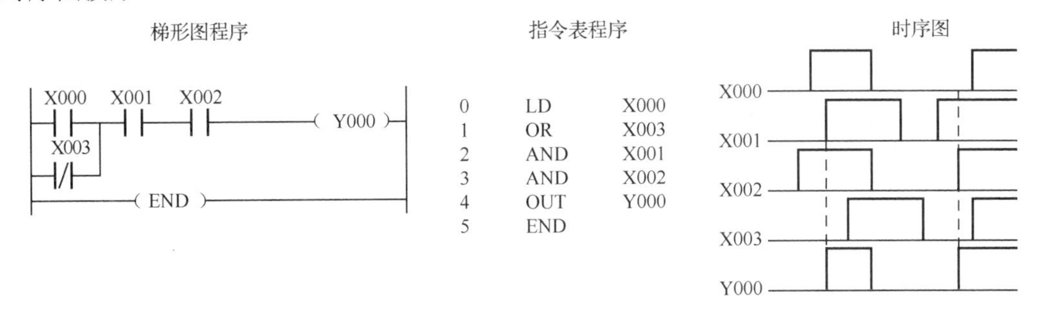

图 4-1-2　逻辑操作指令

4.1.3　逻辑块操作指令

ANB：块与指令，表示逻辑块间的“与”运算。

ORB：块或指令，表示逻辑块间的“或”运算。

注意，ANB 和 ORB 指令块必须用 LD 或 LDI 指令开始，且这两条指令没有操作数，ANB 在梯形图上表现为“先并联后串联”，ORB 在梯形图上表现为“先串联后并联”。

【例 4-1-3】 ANB 指令程序举例

如图 4-1-3 所示，当 X000 接通且 X002 或 X003 接通时，Y000 接通；或者当 X001 接通且 X002 或 X003 接通时，Y000 接通。

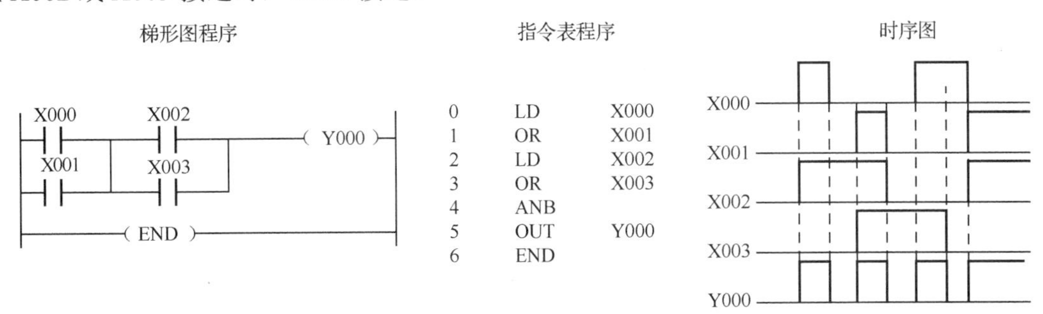

图 4-1-3　ANB 逻辑块与操作指令

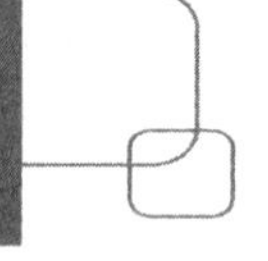

【例 4-1-4】 ORB 指令程序举例

如图 4-1-4 所示，当 X000 和 X002 都接通或者 X001 和 X003 都接通时，Y000 接通。

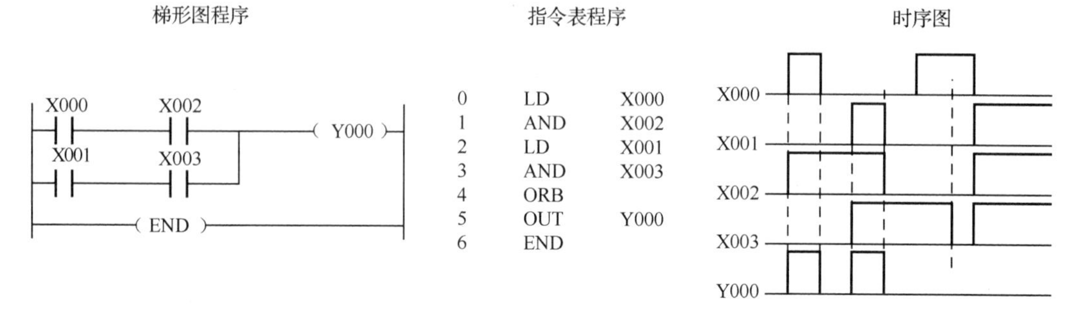

图 4-1-4 ORB 逻辑块或操作指令

4.1.4 栈操作指令

MPS：进栈指令，每使用一次将该指令处的操作结果存储到堆栈第一层，原栈存储器数据下移 1 个单元。

MRD：读栈指令，用于读出 MPS 指令存储的操作结果，不改变数据的移动。

MPP：出栈指令，读出并清除由 MPS 指令存储的操作结果，每使用一次栈中数据向上移动 1 层。

FX 系列 PLC 共有 11 个栈存储器，用于存储运算的中间结果，MPS 指令最多允许使用 11 次（即最多 11 层），MPS、MPP 指令一般成对使用。栈操作指令一般用于设计分支结构的梯形图程序，使用栈操作指令可使程序简洁明了。

【例 4-1-5】 栈操作指令程序举例

如图 4-1-5 所示，当 X000 接通时，Y000 接通；当 X000 和 X001 都接通时，Y001 接通；当 X000 断开时，Y002 接通。

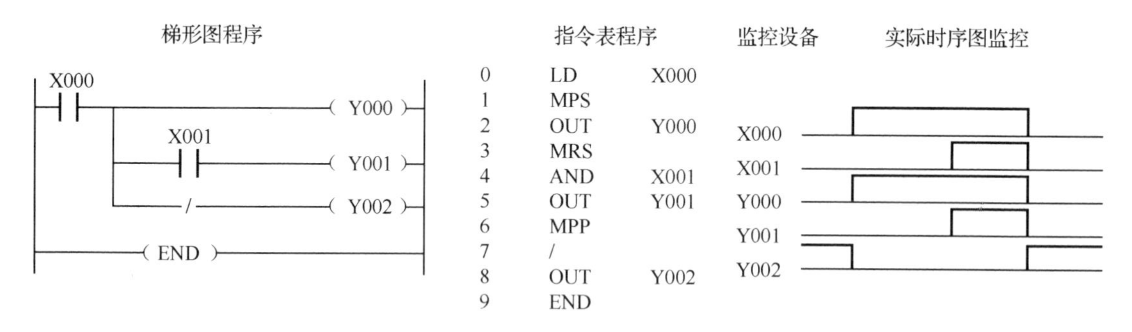

图 4-1-5 栈操作指令

图 4-1-6 是一个有 4 层堆栈操作的梯形图程序。

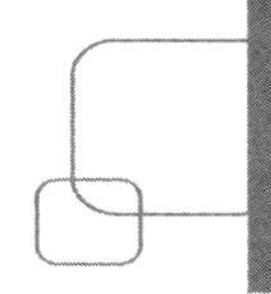

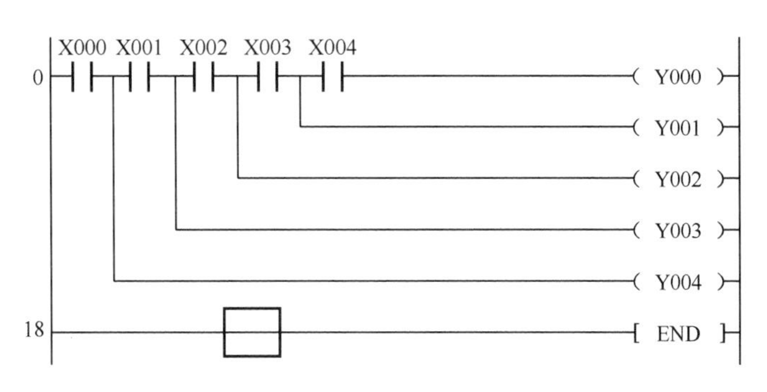

图 4-1-6　4 层堆栈操作

4.1.5　脉冲微分指令

PLS：上升沿脉冲微分指令，当检测到触发信号的上升沿时，指定的软元件接通仅一个扫描周期，操作元件仅为 Y 或 M。

PLF：下降沿脉冲微分指令，当检测到触发信号的下降沿时，指定的软元件接通仅一个扫描周期，操作元件仅为 Y 或 M。

【例 4-1-6】 脉冲微分指令程序举例

如图 4-1-7 所示，当检测到 X000 上升沿时，Y000 接通，并与 X000 同时 ON 或 OFF，而 Y001 仅接通 1 个扫描周期，同时将 Y002 置位。

当检测到 X001 下降沿时，Y002 复位。

注意比较图 4-1-7 时序图中的 Y000、Y001、Y002 的区别。

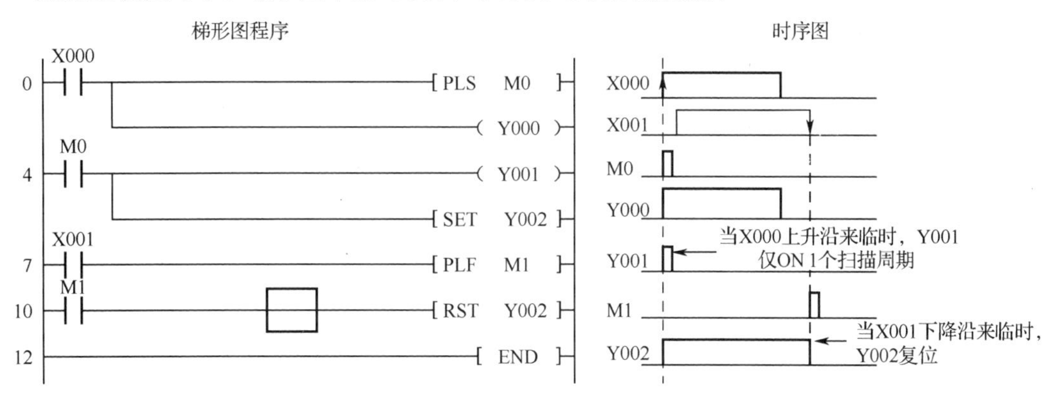

图 4-1-7　脉冲微分指令

4.1.6　脉冲检测指令（LDP、LDF、ANDP、ANDF、ORP、ORF）

脉冲检测指令包括 LDP、LDF、ANDP、ANDF、ORP、ORF 6 个指令。

LDP、ANDP、ORP：使指定的位软元件在上升沿时接通 1 个扫描周期。

LDF、ANDF、ORF：使指定的位软元件在下降沿时接通 1 个扫描周期。

图 4-1-8 中，当 X000～X002 由 OFF→ON 变化时，M0、M1 仅接通 1 个扫描周期；当

X000～X002 由 ON→OFF 变化时，M2、M3 仅接通 1 个扫描周期，脉冲检测指令与 PLS、PLF 指令的功能相同。

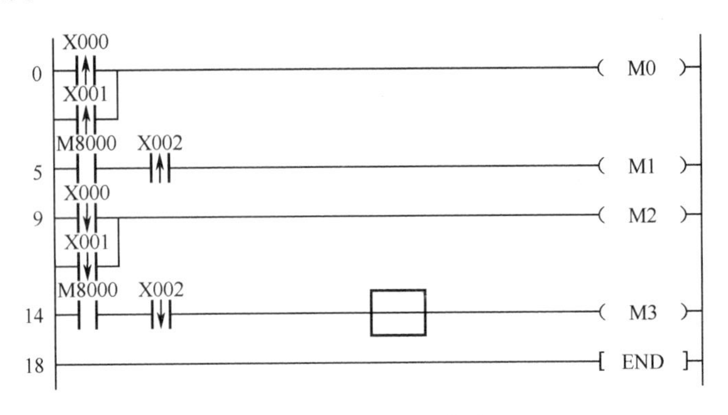

图 4-1-8　脉冲检测指令

4.1.7　置位、复位指令

SET：置位指令，当触发信号接通时软元件接通并保持。

RST：复位指令，当触发信号接通时软元件断开并保持。

对同一软元件，SET、RST 可以使用多次，顺序也可随意，但最后执行者有效。

另外，可用 RST 指令对数据寄存器 D、变址寄存器 V、Z 清零，也可用于对积算定时器指令 T246～T255 的当前值的复位及触点复位。

【例 4-1-7】 置位、复位指令程序举例

图 4-1-9 中，当 X000 接通时，Y000 接通并保持；当 X001 接通时，Y000 复位。

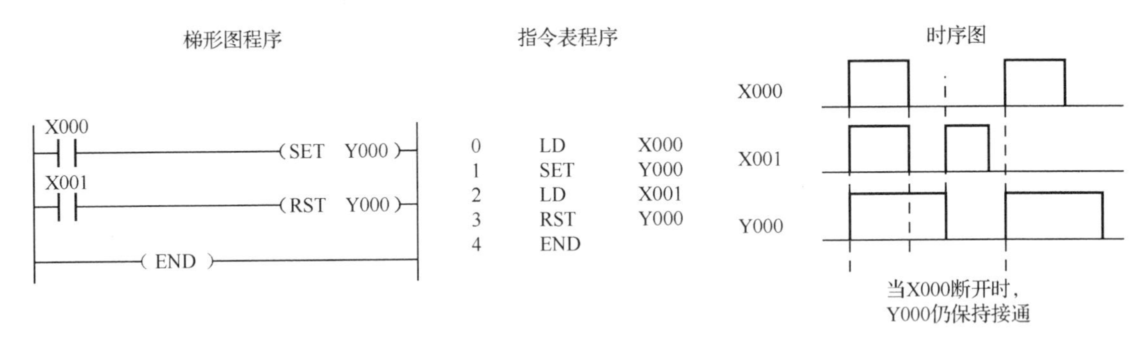

图 4-1-9　置位、复位指令

4.1.8　MC、MCR 指令

MC：主控指令开始。

MCR：主控指令复位。

功能：主控指令的触发信号（如 X000）接通时，执行从 MC 到 MCR 之间的指令。当

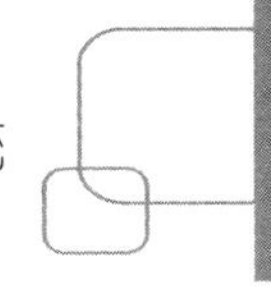

X000 断开时，MC 到 MCR 之间的指令状态为积算定时器、计数器、用置位/复位指令驱动的软元件保持现状，非积算定时器、计数器、用 OUT 指令驱动的软元件变为断开的软元件。执行 MC 指令后，母线（LD、LDI）向 MC 触点后移动，将其返回原母线的指令为 MCR。

如果触发信号没有触发，则跳过 MC 和 MCR 之间的指令，执行 MCR 后面的指令。

在没有嵌套的情况下，通过更改软元件 Y、M 的编号，可多次使用主控指令 MC（一般使用 N0，N0 叫层次或层级）。但是注意软元件的编号不要相同，否则会出现双线圈输出错误。另外，N0 的使用次数无限制，主控指令必须成对使用（见图 4-1-10）。

【例 4-1-8】 MC、MCR 指令举例 1

图 4-1-10 中的主控指令没有嵌套，N0 使用 2 次，当 X000 触发接通时，执行第一个 MC、MCR 之间的指令，当 X001 接通时，Y000 接通，当 X002 接通时，Y001 接通，遇到 MCR 返回；当 X003 接通时，执行第二个 MC、MCR 之间的指令，在 X004、X005 分别接通时，Y002、Y005 接通。

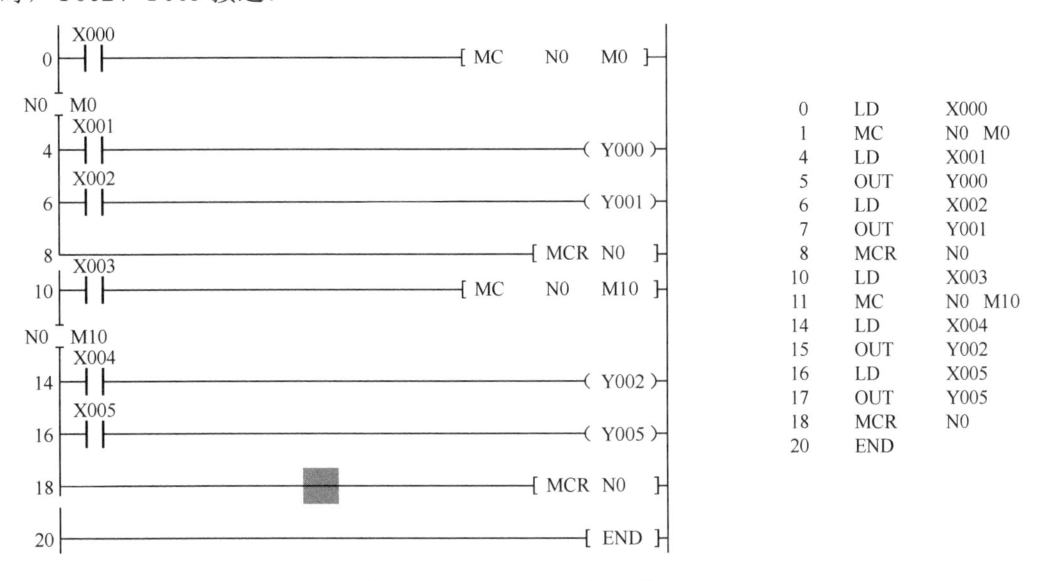

图 4-1-10　MC、MCR 指令举例 1

主控指令可以嵌套，即在 MC 指令内仍可采用 MC 指令，此时嵌套级 N 的编号按顺序增大，但最大嵌套级数为 8 级（N0→N1→N2→N3→N4→N5→N6→N7），在返回时，MCR 指令从大的嵌套级数变小（N7→N6→N5→N4→N3→N2→N1→N0），见图 4-1-11 MC、MCR 指令举例 2。

【例 4-1-9】 MC、MCR 指令举例 2

图 4-1-11 中的主控指令有 3 级嵌套，在进入 MC 时顺序是 N0→N1→N2，在返回时顺序是 N2→N1→N0。程序中 X006 在 MC、MCR 主控之外，如果 X000 不触发接通，当 X006 接通时，Y003 就接通。如果 X000 接通，就进入第一级 N0，当 X001 接通时，Y000 接通，如果 X002 接通，就进入下一级 N1，如果 X002 没有触发，就绕过 N1 直接到 X007 的触发，接通 Y004。

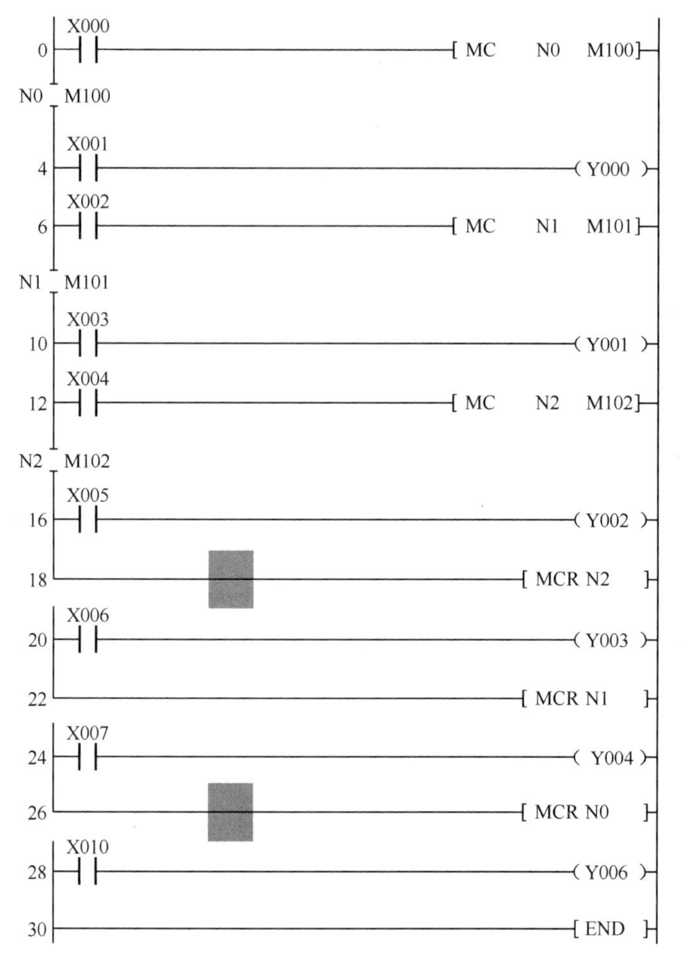

0	LD	X000
1	MC	N0 M100
4	LD	X001
5	OUT	Y000
6	LD	X002
7	MC	N1 M101
10	LD	X003
11	OUT	Y001
12	LD	X004
13	MC	N2 M102
16	LD	X005
17	OUT	Y002
18	MCR	N2
20	LD	X006
21	OUT	Y003
22	MCR	N1
24	LD	X007
25	OUT	Y004
26	MCR	N0
28	LD	X010
29	OUT	Y006
30	END	

图 4-1-11　MC、MCR 指令举例 2

4.1.9　空操作、结束指令（NOP、END）

NOP（No Operation）：空操作指令，PLC 不进行任何操作，只是消耗该指令的执行时间。NOP 指令常用来检查或修改程序。当在调试程序时，可以加入适量的 NOP 指令，但要注意程序的内存。

END（ED）：主程序结束指令。可编程序控制器反复进行输入处理、程序执行、输出处理。若在程序的最后写入 END 指令，则 END 以后的程序步不执行，而直接进入输出处理。在程序中没有 END 指令时，FX 可编程序控制器一直处理到最终的程序步，然后从 0 步开始重复处理。

调试 PLC 程序时可以在程序的各段加入 END 指令，用以检验各程序段的动作。在调试确认每段的动作正确后，可依次删除各段的 END 指令。

【例 4-1-10】　空操作指令举例

在图 4-1-12 中插入 5 个空操作 NOP 指令。

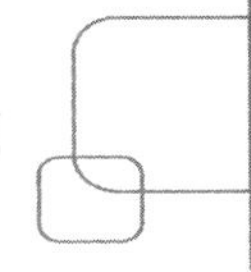

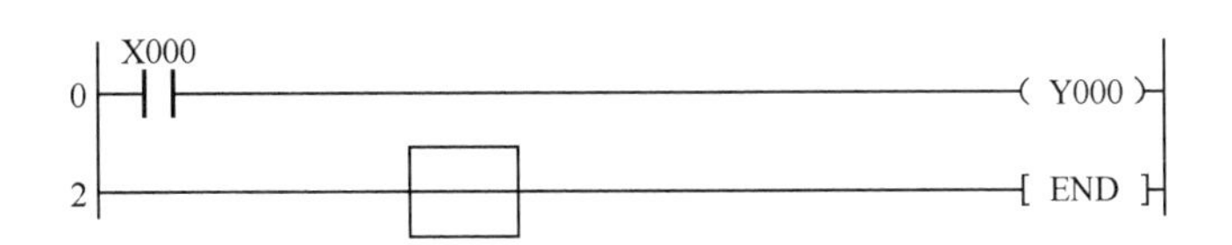

图 4-1-12　空操作指令

三菱 FX 系列 PLC 程序在梯形图中不能直接写入空操作指令 NOP，需要批量插入。首先单击“显示”菜单中的“列表显示”命令，将图 4-1-12 的梯形图程序转换成指令表形式，如图 4-1-13（a）所示。然后单击“显示”菜单中的“NOP 批量插入”，弹出图 4-1-14 所示对话框，在“插入 NOP 数”中输入 5 即成功插入。图 4-1-13（b）是插入后的指令表程序。图 4-1-15 是插入 5 个 NOP 后的梯形图程序，插入后的程序由 3 步变成了 8 步，但在梯形图中 NOP 指令显现不出来。

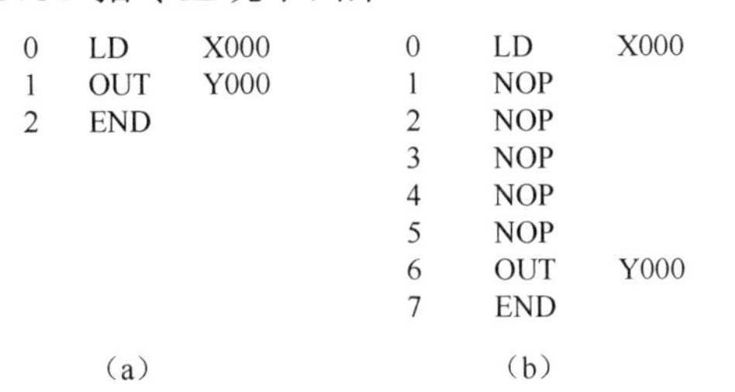

```
0   LD    X000
1   OUT   Y000
2   END
```

（a）

```
0   LD    X000
1   NOP
2   NOP
3   NOP
4   NOP
5   NOP
6   OUT   Y000
7   END
```

（b）

图 4-1-13　插入前后的指令表程序

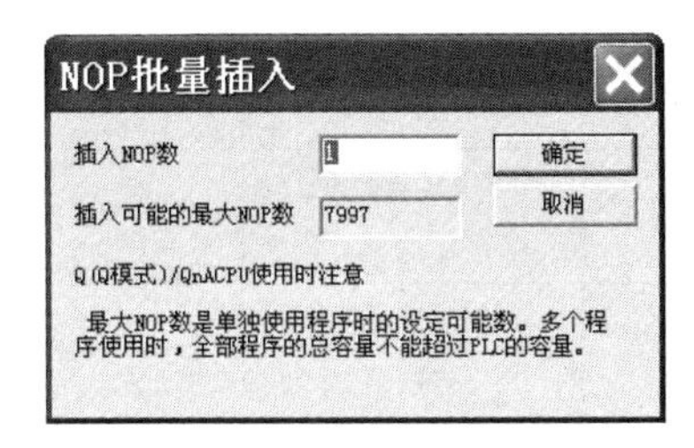

图 4-1-14　NOP 批量插入

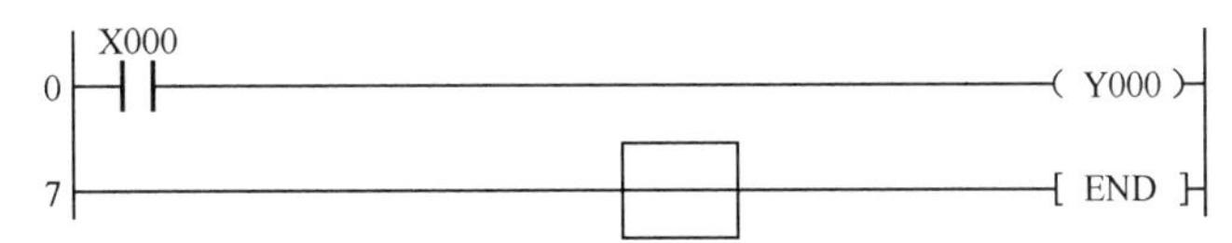

图 4-1-15　插入 5 个 NOP 后的梯形图程序

27 条基本指令的指令助记符、功能、软元件、步数列于表 4-1-1 中。

表 4-1-1　27 条基本指令功能表

编　号	指令助记符	功　能	软　元　件	步　　数
1	LD	a 触点开始逻辑运算	X、Y、M、S、T、C	1
2	LDI	b 触点开始逻辑运算	X、Y、M、S、T、C	1
3	OUT	驱动线圈	Y、M、S、T、C	Y，M　1 步 S，特 M 2 步 T　　3 步 C　3～5 步
4	/	取反	无	1
5	AND（与）	相当于串联一个常开触点	X、Y、M、S、T、C	1
6	ANI（与非）	相当于串联一个常闭触点		
7	OR（或）	相当于并联一个常开触点		
8	ORI（或非）	相当于并联一个常闭触点		
9	ANB（块与）	相当于串联一个逻辑块	无	1
10	ORB（块或）	相当于并联一个逻辑块		

续表

编　号	指令助记符	功　　能	软　元　件	步　　数
11	MPS（进栈）	运算结果存入堆栈	无	1
12	MRD（读栈）	读取堆栈数据		
13	MPP（出栈）	读出并清除栈数据		
14	PLS（上升沿微分）	条件满足 Y 或 M 产生 1 个扫描周期输出	Y、M（特 M 除外）	2
15	PLF（下降沿微分）			
16	LDP（取脉冲上升沿）	上升沿检测运算	X、Y、M、S、T、C	2
17	LDF（取脉冲下降沿）	下降沿检测运算		
18	ANDP（与脉冲上升沿）	上升沿检测串联连接		
19	ANDF（与脉冲下降沿）	下降沿检测串联连接		
20	ORP（或脉冲上升沿）	上升沿检测并联连接		
21	ORF（或脉冲下降沿）	下降沿检测并联连接		
22	SET（置位）	置位并保持动作	Y、M、S	Y、M 1 步 S、特 M、T、C　2 步 D、V、Z 3 步
23	RST（复位）	当前值及寄存器复位清零并保持	Y、M、S、T、C、D、V、Z	
24	MC（主控开始）	公共串联主控触点的连接	N（层次），Y、M（特 M 除外）	3 步
25	MCR（主控复位）	公共串联主控触点的清除	N（层次）	2 步
26	NOP（空操作）	无动作	无	1 步
27	END（结束）	输入/输出处理及返回 0 步		

4.2　步进指令

4.2.1　步进指令的功能

三菱 FX_{2N} PLC 的步进指令只有两个。

STL（Step Ladder）：步进梯形图指令，利用内部软元件（如状态继电器 S）在顺控程序上进行工序步进控制。

RET：返回指令，表示状态（S）流程的结束，用于返回主程序。

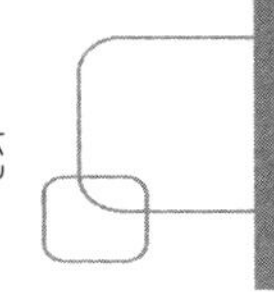

步进指令的指令助记符、功能、软元件及步数如表 4-2-1 所示。

表 4-2-1　步进指令功能表

编　号	指令助记符	功　　能	软　元　件	步　数
1	STL（步进梯形图）	步进梯形图开始	S、M	1 步
2	RET（返回）	步进梯形图结束	无	

图 4-2-1、图 4-2-2 是同一个程序在三菱不同版本的编程软件中的步进结构。对比两图可以看出，在老的编程软件，如 FXGP-WIN-C、FXTRN-BEG-C、早期版本的 GX Developer 等程序结构中，STL 触点是与左侧母线相连的常开触点，后面跟有一个线圈输出（见图 4-2-1 中的第 11 步），但在 GX Developer8 中，STL 指令变成直接与左右母线相连的指令（见图 4-2-2 中的第 11 步，STL 指令的输入见图 4-2-5）。在老版本的软件中，输出 Y 不能直接与左母线相连，但在 GX Developer8 中，输出 Y 可以和左母线直接相连（见图 4-2-2 中的第 12 步），图 4-2-3 是与它们相对应的指令表程序。

在所有的步进程序中，最后必须有 RET 指令，表示返回主程序。

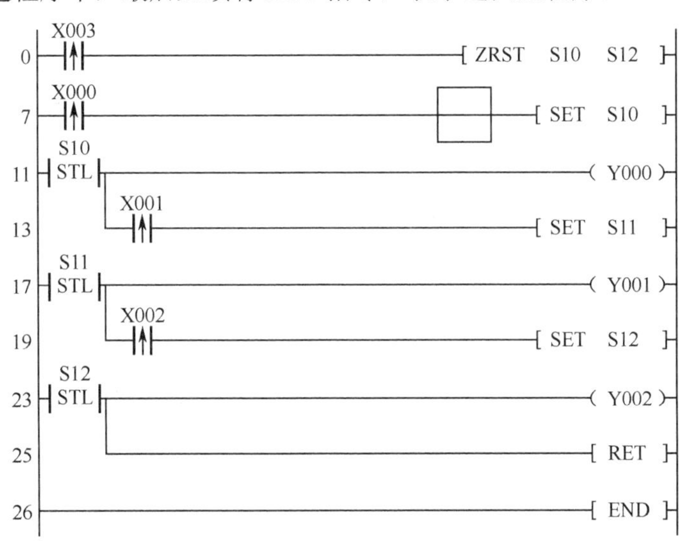

图 4-2-1　三菱早期编程软件中的步进结构

该程序模拟了一个 3 个步进工序的步进结构，当按下 X000 按钮时，状态 S10 接通，线圈 Y000 接通；当按下 X001 按钮时，在关闭状态 S10、线圈 Y000 的同时，状态 S11 接通、线圈 Y001 接通；当按下 X002 按钮时，在关闭状态 S11、线圈 Y001 的同时，状态 S12 接通、线圈 Y002 接通；如果按下关闭按钮 X003，状态 S10～S12 复位，所有输出 Y000～Y002 都关闭，图 4-2-4 是该程序的时序图。

本书主要介绍的内容以三菱 GX Developer V8.86 以上版本为基础，因此提醒读者注意本书中的步进结构的梯形图程序与现有一些三菱 PLC 编程书籍或资料所介绍的步进结构的梯形图程序大为不同（指令表程序仍相同）。

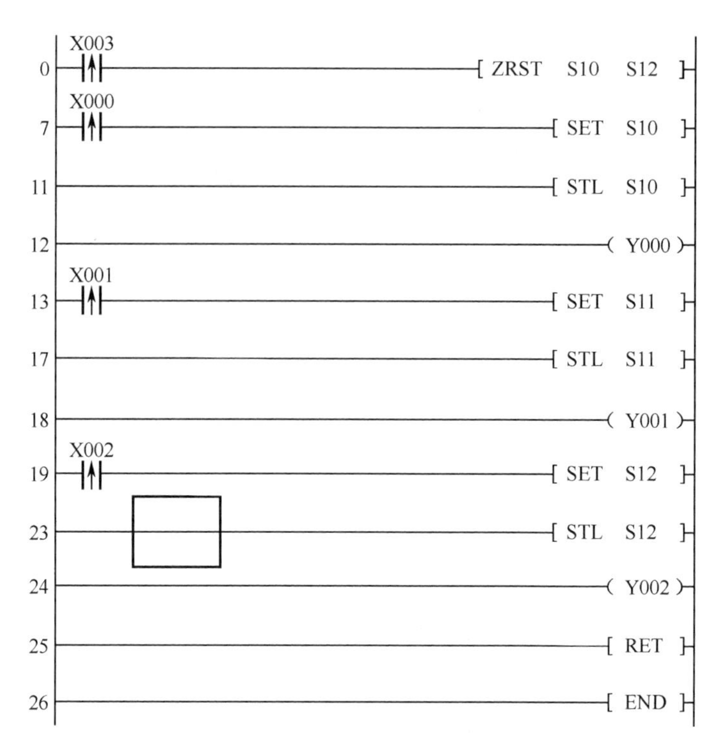

图 4-2-2　GX Developer V8 中的步进结构

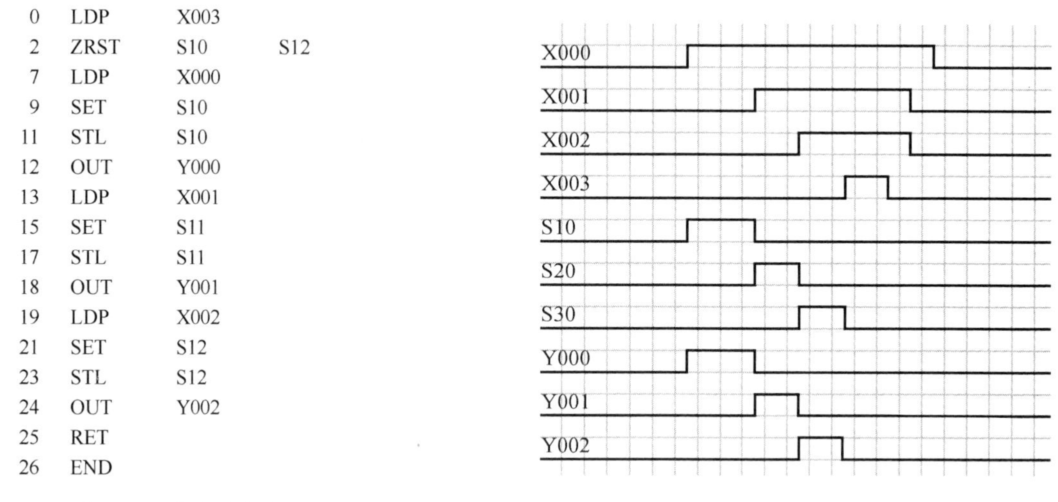

```
0   LDP    X003
2   ZRST   S10    S12
7   LDP    X000
9   SET    S10
11  STL    S10
12  OUT    Y000
13  LDP    X001
15  SET    S11
17  STL    S11
18  OUT    Y001
19  LDP    X002
21  SET    S12
23  STL    S12
24  OUT    Y002
25  RET
26  END
```


图 4-2-3　指令表程序

图 4-2-4　时序图

4.2.2　使用步进 STL 指令的注意事项

1. STL 指令的输入

如图 4-2-5 所示，STL 指令成功输入的表现如图中第 0 步，为[STL S20]，不要认为与[Y0]形式一样，就用 OUT 命令来输入，正确输入请直接用“STL S20”。

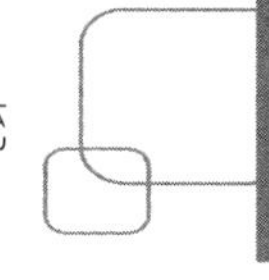

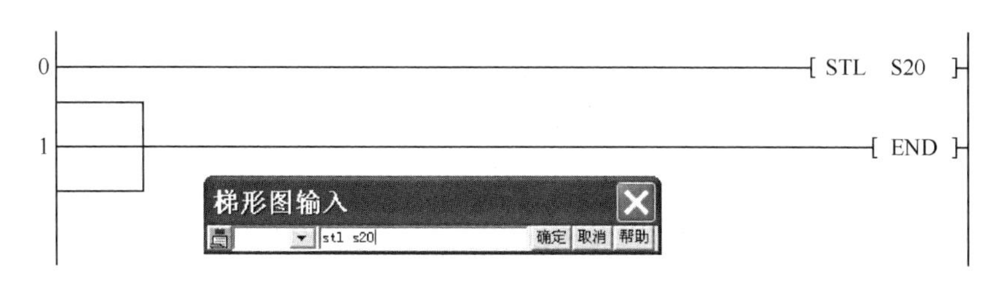

图 4-2-5　STL 指令的输入

2. 重复使用问题

1）状态号不能重复使用

如图 4-2-6 所示，程序中有两个相同的状态 S0，当按下“F4”快捷键转换时，将出现图 4-2-7 所示的提示框，要求修改光标位置的梯形图，图中第 5 步阴影部分是不能转换的错误程序，将重复的状态号进行修改就可以。

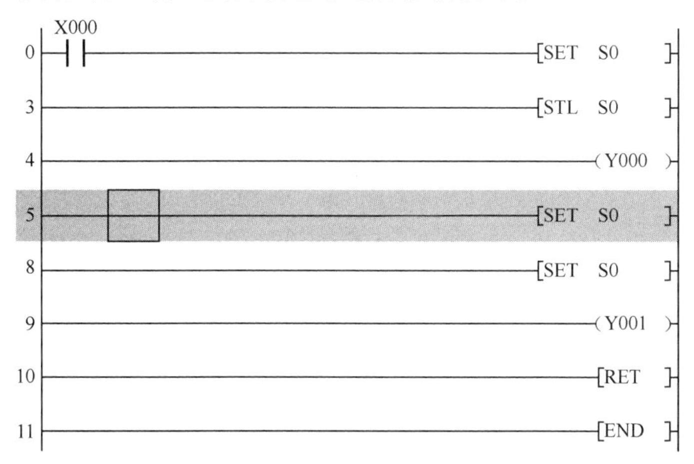

图 4-2-6　状态号重复

图 4-2-7　梯形图程序不能转换提示

2）输出线圈在不同状态中可以重复

在步进程序的不同状态中，输出 Y 可以重复，这点与普通的继电器梯形图不同。在普通的继电器梯形图中，输出不能重复，否则会引起双线圈输出错误。在步进程序的示例图 4-2-8 中，状态 S21、S22 中都有相同的输出线圈 Y002，无论 S21、S22 哪一个接通，Y002 都将接通。

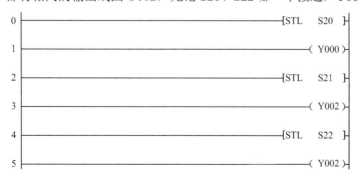

图 4-2-8　输出线圈在不同状态中可重复使用

3）定时器的重复使用

定时器线圈与输出线圈一样，可在不同的状态中对同一软元件重复使用，但对定时器在相邻的状态中不能编程，否则由于当前值不能复位，定时器不能断开，而使状态不能转移，图 4-2-9 中，S42、S43 是相邻的状态，都用了相同的定时器 T1，这是不允许的，而在 S40、S42 中，这两个状态不相邻，用了相同的定时器 T1，这是允许的。

图 4-2-9　定时器重复使用

3．输出的互锁

在状态的转移过程中，两种状态在一个扫描周期的瞬间能同时接通，因此为了避免不能同时接通的一对输出同时接通，需要设置互锁。如图 4-2-10 所示，Y001 和 Y002 不能同时输出，但在由 S20→S21 转换过程的一瞬间，这两个状态会接通一个扫描周期，结果 Y001 和 Y002 就会在一个扫描周期内同时接通，而如果 Y001、Y002 绝对不能同时接通的话，此时可在相应的程序上设置互锁。

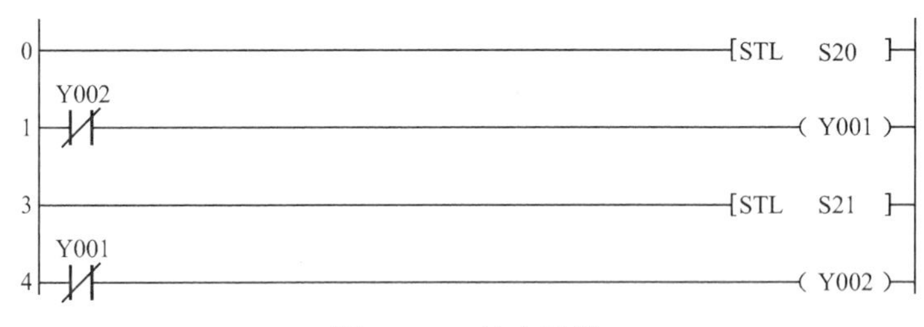

图 4-2-10　输出互锁

4．输出的驱动方法

在同一个状态内，两个以上（含两个）的输出线圈不能同时与左母线直接相连。如图 4-2-11 所示，输出线圈 Y001、Y002 同时直接与左母线相连，程序编辑完后，结果不能正确地转换成梯形图程序（灰色部分表示不能转换，仍处于编辑状态）。这种情况下，可将两个及以上的输出并联起来，图 4-2-12 所示是正确的程序形式。

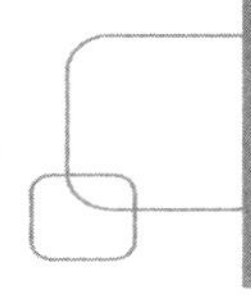

X000
SET S10
STL S10
Y001
Y002

图 4-2-11　同一状态内不能有两个及以上的输出同左母线直接相连

0 X000
SET S10
3 STL S10
4 Y001
Y002

图 4-2-12　同一状态内两个及以上的输出可以并联

当两个及以上的线圈并联时，还要注意并联的位置，因为状态内的母线在经过 LD、LDI 指令后，对不需要触点的指令就不能再编程。如图 4-2-13（a）所示，输出 Y001、Y002、Y003 并联输出，但 Y002 前面有 LD X005 命令，结果后面的 Y003 就不能再编程。此种情况，正确的编程方法可以变更 Y003 的位置［见图 4-2-13（b）］，或者在 Y003 前面插入一个常闭触点 M8000［见图 4-2-13（c）］。

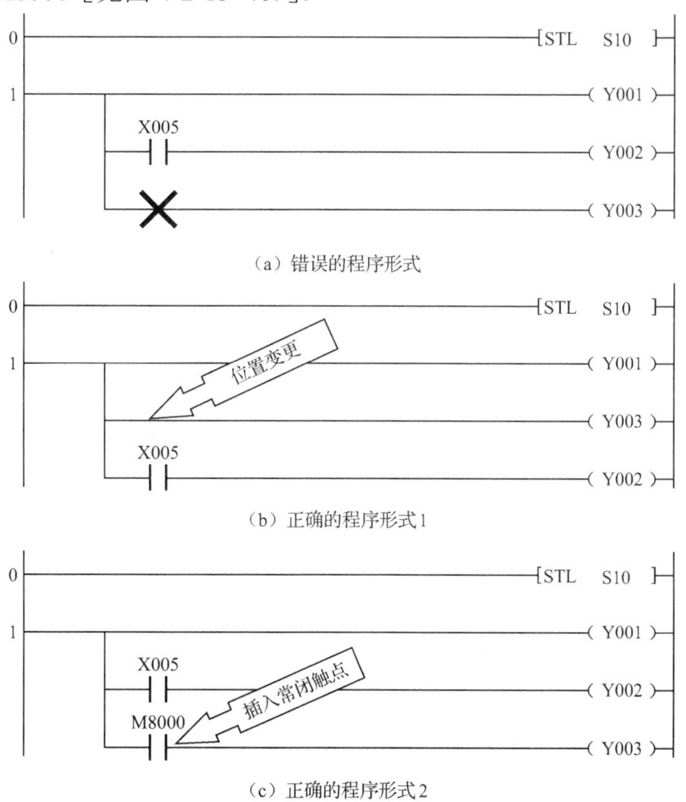

图 4-2-13　注意并联输出的位置

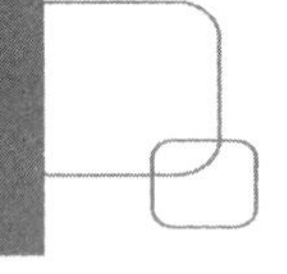

5. MPS/MRD/MPP 指令的位置

在状态内，MPS/MRD/MPP 指令应放在 LD、LDI 指令以后编制程序，如图 4-2-14 所示，MPS/MRD/MPP 指令放在 LD X001 之后。

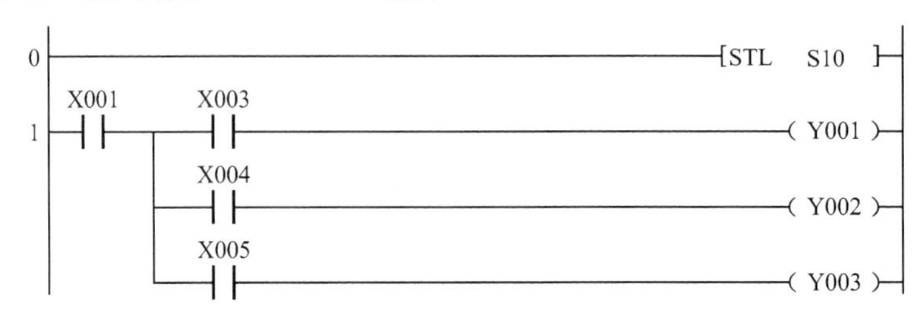

图 4-2-14 堆栈指令的应用

可在状态内处理的基本顺控指令见表 4-2-2。从表中可以看出，主控指令不能在状态内使用。

表 4-2-2 可在状态内处理的基本顺控指令一览表

指　令		LD/LDI/LDP/LDF，AND/ANI/ANDP/ANDF，OR/ORI/ORF，INV，OUT，SET/RST，PLS/PLF	ANB/ORB MPS/MRD/MPP	MC/MCR
初始状态/一般状态		可使用	可使用	不可使用
分支、汇合状态	输出处理	可使用	可使用	不可使用
	转移处理	可使用	不可使用	不可使用

6. 状态的转移方法

OUT 指令与 SET 指令对于 STL 指令后的状态 S 具有同样的功能，都将自动复位转移源，都具有自保持功能。如图 4-2-15 所示，第 1 步使用 SET 指令将 S42 置位，与第 4 步使用 OUT 指令输出 S50 具有同样的功能，但是，使用 OUT 指令时，在 SFC 图中可用于向分离的状态转移。

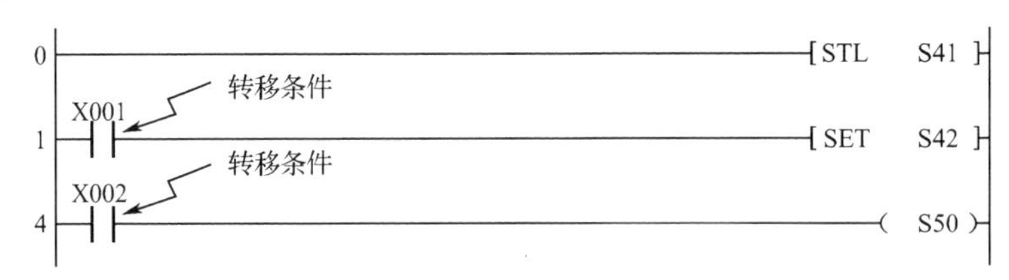

图 4-2-15 状态的转移方法

7. 步进梯形图的结构

用步进梯形图指令 STL 编写的程序叫步进梯形图程序。在步进梯形图程序中，将状态 S 看作一个控制工序，从中将输入条件与输出控制按顺序编程，这种控制最大的特点是在工序进行时，与前一工序不接通，以各道工序的简单顺序即可控制设备。这种状态 S 或者工序也叫作步进过程。

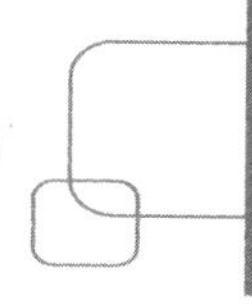

一个步进状态的结构可分为转移条件、设置状态（一般为 SET 指令）、进入状态（STL）、状态内动作输出、转移到下一个状态或退出。如图 4-2-16 所示，X000 是 S31 状态的转移条件，SET 命令是设置 S31，STL 是开始进入 S31 状态，在此状态内执行一个动作 Y000，X001 为下一个状态 S32 的转移条件，然后又是 SET 指令设置新的状态。

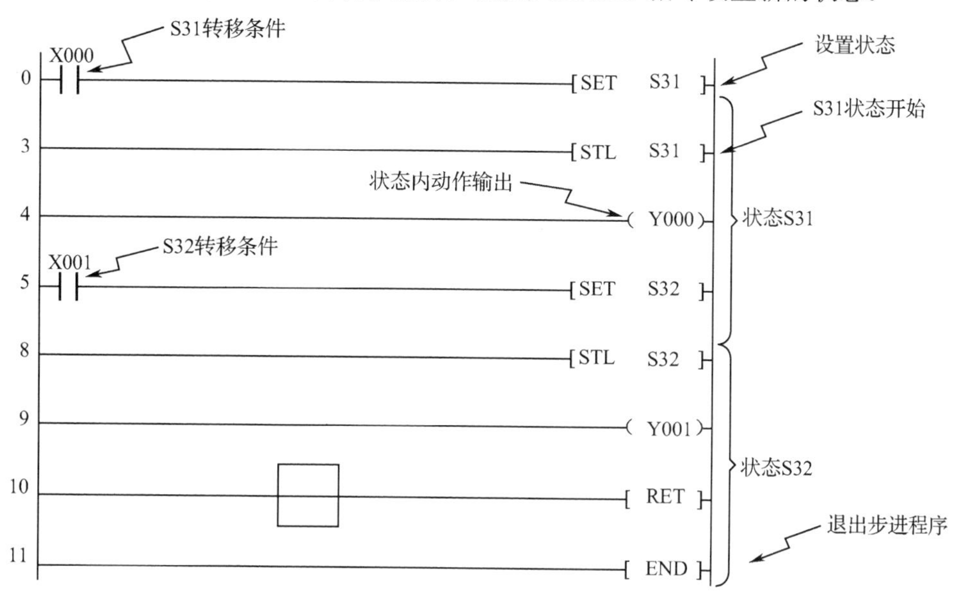

图 4-2-16　步进梯形图的结构

一个完整的步进状态或步进过程是从 STL 指令开始的，到下一个 SET 指令结束。

如果是最后一个状态，在此状态的最后必须有 RET 指令退出步进程序，返回普通程序中。

8. 不能使用 STL 指令的情况

在中断程序与子程序中不能使用 STL 指令，在 STL 指令内不禁止使用跳转指令，但动作复杂，建议不要使用。

9. 状态复位与输出禁止

状态复位一般是下个状态将上个状态复位，需要多个状态同时复位时，可用 ZRST 指令将多个状态复位，如图 4-2-17 所示，当按下 X004 时，将 S0～S4 五个状态都复位。

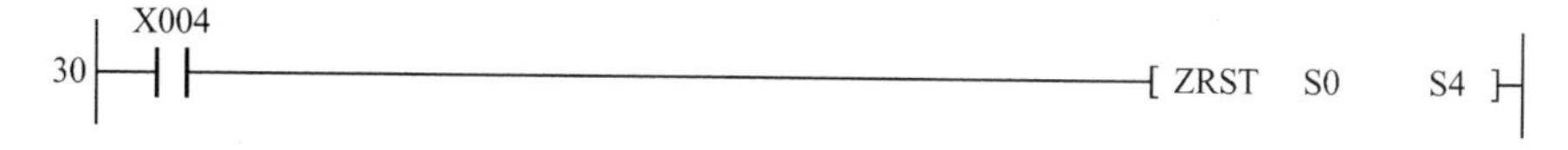

图 4-2-17　多个状态复位

要想在运行状态中禁止其他任何输出，可以如图 4-2-18 所示，通过设置 M10，当按下禁止按钮 X000 时，在状态 S10 以内，由于常闭触点 M10 断开，关闭了想要关闭的输出。

如果程序需要关闭所有的输出，可以如图 4-2-19 所示使用辅助继电器 M8034 来实现。

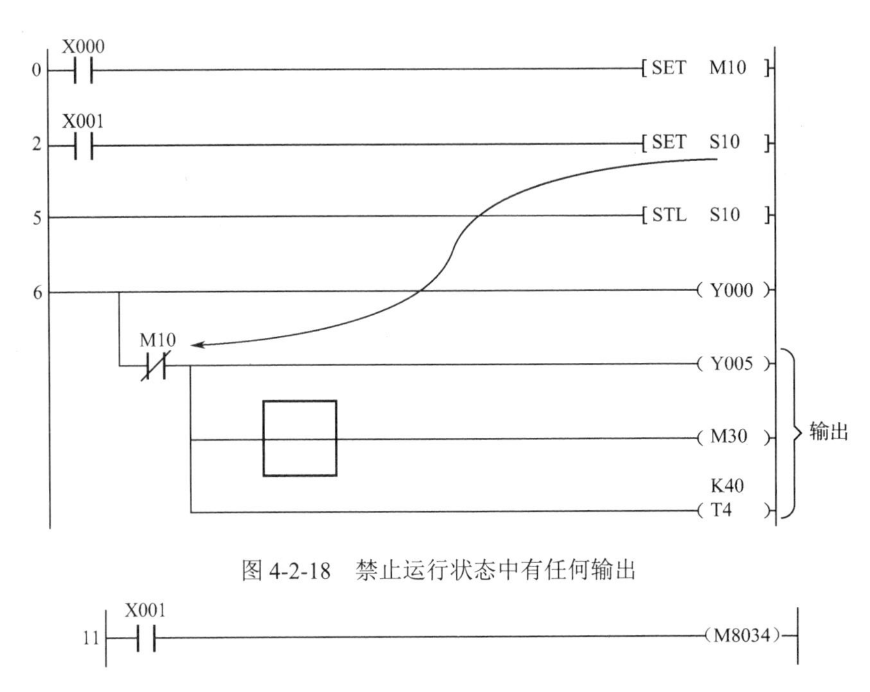

图 4-2-18　禁止运行状态中有任何输出

图 4-2-19　将所有的输出继电器断开

10. 辅助继电器的使用

在编写步进程序时，需要采用几个特殊的辅助继电器，表 4-2-3 列出了编写步进程序时可能用到的辅助继电器的名称及功能。

表 4-2-3　步进程序常用辅助继电器功能表

软元件号	名　称	功能和用途
M8000	RUN 监视	可编程序控制器在运行过程中需要一直接通的继电器，可用作驱动程序的输入条件或显示可编程序控制器的运行状态
M8002	初始脉冲	在可编程序控制器由 STOP→RUN 时，仅在瞬间（1 个扫描周期）接通的继电器，用于程序的初始设定或初始状态的置位
M8040	禁止转移	驱动该继电器，则禁止在所有状态之间转移。注意在禁止转移状态下，由于状态内的程序仍动作，输出线圈等不会自动断开
M8034	禁止全部输出	驱动该继电器，顺控程序继续进行而所有输出继电器（Y）都处于断开状态
M8046	STL 动作	任一状态接通时，M8046 自动接通。用于避免与其他流程同时启动或用作工序的动作标志
M8047	STL 监视有效	驱动该继电器，编程功能可自动读出并显示正在动作中的状态

此外，辅助继电器的编号对步进梯形图的动作会有不同的影响。表 4-2-4 列出了辅助继电器（M）在指定为 LDP、LDF、ANDP、ANDF、ORP、ORF 指令的软元件时，软元件的编号范围不同会造成梯形图的动作差异。

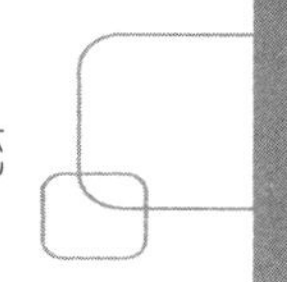

表 4-2-4　辅助继电器编号对梯形图动作的影响

辅助继电器编号	功 能 差 异
M0～M2799	参见图 4-2-20，由 X000 驱动 M0 后，与 M0 对应的 1～4 的所有触点都动作。其中：1～3 执行 M0 的上升沿检出，4 为 LD 指令，在 M0 导通的过程中 M53 导通
M2800～M3071	参见图 4-2-21，以由 X000 驱动的 M2800 为中心，分为上下 A、B、C 三个区域。在 A、B 两个区域内的上升沿检出与下降沿检出的触点中，只有第一个触点动作。C 区域内的触点为 LD 指令，因而在 M2800 接通过程中 M7 导通。利用这一特性，在步进梯形图中可采用同一信号进行状态转移的方法进行高效率的编程

图 4-2-20　M0～M2799 辅助继电器的影响

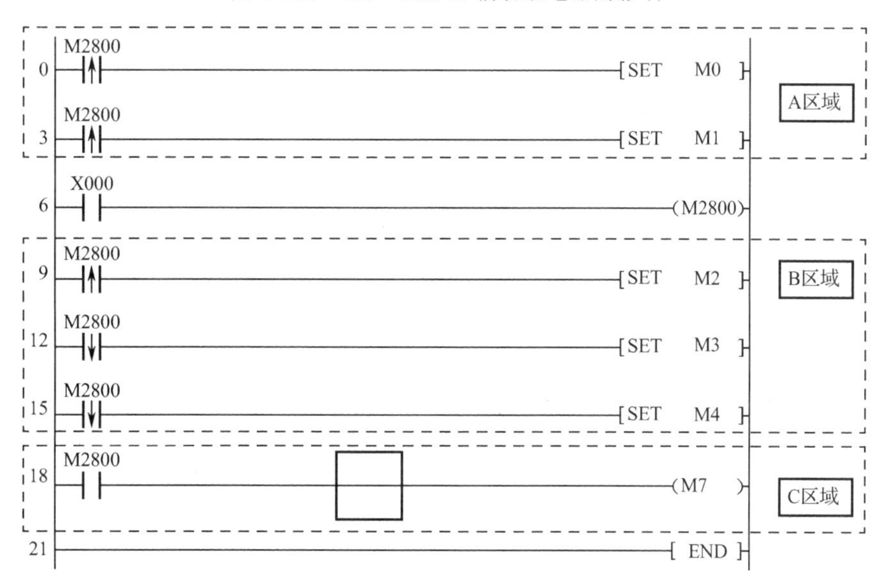

图 4-2-21　M2800～M3071 辅助继电器的影响

【例 4-2-1】 利用同一信号进行状态转移，实现基本顺序控制

示例程序如图 4-2-22 所示，程序中 X001 是启停按钮，下载后初始状态 S0 接通，Y000 输出，此后每隔 15s 进行状态转移，对应 S21→S22→S23 的转换，线圈输出的转换过程是 Y001→Y002→Y003，当 T2 接通时，Y003 复位关闭，S0 重新接通，新的一轮周期开始。若按下 X001（即 X001 由 0→1），则所有步进过程结束。当弹起 X001 按钮时，由于检测到 X001 由 1→0 的下降沿，程序不用再次下载又能重新从状态 S0 开始。此程序中，利用了

M2800 信号的下降沿进行状态转移，通过步进过程之间的转换，实现了基本顺序控制。

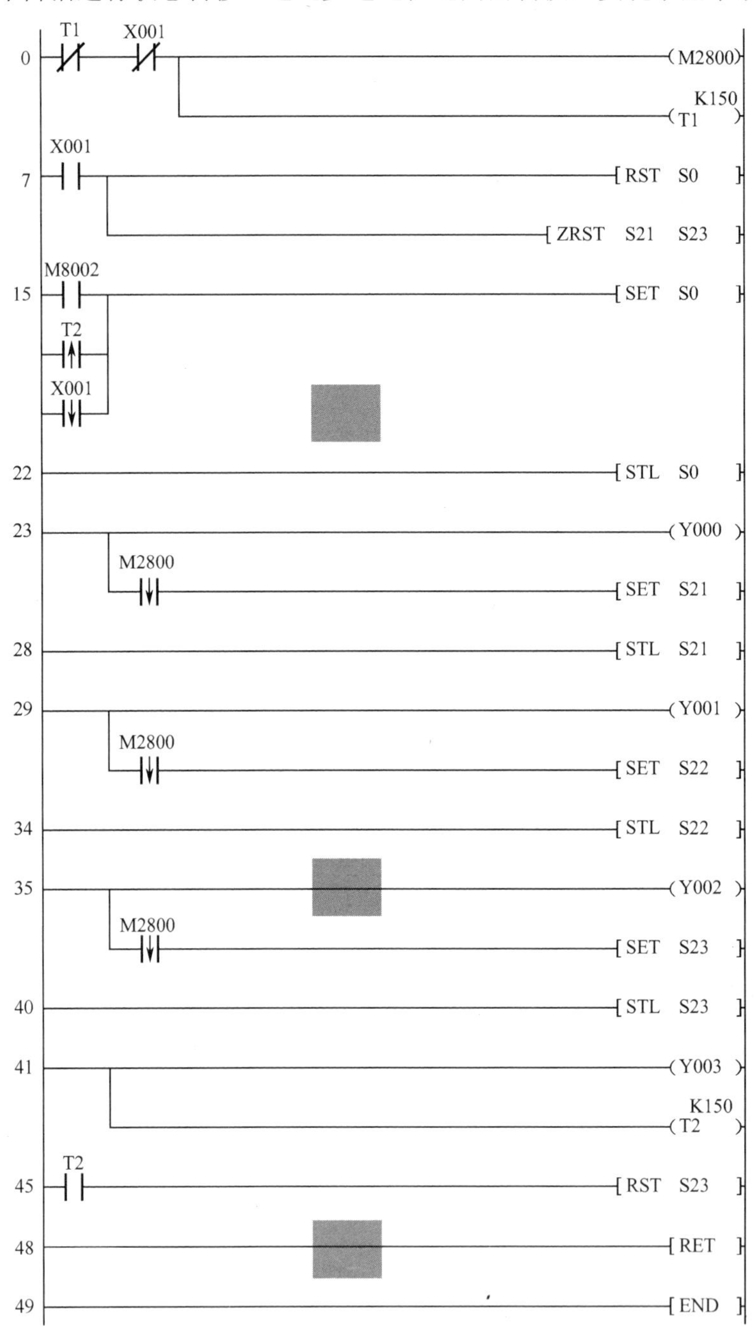

图 4-2-22　利用同一信号进行状态转移，实现基本顺序控制

图 4-2-23 是图 4-2-22 的时序图，当 X001 处于低电平时，输出 Y001 接通的同时把输出 Y000 关闭，输出 Y002 接通的同时把输出 Y001 关闭，输出 Y003 接通的同时把输出 Y002 关闭，然后又转到 Y001 接通；当 X001 为高电平接通时，所有输出都关闭，而 X001 在高电平→低电平的时候，重新开始。

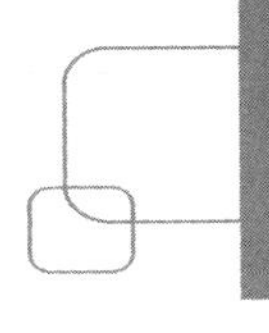

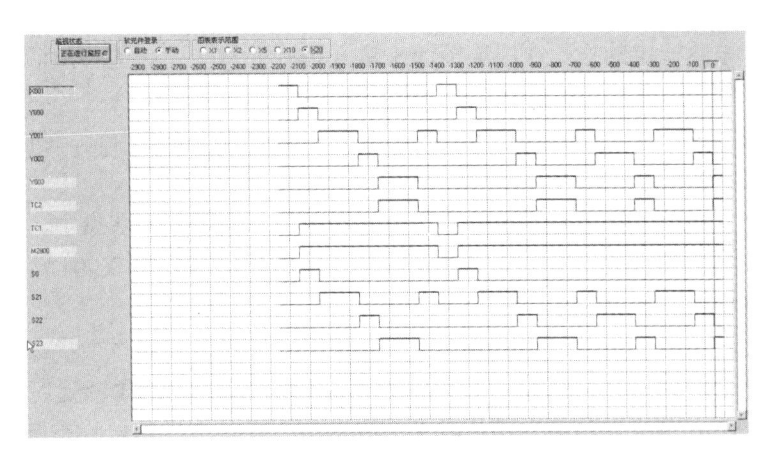

图 4-2-23　时序图

11．上升沿/下降沿检测触点的使用问题

在状态内使用 LDP、LDF、ANDP、ANDF、ORP、ORF 的上升沿/下降沿检测触点时，状态断开时变化的触点，在状态再次接通时将被检出。因此对于状态断开时变化的条件，当必须用上升沿/下降沿检测时，应将图 4-2-24（a）修改成图 4-2-24（b）的方式编写程序。

```
3  ──────────────────────────────[STL   S3 ]
4  ──┬───────────────────────────( Y000 )
     │ X013
     ├─┤↑├─┬─────────────────────[SET   S70 ]
     │ X014│
     └─┤↑├─┘
```

（a）

```
    X013
10 ─┤↓├──────────────────────────( M6 )
    X014
13 ─┤↓├──────────────────────────( M7 )
16 ──────────────────────────────[STL   S3 ]
17 ──┬───────────────────────────( Y000 )
     │ M6
     ├─┤ ├─┬─────────────────────[SET   S70 ]
     │ M7  │
     └─┤ ├─┘
```

（b）

图 4-2-24　上升沿/下降沿检测触点使用的问题

4.2.3　选择分支、并行分支结构

在工业控制中，一个控制系统往往由若干功能相对独立的工序组成，因此系统程序也由若干程序段组成，这样的程序段称为步进过程。通俗地说，即第一步工序结束就是第二步工序的开始，或者说第二步的开始信号就是第一步的结束，工作过程一步一个顺序。步进指令

就是将各个过程按照一定的执行次序连接起来进行控制的指令，它能够激活下一个过程，同时关闭上一个过程，过程也被称为状态，并用状态继电器 S 表示。

步进梯形图指令可以用于基本顺序控制、选择分支和并行分支控制，图 4-2-22 就是一个典型的基本顺序控制程序。

所谓选择分支就是根据不同的条件选择不同的状态，在不同的状态中，通过不同的条件实现分支合并。图 4-2-25 是选择分支控制流程图，在状态 0 中，当 X001 接通时，进入状态 1，当 X002 接通时，进入状态 2，X003 或 X004 接通时进入状态 3。

所谓并行分支控制，就是在满足同一个条件时同时进入两个或多个状态，当满足一定的条件后又实现分支合并。图 4-2-26 是并行分支控制流程图，当 X001 接通时，同时进入状态 1 和状态 3 两个并行分支，当条件满足时又同时退出并行分支，进入状态 4。每个分支完成各自的任务后，在转换到下一个状态之前，又重新合并在一起。

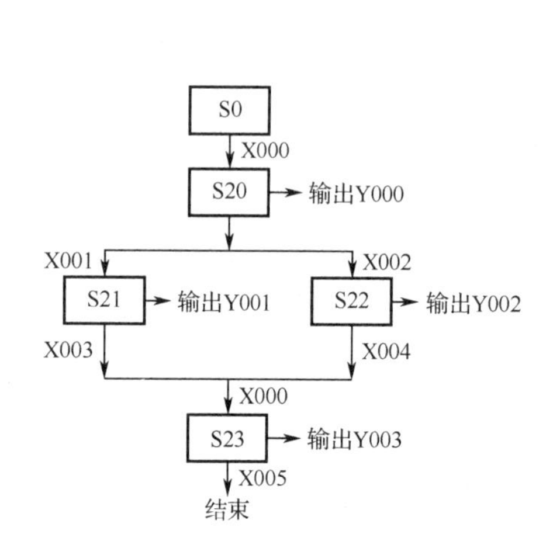

图 4-2-25　选择分支控制流程图

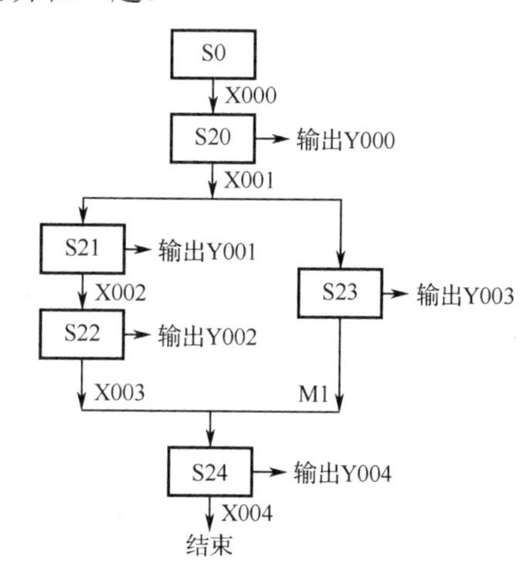

图 4-2-26　并行分支控制流程图

在一个过程中，多个 SET 指令使用同一个触发信号，确保了同时进入并行分支。而为了使并行分支在完成各自的任务后，同时合并进入同一个过程可以使用“与”指令。

图 4-2-27 是对应图 4-2-25 选择分支结构的步进梯形图程序。程序首先使用 M8002 使程序在下载时就处于初始状态 S0。当检测到 X000 上升沿时，进入状态 S20，输出 Y000。此时如果选择条件 X001，则选择进入状态 S21，输出 Y001；如果选择条件 X002，则选择进入状态 S22，输出 Y002。在状态 S21 中检测到 X003 的上升沿时，或在状态 S22 中检测到 X004 的上升沿时，都退出选择分支，进入状态 S23。在状态 S23 时，输出 Y003，如果条件 X005 满足，则返回状态 S0。

图 4-2-28 是由图 4-2-27 梯形图程序转换而来的指令表程序。图 4-2-29 是实时监控的时序图结果。在图 4-2-29 中，当检测到 X001 的上升沿时，程序进入分支 1，输出 Y001，此时如检测到 X002 的上升沿，程序将不进入此分支，Y002 没有输出，当检测到 X003 的上升沿时，退出选择分支 1，进入状态 S23，Y003 有输出。当按下 X005 时，程序又复位到状态 S0。进入第二个周期，当检测到 X002 的上升沿时，进入第 2 个选择分支，输出 Y000 断开，输出 Y002 接通，此后必须按下 X004，程序才退出选择分支 2。

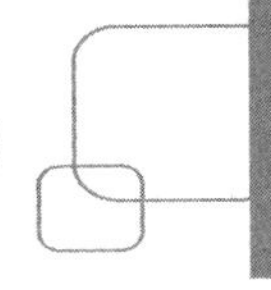

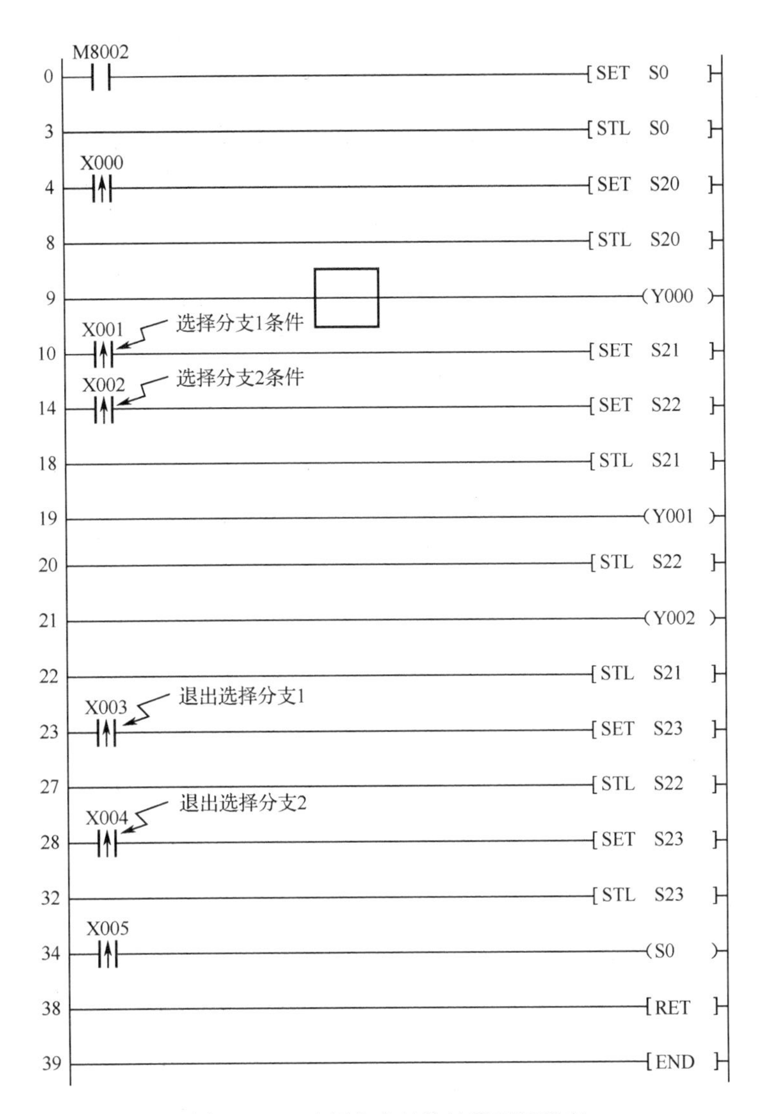

图 4-2-27　选择分支结构的梯形图程序

图 4-2-30 是对应图 4-2-26 并行分支控制的步进梯形图程序。当 X000 接通时，程序由初始状态进入状态 S20，输出 Y000。程序中的第 9 步为并行分支入口条件，当 X001 下降沿到来的时候，同时进入 S21、S23 两个分支，同时输出 Y001、Y003。在此过程中，如果检测到 X002 的下降沿，在分支 1 中由 S21 状态进入 S22 状态，输出 Y002 同时关闭 Y001。当检测到 X003 的下降沿时，并行分支合并进入状态 S24，输出 Y004。如果检测到 X004 的上升沿，则 S20～S24 的所有状态都复位，并保证两个分支同时退出，程序中使用了 M1 辅助继电器，用“与”指令将其和 X003 串联。图 4-2-31 是与图 4-2-30 梯形图程序对应的指令表程序，图 4-2-32 是实时时序图观察结果。

用 STL、RET 步进指令编写的程序是梯形图形式，与顺序功能图 SFC 编程方法异曲同工，实质内容都一样且可相互转换，但使用 SFC 方法更为标准。

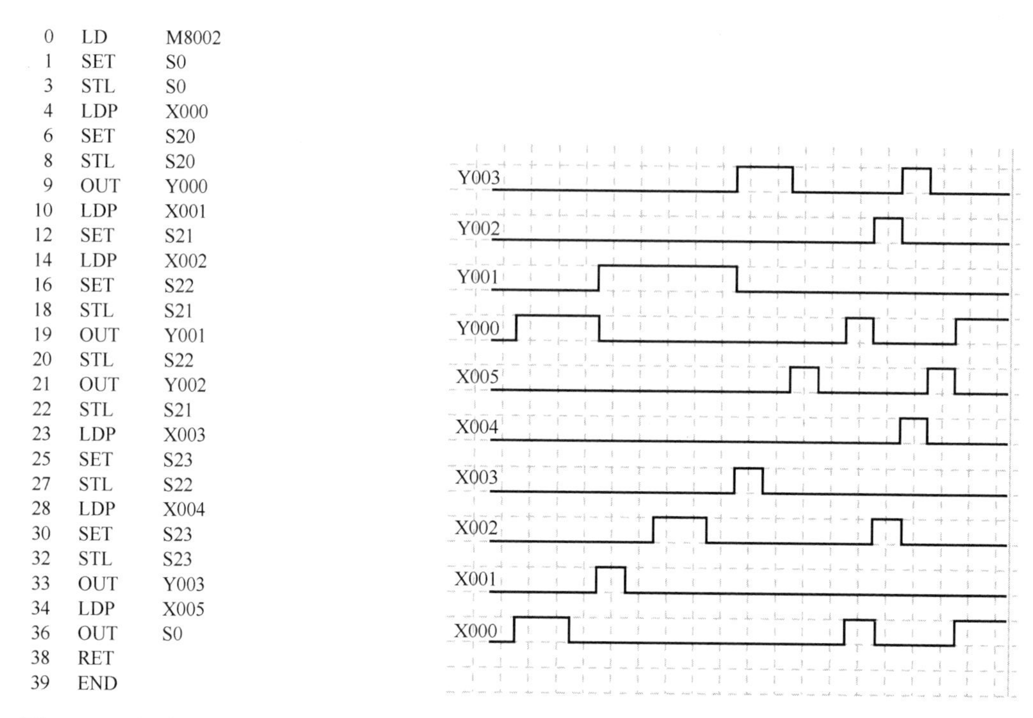

0	LD	M8002
1	SET	S0
3	STL	S0
4	LDP	X000
6	SET	S20
8	STL	S20
9	OUT	Y000
10	LDP	X001
12	SET	S21
14	LDP	X002
16	SET	S22
18	STL	S21
19	OUT	Y001
20	STL	S22
21	OUT	Y002
22	STL	S21
23	LDP	X003
25	SET	S23
27	STL	S22
28	LDP	X004
30	SET	S23
32	STL	S23
33	OUT	Y003
34	LDP	X005
36	OUT	S0
38	RET	
39	END	

图 4-2-28　指令表程序

图 4-2-29　选择分支结构的时序图

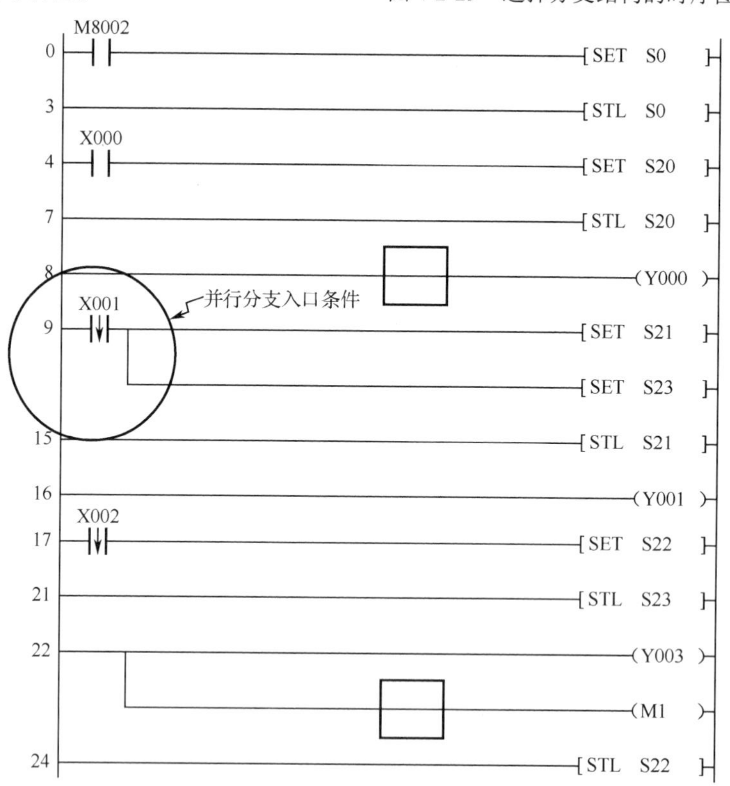

图 4-2-30　并行分支结构的梯形图程序

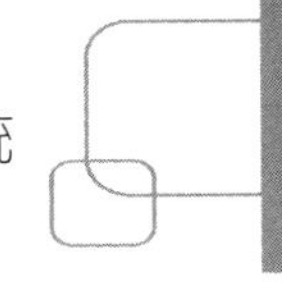

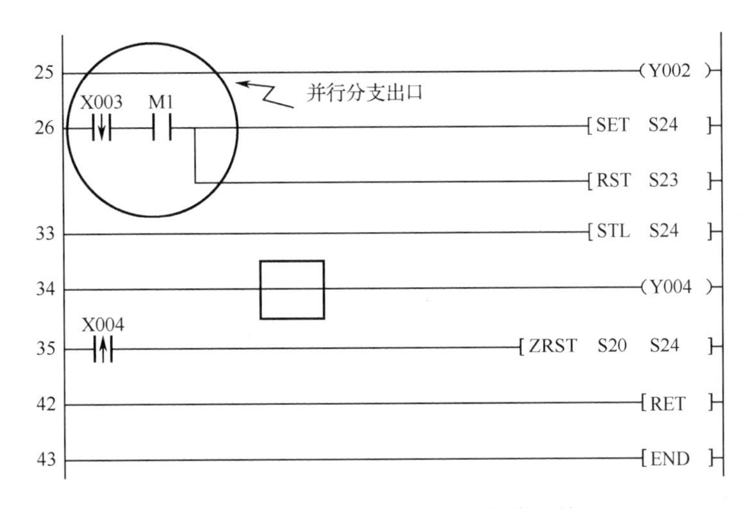

图 4-2-30　并行分支结构的梯形图程序（续）

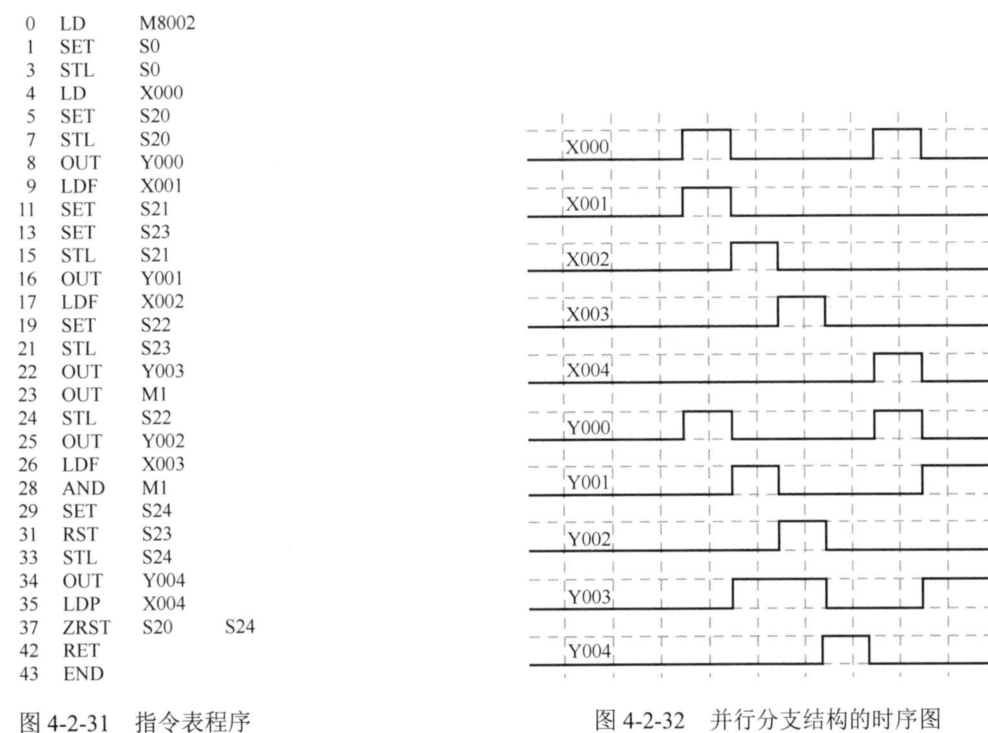

```
0   LD     M8002
1   SET    S0
3   STL    S0
4   LD     X000
5   SET    S20
7   STL    S20
8   OUT    Y000
9   LDF    X001
11  SET    S21
13  SET    S23
15  STL    S21
16  OUT    Y001
17  LDF    X002
19  SET    S22
21  STL    S23
22  OUT    Y003
23  OUT    M1
24  STL    S22
25  OUT    Y002
26  LDF    X003
28  AND    M1
29  SET    S24
31  RST    S23
33  STL    S24
34  OUT    Y004
35  LDP    X004
37  ZRST   S20    S24
42  RET
43  END
```


图 4-2-31　指令表程序

图 4-2-32　并行分支结构的时序图

4.3　应用指令

三菱 FX_{2N} PLC 的指令系统非常丰富，除基本逻辑指令、步进指令外，还有 200 多条应用指令，运用这些应用指令可以处理程序流程控制、数据传送和比较、算术与逻辑运算、移位和循环、浮点数和三角函数运算、PID 过程控制等。

4.3.1 应用指令的格式及基本原则

1. 应用指令的格式

三菱应用指令的组成有三部分：功能号、助记符、操作数，如图 4-3-1 所示。

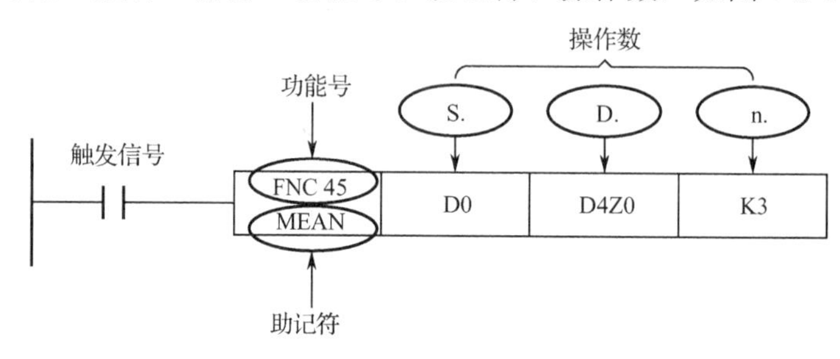

图 4-3-1 应用指令的格式

功能号（FNC）：是某条应用指令的编号，例如求平均值指令，用 FNC 45 表示其功能号，当使用 FX-10P/20P 编程器时，一般用功能号输入，在编程器面板上找到“FNC”功能键，输入编号 45，就能输入该指令。

助记符：是英文字母的缩写或其他字符，如“MOV”表示“数据传输”，“LD>”表示触点比较指令。

操作数：位于助记符后面，有些指令没有操作数，但大部分指令有 1～5 个操作数，操作数一般分为源操作数、目的操作数、其他操作数三种。

（1）S：源（Source）操作数，内容不随指令的执行而变化的操作数称为源操作数。当使用变址寄存器时，一般在 S 后面加“.”，即用“S.”表示，源的数量多时，用“S1.”“S2.”表示。

（2）D：目的（Destination）操作数，内容随应用指令的执行而变化的操作数称为目的操作数，当使用变址寄存器时，一般在 D 后面加“.”，即用“D.”表示，在目标数量多时，用“D1.”“D2.”表示。

（3）m、n 操作数：既不做源也不做目的的其他操作数。当使用变址功能时，一般在后面加“.”表示，当操作数数量很多时，一般用“m1.”“m2.”或者“n1.”“n2.”表示。此类操作数多是常数，十进制数用 K 表示，十六进制数用 H 表示。

应用指令的执行必须有触发信号，应用指令如果直接连接到左母线则被视为非法。

在编程软件中，一般直接用助记符输入，图 4-3-2 为在 GX Developer8 中输入加法指令的实例，用“F8”命令在梯形图输入框中输入“add d0 d2 d5”就可以输入 16 位 add 指令。从图中可以看到，在编程软件中应用指令都是没有功能号“FNC”的，FNC 只方便在编程器中使用。

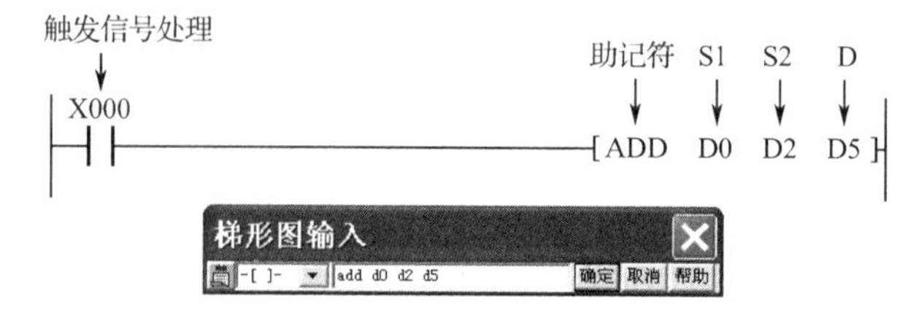

图 4-3-2 输入加法指令实例

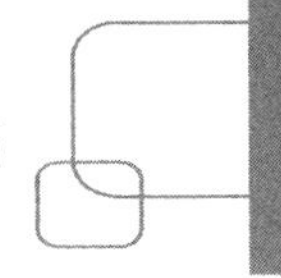

2．应用指令的基本原则

1）16 位/32 位指令

在数值处理的应用指令中，根据数值数据的长度分为 16 位和 32 位应用指令。通过在助记符前面加字母“D”表示为 32 位应用指令。在 T、C、D 字软元件中，当指定软元件为 32 位指令的操作数时，这个软元件被默认为低 16 位，其后续编号的软元件为高 16 位。

2）连续执行型与脉冲执行型指令

当触发信号接通时，在每个扫描周期都执行的指令称为连续执行型。

当触发信号接通时，只在触发信号的上升沿（OFF→ON）到来时执行一次的指令称为脉冲执行型。

在助记符后面加字母“P”表示为脉冲执行型，例如，MOV 是连续执行型指令，MOVP 是脉冲执行型指令。

某些指令（XCH、INC 和 DEC 等），用连续执行方式时要特别注意，例如，当 INC 使用连续执行型指令时，在每个扫描周期都在做加 1 运算，连续执行型指令在此情况下极有可能得到错误的运算结果。

脉冲执行型指令只在指令由 OFF→ON 的上升沿瞬间执行，INC 如果使用脉冲执行型指令，当开关闭合时只做一次加 1 运算。在不需要每个扫描周期都执行的情况下，用脉冲执行型指令可缩短程序处理周期。

3）应用指令的受限制问题

某些应用指令，使用次数受到限制，只能在规定的次数内进行编程，起到了禁止重复使用的作用。

某些应用指令，虽然使用次数不受限制，但指令同时驱动的动作点数受到限制。表 4-3-1 列举了 FX_{1S}、FX_{1N}、FX_{2N}、FX_{2NC} PLC 中一些受限制的应用指令。

表 4-3-1　受限制的应用指令列表

指令名	使用次数	
	FX_{1S}、FX_{1N} PLC	FX_{2N}、FX_{2NC} PLC
FNC 52（MYR）	1	1
FNC 58（PWM）	1	1
FNC 60（IST）	1	1
FNC 62（ABSD）	1	1
FNC 63（INCD）	1	1
FNC 68（ROTC）	—	1
FNC 69（SORT）	—	1
FNC 70（TKY）	—	1
FNC 71（HKY）	—	1
FNC 72（DSW）	无限制	2

续表

指令名	使用次数	
	FX_{1S}、FX_{1N} PLC	FX_{2N}、FX_{2NC} PLC
FNC 74（SEGL）	无限制	2
FNC 75（ARWS）	—	1
FNC 77（PR）	—	2
FNC 57（PLSY）	同时驱动时有限制	1
FNC 59（PLSR）		

4）应用指令的标志问题

某些应用指令的执行会产生一些有意义的标志，例如，当做加法运算时有可能产生进位，做减法运算时有可能产生借位，这样的标志一般都存在辅助继电器或数据寄存器中，表 4-3-2 列举了部分这样的标志，标志存放的继电器、寄存器详细内容请参看附录中的辅助继电器、数据寄存器表。

表 4-3-2　应用指令的标志

分类	继电器或寄存器	标志含义
一般标志	M8020	“零”标志
	M8021	“借位”标志
	M8022	“进位”标志
	M8029	“执行结束”标志
运算出错标志	M8067	“运算出错”标志
	M8068	“运算出错”标志（保持）
	D8067	存储错误代码
	D8068	存储错误代码（保持）
	D8069	存储错误发生的步号
扩展功能标志	M8160	“扩展功能”标志

（1）关于“运算出错”标志需要注意的区别。

在出现运算错误时，若程序中使用 M8067 标志，则 M8067 保存“运算出错”标志，运算错误代码编号保存在 D8067 中，错误发生的程序步号保存在 D8069 中。这几个继电器或寄存器都不具有保持（或锁存）功能，在其他步发生新错误时，指令的出错代码和步号将被刷新，在排除错误后，变为 OFF。

在出现运算错误时，若使用 M8068 标志，则 M8068 保存“运算出错”标志且具有保持功能，D8068 中保存错误步号且保持，在其他指令中发生新错误时不被刷新，在强制复位或电源断开前一直保持，在可编程序控制器由 STOP→RUN 时都瞬间清除。

（2）“扩展功能标志”的使用。

在部分应用指令中，同时使用由该应用指令确定的固有特殊辅助继电器，可进行功能扩展。

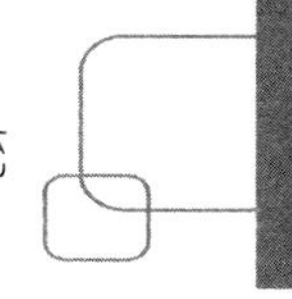

例如，图 4-3-3 中的程序，在 X000 接通时，XCH 指令完成交换 D10、D11 中的内容。

图 4-3-3　没有扩展功能的 XCH 指令

在图 4-3-4 中，在 XCH 指令之前先驱动 M8160，若将 XCH 指令的源与目标指定为同一个软元件，则将其高 8 位与低 8 位交换，M8160 标志扩展了 XCH 指令的功能。注意为了返回通常意义的 XCH 指令，需要将 M8160 断开。

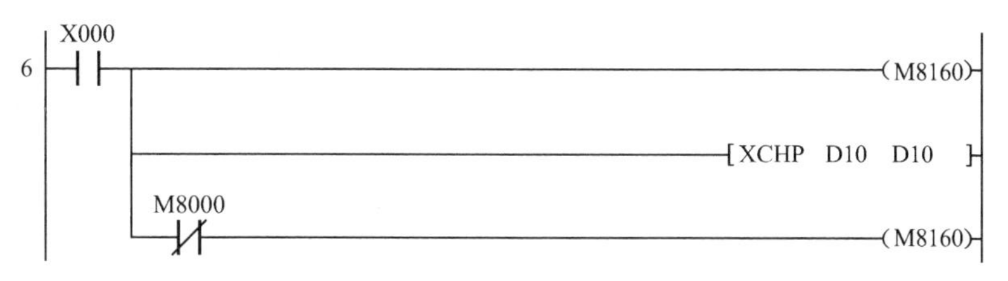

图 4-3-4　具有扩展功能的 XCH 指令

此外，在中断程序中使用的指令若需要功能扩展标志，则要在功能扩展标志驱动前，编写中断禁止 DI 指令，在功能扩展标志断开后，编写中断许可 EI 指令。

5）位元件/字元件的区别与联系

X、Y、M、S 等只处理 ON/OFF 信息的软元件称为位元件。

T、C、D 等处理数值的软元件称为字元件。

位元件通过位数 Kn 和起始的软元件号的组合可以组成字元件。

以下列出了相关的字软元件和位软元件。

字软元件	位软元件
K：十进制整数	X：输入继电器
H：十六进制整数	Y：输出继电器
KnX：输入继电器 X 的位指定①	M：辅助继电器
KnY：输出继电器 Y 的位指定①	S：状态继电器
KnS：状态 S 的位指定①	
T：定时器 T 的当前值	
C：计数器 C 的当前值②	
D：数据寄存器（文件寄存器）③	

V、Z：变址寄存器，用来修改寄存器的地址、常数、软元件编号等，在 32 位指令运算中，V 为高 16 位，Z 为低 16 位。

注：

① n 以 4 位为单位，在 16 位时为 K1～K4，32 位时为 K1～K8，例如，K2S0 表示一次指定 8 位 S（S0～S7），K4X 表示指定了一个 16 位输入继电器 X。

② 计数器 C200～C255 的 1 点可处理 32 位数据，不能指定为 16 位指令的操作数。

③ 数据寄存器 D 为 16 位，在处理 32 位数据时使用一对相邻的数据寄存器的组合，且

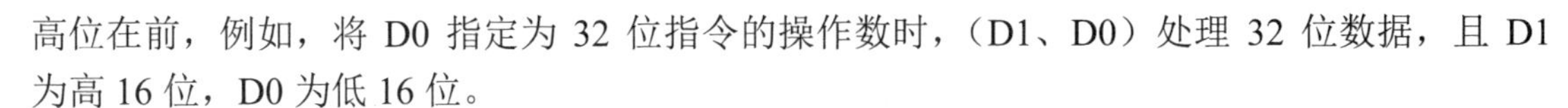

高位在前，例如，将 D0 指定为 32 位指令的操作数时，（D1、D0）处理 32 位数据，且 D1 为高 16 位，D0 为低 16 位。

（1）数据长度的补足问题。

若向 K1M0～K3M0 传送 16 位数据，则数据长度不足的高位部分不被传送，32 位数据亦同样处理。

在 16 位（32 位）运算中，对应位元件的位指定是 K1～K3（K1～K7）时，长度不足的高位被视为 0，通常将其作为正数处理。例如，利用[MOV K2M0 D1]指令向 D1 中传送数据时，长度不足的高位部分按 0 处理（见图 4-3-5）。

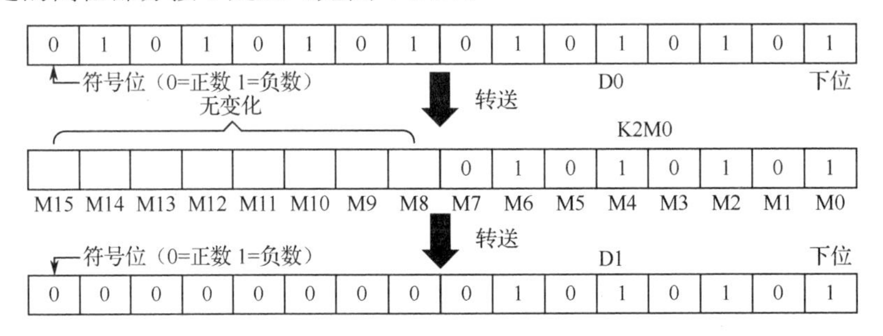

图 4-3-5　长度不足的高位被视为 0

（2）连续字的指定。

所谓连续字的指定就是假定以 D1 为开头的一系列数据寄存器 D1、D2、D3、D4……通过位指定，在字的场合，也可将其作为一系列的字处理。例如：

K1X000、K1X004、K1X010、K1X014 等，K2Y010、K2Y020、K2Y030 等（注意为八进制），K3M0、K3M12、K3M24、K3M36 等（注意为十进制）。

也就是说，不要跳过软元件，按照各位的单位，按照上述处理方法使用软元件。

（3）位元件的编号。

被指定的位元件的编号，没有特别的限制，一般可自由指定，但是建议在 X、Y 的场合，最低位的编号尽可能设定为 0，如 X000，X010，X020……，Y000，Y010，Y020 等。在 M、S 的场合，理想的设定数为 8 的倍数，建议为了避免混乱，设定为 M0、M10、M20 等。在处理 32 位数据时，相邻的数据寄存器的首地址用奇数、偶数均可，但建议最好使用偶数编号，如[DMOV D10 D16]。

为便于理解，表 4-3-3 给出了应用指令的一种分类方法，并举例进行说明，附录中给出了应用指令的常见分类方法。

表 4-3-3　应用指令的分类

应用指令分类	举　例	解　说
16 位应用指令	MOV D0 D1	指令前无“D”，表明 16 位指令，（D0）→（D1）
32 位应用指令	DMOV D0 D2	指令前有“D”，表明 32 位指令，（D1、D0）→（D3、D2） D1 或 D3 代表高 16 位，指令中的 D0、D2 默认为低 16 位
连续执行型	MOV	指令后无“P”，表示连续执行型
脉冲执行型	MOVP	指令后有“P”，表示脉冲执行型

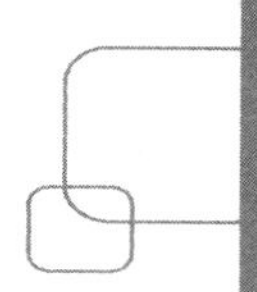

续表

应用指令分类		举例	解说
受限制的指令	使用次数受限制的指令	FNC 69（SORT）	在 FX_{2N} PLC 中，仅能使用 1 次，因此在程序中只能编程 1 次
	同时驱动的点数受限制的指令	FNC 57（PLSY）	在 FX_{1S}、FX_{1N} PLC 中虽然可多次编程，但只能驱动 1 点，动作点数受到限制
		FNC 80（RS）	在 FX_{2N} PLC 中虽然可多次编程，但只能驱动 1 点，两个及以上不能同时 ON

4.3.2　主要的应用指令

1．程序流程指令（FNC 00～FNC 09）

程序流程指令（FNC 00～FNC 09）可以改变程序的执行顺序或流程，产生跳转、循环、中断等，使用程序流程指令可构成复杂的程序及逻辑结构，使程序整齐、清晰，增加程序的可读性和编程的灵活性。程序流程指令共有 10 个，如表 4-3-4 所示。

表 4-3-4　程序流程指令表

编号	指令助记符	功能	软元件	步数
00	CJ	条件跳转，到 P 指针	P0～P127	CJ（3 步），P 指针 1 步
01	CALL	子程序调用	P0～P127	CALL（3 步），P 指针 1 步
02	SRET	子程序返回，到 CALL 的下一步	无	1
03	IRET	中断返回	无	1
04	EI	中断许可	无	1
05	DI	中断禁止	无	1
06	FEND	主程序结束	无	1
07	WDT	监控定时器	无	1
08	FOR	循环范围开始	K、H、KnX、KnY、KnM、KnS、T、C、D、V、Z	3
09	NEXT	循环范围结束	无	1

1）跳转指令 CJ

CJ（Conditional Jump，编号 FNC 00）：跳转指令，控制程序的流程，程序步数 3 步。

P（Point）：指针，用于分支与跳转指令，梯形图中指针 P 位于左母线的左边，FX_{2N} PLC 机型有 P0～P127 共 128 个指针，程序步数 1 步，P 可以出现在 CJ 指令之前。

功能：当预置触发信号接通时，程序跳转到 P 指针处执行；当触发信号未接通时，程序按原顺序执行。跳转指令可以缩短扫描周期。

注意：

（1）同一个指针只能出现一次。

（2）多条跳转指令可以使用同一个指针，如图 4-3-6 所示，X000 和 X001 都使用 P0。

图 4-3-6　多条跳转指令共用同一指针

（3）跳转指令必须有触发信号，如果是无条件跳转，可以使用辅助继电器 M8000。M8000 在可编程序控制器的运行过程中总是处于常闭状态，如图 4-3-7 所示第 18 步的使用方式构成了无条件跳转。

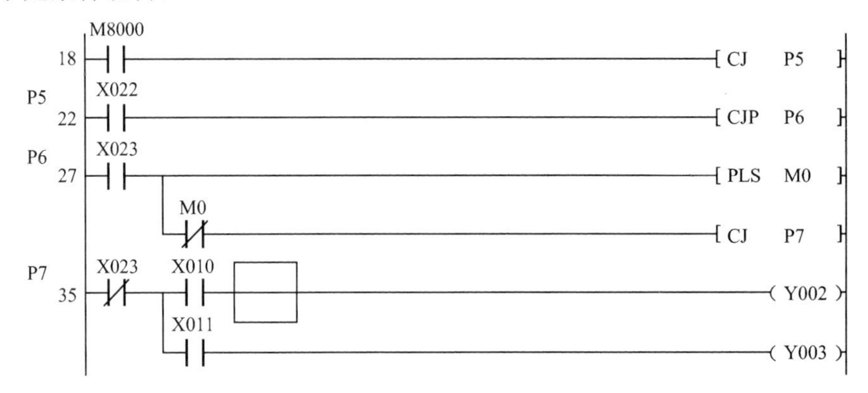

图 4-3-7　跳转指令必须有触发信号

（4）跳转指令有脉冲执行型 CJP（图 4-3-7 中的第 22 步），只在一个扫描周期内有效。

（5）指针 P 可以在跳转指令前，即可以往前跳，如图 4-3-8 所示。

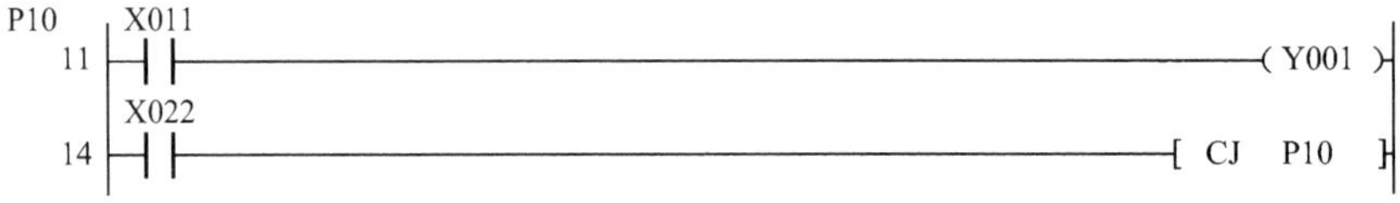

图 4-3-8　指针 P 可以在跳转指令前

（6）跳转指令可跳到 END 处，但不能编程（见图 4-3-9），否则会出错，PLC 会显示出错码 6507（标记定义不正确）并停止。

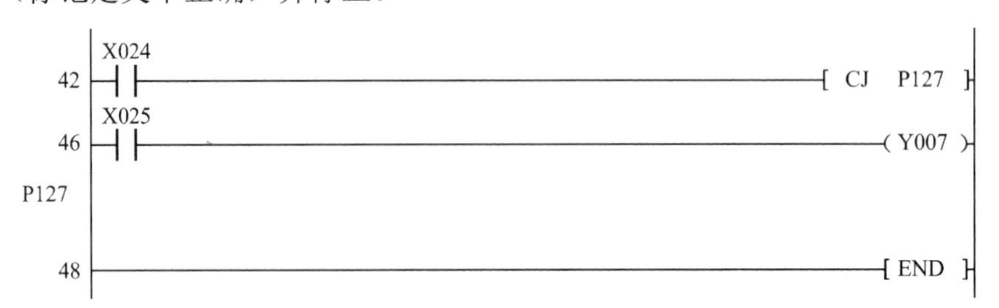

图 4-3-9　跳转到 END 时不能编程

（7）跳转指令可以嵌套。

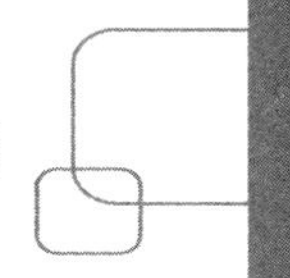

【例 4-3-1】 跳转指令举例 1

程序如图 4-3-10 所示。

```
      X000
 0 ─┤ ├──────────────────────────[ CJ    P0   ]
      X001
 4 ─┤ ├──────────────────────────( Y000 )
      X002
 6 ─┤ ├──────────────────────────[ CJP   P127 ]
      X003
10 ─┤ ├──────────────────────────( Y001 )
P127  X020
12 ─┤ ├──────────────────────────( Y002 )
P0    X021
15 ─┤ ├──────────────────────────( Y003 )

18 ──────────────────────────────[ END ]
```

图 4-3-10　CJ 跳转指令举例 1

当接通 X000 时，跳到 P0 后的程序执行，此时接通 X021，Y003 接通，若接通 X001 或 X003，则没有相应的输出，可见程序已经改变了流向。

当 X000 不接通时，顺序执行程序，如果接通 X001，Y000 接通，如果接通 X003，Y001 接通，而如果接通 X020，Y002 也接通。但如果在 X003 之前 X002 接通，则程序跳到 P127 处，在此情况下再接通 X003，可观察到 Y001 不接通，因为程序发生了跳转。

这是一个二级嵌套的跳转指令程序，P0 中嵌套了 P127，在第 7～9 步使用了脉冲型执行指令 CJP。

跳转指令对软元件有影响，如计数器 T192～T199 及高速计数器 C235～C255，如果驱动后跳转，则动作持续，输出触点也动作；积算定时器及计数器的复位指令在跳转外时，计时线圈及跳转的计数线圈复位（恢复触点及清除当前值）有效。表 4-3-5 列举了【例 4-3-2】程序中跳转指令的执行对软元件状态的影响情况。

表 4-3-5　跳转对软元件状态的影响

软元件类型	跳转前触点状态	跳转中触点动作	跳转过程中线圈动作
Y、M、S	X001～X003　OFF	X001～X003　ON	Y001、M1、S1　OFF
	X001～X003　ON	X001～X003　OFF	Y001、M1、S1　ON
10ms、100ms 定时器	X004 OFF	X004 ON	定时器不动作
	X004 ON	X004 OFF	定时器中断，X000 “OFF”后继续运行
1ms 定时器	X005 OFF X006 OFF	X006 ON	定时器不动作
	X005 OFF X006 ON	X006 OFF	定时器中断，X000 “OFF”后继续计时
计数器	X007 OFF X010 OFF	X010 ON	计数器不动作
	X007 OFF X010 ON	X010 OFF	计数器中断，X000 “OFF”后继续计数
应用指令	X011 OFF	X011 ON	除 FNC 52～FNC 59 之外的其他应用指令不执行
	X011 ON	X011 OFF	

【例 4-3-2】 跳转指令举例 2

程序如图 4-3-11 所示。当 X000=OFF 时，第 40 步不执行，因为程序会跳转到 P9 处；当 X000=ON 时，程序跳转到 P8 指针后面的第 36 步，但第 40 步会执行。

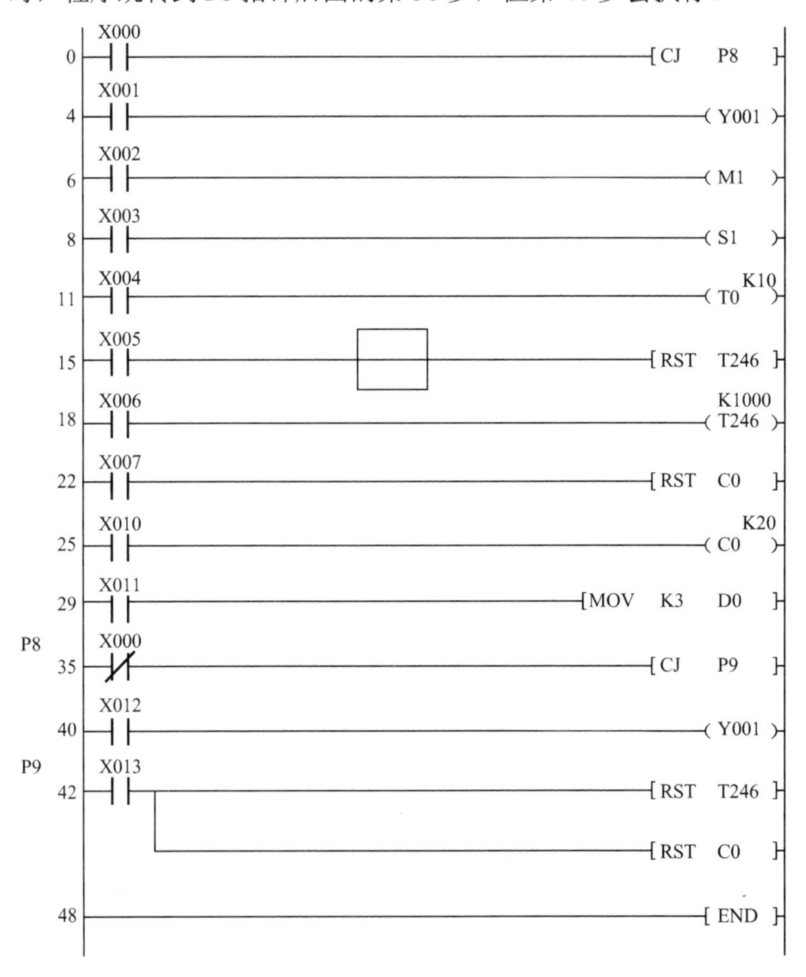

图 4-3-11 CJ 跳转指令举例 2

程序中 Y001 为双线圈，在 X000=OFF 时，Y001 通过 X001 触发动作；当 X000=ON 时，Y001 通过 X012 触发动作。条件跳转中，即使是分段的程序在跳转内或跳转外，如将同一线圈编成两个以上的程序时，都会当作一般的双线圈处理。

2）子程序指令 CALL、SRET、FEND

子程序是所有语言都有的一种程序结构，子程序嵌套如图 4-3-12 所示。三菱 PLC 调用一个子程序必须用到以下三个指令。

CALL（FNC 01）：调用 P 指定的子程序。

SRET（FNC 02）：结束子程序并返回主程序。

FEND（FNC 06）：主程序结束。

关于子程序的个数，视 PLC 机型而定，其中 FX_{2N} PLC 有 P0～P127 共 128 个子程序。

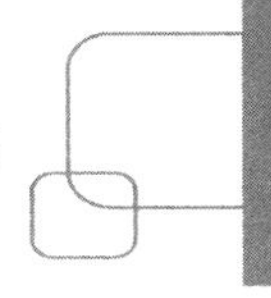

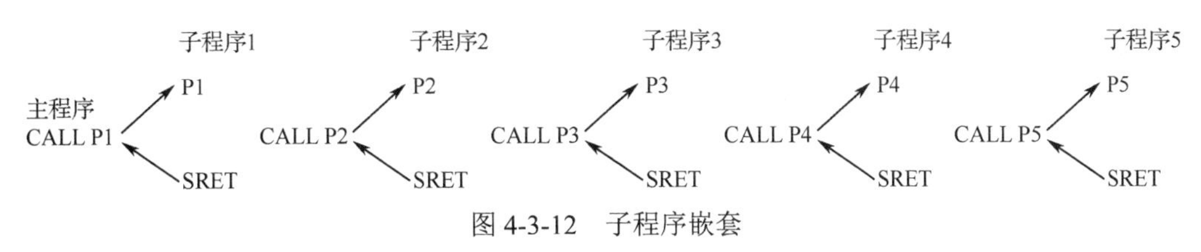

图 4-3-12　子程序嵌套

注意：

（1）子程序必须放在主程序“FEND”命令后面。

（2）SRET 对子程序返回，无适用的软元件。

（3）子程序可以嵌套，但最多 5 层（在子程序中最多只允许有 4 个 CALL）。

【例 4-3-3】　子程序举例

程序示例如图 4-3-13 所示。

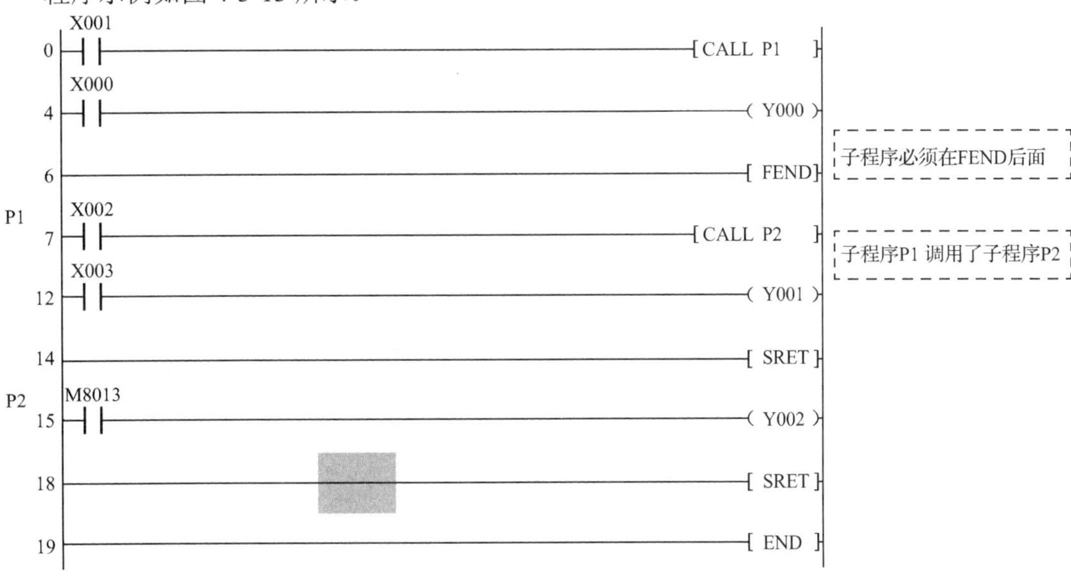

图 4-3-13　子程序

图 4-3-13 中的 PLC 程序有两个子程序。

M8013 是 1s 时钟脉冲继电器，当程序下载到 PLC 中时，可见其每隔 1s 就接通一次，但因为没有调用子程序，所以 Y002 没接通。

在主程序中，当 X000 接通时，Y000 接通。

按下 X001，调用子程序 P1，程序转到子程序 P1 中执行，接通 X003 时，Y001 接通。接通 X002，调用子程序 P2，此时由子程序 1 转到子程序 2 中执行，可见随着 M8013 的接通，Y002 也产生 1s 的脉冲输出，图 4-3-14 是该程序执行的时序图结果。

3）中断指令 IRET、EI、DI

中断就是中止当前正在运行的程序，转而去执行所指定的中断服务程序，执行完毕后再返回原先被中止的程序并继续运行。

三菱 FX_{2N} PLC 有关中断的处理有三个指令。

IRET（Interrupt Return，FNC 03）：中断返回，从中断程序回到主程序。

EI（Interrupt Enable，FNC 04）：允许中断。

DI（Interrupt Disable，FNC 05）：禁止中断。

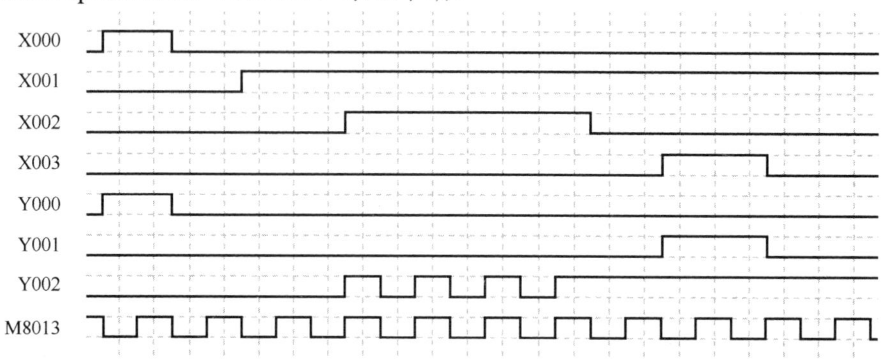

图 4-3-14 时序图

三菱 FX_{2N} PLC 的中断有三种类型：第一种是外部输入中断，它利用外部输入端子 X000～X005（共 6 个外部中断源）进行中断请求，当输入端子的脉冲上升沿或下降沿到来时进行中断响应；第二种是定时中断，一般用于周期性的定时操作，有 3 个中断源，定时范围为 10～99ms；第三种是计数中断，用于计数器与高速计数器的当前值进行比较，有 1～6 个计数中断源。三种中断类型一共有 15 个中断源，配有对应的辅助继电器 M，三种中断类型的中断指针格式、对应的辅助继电器及设置方法如表 4-3-6 所示。

表 4-3-6 识别三种中断的指针格式

中断类型	中断指针格式	设置方法	指针编号举例		禁止中断辅助继电器	
			上升沿中断	下降沿中断		
外部输入中断	I□0□	左边的“□”表示外部输入中断源，有 X000～X005，右边的“□”中为“1”时表示上升沿，为“0”时表示下降沿	I001 ◀▶ X000	I000 ◀▶ X000	M8050	辅助继电器置 1 时，对应的中断源禁止中断，当 M8059 置 1 时，计数器中断都禁止
			I101 ◀▶ X001	I100 ◀▶ X001	M8051	
			I201 ◀▶ X002	I200 ◀▶ X002	M8052	
			I301 ◀▶ X003	I300 ◀▶ X003	M8053	
			I401 ◀▶ X004	I400 ◀▶ X004	M8054	
			I501 ◀▶ X005	I500 ◀▶ X005	M8055	
定时中断	I□□□	最左边的“□”表示定时中断指针，有 6、7、8 三个编号，右边的“□□”表示定时时间	I610：定时中断 I6，定时时间 10ms		M8056	
			I750：定时中断 I7，定时时间 50ms		M8057	
			I899：定时中断 I8，定时时间 99ms		M8058	
			（定时范围为 10～99ms）			
计数中断	I0□0	中间的“□”表示计数中断源，有 1～6 六个	I010	与高速计数器当前值比较，不可重复使用	M8059	
			I020			
			I030			
			I040			
			I050			
			I060			

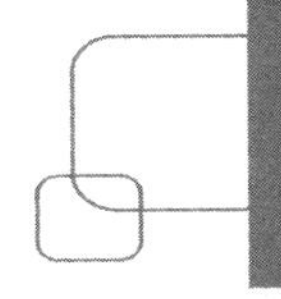

注意：

（1）三个中断指令 IRET、EI、DI 都是单独指令，无须启动触发信号，也没有操作数。

（2）中断程序嵌套与机型有关，FX_1 系列 PLC 不允许嵌套，FX_{2N} PLC 最多允许 2 级嵌套。

（3）中断程序结构一般为：主程序+中断程序。中断程序必须排在主程序 FEND 后面。

在主程序中必须先有 EI 指令，即常说的“开中断”。在 EI～DI 之间的程序称为中断许可区，在 DI（即常说的“关中断”）之后的程序称为中断禁止区，若整个程序没有 DI 指令，则称为全程中断（见图 4-3-15）。

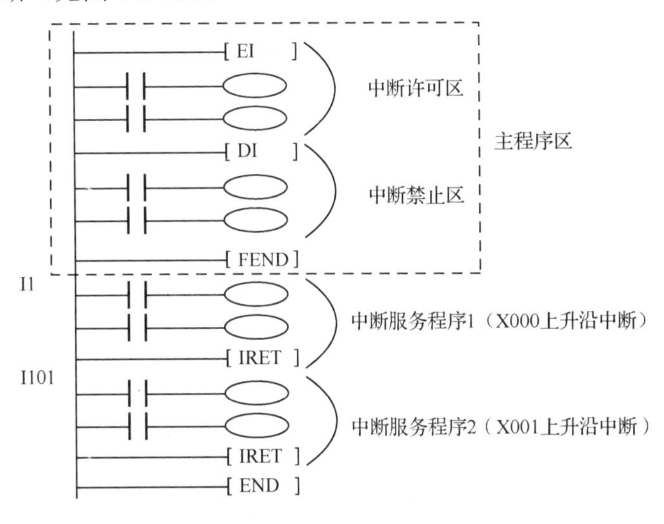

图 4-3-15　中断结构

（4）中断指针编号不能重复。

（5）关于中断源的优先级别规定：一次中断请求只执行一次中断程序，当发生多个中断请求时，存在中断源的优先权问题，一般规定，当多个中断依次发生时，以先发生的为优先，同时发生时，以指针编号小的为优先。

（6）外部中断输入对脉冲宽度有要求（见表 4-3-7），当主程序中使用 EI 指令后，PLC 就激活了 X000～X005 的脉冲捕获功能，并将捕获的脉冲结果存入辅助继电器 M8170～M8175 中，根据捕获的结果执行相应的中断操作。

表 4-3-7　外部中断输入的脉冲宽度要求

机　型	每个输入端子的脉宽	
	X000、X001	X002～X005
FX_{2N}、FX_{2NC}	20μs 以上	50μs 以上

【例 4-3-4】　中断程序举例

图 4-3-16 中的梯形图程序是一个包含两个中断程序（I001、I101）的程序。

主程序中，EI 指令首先开中断，M8013 为 1s 时钟继电器，Y002 每隔 1s 接通。

第一个中断程序（I001），当 X000 的上升沿到来时，M0 接通，结果返回主程序中，

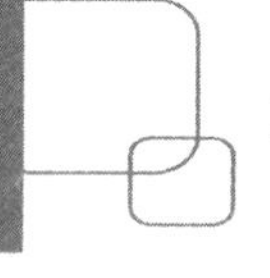

Y000 接通，Y002 断开。

第二个中断程序（I101），当 X001 的上升沿到来时，M1 接通，结果返回主程序中，Y001 接通，Y002 也断开。

即无论检测到 X000 还是 X001 的上升沿，Y002 都断开（但 X000、X001 同时到来时，有中断优先级的问题），在不中断的情况下，Y002 每隔 1s 接通。

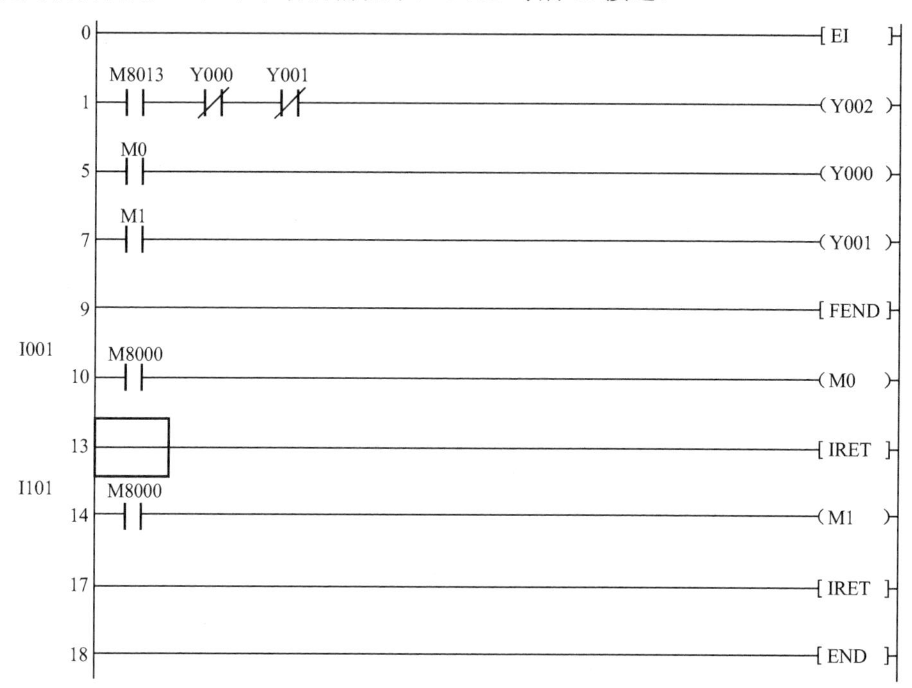

图 4-3-16　中断程序举例

4）循环指令对 FOR、NEXT

FOR（FNC 08）：循环开始，有操作数 *n*。

NEXT（FNC 09）：循环结束，无操作数。

功能：反复执行 FOR、NEXT 指令之间的程序。

关于循环次数：*n* 为 1～32767，若 *n* 取值为-32767～0，则当作 *n*=1 处理；当循环次数多时，扫描周期会延长，当循环程序运行时间大于 200ms 时，请注意使用监控定时器 WDT 指令。

注意：

（1）FOR 和 NEXT 指令应成对使用，且都不需要启动触点。

（2）循环指令可以嵌套（最多 5 层）。

（3）NEXT 指令不允许在 FOR 指令之前，也不允许在 FEND、END 指令之后。

【例 4-3-5】 FOR、NEXT 循环指令举例

如图 4-3-17 所示，这是一个循环 5 次的程序。

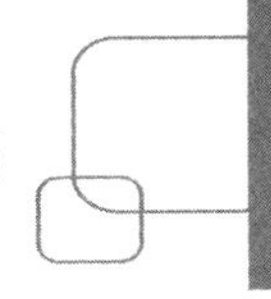

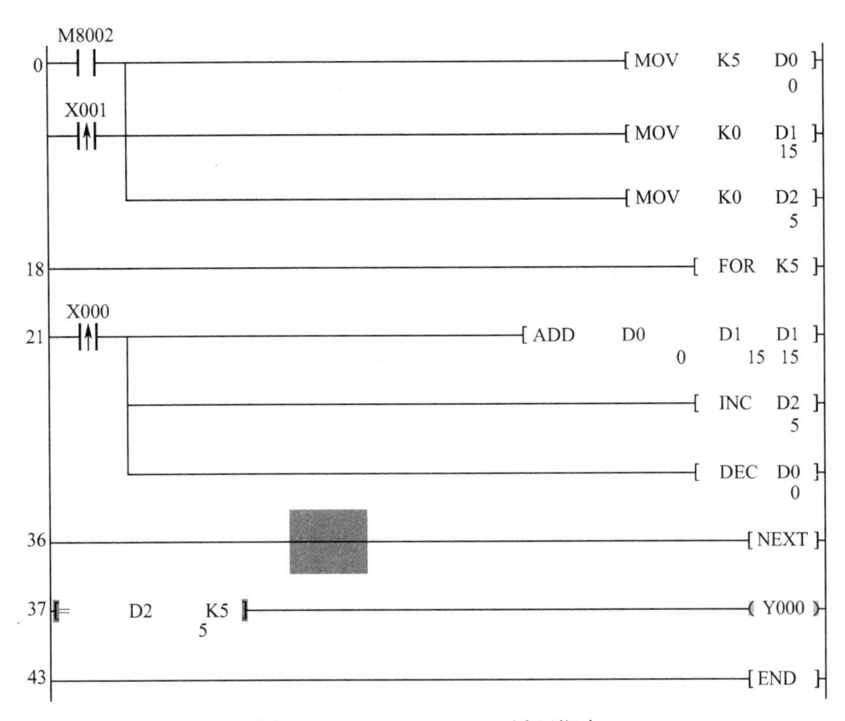

图 4-3-17 FOR、NEXT 循环指令

下载后，辅助继电器 M8002 将数据 5 送入 DT0 中，并使 DT1、DT2 清零。

第 1 次接通 X000，做加法，（D1）=5，（D0）=4。

第 2 次接通 X000，做加法，（D1）=9，（D0）=3。

第 3 次接通 X000，做加法，（D1）=12，（D0）=2。

第 4 次接通 X000，做加法，（D1）=14，（D0）=1。

第 5 次接通 X000，做加法，（D1）=15，（D0）=0，D2 记录循环次数，此时（D2）=5。

按下 X1，复位，（D0）=5，（D1）=0，（D2）=0。

5）监控定时器 WDT

监控定时器（WDT，FNC 07）：监控程序的运行时间。

功能：如果程序（从 0 步到 END 或 FEND 之间）的执行扫描时间超过 200ms，则可编程序控制器 CPU 的出错指示灯亮，同时停止工作。

为了防止出现这种现象，一般用以下两种方法解决。

（1）如图 4-3-18 所示，一个 240ms 的程序，可以将其一分为二，在中间插入 WDT 指令，则程序分成前后两个 200ms 以下的程序。

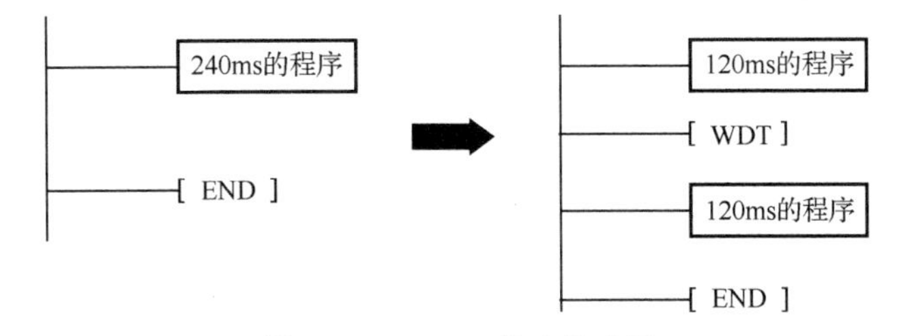

图 4-3-18 WDT 指令的应用

（2）因为监控定时器的时间被写入 D8000，因此，修改 D8000 的值可改变 WDT 的监控时间。如图 4-3-19 所示，通过 MOV 指令将程序的运行估计时间传入 D8000 中，则 WDT 后面的程序将采用新的监控定时器时间进行监控。

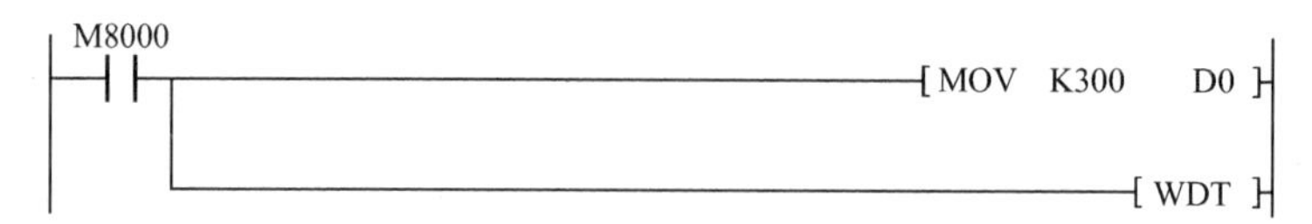

图 4-3-19　修改 WDT 的监控时间

2．传送与比较指令（FNC 10～FNC 19）

传送与比较指令（FNC 10～FNC 19）用于数据传送、数据交换、数据比较等功能，如表 4-3-8 所示。

表 4-3-8　传送与比较指令功能表

<table>
<tr><th>编号</th><th>指令助记符</th><th>功 能</th><th colspan="4">操 作 数</th><th>步 数</th></tr>
<tr><td rowspan="2">10</td><td rowspan="2">CMP</td><td rowspan="2">比较两数大小</td><td>源 1（S1.）</td><td colspan="2">源 2（S2.）</td><td>目标（D.）</td><td rowspan="2">CMP（7 步）
DCMP（13 步）</td></tr>
<tr><td colspan="3">K、H、KnX、KnY、KnM、KnS、T、C、D、V、Z</td><td>Y、M、S 三个连续操作数</td></tr>
<tr><td rowspan="2">11</td><td rowspan="2">ZCP</td><td rowspan="2">区间比较</td><td>源 1（S1.）</td><td>源 2（S2.）</td><td>源（S.）</td><td>目标（D.）</td><td rowspan="2">ZCP（9 步）
DZCP（17 步）</td></tr>
<tr><td colspan="3">K、H、KnX、KnY、KnM、KnS、T、C、D、V、Z</td><td>Y、M、S 三个连续操作数</td></tr>
<tr><td rowspan="2">12</td><td rowspan="2">MOV</td><td rowspan="2">数据传送</td><td colspan="3">源（S.）</td><td>目标（D.）</td><td rowspan="2">MOV（5 步）
DMOV（9 步）</td></tr>
<tr><td colspan="3">K、H、KnX、KnY、KnM、KnS、T、C、D、V、Z</td><td>KnY、KnM、KnS、T、C、D、V、Z</td></tr>
<tr><td rowspan="2">13</td><td rowspan="2">SMOV</td><td rowspan="2">四位十进制数指定位传送</td><td colspan="2">m1 m2 n</td><td>源（S.）</td><td>目标（D.）</td><td rowspan="2">SMOV（11 步）</td></tr>
<tr><td colspan="2">K，Hn=1～4</td><td>KnX、KnY、KnM、KnS、T、C、D、V、Z</td><td>KnY、KnM、KnS、T、C、D、V、Z</td></tr>
<tr><td rowspan="2">14</td><td rowspan="2">CML</td><td rowspan="2">取反</td><td colspan="3">源（S.）</td><td>目标（D.）</td><td rowspan="2">CML（5 步）
DCML（9 步）</td></tr>
<tr><td colspan="3">K、H、KnX、KnY、KnM、KnS、T、C、D、V、Z</td><td>KnY、KnM、KnS、T、C、D、V、Z</td></tr>
<tr><td rowspan="2">15</td><td rowspan="2">BMOV</td><td rowspan="2">块传送</td><td colspan="2">源（S.）</td><td>目标（D.）</td><td>n</td><td rowspan="2">BMOV（7 步）</td></tr>
<tr><td colspan="2">KnX、KnY、KnM、KnS、T、C、D</td><td>KnY、KnM、KnS、T、C、D</td><td>K，H，n=1～4</td></tr>
<tr><td rowspan="2">16</td><td rowspan="2">FMOV</td><td rowspan="2">多点传送</td><td colspan="2">源（S.）</td><td>目标（D.）</td><td>n</td><td rowspan="2">FMOV（7 步）
DFMOV（13 步）</td></tr>
<tr><td colspan="2">K、H、KnX、KnY、KnM、KnS、T、C、D、V、Z</td><td>KnY、KnM、KnS、T、C、D、V、Z</td><td>K，H，n≤512</td></tr>
<tr><td rowspan="2">17</td><td rowspan="2">XCH</td><td rowspan="2">数据交换</td><td colspan="3">目标 1（D1.）</td><td>目标 2（D2.）</td><td rowspan="2">XCH（5 步）
DXCH（9 步）</td></tr>
<tr><td colspan="4">KnY、KnM、KnS、T、C、D、V、Z</td></tr>
</table>

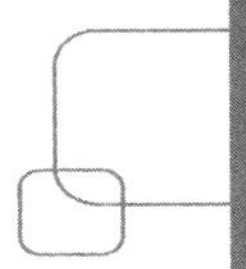

续表

编号	指令助记符	功　能	操作数		步　数
			源（S.）	目标（D.）	
18	BCD	求 BCD 码	KnX、KnY、KnM、KnS、T、C、D、V、Z	KnY、KnM、KnS、T、C、D、V、Z	BCD（5 步）DBCD（9 步）
19	BIN	求 BIN 码	KnX、KnY、KnM、KnS、T、C、D、V、Z	KnY、KnM、KnS、T、C、D、V、Z	BIN（5 步）DBIN（9 步）

1）数据比较指令 CMP

CMP（FNC 10）：数据比较指令，程序步数 7 步，有脉冲执行型和 32 位应用指令 DCMP。

功能：比较两数的大小，指令的操作数如表 4-3-8 所示，指令的格式如图 4-3-20 所示，图中，操作数（S1.）为 K100，操作数（S2.）为 D1，目标（D.）开始的软元件为 M1。

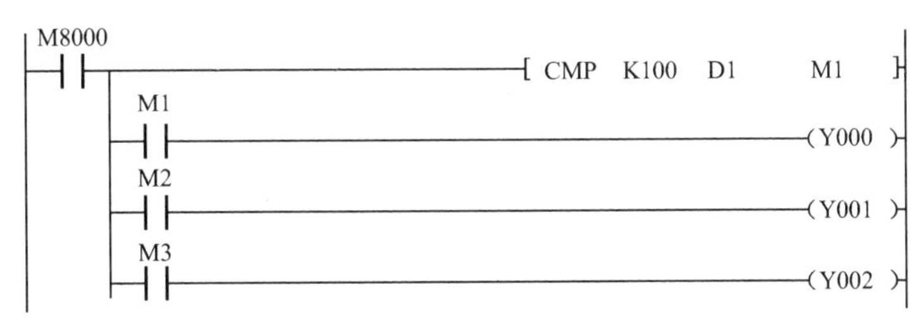

图 4-3-20　CMP 指令

当（S1.）>（S2.）时，M1=ON；
当（S1.）=（S2.）时，M2=ON；
当（S1.）<（S2.）时，M3=ON。
因此，Y000～Y002 接通与否，取决于 D1 中数据的大小。

2）区间比较指令 ZCP

ZCP（FNC 11）：区间比较指令，程序步数 9 步，有脉冲执行型和 32 位应用指令 DZCP。

功能：进行区间比较，指令的操作数见表 4-3-8，指令的格式如图 4-3-21 所示，图中，操作数（S1.）即 D2 相当于下限，操作数（S2.）即 D3 相当于上限，操作数（S.）即 D0 为要比较的数，目标（D.）开始的软元件 M1 存放比较结果。

当（S.）<（S1.），即 D0<D2 时，M1=ON；
当（S1.）≤（S.）≤（S2.），即 D2≤D0≤D3 时，M2=ON；
当（S.）>（S2.），即 D0>D3 时，M3=ON。
Y000～Y002 接通与否，取决于区间比较的结果。

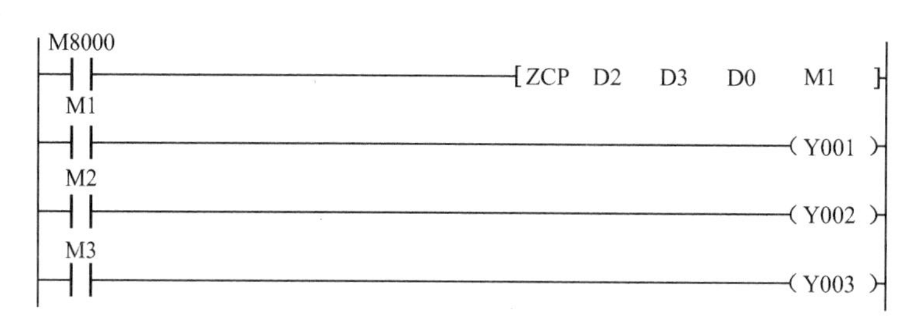

图 4-3-21　ZCP 指令

3）数据传送指令 MOV

MOV（FNC 12）：数据传送指令，程序步数 5 步，有脉冲执行型和 32 位应用指令 DMOV。

功能：进行数据传送，指令的操作数见表 4-3-8，指令的格式如图 4-3-22 所示，图中，第一条 MOV 指令将十六进制数 H5555 送入 D0 中，第二条 MOV 指令将 H0CD15 送入 D1 中，第三条为 32 位数据传送指令 DMOV，将 H0CD155555 送入 D3、D2 中。注意软件中实际在 H0CD15 前面添加了“0”，32 位应用指令指定的软元件默认为低 16 位。

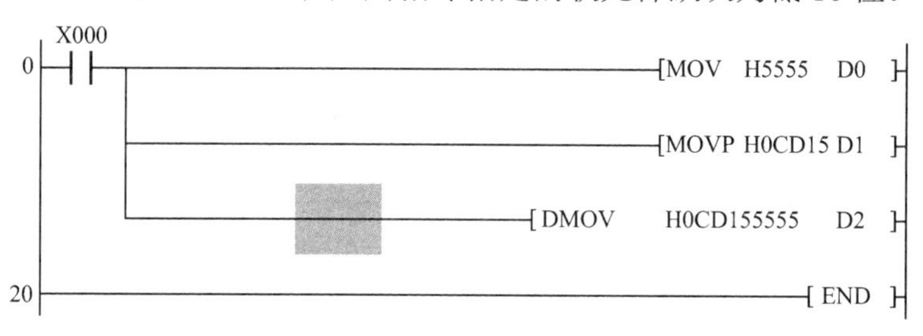

图 4-3-22　MOV 指令

4）移位传送指令 SMOV

SMOV（FNC 13）：移位传送指令，程序步数 11 步，有脉冲执行型。

功能：进行移位传送，指令的操作数见表 4-3-8，指令的格式如图 4-3-23 所示，图中，当 Y000 上升沿来临时，SMOV 指令将二进制数 D1 先变成 BCD 码，再从第 K4 位起将低 K3 位的 BCD 码向目标源 D4 的第 K3 位开始传送（D4 中若有未接受传送的位置 0），最后再将目标源 D4 变回二进制数。

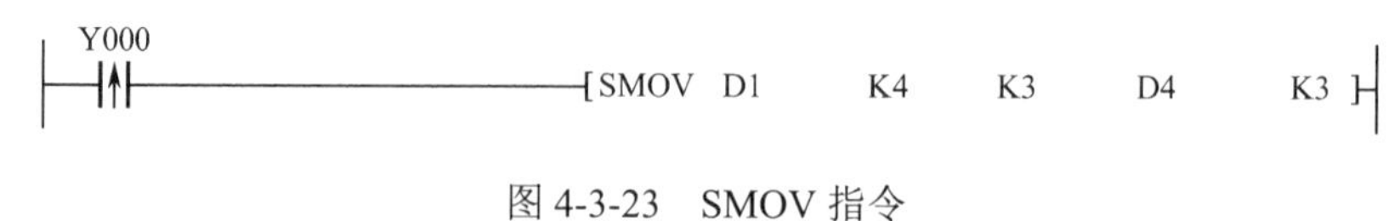

图 4-3-23　SMOV 指令

5）取反指令 CML

CML（FNC 14）：取反指令，程序步数 5 步，有脉冲执行型和 32 位应用指令 DCML。

功能：取反后送入目标操作数 D.中，指令的操作数见表 4-3-8，指令的格式如图 4-3-24 所示，图中，当 X001 接通时，CML 指令将源 D0 取反（按二进制，即 0→1，1→0），再送入 Y000～Y003 的四位中。

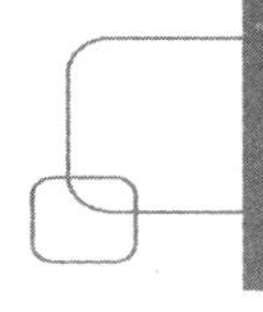

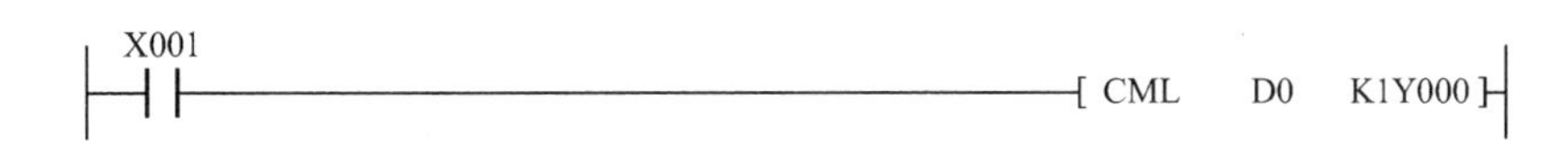

图 4-3-24　CML 指令

6）块传送指令 BMOV

BMOV（FNC 15）：块传送指令，程序步数 7 步，有脉冲执行型。

功能：进行块数据传送，指令的操作数见表 4-3-8，指令的格式如图 4-3-25 所示，图中，当检测到 Y001 的上升沿时，第一个 BMOV 指令将 D0～D3 四个数据寄存器的数据送到 D10～D13 四个数据寄存器中，第二个 BMOV 指令将 Y000～Y007 的数据成块地送入 M0～M7 中。

7）多点传送指令 FMOV

FMOV（FNC 16）：多点数据传送指令，程序步数 7 步，有脉冲执行型和 32 位应用指令 DFMOV。

功能：多点数据传送，指令的操作数见表 4-3-8，指令的格式如图 4-3-25 所示，图中，当检测到 Y002 的上升沿时，将 K100 复制 8 份，送到以 D20 为首地址的数据寄存器中。FMOV 指令常用于复位或清零，如第二条 FMOV 指令，将 D10～D13 四个寄存器全部清零。

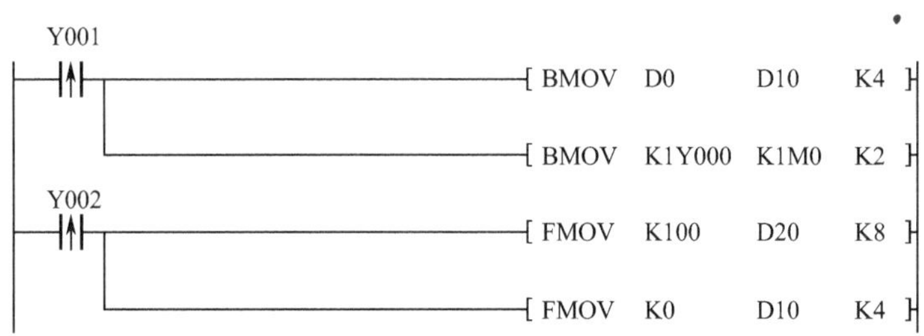

图 4-3-25　BMOV 与 FMOV 指令

8）数据交换指令 XCH

XCH（FNC 17）：数据交换指令，程序步数 5 步，有脉冲执行型和 32 位应用指令 DXCH。

功能：进行数据交换，指令的操作数见表 4-3-8，指令的格式如图 4-3-26 所示，图中，当 X002 接通时，将 D10 中的数据和 D11 中的数据互换。

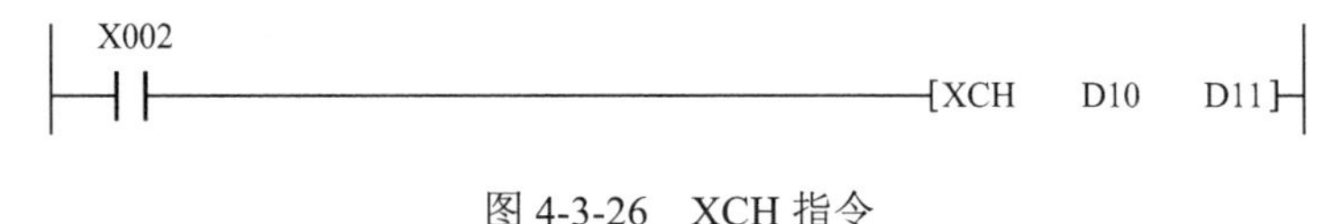

图 4-3-26　XCH 指令

9）求 BCD 码

BCD（FNC 18）：求 BCD 码指令，程序步数 5 步，有脉冲执行型和 32 位应用指令 DBCD。

功能：求 BIN 数据的 BCD 码，指令的操作数见表 4-3-8，指令的格式如图 4-3-27 所示，图中，当 X002 接通时，求 D10 中的 BIN 的 BCD 码并送入 D11 中。

10）求 BIN 码

BIN（FNC 19）：求 BIN 码指令，程序步数 5 步，有脉冲执行型和 32 位应用指令 DBIN。

功能：求 BCD 码的 BIN 数据，指令的操作数见表 4-3-8，指令的格式如图 4-3-28 所示，图中，当 X002 接通时，将 D10 中的 BCD 码数据转换成 BIN 数据并送入 D11 中。

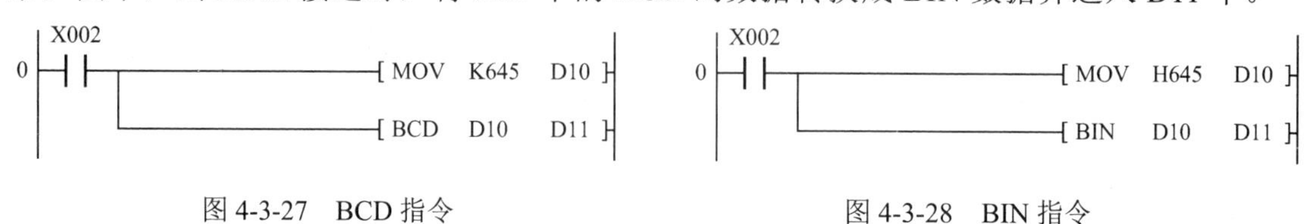

图 4-3-27 BCD 指令　　图 4-3-28 BIN 指令

3．算术与逻辑运算指令（FNC 20～FNC 29）

算术与逻辑运算指令（FNC 20～FNC 29）用于加、减、乘、除，以及与、或、非、异或等逻辑运算，具体见表 4-3-9。

表 4-3-9 算术与逻辑运算指令功能表

编号	指令助记符	功能	操作数			步数
20	ADD	加法	源 1（S1.）	源 2（S2.）	目标（D.）	ADD（7 步） DADD（13 步）
			K、H、KnX、KnY、KnM、KnS、T、C、D、V、Z		KnY、KnM、KnS、T、C、D、V、Z	
21	SUB	减法	源 1（S1.）	源 2（S2.）	目标（D.）	SUB（7 步） DSUB（13 步）
			K、H、KnX、KnY、KnM、KnS、T、C、D、V、Z		KnY、KnM、KnS、T、C、D、V、Z	
22	MUL	乘法	源 1（S1.）	源 2（S2.）	目标（D.）	MUL（7 步） DMUL（13 步）
			K、H、KnX、KnY、KnM、KnS、T、C、D、V、Z		KnY、KnM、KnS、T、C、D、V、Z	
23	DIV	除法	源 1（S1.）	源 2（S2.）	目标（D.）	DIV（7 步） DDIV（13 步）
			K、H、KnX、KnY、KnM、KnS、T、C、D、V、Z		KnY、KnM、KnS、T、C、D、V、Z	
24	INC	加 1	目标（D.）			INC（3 步） DINC（5 步）
			KnY、KnM、KnS、T、C、D、V、Z（V、Z 只能用于 16 位应用指令）			
25	DEC	减 1	目标（D.）			DEC（3 步） DDEC（5 步）
			KnY、KnM、KnS、T、C、D 、V、Z（V、Z 只能用于 16 位应用指令）			
26	WAND	字与	源（S1.）	源（S2.）	目标（D.）	WAND（7 步） DAND（13 步）
			K、H、KnX、KnY、KnM、KnS、T、C、D、V、Z		KnY、KnM、KnS、T、C、D、V、Z	

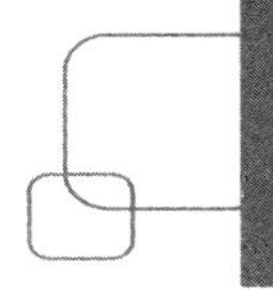

续表

编号	指令助记符	功　能	操　作　数			步　　数
27	WOR	字或	源（S1.）	源（S2.）	目标（D.）	WOR（7 步） DWOR（13 步）
			K、H、KnX、KnY、KnM、KnS、T、C、D、V、Z		KnY、KnM、KnS、T、C、D、V、Z	
28	WXOR	字异或	源（S1.）	源（S2.）	目标（D.）	WXOR（7 步） DWXOR （13 步）
			K、H、KnX、KnY、KnM、KnS、T、C、D、V、Z		KnY、KnM、KnS、T、C、D、V、Z	
29	NEG	求补码	源（S.）		目标（D.）	NEG（3 步） DNEG（5 步）
			KnY、KnM、KnS、T、C、D、V、Z		KnY、KnM、KnS、T、C、D、V、Z	

1）算术运算指令

（1）ADD（FNC 20）：16 位加法指令，程序步数 7 步，有脉冲执行型和 32 位应用指令。

功能：完成 16 位的加法运算，指令的形式对应为（S1.）+（S2.）=>（D.）。当用 DADD 做 32 位加法运算时，所指定的操作软元件均被默认为低 16 位的地址，高 16 位的地址要自动加 1，即（S1.+1,S1.）+（S2.+1, S2.）=>（D.+1, D.）。

（2）SUB（FNC 21）：16 位减法指令，程序步数 7 步，有脉冲执行型和 32 位应用指令。

功能：完成 16 位的减法运算，指令的形式对应为（S1.）-（S2.）=>（D.）。当用 DSUB 做 32 位减法运算时，所指定的操作软元件均被默认为低 16 位的地址，高 16 位的地址要自动加 1，即（S1.+1, S1.）-（S2.+1, S2.）=>（D.+1, D）。

（3）MUL（FNC 22）：16 位乘法指令，程序步数 7 步，有脉冲执行型和 32 位应用指令。

功能：完成 16 位的乘法运算，16 位乘法结果为 32 位，结果要存入以（D.）开始的两个寄存器中，即指令的形式对应为（S1.）×（S2.）=>（D.+1,D.）。

当用 DMUL 做 32 位乘法运算时，所指定的操作软元件均被默认为低 16 位，结果存入以（D.）开始的连续四个寄存器中，即（S1.+1, S1.）×（S2.+1, S2.）=>（D.+3,D.+2,D.+1, D）。

（4）DIV（FNC 23）：16 位除法指令，程序步数 7 步，有脉冲执行型和 32 位应用指令。

功能：完成 16 位的除法运算，源操作数 S1.指定的 16 位数据被 S2.中的 16 位数据相除，商存在目标操作数 D.中，余数存放在寄存器 D.+1 中，即

（S1.）÷（S2.） => 商（D.），余数=>（D.+1）。

当进行 32 位的除法运算时，32 位商存入（D.+1,D.）中，32 位余数存入（D.+3,D.+2）中，即（S1.+1,S1.）÷（S2.+1,S2.） => 商（D.+1,D.），余数=>（D.+3,D.+2）。

在图 4-3-29 中，4 条指令的执行结果分别对应为：

（D0）+（D1）→（D2）；（D2）×K123 →（D4,D3）；

（D4,D3）-K4565 →（D6,D5）；（D6,D5）÷K1234 →商（D7），余数 →（D8）。

（5）INC（FNC 24）：16 位数据加 1 指令，程序步数 3 步，有脉冲执行型和 32 位应用

指令。

功能：16 位数据加 1，将 16 位数据寄存器中的数据加 1 后结果存到 D.中，形式为（D.）+1 => （D.）。当用 DINC 指令做 32 位数据加 1 时，为（D.+1, D.）+1 => （D.+1, D.）。

（6）DEC（FNC 25）：16 位数据减 1 指令，程序步数 3 步，有脉冲执行型和 32 位应用指令。

功能：16 位数据减 1，将 16 位数据寄存器中的数据减 1 后结果存到 D.中，形式为（D.）-1 => （D）。当用 DDEC 指令做 32 位数据减 1 时，将 32 位数据寄存器中的数据减 1 后把结果保存回去，即（D.+1, D.）-1 => （D.+1, D.）。

算术运算指令梯形图如图 4-3-29 所示。

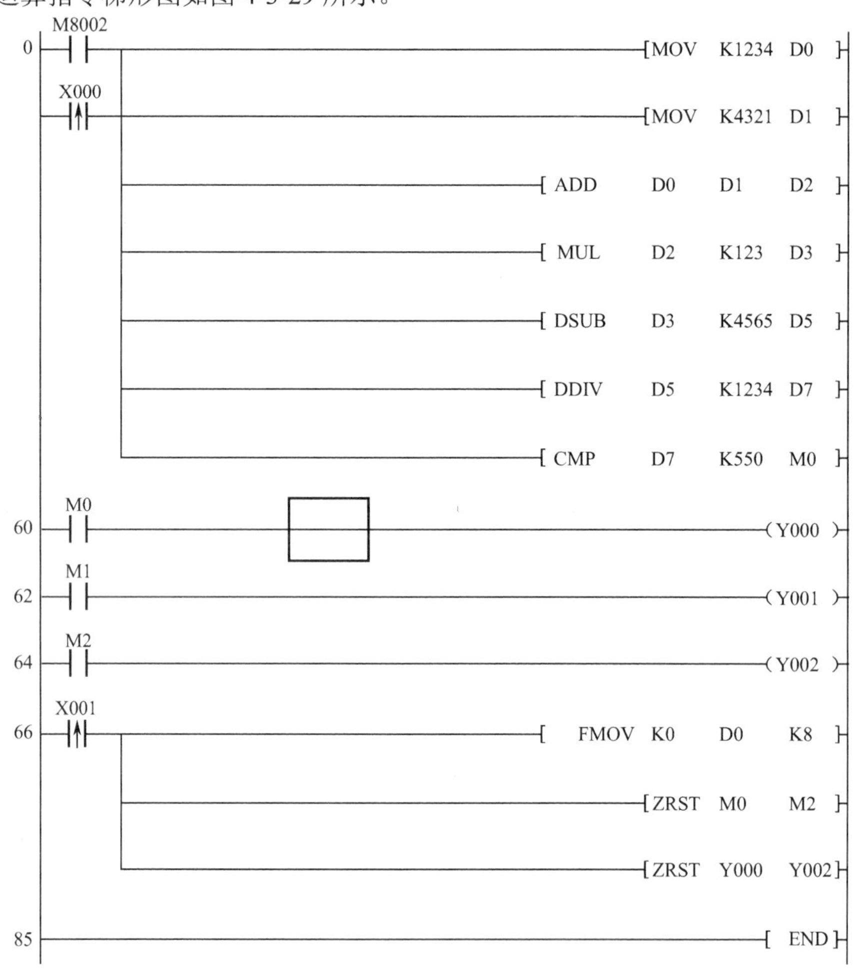

图 4-3-29　算术运算指令梯形图

在图 4-3-30 中，X000 每接通一次，D0 中的数据即加 1，D2 中的数据即减 1，当 D0 中的数据等于 5 时，Y000 接通，D0、D2 中的数据停止做加、减运算。

2）逻辑运算指令

（1）WAND（FNC 26）：字与指令，程序步数 7 步，有脉冲执行型和 32 位应用指令 DAND。

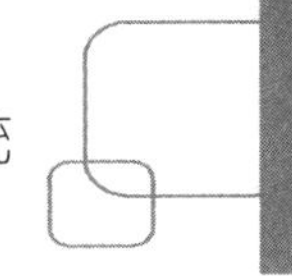

功能：16 位数据“与”，即（S1.）∧（S2.）=>（D.）。

（2）WOR（FNC 27）：字或指令，程序步数 7 步，有脉冲执行型和 32 位应用指令 DWOR。

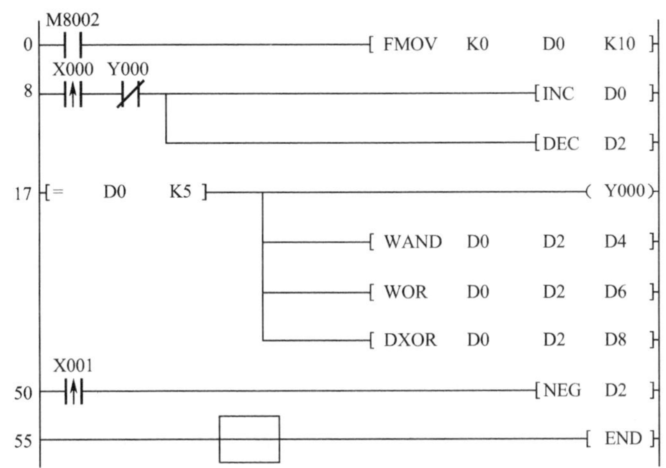

图 4-3-30　加 1 和减 1 指令

功能：16 位数据“或”，即（S1.）∨（S2.） =>（D.）。

（3）WXOR（FNC 28）：字异或指令，程序步数 7 步，有脉冲执行型和 32 位应用指令 DWXOR。

功能：16 位数据“异或”，即{（S1.）∧NOT（S2.）∨{NOT（S1.）∧（S2.）} =>（D.）。

有关逻辑运算的真值表见表 4-3-10。

表 4-3-10　逻辑运算真值表

逻辑运算对象		逻辑运算结果			
		与	或	异或	异或非
S1.	S2.	D.	D.	D.	D.
0	0	0	0	0	1
0	1	0	1	1	0
1	0	0	1	1	0
1	1	1	1	0	1

逻辑运算的示例如图 4-3-31 所示。当 X002 接通时，D0、D2“与”运算结果存入 D4 中，D0、D2“或”运算结果存入 D6 中，（D1、D0）和（D3、D2）的“异或”结果存入（D9、D8）中。

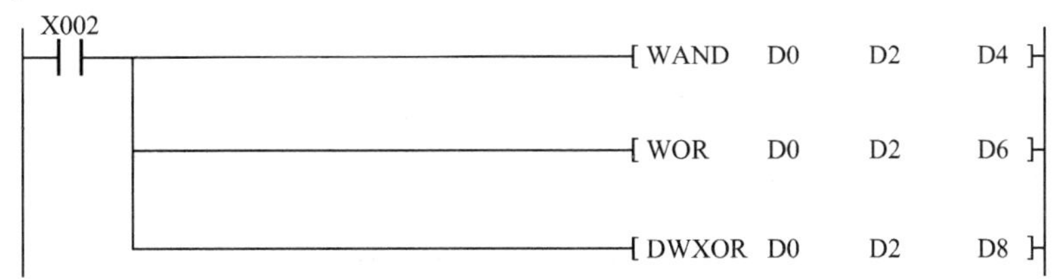

图 4-3-31　逻辑运算指令

（4）NEG（FNC 29）：求补指令，程序步数 3 步，有脉冲执行型和 32 位应用指令 DNEG。

功能：16 位数据“求补”（即取反后加 1）。

示例如图 4-3-32 所示，当检测到 X001 的上升沿时，将 D2 中的数据求补再送回 D2 中。

图 4-3-32 求补指令

4．循环及移位指令（FNC 30～FNC 39）

循环及移位指令（FNC 30～FNC 39）包括循环右移、左移，左、右移位等指令，如表 4-3-11 所示。

表 4-3-11 循环及移位指令功能表

<table>
<tr><th>编 号</th><th>指令助记符</th><th>功 能</th><th colspan="4">操 作 数</th><th>步 数</th></tr>
<tr><td rowspan="2">30</td><td rowspan="2">ROR</td><td rowspan="2">循环
右移</td><td colspan="2">目标（D.）</td><td colspan="2">n</td><td rowspan="2">ROR（5 步）
DROR（9 步）</td></tr>
<tr><td colspan="2">KnY、KnM、KnS、T、C、D、V、Z</td><td colspan="2">K，H
16 位 n≤16
32 位 n≤32</td></tr>
<tr><td rowspan="2">31</td><td rowspan="2">ROL</td><td rowspan="2">循环
左移</td><td colspan="2">目标（D.）</td><td colspan="2">n</td><td rowspan="2">ROL（5 步）
DROL（9 步）</td></tr>
<tr><td colspan="2">KnY、KnM、KnS、T、C、D、V、Z</td><td colspan="2">K，H
16 位 n≤16
32 位 n≤32</td></tr>
<tr><td rowspan="2">32</td><td rowspan="2">RCR</td><td rowspan="2">进位循环
右移</td><td colspan="2">目标（D.）</td><td colspan="2">n</td><td rowspan="2">RCR（5 步）
DRCR（9 步）</td></tr>
<tr><td colspan="2">KnY、KnM、KnS、T、C、D、V、Z</td><td colspan="2">K，H
16 位 n≤16
32 位 n≤32</td></tr>
<tr><td rowspan="2">33</td><td rowspan="2">RCL</td><td rowspan="2">进位循环
左移</td><td colspan="2">目标（D.）</td><td colspan="2">n</td><td rowspan="2">RCL（5 步）
DRCL（9 步）</td></tr>
<tr><td colspan="2">KnY、KnM、KnS、T、C、D、V、Z</td><td colspan="2">K，H
16 位 n≤16
32 位 n≤32</td></tr>
<tr><td rowspan="2">34</td><td rowspan="2">SFTR</td><td rowspan="2">位右移</td><td>源（S.）</td><td>目标（D.）</td><td>n1</td><td>n2</td><td rowspan="2">SFTR（9 步）</td></tr>
<tr><td>X、Y、
M、S</td><td>Y、M、S</td><td colspan="2">K，H，n2≤n1≤1024</td></tr>
<tr><td rowspan="2">35</td><td rowspan="2">SFTL</td><td rowspan="2">位左移</td><td>源（S.）</td><td>目标（D.）</td><td>n1</td><td>n2</td><td rowspan="2">SFTL（9 步）</td></tr>
<tr><td>X、Y、
M、S</td><td>Y、M、S</td><td colspan="2">K，H，n2≤n1≤1024</td></tr>
<tr><td rowspan="2">36</td><td rowspan="2">WSFR</td><td rowspan="2">字右移</td><td>源（S.）</td><td>目标（D.）</td><td>n1</td><td>n2</td><td rowspan="2">WSFR（9 步）</td></tr>
<tr><td>X、Y、
M、S</td><td>Y、M、S</td><td colspan="2">K，H，n2≤n1≤1024</td></tr>
</table>

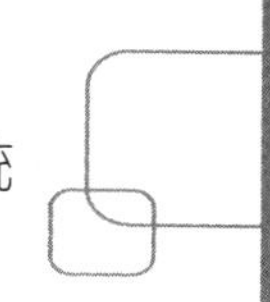

续表

编号	指令助记符	功能	操作数				步数
37	WSFL	字左移	源（S.）	目标（D.）	n1	n2	WSFL（9步）
			X、Y、M、S	Y、M、S	K，H，n2≤n1≤1024		
38	SFWR	先进先出写入	源（S.）	目标（D.）	n		SFWR（7步）
			K、H、KnX、KnY、KnM、KnS、T、C、D、V、Z	KnY、KnM、KnS、T、C、D	K，H 2≤n≤512		
39	SFRD	先进先出读出	源（S.）	目标（D.）	n		SFRD（7步）
			KnY、KnM、KnS T、C、V	KnY、KnM、KnS、T、C、D、V、Z	K，H 2≤n≤512		

1）循环移位指令

（1）ROR（FNC 30）：16位循环右移指令，程序步数5步，有脉冲执行型和32位应用指令DROR。该指令将D中数据向右循环移n位，低位被移出的数据同时存入进位标志M8022中。

（2）ROL（FNC 31）：16位循环左移指令，程序步数5步，有脉冲执行型和32位应用指令DROL。该指令将D中数据向左循环移n位，高位被移出的数据同时存入进位标志M8022中。

（3）RCR（FNC 32）：16位数据带进位循环右移指令，程序步数5步，有脉冲执行型和32位应用指令DRCR。该指令将D中的数据带进位循环右移n位，最后移出的数据位存入进位标志M8022中，下次执行时进位标志M8022先移位进入D中。

（4）RCL（FNC 33）：16位数据带进位循环左移指令，程序步数5步，有脉冲执行型和32位应用指令DRCL。该指令将D中的数据带进位循环左移n位，最后移出的数据位存入进位标志M8022中，下次执行时进位标志M8022先移位进入D中。

2）位移位指令

（1）SFTR（FNC 34）：位右移指令，程序步数9步，有脉冲执行型。该指令将源S.开始的n2位向右移入D.开始的n1位中。

（2）SFTL（FNC 35）：位左移指令，程序步数9步，有脉冲执行型。该指令将源S.开始的n2位向左移入D.开始的n1位中。

图4-3-33中，当X000接通时，由X010开始的4位（X010～X013，假设由低到高各位依次为1101）向右移入M0开始的16位中去，M0～M3中的低4位被移位出去，空出来的4位由M4～M7移入替换，其位右移示意图如图4-3-34所示；当X001接通时，X010～X011移入M0～M1，而M7～M6则左移出去。

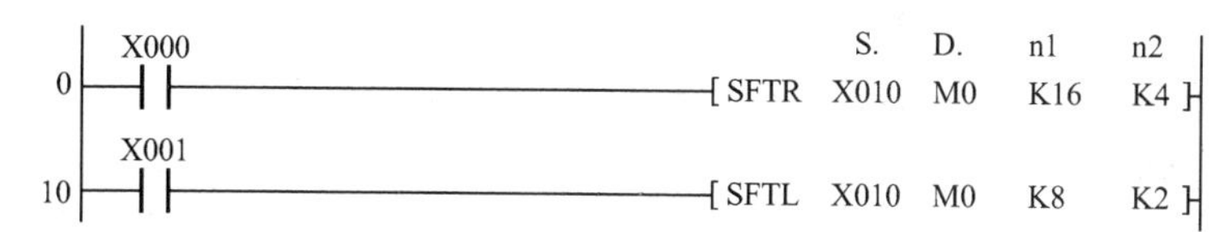

图4-3-33 SFTR、SFTL指令

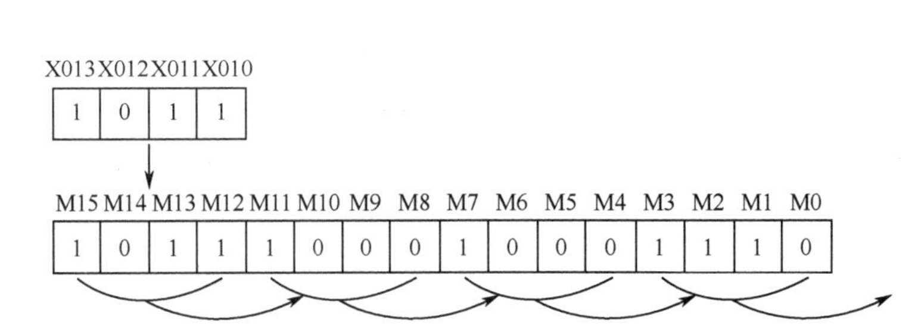

图 4-3-34　位右移示意图

3）字移位指令

（1）WSFR（FNC 36）：字右移指令，程序步数 9 步，有脉冲执行型。该指令将源 S.开始的 n2 位数据向右移入 D.开始的 n1 位中。

（2）WSFL（FNC 37）：字左移指令，程序步数 9 步，有脉冲执行型。该指令将源 S.开始的 n2 位数据向左移入 D.开始的 n1 位中。

位移位与字移位的区别在于位移位的对象是位，字移位的对象是字，字移位指令如图 4-3-35 所示。

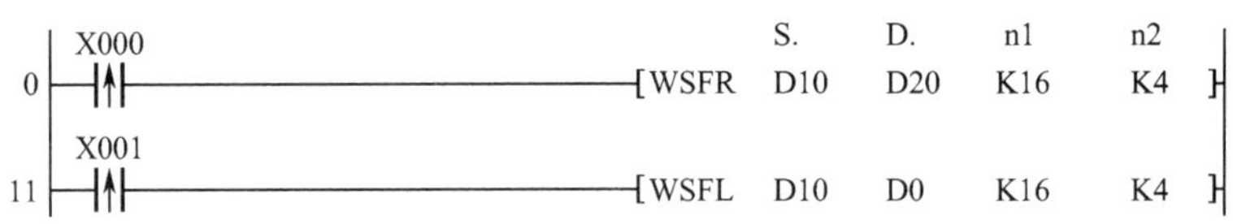

图 4-3-35　WSFR、WSFL 指令

4）先入先出指令

（1）SFWR（FNC 38）：先入先出（First-in/First-out）写入指令，程序步数 7 步，有脉冲执行型。该指令首先在源 S.中存放数据，目标 D.作为指针，每执行一次指令，源 S.数据就写入以 D.为首地址的 n 位元件中，指针 D.依次加 1。

（2）SFRD（FNC 39）：先入先出读出指令，程序步数 7 步，有脉冲执行型。该指令每执行一次，即将源 S.为首地址的 n 位数据送入目标 D.中，同时指针减 1，在图 4-3-36 中，D1 为指针。

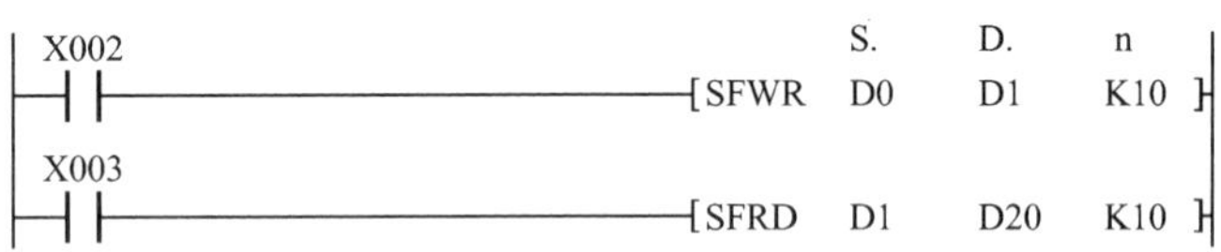

图 4-3-36　SFWR、SFRD 指令

利用 SFWR、SFRD 的组合使用，可以记录存入或取出的数据，但参数 n 必须相同。例如登记产品编号的同时，为了能实现依次入库的物品按先入先出的原则出库，输出当前取出产品编号的 PLC 程序如图 4-3-37 所示。其中，产品编号是 4 位以下十六进制数据，最大库存量为 99，X020 为入库按钮，X021 为出库按钮，在 X020 接通时，编号为 X000～X017 的产品首先传送到 D256 中，在脉冲执行型 SFWRP 指令中，D256 为源，D257 作为指针，D258～D356 的 99 点作为产品编号保存于数据寄存器中。出库，当 X021 接通时，先入产品按编号被输出至 D357，再通过 M8000 使 D357 中的产品编号以十六进制数 4 位方式输出到

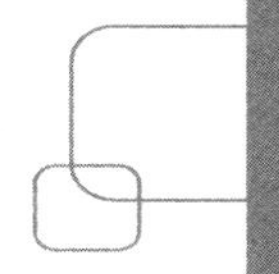

Y000～Y017 中。

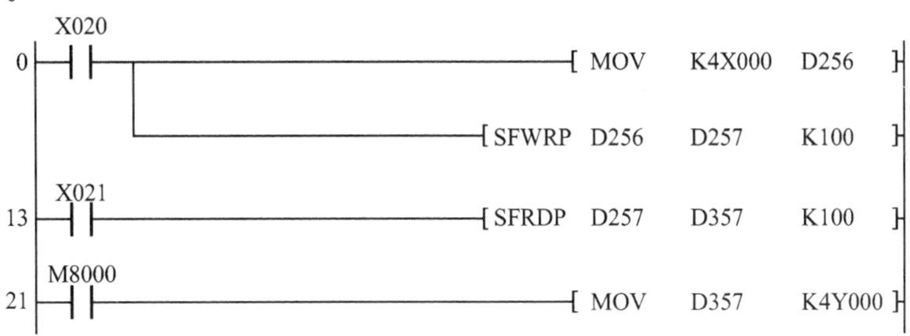

图 4-3-37　SFWR、SFRD 指令举例

5．数据处理指令（FNC 40～FNC 49）

数据处理指令（FNC 40～FNC 49）包括区间复位、解码/编码、求平均值等指令，具体如表 4-3-12 所示。

表 4-3-12　数据处理指令功能表

<table>
<tr><th>编号</th><th>指令助记符</th><th>功　能</th><th colspan="3">操　作　数</th><th>步　　数</th></tr>
<tr><td rowspan="2">40</td><td rowspan="2">ZRST</td><td rowspan="2">区间
复位</td><td colspan="2">（D1.）</td><td>（D2.）</td><td rowspan="2">ZRST（5 步）</td></tr>
<tr><td colspan="3">Y、M、S、T、C、D（D1.<D2.）</td></tr>
<tr><td rowspan="2">41</td><td rowspan="2">DECO</td><td rowspan="2">解码</td><td>源（S.）</td><td>目标（D.）</td><td>n</td><td rowspan="2">DECO（7 步）</td></tr>
<tr><td>K、H、X、Y、M、
S、T、C、D、V、Z</td><td>Y、M、S、T、C、D</td><td>K，H
Y、M、S，n=1～8
T、C、D，n=1～4</td></tr>
<tr><td rowspan="2">42</td><td rowspan="2">ENCO</td><td rowspan="2">编码</td><td>源（S.）</td><td>目标（D.）</td><td>n</td><td rowspan="2">ENCO（7 步）</td></tr>
<tr><td>X、Y、M、S、T、
C、D、V、Z</td><td>T、C、D、V</td><td>K，H
Y、M、S，n=1～8
T、C、D，n=1～4</td></tr>
<tr><td rowspan="2">43</td><td rowspan="2">SUM</td><td rowspan="2">求置
ON 位
总和</td><td colspan="2">源（S.）</td><td>目标（D.）</td><td rowspan="2">SUM（5 步）
DSUM（9 步）</td></tr>
<tr><td colspan="2">K、H、KnX、KnY、KnM、KnS、
T、C、D、V、Z</td><td>KnY、KnM、KnS、
T、C、D、V、Z</td></tr>
<tr><td rowspan="2">44</td><td rowspan="2">BON</td><td rowspan="2">ON 位
判断</td><td>源（S.）</td><td>目标（D.）</td><td>n</td><td rowspan="2">BON（7 步）
DBON（13 步）</td></tr>
<tr><td>K、H、KnX、KnY、
KnM、KnS、
T、C、D</td><td>Y、M、S</td><td>K，H
n=1～64</td></tr>
<tr><td rowspan="2">45</td><td rowspan="2">MEAN</td><td rowspan="2">求平均
值</td><td>源（S.）</td><td>目标（D.）</td><td>n</td><td rowspan="2">MEAN（7 步）
DMEAN（13 步）</td></tr>
<tr><td>KnX、KnY、KnM、
KnS、T、C、D</td><td>KnY、KnM、KnS、
T、C、D、
V、Z</td><td>K，H
16 位：n=0～15
32 位：n=0～31</td></tr>
<tr><td rowspan="2">46</td><td rowspan="2">ANS</td><td rowspan="2">标志
置位</td><td>源（S.）</td><td>m</td><td>目标（D.）</td><td rowspan="2">ANS（7 步）</td></tr>
<tr><td>定时器 T，T0～T199</td><td>K、H：1～32767</td><td>S900～S999</td></tr>
<tr><td rowspan="2">47</td><td rowspan="2">ANR</td><td rowspan="2">标志
复位</td><td>源（S.）</td><td>m</td><td>目标（D.）</td><td rowspan="2">ANR（1 步）</td></tr>
<tr><td colspan="3">无</td></tr>
</table>

续表

编号	指令助记符	功 能	操 作 数		步 数
48	SQR	求算术平方根	源（S.）	目标（D.）	SQR（5 步） DSQR（9 步）
			K、H、D	D	
49	FLT	求浮点数	源（S.）	目标（D.）	FLT（5 步） DFLT（9 步）
			D	D	

1）区间复位指令

ZRST（FNC 40）：区间复位指令，程序步数 5 步，有脉冲执行型。该指令将同一类型的某区间操作数全部复位，常用于大批量地对同一类型的操作数清零。

图 4-3-38 中，程序初始化时，将 M0～M110、D0～D200 之间的寄存器全部清零。

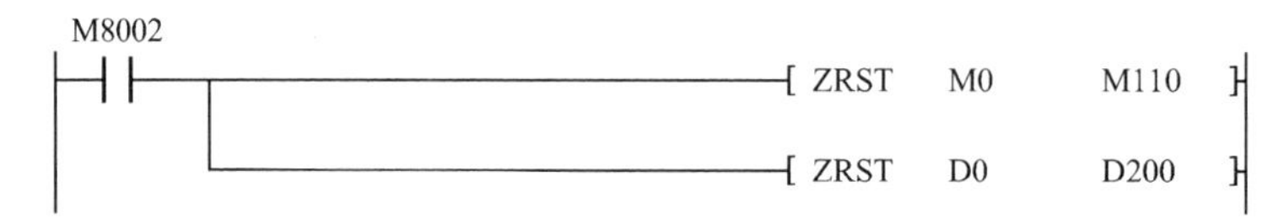

图 4-3-38 ZRST 指令

2）解码、编码指令

（1）DECO（FNC 41）：解码指令，程序步数 7 步，有脉冲执行型。该指令将源 S.的二进制操作数解码成十进制数据进入目标 D.中。

（2）ENCO（FNC 42）：编码指令，程序步数 7 步，有脉冲执行型。该指令将源 S.的十进制数据置 ON 最高位编码成二进制数据送入目标 D.中。

图 4-3-39 中，程序初始化时，将 X000～X002 的三位解码（n=K3），解码结果存入 M0 起始地址的第 3 位中，解码示意图如图 4-3-40 所示。

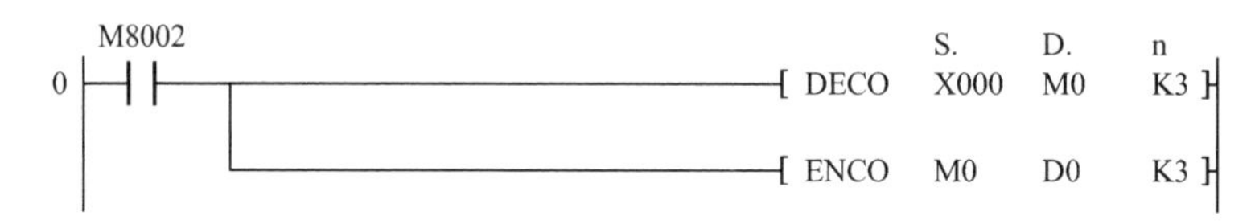

图 4-3-39 DECO、ENCO 指令

编码示意图如图 4-3-41 所示，编码时，将 M0 起始的 2^3=8（n=K3）位 M0～M7 编码，送入 D0 中起始的低 3 位中，其余部分一律补 0（图中阴影部分）。

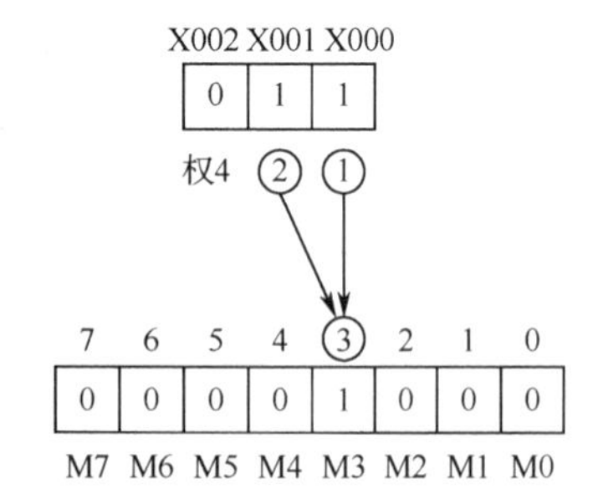

图 4-3-40 解码示意图

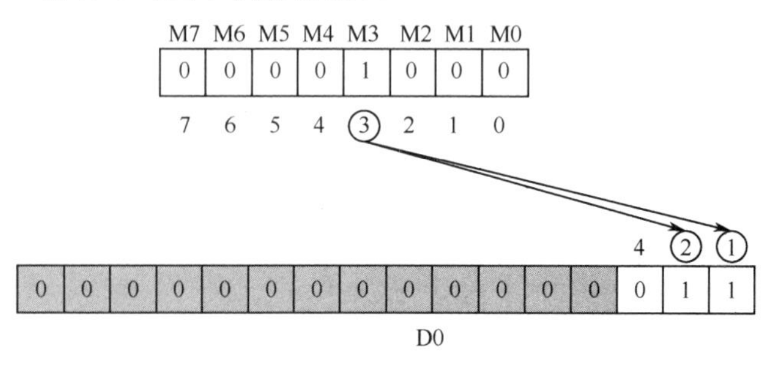

图 4-3-41 编码示意图

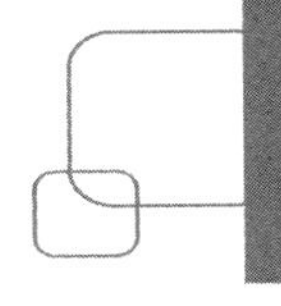

3）求置 ON 位之和指令

SUM（FNC 43）：求置 ON 位之和指令，程序步数 5 步，有脉冲执行型。该指令统计源 S.中置 ON 位的总和，并将结果送入目标 D.中。

4）ON 位判断指令

BON（FNC 44）：ON 位判断指令，程序步数 7 步，有脉冲执行型。该指令判断源 S.中的某一位是否置 ON，结果存入目标软件 D.中。若欲判断位 ON，则目标软件置 1，反之，则置 0，n 表示相对源 S.的偏移量，n=0，判断位为第 0 位（即 b0），n=15，则判断位为第 15 位（即最高位 b15）。

示例程序如图 4-3-42 所示。当 X004 按下时，把 K110 送入 D10 中，结果 D10 中的低 8 位为 01101110，D10 中置 ON 位的个数为 5，因此（D20）=K5，同时 D10 中的第 5 位为“ON”，送入目标软件 Y000 中，Y000=ON。

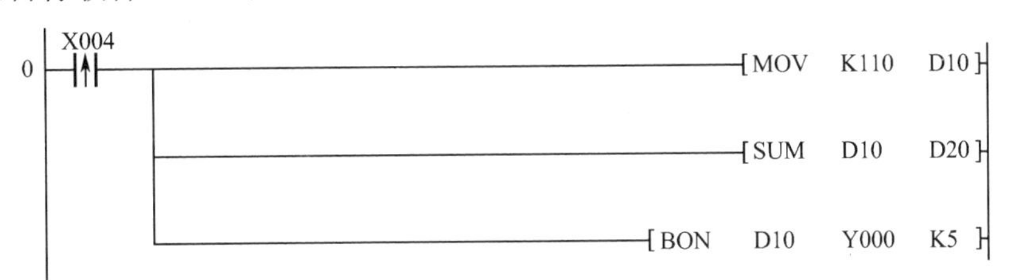

图 4-3-42　求置 ON 位和置 ON 位判断

5）求平均值指令

MEAN（FNC 45）：求平均值指令，程序步数 7 步，有脉冲执行型。该指令求源 S.起始的 n 个数据的平均值，结果商存入目标 D.中，余数省去。

示例程序如图 4-3-43 所示，当按下 X006 时，完成如下计算：

$$\frac{(D0)+(D1)+(D2)}{3} \rightarrow (D3)$$

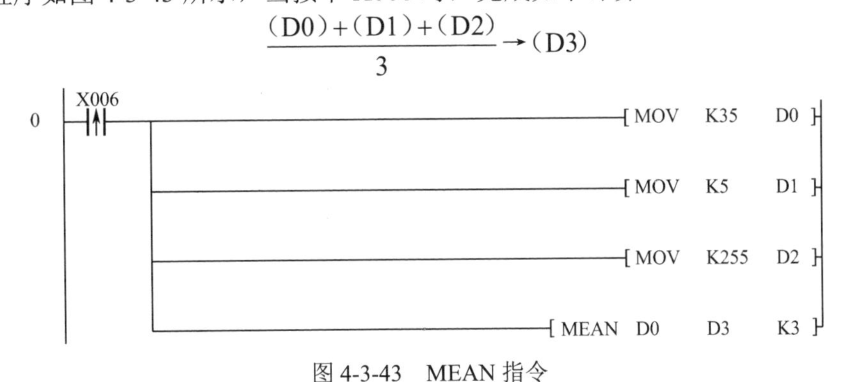

图 4-3-43　MEAN 指令

6）标志置位和复位指令

（1）ANS（FNC 46）：标志置位指令，程序步数 7 步，有脉冲执行型。该指令启动定时器工作，当到达设定时间时将目标位 S900～S999 置位。

（2）ANR（FNC 47）：标志复位指令，程序步数 1 步，有脉冲执行型。该指令将指定标志位复位。

示例程序如图 4-3-44 所示，当 X007 按下时，启动定时器 T0，10s 过后，S900 置位，Y0 接通；当 X010 按下时，S900 复位。

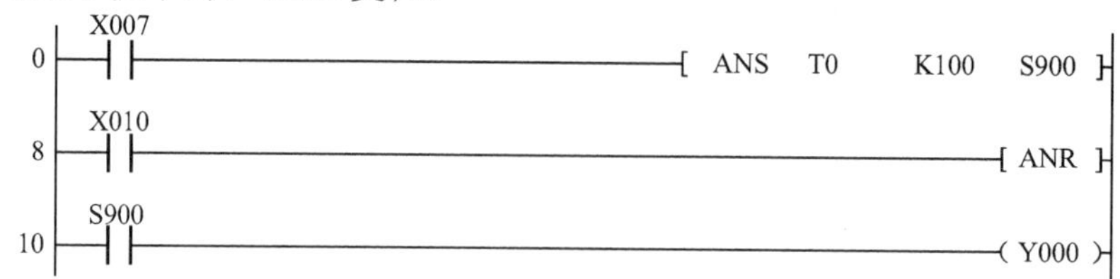

图 4-3-44　ANS 和 ANR 指令

7）求算术平方根指令

SQR（FNC 48）：求算术平方根指令，程序步数 5 步，有脉冲执行型。该指令完成 $\sqrt{S.}$ →D.的运算。

图 4-3-45 中，当按下 X011 时，完成 $\sqrt{S.}$ →（D11）的运算。

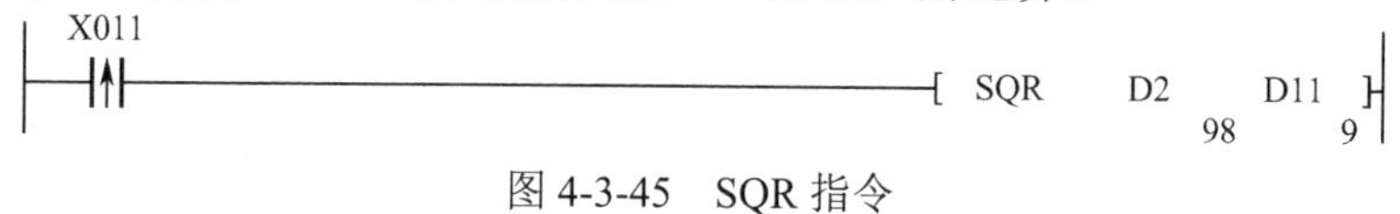

图 4-3-45　SQR 指令

8）浮点数转换指令

FLT（FNC 49）：将二进制整数转换成二进制浮点数指令，程序步数 5 步，有脉冲执行型。该指令将源 S.中的数据转换成浮点数，并放入 D.中。

图 4-3-46 中，当按下 X012 时，将 D2 中的数据转换成浮点数存入 D15 中。

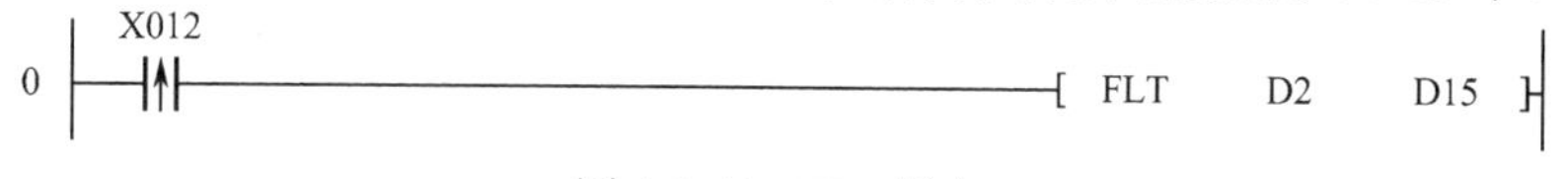

图 4-3-46　FLT 指令

6. 高速处理指令（FNC 50～FNC 59）

高速处理指令（FNC 50～FNC 59）包括输入/输出刷新、滤波调整等指令，具体如表 4-3-13 所示。

表 4-3-13　高速处理指令功能表

<table>
<tr><th>编号</th><th>指令助记符</th><th>功　能</th><th colspan="4">操　作　数</th><th>步　数</th></tr>
<tr><td rowspan="2">50</td><td rowspan="2">REF</td><td rowspan="2">输入/输出刷新</td><td colspan="2">（D.）</td><td colspan="2">n</td><td rowspan="2">REF（5 步）</td></tr>
<tr><td colspan="2">X、Y</td><td colspan="2">K、H</td></tr>
<tr><td rowspan="2">51</td><td rowspan="2">REFF</td><td rowspan="2">滤波调整</td><td colspan="4">n</td><td rowspan="2">REFF（3 步）</td></tr>
<tr><td colspan="4">K、H　n=0～60</td></tr>
<tr><td rowspan="2">52</td><td rowspan="2">MTR</td><td rowspan="2">矩阵输入</td><td>（S.）</td><td>（D1.）</td><td>（D2.）</td><td>n</td><td rowspan="2">MTR（9 步）</td></tr>
<tr><td>X</td><td>Y</td><td>Y、M、S</td><td>K、H　n=0～60</td></tr>
<tr><td rowspan="2">53</td><td rowspan="2">HSCS</td><td rowspan="2">比较置位</td><td>（S1.）</td><td>（S2.）</td><td colspan="2">（D.）</td><td rowspan="2">DHSCS（13 步）</td></tr>
<tr><td>K、H、KnX、KnY、KnM、KnS、T、C、D、V、Z</td><td>C（C235～C254）</td><td colspan="2">Y、M、S</td></tr>
</table>

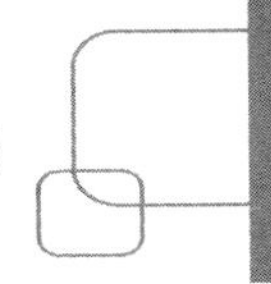

续表

<table>
<tr><th>编号</th><th>指令助记符</th><th>功 能</th><th colspan="4">操 作 数</th><th>步 数</th></tr>
<tr><td rowspan="2">54</td><td rowspan="2">HSCR</td><td rowspan="2">比较复位</td><td colspan="2">(S1.)</td><td>(S2.)</td><td>(D.)</td><td rowspan="2">DHSCR（13步）</td></tr>
<tr><td colspan="2">K、H、KnX、KnY、KnM、KnS、T、C、D、V、Z</td><td>C（C235～C254）</td><td>Y、M、S</td></tr>
<tr><td rowspan="2">55</td><td rowspan="2">HSZ</td><td rowspan="2">区间比较</td><td>(S1.)</td><td>(S2.)</td><td>(S.)</td><td>(D.)</td><td rowspan="2">DHSZ（17步）</td></tr>
<tr><td colspan="2">K、H、KnX、KnY、KnM、KnS、T、C、D、V、Z</td><td>C（C235～C254）</td><td>Y、M、S</td></tr>
<tr><td rowspan="2">56</td><td rowspan="2">SPD</td><td rowspan="2">脉冲密度</td><td colspan="2">(S1.)</td><td>(S2.)</td><td>(D.)</td><td rowspan="2">SPD（7步）</td></tr>
<tr><td colspan="2">X0～X5</td><td>K、H、KnX、KnY、KnM、KnS、T、C、D、V、Z</td><td>T、C、D、Z、(V)</td></tr>
<tr><td rowspan="2">57</td><td rowspan="2">PLSY</td><td rowspan="2">脉冲输出</td><td colspan="2">(S1.)</td><td>(S2.)</td><td>(D.)</td><td rowspan="2">PLSY（7步）
DPLSY（13步）</td></tr>
<tr><td colspan="3">K、H、KnX、KnY、KnM、KnS、T、C、D、V、Z</td><td>Y0、Y1</td></tr>
<tr><td rowspan="2">58</td><td rowspan="2">PWM</td><td rowspan="2">脉宽调制输出</td><td colspan="2">(S1.)</td><td>(S2.)</td><td>(D.)</td><td rowspan="2">PWM（7步）</td></tr>
<tr><td colspan="3">K、H、KnX、KnY、KnM、KnS、T、C、D、V、Z</td><td>Y0、Y1</td></tr>
<tr><td rowspan="2">59</td><td rowspan="2">PLSR</td><td rowspan="2">可调速脉冲输出</td><td>(S1.)</td><td>(S2.)</td><td>(S3.)</td><td>(D.)</td><td rowspan="2">PLSR（9步）
DPLSR（17步）</td></tr>
<tr><td colspan="3">K、H、KnX、KnY、KnM、KnS、T、C、D、V、Z</td><td>Y0、Y1</td></tr>
</table>

1）输入/输出刷新指令

REF（FNC 50）：输入/输出刷新指令，程序步数5步，有脉冲执行型。该指令对指定的输入/输出端口进行刷新，一般在运算过程中或 For-Next 指令之间需要使用该指令。指令中，D一般要求为X或Y的整倍数，如X0、X10、Y20等，n是8的倍数。

图4-3-47中，当输出Y000接通时，对X000～X007的8个输入点刷新一次。

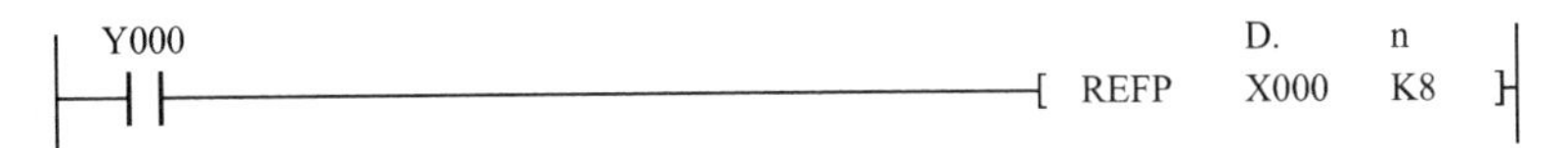

图4-3-47 输入/输出刷新指令

2）滤波调整指令

REFF（FNC 51）：滤波调整指令，程序步数3步，有脉冲执行型。可编程序控制器为了防止输入触点受震动或噪声影响，对X000～X017设置了默认的10ms滤波时间。当无干扰或需要高速输入时，10ms滤波时间就可能不合适，使用本指令可以调整默认的滤波时间，n在K0～K60之间，n=K1～K60时表示对应的滤波时间为1～60ms，而n=K0则表示滤波时间为50μs。图4-3-48中，程序将滤波时间统一调整为1ms。

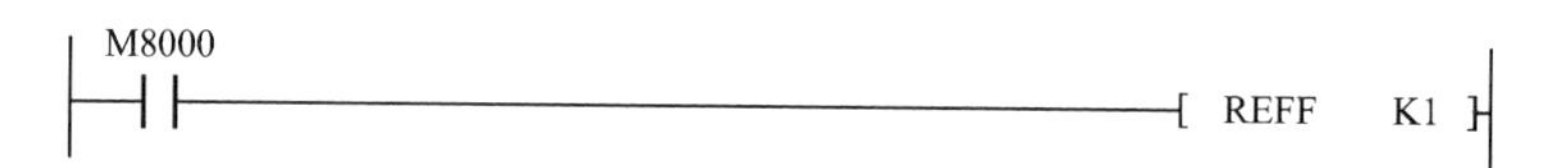

图 4-3-48　滤波调整指令

3）矩阵输入指令

MTR（FNC 52）：矩阵输入指令，程序步数 9 步，有脉冲执行型。图 4-3-49 中，该指令将 X040 开始的连续 8 个输入点 X040～X047 当成行，以 Y020 为首址的 n 个输出元件（这里 n=K3，对应 Y020～Y022）当成列，形成 8×3 的输入矩阵，处理结果存入 M30 为首址的矩阵列表（M30～M37、M40～M47、M50～M57）中。

图 4-3-49　矩阵输入指令

MTR 指令的使用，通常使用 X020 以后的点，且常用于晶体管输出型的 PLC。而且要求 MTR 指令工作时，控制触点一直处于常闭状态。

4）比较置位和比较复位指令（高速计数器用）

HSCS（FNC 53）：比较置位指令，高速计数器专用 32 位指令，必须用 DHSCS 输入，程序步数 13 步。图 4-3-50 所示程序中，该指令的作用是当高速计数器的当前值等于设定值 K500 时，指定的目标元件 Y000 置位。

HSCR（FNC 54）：比较复位指令，高速计数器专用 32 位指令，必须用 DHSCR 输入，程序步数 13 步。图 4-3-50 所示程序中，该指令的作用是当高速计数器的当前值等于设定值 K100 时，指定的目标元件 Y010 复位。

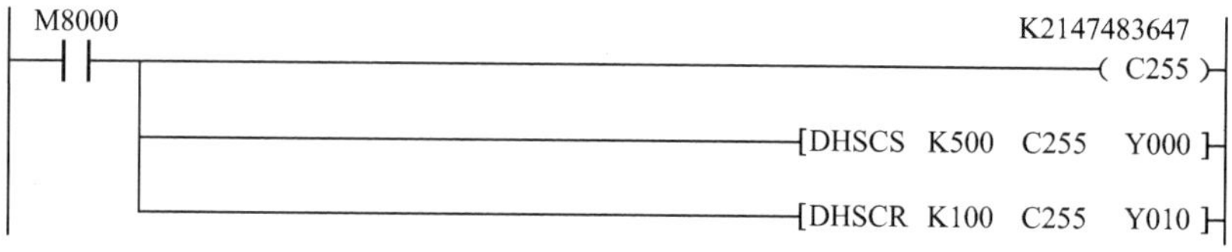

M8000　K2147483647 (C255)
[DHSCS K500 C255 Y000]
[DHSCR K100 C255 Y010]

图 4-3-50　比较置位和比较复位指令

5）区间比较指令（高速计数器用）

HSZ（FNC 55）：区间比较指令，高速计数器专用 32 位指令，必须用 DHSZ 输入，程序步数 17 步，该指令将高速计数器的当前值与指定数值区间比较。图 4-3-51 所示程序中，将高速计数器 C251 中的当前值与区间（S1.）=K1000、（S2.）=K2000 的数值比较，Y000 起始的三个连续软元件 Y000～Y002 的通断根据区间比较结果而定。

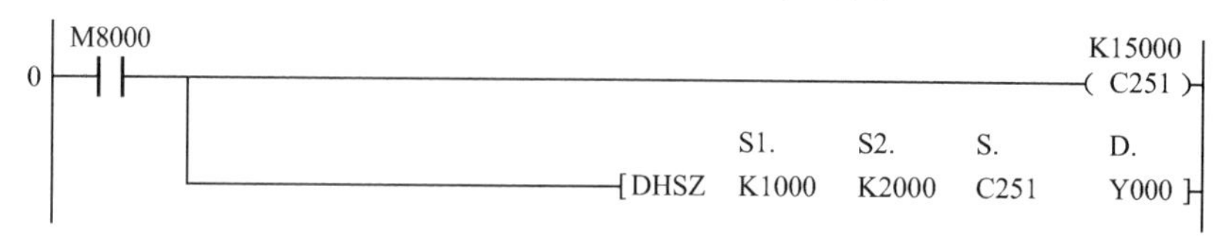

图 4-3-51　区间比较指令

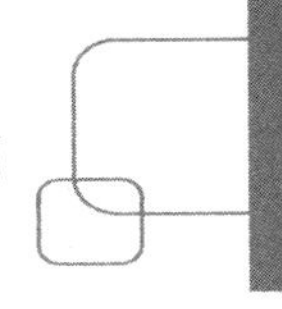

当 C251>K1000 时，Y000=ON；

当 K1000≤C251≤K2000 时，Y001=ON；

当 C251>K2000 时，Y002=ON。

6）脉冲密度指令

SPD（FNC 56）：脉冲密度指令，程序步数 7 步，连续执行型，该指令将 S1.指定的输入脉冲在 S2.指定的时间（单位为 ms）内计数，结果存入 D.指定的软元件中。图 4-3-52 所示程序中，在 X010 的闭合中，D1 对来自 X0 的输入脉冲计数（X0 由 OFF→ON 时动作），100ms 过后存入 D0 中，然后 D1 复位，再次对 X0 的动作计数，D2 用于测定剩余的时间，通过反复的操作，可在 D 中得到脉冲密度（即与旋转速度成比例的值）。注意输入脉冲只能从 X000～X005 中输入，且不能与高速计数器的中断输入重复使用。

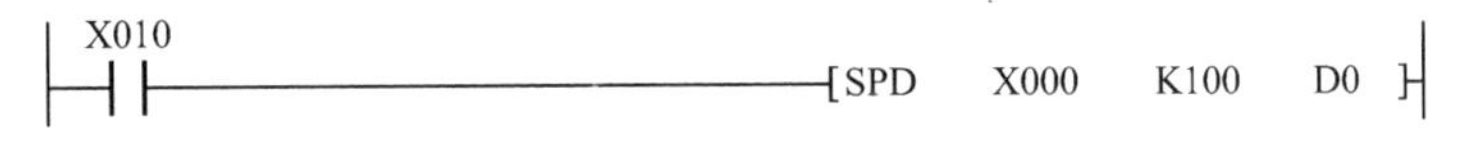

图 4-3-52 脉冲密度指令

7）脉冲输出指令

PLSY（FNC 57）：脉冲输出指令，程序步数 7 步，该指令以指定的频率产生定量脉冲，S1.指定频率，S2.指定产生的脉冲量，D.指定脉冲输出的地址（只限于 Y0、Y1 有效，且规定由 Y0 输出的脉冲总数保存在 D8141～D8140 中，由 Y1 输出的脉冲总数保存在 D8143～D8142 中）。图 4-3-53 所示程序中，当 X000 接通时，由 Y0 输出 100 个脉冲，脉冲的频率为 K1000Hz，产生的脉冲如图 4-3-55（a）所示。

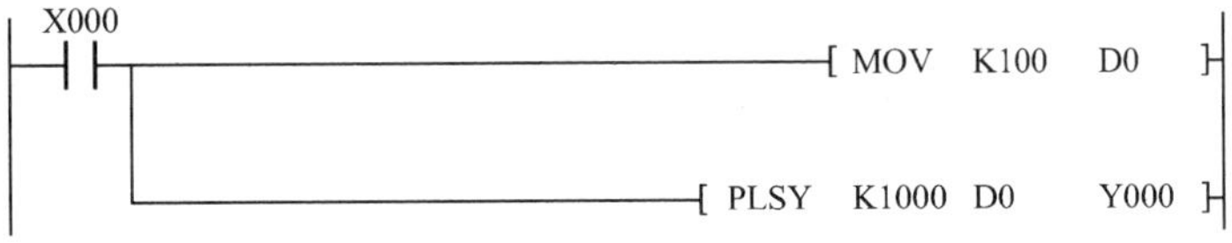

X000
MOV K100 D0
PLSY K1000 D0 Y000

图 4-3-53 脉冲输出指令

8）脉宽调制输出指令

PWM（FNC 58）：脉宽调制输出指令，程序步数 7 步，该指令按设定的脉冲宽度产生脉冲（S1.设定，范围 t=0～32767ms），脉冲周期（S2.设定，T=1～32767ms，且 S1.≤S2.），在指定的输出地址输出脉冲（由 D.设定，只限于 Y0、Y1 有效）。图 4-3-54 所示程序中，当 X000 接通时，由 Y000 输出脉冲宽度为 t=（D10）=20ms、脉冲周期为 K100ms 的脉冲，如图 4-3-55（b）所示。

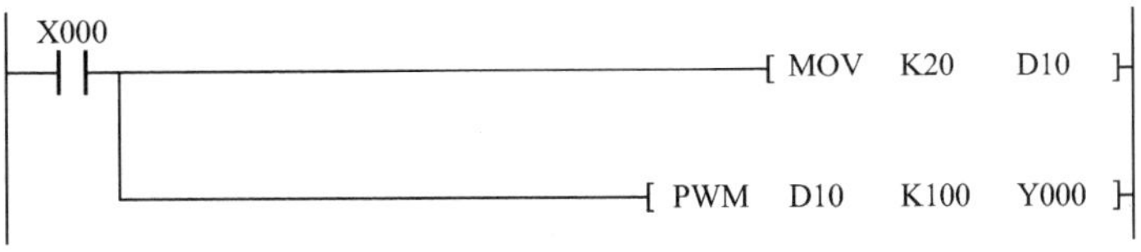

X000
MOV K20 D10
PWM D10 K100 Y000

图 4-3-54 脉宽调制输出指令

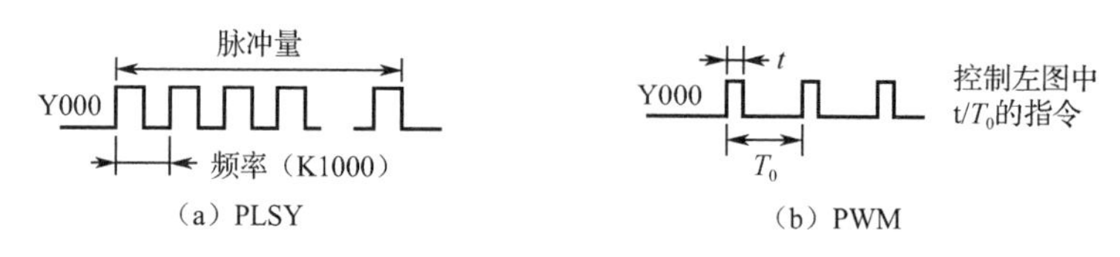

图 4-3-55　由 PLSY 和 PWM 产生的脉冲

9）可调速脉冲输出指令

PLSR（FNC 59）：可调速脉冲输出指令，程序步数 9 步，该指令针对所指定的最高频率进行定加速，在达到所指定的输出脉冲数后，进行定减速，是一个带加速减速功能的定尺寸传递用的脉冲输出指令。最高频率 S1 的设定范围为 10～20000Hz，且规定以 10 的倍数为单位，最高频率中的 1/10 可作为减速的一次变速量（频率），因此在步进控制时要注意设定在不失调的范围内。总输出脉冲数 S2 的设定范围：16 位指令 110～32767；32 位指令 110～2147483647，不满 110 时，脉冲不能正常输出。加减速度时间 S3 的设定要求在 5000ms 以内，且加速时间与减速时间以相同值动作，加减速的变速次数固定在 10 次。脉冲输出地址指定为 Y0 或 Y1，且必须是晶体管输出型有效。

图 4-3-56 所示程序中，当 X010 接通时，由 Y000 输出最高频率 500Hz，脉冲个数在（D0）中，加减速时间为 3600ms 的输出脉冲。

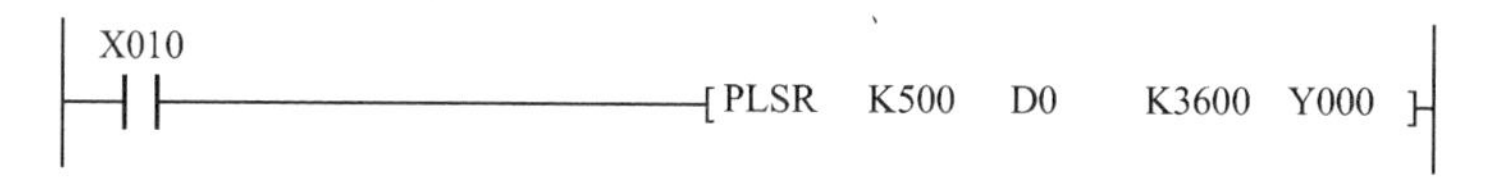

图 4-3-56　PLSR 指令

7. 方便指令（FNC 60～FNC 69）

方便指令（FNC 60～FNC 69）用于状态初始化、查找数据线、交替输出等指令，具体如表 4-3-14 所示。

表 4-3-14　方便指令功能表

<table>
<tr><th>编号</th><th>指令助记符</th><th>功 能</th><th colspan="4">操 作 数</th><th>步 数</th></tr>
<tr><td rowspan="2">60</td><td rowspan="2">IST</td><td rowspan="2">状态初始化</td><td>（S.）</td><td colspan="2">（D1.）</td><td>（D2.）</td><td rowspan="2">IST（7 步）</td></tr>
<tr><td colspan="3">X、Y、M、S</td><td>S20～S899</td></tr>
<tr><td rowspan="2">61</td><td rowspan="2">SER</td><td rowspan="2">查找数据</td><td>（S1.）</td><td>（S2.）</td><td>（D.）</td><td>n</td><td rowspan="2">SER（9 步）
DSER（17 步）</td></tr>
<tr><td>KnX、KnY、KnM、KnS
T、C、D</td><td>KnX、KnY、KnM、KnS
T、C、D、V、Z、K、H</td><td>KnY、KnM、KnS、T、C、D</td><td>K、H、D
n =256（16 位）
n=128（32 位）</td></tr>
<tr><td rowspan="2">62</td><td rowspan="2">ABSD</td><td rowspan="2">绝对值凸轮控制</td><td>（S1.）</td><td>（S2.）</td><td>（D.）</td><td>n</td><td rowspan="2">ABSD（9 步）
DABSD（17 步）</td></tr>
<tr><td>KnX、KnY、KnM、KnS
T、C、D</td><td>C（连续两个计数器）</td><td>Y、M、S，n 个连续元件</td><td>K、H，n≤64</td></tr>
</table>

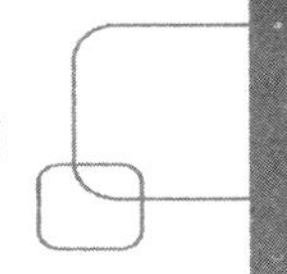

续表

<table>
<tr><th>编号</th><th>指令助记符</th><th>功 能</th><th colspan="60">操 作 数</th><th>步 数</th></tr>
<tr><td rowspan="2">63</td><td rowspan="2">INCD</td><td rowspan="2">增量式凸轮顺控</td><td colspan="15">(S1.)</td><td colspan="15">(S2.)</td><td colspan="15">(D.)</td><td colspan="15">n</td><td rowspan="2">INCD（9 步）</td></tr>
<tr><td colspan="15">KnX、KnY、KnM、KnS、T、C、D</td><td colspan="15">C</td><td colspan="15">Y、M、S，n 个连续元件</td><td colspan="15">K、H，n≤64</td></tr>
<tr><td rowspan="2">64</td><td rowspan="2">TTMR</td><td rowspan="2">示教定时器</td><td colspan="30">(D.)</td><td colspan="30">n</td><td rowspan="2">TTMR（5 步）</td></tr>
<tr><td colspan="30">D</td><td colspan="30">K、H　n=0～2</td></tr>
<tr><td rowspan="2">65</td><td rowspan="2">STMR</td><td rowspan="2">特殊定时器</td><td colspan="20">(S.)</td><td colspan="20">n</td><td colspan="20">(D.)</td><td rowspan="2">STMR（7 步）</td></tr>
<tr><td colspan="20">T（T0～T199）</td><td colspan="20">K、H，n=1～32767</td><td colspan="20">Y、M、S，4 个连续元件</td></tr>
<tr><td rowspan="2">66</td><td rowspan="2">ALT</td><td rowspan="2">交替输出</td><td colspan="60">(D.)</td><td rowspan="2">ATL（3 步）</td></tr>
<tr><td colspan="60">Y、M、S</td></tr>
<tr><td rowspan="2">67</td><td rowspan="2">RAMP</td><td rowspan="2">斜波信号</td><td colspan="15">(S1.)</td><td colspan="15">(S2.)</td><td colspan="15">(D.)</td><td colspan="15">n</td><td rowspan="2">RAMP（9 步）</td></tr>
<tr><td colspan="45">D，2 个连续元件 D、D+1</td><td colspan="15">K、H</td></tr>
<tr><td rowspan="2">68</td><td rowspan="2">ROTC</td><td rowspan="2">旋转工作台控制</td><td colspan="15">(S1.)</td><td colspan="15">m1</td><td colspan="15">m2</td><td colspan="15">(D.)</td><td rowspan="2">PWM（9 步</td></tr>
<tr><td colspan="15">D，3 个连续元件</td><td colspan="30">K、H</td><td colspan="15">Y、M、S，8 个连续元件</td></tr>
<tr><td rowspan="2">69</td><td rowspan="2">SORT</td><td rowspan="2">数据排序</td><td colspan="12">(S1.)</td><td colspan="12">m1</td><td colspan="12">m2</td><td colspan="12">(D.)</td><td colspan="12">n</td><td rowspan="2">SORT（11 步）</td></tr>
<tr><td colspan="12">D</td><td colspan="24">K、H
m1=1～32，m2=1～6</td><td colspan="12">D</td><td colspan="12">K、H
n=1～m2</td></tr>
</table>

1）状态初始化指令

IST（FNC 60）：状态初始化指令，程序步数 7 步。该指令对步进阶梯的初始状态和特殊辅助继电器进行自动切换控制。图 4-3-57 所示程序中，S.指定从 X020 开始的连续 8 个初始输入，各个输入的意义如下：

X020：手动操作；X021：原点返回；X022：单步；X023：循环运行一次；

X024：连续运行；X025：原点返回开始；X026：自动开始；X027：停止。

D1.指定自动运行模式中实用状态的最小号码；

D2.指定自动运行模式中实用状态的最大号码。

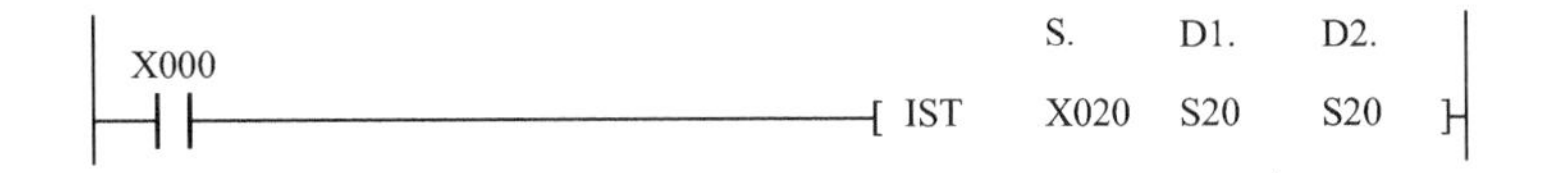

图 4-3-57　IST 指令

如果该指令被驱动，则下列元件被自动切换控制（在指令处于 OFF 状态时不变化）。

M8040：转移禁止；M8041：转移开始；M8042：启动脉冲；M8047：STL 监控有效。

S0：手动操作的初始状态；S1：原点复归的初始状态；S2：自动运行的初始状态。

如果使用该指令，S10～S19 可作为原点复归用。因此，在编程中请勿将这些状态作为普通状态使用。另外，S0～S9 作为初始状态处理，S0～S2 的操作如上所述，S3～S9 可以自由地使用。

这个指令必须比状态 S0～S2 等一系列的 STL 电路优先编程。

为了防止 X020～X024 同时处于 ON 状态，必须使用旋转开关。

原点复归完成（M8043）未动作时，如果在手动 X020、原点复归 X021、自动 X022～SX024 之间进行切换，则所有输出进入 OFF 状态。并且，自动运行在原点复归结束后，才可以再次驱动。

2）查找数据指令

SER（FNC 61）：查找数据指令，程序步数 9 步，有 32 位指令。该指令对相同数据进行检索，在以 S1.为起始的数据中，检索与 S2.相同的数据，结果存入 D.开始的 5 个连续数据中，其中相同数据的个数存入 D 中（如果未找到为 0），找到的第一个数据的位置存入 D+1 中，找到的最后一个数据的位置存入 D+2 中，检索表中最小数据的位置存入 D+3 中，检索表中最大数据的位置存入 D+4 中。图 4-3-58 中，当按下 X000 时，查找的数据 K100 送入 D0 中，执行 SER 指令，在 D100 开始的 10 个数据表中，查找数据 K100，查找结果存入 D10 开始的 5 个连续数据寄存器中。设查找的数据列表如表 4-3-15 所示，则查找结果列表如表 4-3-16 所示。

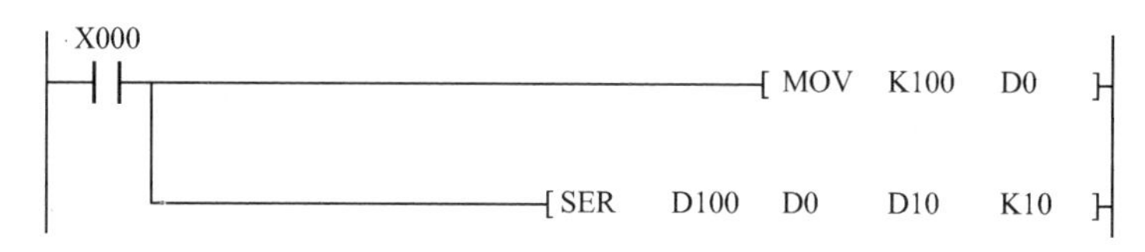

图 4-3-58　SER 指令

表 4-3-15　查找数据列表

序　号	数 据 表	查 找 数 据	检 索 结 果	最 大 值	最 小 值
0	（D100）=100	K100	符合		
1	（D101）=110				
2	（D102）=100		符合		
3	（D103）=102				
4	（D104）=88				
5	（D105）=100		符合		
6	（D106）=5				最小
7	（D107）=10				
8	（D108）=100		符合		
9	（D109）=200			最大	

表 4-3-16　查找结果列表

结 果 列 表	数 据 值	数 据 含 义	结 果 列 表	数 据 值	数 据 含 义
D10	4	查找到的个数	D13	6	表中最小值位置
D11	0	查到数据的起始位置	D14	9	表中最大值位置
D12	8	查到数据的最末位置			

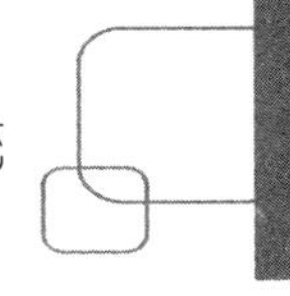

3）绝对值凸轮控制指令

ABSD（FNC 62）：绝对值凸轮控制指令，程序步数 9 步，有 32 位指令。该指令根据对应计数器 S2.的当前值在目标地址中产生一组输出波形，源 S1.为数据表的首址，如果 S1.为字软元件 T、C、D 等，则首地址必须是偶数，如果是位软元件 X、Y、M、S 等，则首地址必须是 8 的倍数，且数据表存放的数据范围为 0～32767，S2 只能选用计数器 C，n 表示 S1 共有 2n 个字软元件，D.共有 n 个位元件。ABSD 指令用于凸轮旋转控制，只可使用一次，使用期间其控制触点 X000 必须始终接通。

图 4-3-59 中，S1.为字软元件，首地址 D300 是偶数，n=K4，表明数据表 S1.共有 D300～D307 八个数据寄存器，目标操作数 D.由 M0～M3 辅助继电器组成。

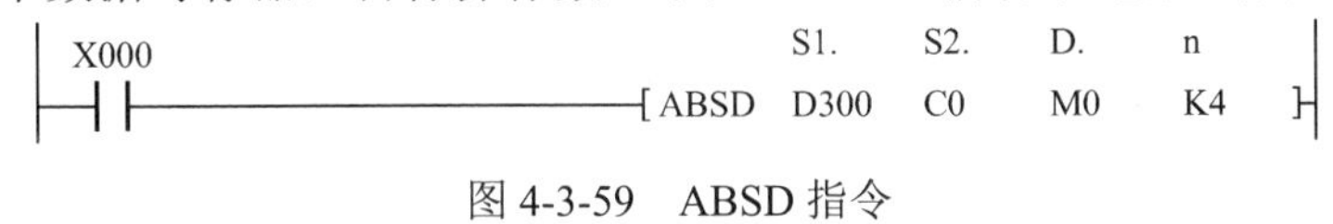

图 4-3-59　ABSD 指令

4）增量式凸轮顺控指令

INCD（FNC 63）：增量式凸轮顺控指令，程序步数 9 步，该指令利用一对计数器产生一组变化的输出（n 个顺序控制波形输出）。图 4-3-60 中，产生一个以 D300 为首地址 n=K4 的数据表。

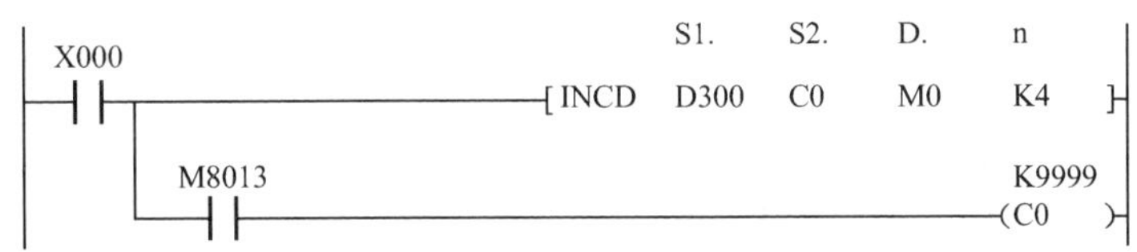

图 4-3-60　INCD 指令

当计数器 C0 的当前值等于数据表 D300～D303 中的设定值时，过程计数器 C1 计算复位的次数，目标元件 M0 开始的连续 4 个元件 M0～M3 根据 C1 的值动作，产生对应波形输出（当 n 指定的最后一个过程完成时，标志位 M8029 置 1）。若 X000 关断，两个计数器都复位，M0～M3 也关断。此指令只能使用一次。

5）示教示波器指令

TTMR（FNC 64）：示教示波器指令，程序步数 5 步，该指令监控信号作用的时间长短结果存入 D 中。图 4-3-61 中，当 X000 接通时，按钮 X000 接通时间长短的测定结果存入 D301 中，再乘以 n 指定的倍率存入 D300 中。设按钮 X000 接通的时间为 τ，n=0～2 对应的倍率如表 4-3-17 所示。

图 4-3-61　TTMR 指令

表 4-3-17　n=0～2 对应的倍率

n 的值	倍率	n 的值	倍率	n 的值	倍率
n=0	τ	n=1	10^{τ}	n=2	100^{τ}

6）特殊定时器指令

STMR（FNC 65）：特殊定时器指令，程序步数 7 步，该指令可产生延时断开的定时器、脉冲定时器、闪烁定时器等。

图 4-3-62（a）中，选定 T10 定时器（定时单位 100ms），定时长度为 100×100ms=10s，M0～M3 连续的 4 个目标元件的动作如下，时序图结果如图 4-3-62（b）所示。

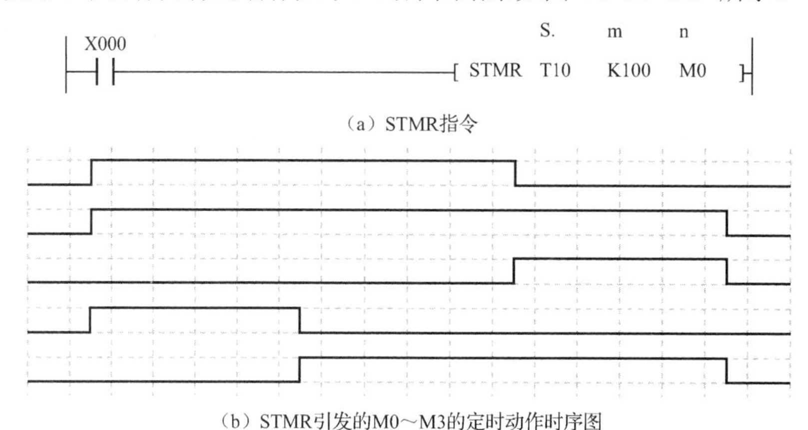

（a）STMR指令

（b）STMR引发的M0～M3的定时动作时序图

图 4-3-62　STMR 指令

M0：X000 接通，M0 接通，X000 断开，M0 延时 10s 后断开（即延时断开）；

M1：X000 接通，M0 不接通，X000 断开，M0 接通 10s 后断开；

M2：X000 接通，M0 接通 10s 后断开；

M3：X000 接通，M0 延时 10s 后接通，X000 断开，M0 延时 10s 后断开（即延时接通延时断开）。

7）交替输出指令

ALT（FNC 66）：交替输出指令，程序步数 3 步，该指令使输出触点交替接通和断开。图 4-3-63（a）中，当 M0 接通时，Y000 接通，当 M0 再次接通时，Y000 断开，其时序图结果如图 4-3-63（b）所示。

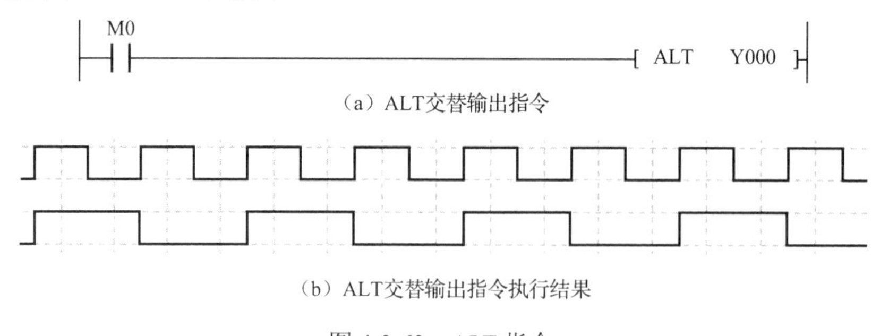

（a）ALT交替输出指令

（b）ALT交替输出指令执行结果

图 4-3-63　ALT 指令

8）斜波信号指令

RAMP（FNC 67）：斜波信号指令，程序步数 9 步，该指令可以产生斜波信号输出。

图 4-3-64 中，斜波信号的初值、终值写入 D1、D2，当 X010 接通时，D3 的值从 D1 逐渐向 D2 变化（表示从初值变到终值），n 为设定的扫描次数，扫描周期存于 D4 中。当 D1<D2 时为增扫描，D1>D2 时为减扫描。设扫描周期=20ms，则扫描时间=20ms×1000=20s。

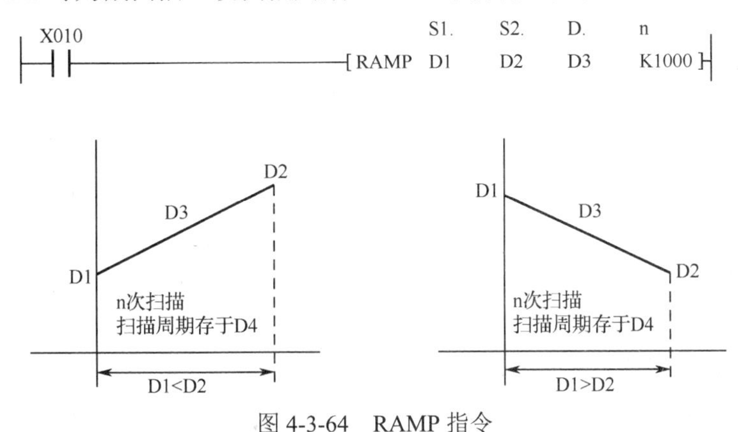

图 4-3-64　RAMP 指令

9）旋转工作台控制指令

ROTC（FNC 68）：旋转工作台控制指令，程序步数 9 步，该指令可使旋转工作台（见图 4-3-65）按指定模式向预定目标移动，控制旋转工作台上的工件以最短路径移动到指定位置。

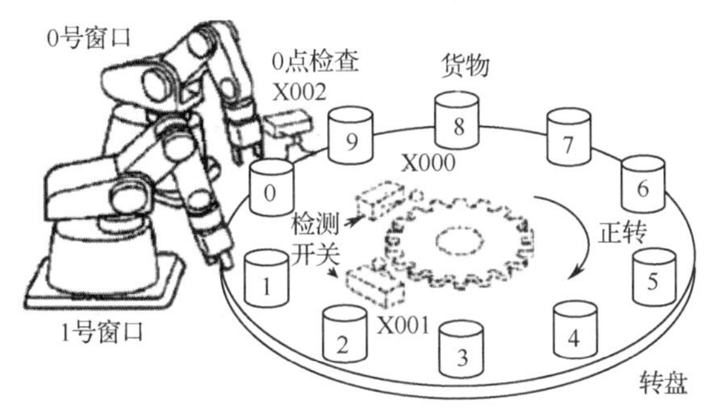

图 4-3-65　旋转工作台

图 4-3-66 中，m1：工作台分割数或称圆周分割数，范围 2～32767；m2：低速区间数，范围 0～32767，要求 m2≤m1；源 S.指定 D200 开始的数据寄存器，作用如下：D200 用作计数器，D201 设定调用窗口号码，D202 设定工件号码。目标元件 D 指定的 M0 开始的 8 个连续元件的作用如表 4-3-18 所示，M0～M2 驱动及 A 相、B 相如图 4-3-67 所示。

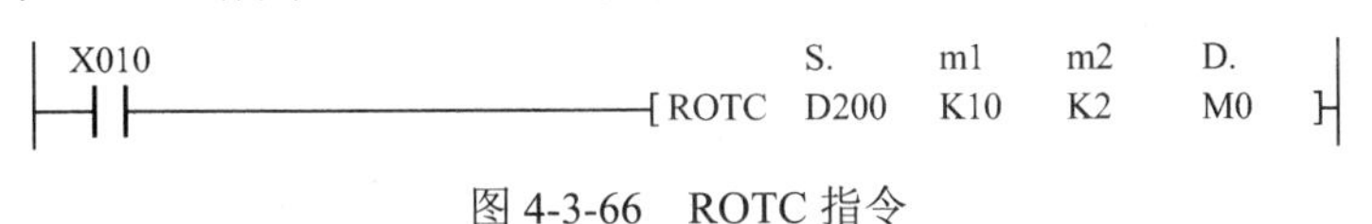

图 4-3-66　ROTC 指令

表 4-3-18　M0 开始的 8 个连续元件的作用

预先创建由 X0 驱动的回路		当 X010=OFF 时，M3～M7=OFF			
M0	A 相信号，X000 驱动	M3	高速正转	M6	低速反转
M1	B 相信号，X001 驱动	M4	低速正转	M7	低速正转
M2	0 点检测信号，X002 驱动	M5	停止		

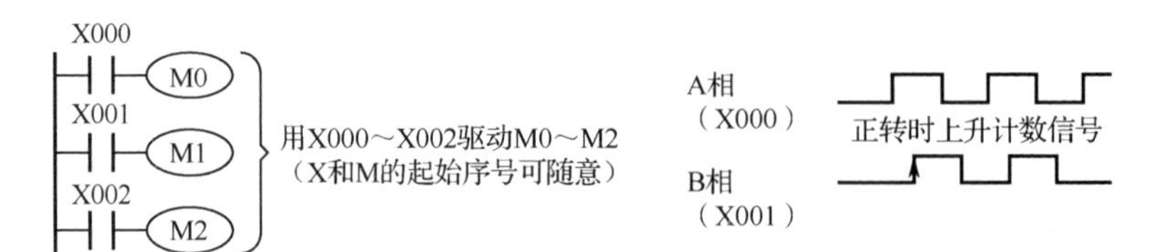

图 4-3-67　M0～M2 驱动及 A 相、B 相

10）数据排序指令

SORT（FNC 69）：数据排序指令，程序步数 11 步，该指令对以 S 为首地址的 m1 行×m2 列数据表，按 n（n=1～m2）列重新排列，重新排列的数据存入以 D 为首地址的 m1 行×m2 列的数据表中。图 4-3-68 中，原 5 行×4 列的数据表存在 D100～D119 的数据寄存器中，若（D0）= K2，则按第二列数据从小到大的方式重新排序存入以 D200 为首地址的数据表，若（D0）= K4，则按第 4 列数据从小到大的方式重新排序存放。

```
 X010                           S.     m1    m2    D.     n
─┤├──────────────────────[SORT  D100   K5    K4    D200   D0 ]
```

图 4-3-68　SORT 指令

8．外部 I/O 设备指令（FNC 70～FNC 79）

外部 I/O 设备指令（FNC 70～FNC 79）用于按键输入、七段码译码及显示等，具体如表 4-3-19 所示。

表 4-3-19　外部 I/O 设备指令功能表

<table>
<tr><th>编号</th><th>指令助记符</th><th>功能</th><th colspan="12">操　作　数</th><th>步　数</th></tr>
<tr><td rowspan="2">70</td><td rowspan="2">TKY</td><td rowspan="2">十键输入</td><td colspan="4">（S.）</td><td colspan="4">（D1.）</td><td colspan="4">（D2.）</td><td rowspan="2">TKY
（7 步）</td></tr>
<tr><td colspan="4">X、Y、M、S，10 个连续元件</td><td colspan="4">KnY、KnM、KnS、T、C、D、V、Z</td><td colspan="4">Y、M、S，11 个连续元件</td></tr>
<tr><td rowspan="2">71</td><td rowspan="2">HKY</td><td rowspan="2">十六键输入</td><td colspan="3">（S.）</td><td colspan="3">（D1.）</td><td colspan="3">（D2.）</td><td colspan="3">（D3.）</td><td rowspan="2">HKY
（9 步）
DHKY
（17 步）</td></tr>
<tr><td colspan="3">X，4 个连续的 X 元件</td><td colspan="3">Y，4 个连续的 Y 元件</td><td colspan="3">T、C、D、V、Z，32 位使用 2 个连续元件</td><td colspan="3">Y、M、S，8 个连续元件</td></tr>
<tr><td rowspan="2">72</td><td rowspan="2">DSW</td><td rowspan="2">数字开关</td><td colspan="3">（S.）</td><td colspan="3">（D1.）</td><td colspan="3">（D2.）</td><td colspan="3">（D3.）</td><td rowspan="2">DSW
（9 步）</td></tr>
<tr><td colspan="3">X，n=1，4 个
n=1，8 个连续的 X 元件</td><td colspan="3">Y（连续两个计数器）</td><td colspan="3">T、C、D、V、Z，n 个连续元件（n=1 或 2）</td><td colspan="3">K、H
n=1 或 2</td></tr>
<tr><td rowspan="2">73</td><td rowspan="2">SEGD</td><td rowspan="2">七段码译码</td><td colspan="6">（S.）</td><td colspan="6">（D.）</td><td rowspan="2">SEGD
（5 步）</td></tr>
<tr><td colspan="6">K、H、KnX、KnY、KnM、KnS、T、C、D、V、Z，只用低 4 位</td><td colspan="6">KnY、KnM、KnS、 T、C、D、V、Z，高 8 位不变</td></tr>
</table>

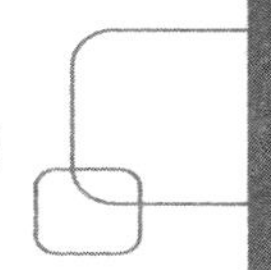

续表

<table>
<tr><th>编号</th><th>指令助记符</th><th>功能</th><th colspan="12">操 作 数</th><th>步　数</th></tr>
<tr><td rowspan="2">74</td><td rowspan="2">SEGL</td><td rowspan="2">带锁存七段码显示</td><td colspan="4">（S.）</td><td colspan="4">（D.）</td><td colspan="4">n</td><td rowspan="2">SEGL（7步）</td></tr>
<tr><td colspan="4">K、H、KnX、KnY、KnM、KnS、 T、C、D、V、Z</td><td colspan="4">Y，
n=0～3，8个输出
n=4～7，12个输出</td><td colspan="4">K，H
n=0～3，1组
n=4～7，2组</td></tr>
<tr><td rowspan="2">75</td><td rowspan="2">ARWS</td><td rowspan="2">方向开关</td><td colspan="3">（S.）</td><td colspan="3">（D1.）</td><td colspan="3">（D2.）</td><td colspan="3">n</td><td rowspan="2">ARWS
（9步）</td></tr>
<tr><td colspan="3">X、Y、M、S，
4个连续元件</td><td colspan="3">T、C、D、V、Z
十进制存储</td><td colspan="3">Y，8个连续的Y元件</td><td colspan="3">n=0～3</td></tr>
<tr><td rowspan="2">76</td><td rowspan="2">ASC</td><td rowspan="2">ASCII码转换</td><td colspan="6">（S.）</td><td colspan="6">（D.）</td><td rowspan="2">ASC（11步）</td></tr>
<tr><td colspan="6">字母数据，一次转换8位字符</td><td colspan="6">T、C、D，使用四个连续地址</td></tr>
<tr><td rowspan="2">77</td><td rowspan="2">PR</td><td rowspan="2">ASCII码打印</td><td colspan="6">（S.）</td><td colspan="6">（D.）</td><td rowspan="2">PR（5步）</td></tr>
<tr><td colspan="6">M8027=OFF，8字节，使用4个连续单元；M8027=ON，16字节，使用8个连续单元；</td><td colspan="6">Y，使用10个连续地址</td></tr>
<tr><td rowspan="2">78</td><td rowspan="2">FROM</td><td rowspan="2">BFM读出</td><td colspan="3">M1</td><td colspan="3">M2</td><td colspan="3">（D.）</td><td colspan="3">n</td><td rowspan="2">FROM
（9步）</td></tr>
<tr><td colspan="3">K，H
M1=0～7</td><td colspan="3">K，H
M2=0～31</td><td colspan="3">KnY、KnM、KnS、 T、C、D、V、Z</td><td colspan="3">K，H
16位，n=1～32，32位，n=1～16</td></tr>
<tr><td rowspan="2">79</td><td rowspan="2">TO</td><td rowspan="2">BFM写入</td><td colspan="3">M1</td><td colspan="3">M2</td><td colspan="3">（D.）</td><td colspan="3">n</td><td rowspan="2">TO（9步）</td></tr>
<tr><td colspan="3">K，H
M1=0～7</td><td colspan="3">K，H
M2=0～31</td><td colspan="3">K、H、KnX、KnY、KnM、KnS、 T、C、D、V、Z</td><td colspan="3">K，H
16位，n=1～32，32位，n=1～16</td></tr>
</table>

1）十键输入指令

TKY（FNC 70）：十键输入指令，程序步数7步，该指令可以利用PLC中的十键（假定X000～X011，见图4-3-69）输入4位十进制数（范围0～9999）。当X020接通时，从X000开始的十个按键输入4位十进制数存放在D0中，并从M10开始的10个软元件输出，如果按键的顺序为X002、X001、X003、X000，则对应按下的数字2130被保存到D0中，软元件M12、M11、M13、M10依次接通。该指令可使用变址寄存器，但只可使用一次。

2）十六键输入指令

HKY（FNC 71）：十六键输入指令，程序步数9步，该指令利用PLC中的十六键写入和输入。图4-3-70中，S.指定的由X000开始的四个连续软元件（X000～X003）和D1. 指定的由Y000开始的四个连续软元件（Y000～Y003）构成了一个4×4的十六键盘。D2.指定按键信号的存储单元（本例中为D0），D3.用于读出所使用的输入元件（本例中为M0～M7）。

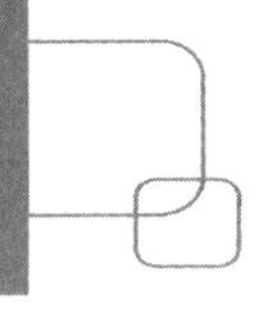

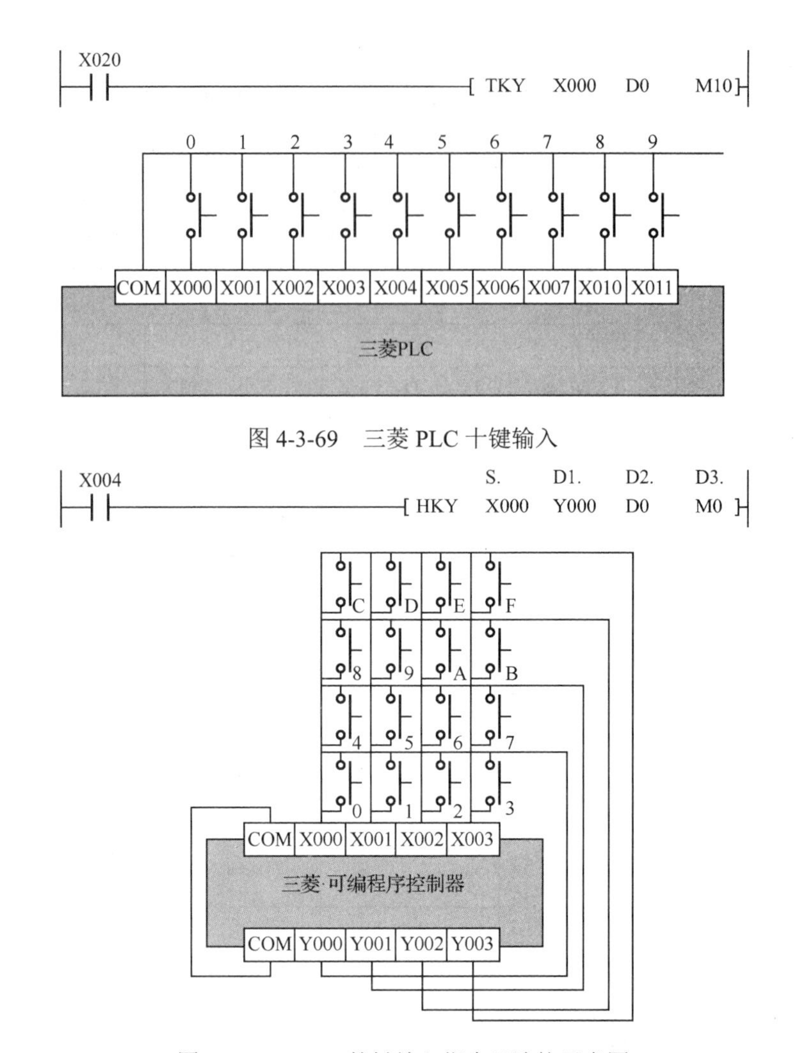

图 4-3-69 三菱 PLC 十键输入

图 4-3-70 HKY 按键输入指令及连接示意图

十六键盘的作用如下。

数字键：每次按数据键（0～9），用 BIN 形式向 D0 中写入上限为 9999 的数值，如超出此值则溢出。当使用 DHKY 指令时，向 D1、D0 写入的数据范围为 0～99999999。

功能键：A～F 六个键为功能键，每个功能键对应的标志位如表 4-3-20 所示。

表 4-3-20 功能键对应的标志位

功能键按键	A	B	C	D	E	F
ON 并保持的标志位	M0	M1	M2	M3	M4	M5

例如，按下 A 键时，M0=ON 并保持，按下 D 键时，M0=OFF，M3=ON 并保持。

十六进制数据：当特殊辅助继电器 M8167=ON 时，作为十六进制数据键盘，每个按钮对应相应的十六进制数据（0～F），存入 D0 中。

M6 被当作功能键的标志，M7 被当作数字键的标志。当按下功能键 A～F 时，M6=ON（不保持）；当按下数据键 0～9 时，M7=ON（不保持）。

以上按键有多个键被按下时，先按下的键有效。

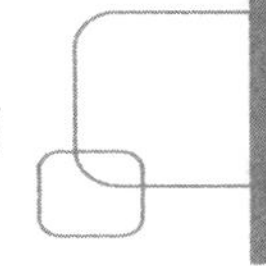

十六键全部扫描完成需要扫描8次，时间较长，实际上常采用定时中断方式和恒定扫描方式加快处理速度。M8029为执行结束标志，当M8029=ON时，标志按键动作完成并被感知。当图4-3-70中的X004=OFF时，D0不变化，M0～M7全OFF。

十六键输入的作用总结如表4-3-21所示。十六键输入指令仅适用于晶体管输出型的PLC。

3）数字开关指令

DSW（FNC 72）：数字开关指令，程序步数9步，该指令输入BCD码开关数据。图4-3-71中，通过软元件S.设定几个连续软元件（4位1组，n=1表示有1组，对应X010～X013，n=2表示有2组，第二组对应X014～X017），D1.为选通目标（这里为Y010～Y013）。

第1组输入：X010～X013的BCD4位数字开关，根据Y010～Y013的顺序读入，以BIN值存入D0中。

第2组输入：只在n=2时有效，X014～X017的BCD 4位数字开关也根据Y010～Y013的顺序读入并存入D1中。

表4-3-21　十六键输入作用表

键 作 用	符　号	键检测标志	范　围
数字键	0～9十个字符	M7=ON但不保持（M8029=ON）	16位：0～9999（存于D2.中） 32位：0～99999999（存于D2.开始的两个连续软元件D2.、D2.+1中）
功能键	A～F六个功能键	M6=ON但不保持（M8029=ON）	
十六进制数	0～F十六进制数据	M8167=ON	数据保存在D2.中

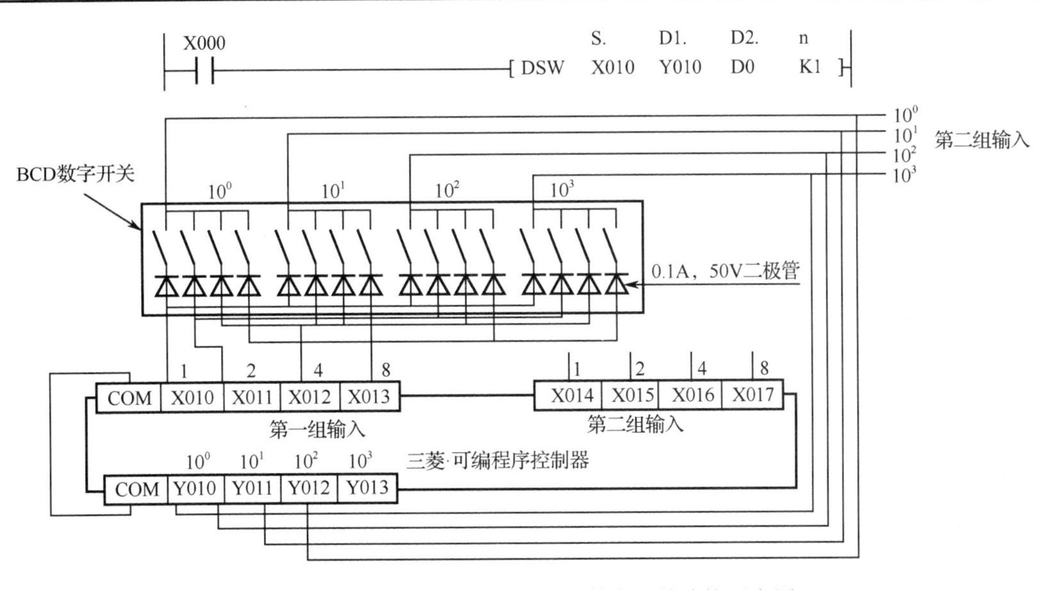

图4-3-71　DSW指令及BCD码数字开关连接示意图

M8029 为执行结束标志，当 M8029=ON 时，标志每次读操作执行结束。当 X000=ON 时，Y010～Y013 顺序工作，一次循环工作后，执行完毕后结束标志 M8029=ON。

数字开关指令适用于晶体管型的 PLC，通过设定 DSW 指令，继电器型 PLC 也能使用。

4）七段码译码指令

SEGD（FNC 73）：七段码译码指令，5 步，该指令将 S.指定的（低 4 位有效）十六进制数据（0～F）转换成七段码显示，结果存入 D.中，SEGD 可驱动 1 位七段码显示，七段码转换表如表 4-3-22 所示。

表 4-3-22　七段码转换表

待变换的数据		七段码显示的组成	用于七段码显示的 8 位数据								七段码显示
十六进制	二进制		/	g	f	e	d	c	b	a	
H0	0000	a f g b e c d	0	0	1	1	1	1	1	1	0
H1	0001		0	0	0	0	0	1	1	0	1
H2	0010		0	1	0	1	1	0	1	1	2
H3	0011		0	1	0	0	1	1	1	1	3
H4	0100		0	1	1	0	0	1	1	0	4
H5	0101		0	1	1	0	1	1	0	1	5
H6	0110		0	1	1	1	1	1	0	1	6
H7	0111		0	0	1	0	0	1	1	1	7
H8	1000		0	1	1	1	1	1	1	1	8
H9	1001		0	1	1	0	1	1	1	1	9
HA	1010		0	1	1	1	0	1	1	1	A
HB	1011		0	1	1	1	1	1	0	0	b
HC	1100		0	0	1	1	1	0	0	1	C
HD	1101		0	1	0	1	1	1	1	0	d
HE	1110		0	1	1	1	1	0	0	1	E
HF	1111		0	1	1	1	0	0	0	1	F

图 4-3-72 中，当 X002 接通时，把 D10 中的 16 进制数据译成七段码并存入（或驱动）Y000 起始的软元件。

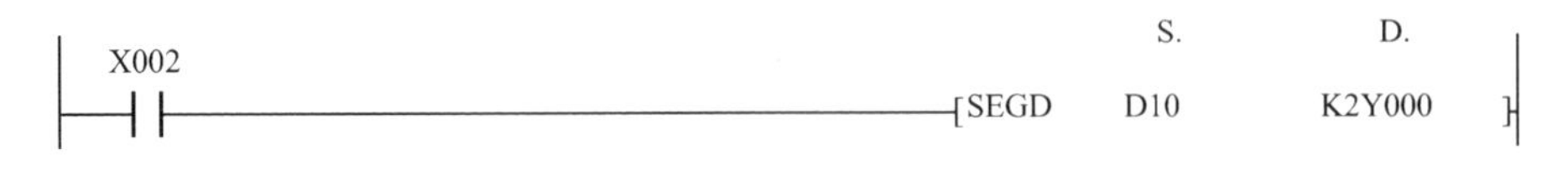

图 4-3-72　SEGD 指令

5）带锁存七段码显示指令

SEGL（FNC 74）：带锁存七段码显示指令，程序步数 7 步，该指令控制 4 位 1 组或 2 组的带锁存七段码显示，图 4-3-73 中，当 X000 接通时，将源 S.中的十进制数据写入一组 4 路扫描的软元件 D.中（Y000～Y003），驱动相连的七段码显示器显示，选通信号为 Y004～Y007。

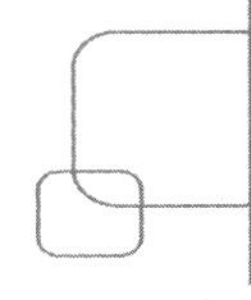

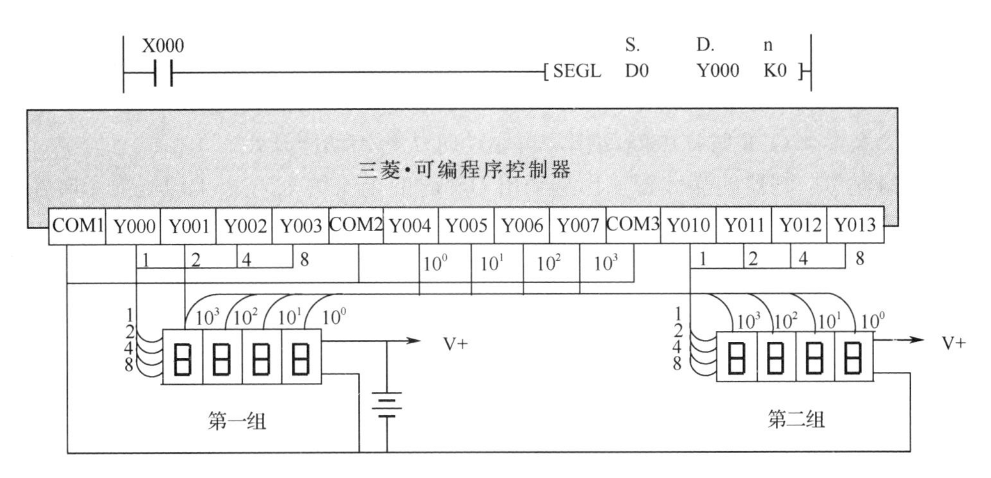

图 4-3-73　SEGL 指令及外围接线图

4 位 1 组时（n=0～3）：D0 经 BCD 码变换后，各位依次从 Y000～Y003 输出。选通脉冲信号（Y004～Y007）依次锁存 4 位第 1 组的带锁存七段码。

4 位 2 组时（n=4～7）：D1、D0 均经 BCD 码变换为 0～9999 有效输出，其中 D0 向 Y000～Y003 输出，D1 向 Y010～Y013 输出。选通脉冲信号（Y004～Y007）与各组一同使用。

可编程序控制器逻辑：

NPN 晶体管输出类型中，内部逻辑为 1 时，输出为低电平，将此称为负逻辑。

PNP 晶体管输出类型中，内部逻辑为 1 时，输出为高电平，将此称为正逻辑。

七段码显示器逻辑变化如表 4-3-23 所示。

表 4-3-23　七段码显示器逻辑变化

区　分	正　逻　辑	负　逻　辑
数据输入	以高电平变为 BCD 数据	以低电平变为 BCD 数据
选通脉冲信号	以高电平保持锁存的数据	以低电平保持锁存的数据

参数 n=0～7，对应七段码的数据输入，选通脉冲信号的正负逻辑，以及 4 位 1 组的控制或 2 组的控制应选择的号码。参数 n 的选择可根据可编程序控制器的正负逻辑和七段码的正负逻辑是否一致，进行选择（具体见表 4-3-24）。

表 4-3-24　参数 n 取值表

4 位 1 组时			4 位 2 组时		
数据输入	选通脉冲信号	n 的取值	数据输入	选通脉冲信号	n 的取值
一致	一致	0	一致	一致	4
	不一致	1		不一致	5
不一致	一致	2	不一致	一致	6
	不一致	3		不一致	7

例如，可编程序控制器=负逻辑，显示器的数据输入=负逻辑，显示器的选通脉冲信号=正逻辑，若是 4 位 1 组，n 的取值为 1，若是 4 位 2 组，n 的取值为 5。

用该指令进行 4 位（1 组或 2 组）的显示，需要运算周期 12 倍的时间，4 位数输出结束后，完毕标志 M8029 动作。该指令的驱动输入为 ON 时，执行反复动作，但在一系列的动作中，驱动输入置于 OFF 时，中断动作，再驱动时从初始动作开始。

三菱可编程序控制器的晶体管输出型输出 ON 时的电压约 1.5V，七段码显示时需要使用与此相应的输出电压。

该指令与可编程序控制器的扫描周期同时执行，为执行一系列的显示，可编程序控制器的扫描周期需要在 10ms 以上，不足 10ms 时，使用恒定扫描模式，请用 10ms 以上的扫描周期定时运行。

6）方向开关指令

ARWS（FNC 75）：方向开关指令，程序步数 9 步，该指令通过位移动与各位数值增减用的箭头开关输入数据，控制设定中的数值七段译码显示器的显示。图 4-3-74 中，S.指定了四个方向开关，通过按这四个按键，可以改变目标 D1.中的数值（0～9999），目标 D2.指定了以 Y000 为首地址的连续 8 个元件驱动 4 位七段码显示输出，参数 n=0 表示 1 组显示。

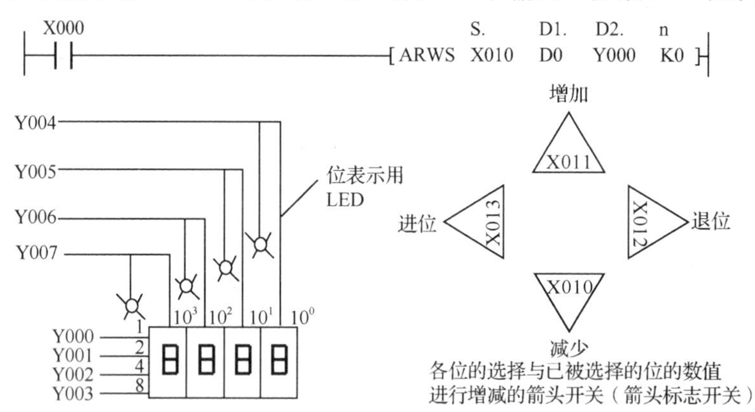

图 4-3-74　4 位七段译码显示器与方向开关

D0 中存储的是 16 位二进制数据（BCD 换算为 0～9999）。驱动输入 X000=ON 时，指定位为 10^3 位。每次按下 X012（退位输入）时，指定位按照 $10^3 \rightarrow 10^2 \rightarrow 10^1 \rightarrow 10^0 \rightarrow 10^3$ 变化。每次按下 X013（进位输入）时，指定位按照 $10^3 \rightarrow 10^0 \rightarrow 10^1 \rightarrow 10^2 \rightarrow 10^3$ 变化，指定位可以根据选通脉冲信号（Y004～Y007）用 LED 表示。

对于被指定的位，每次按增位输入时，D0 的内容按照 0→1→2→……→8→9→0→1 变化。按减位输入时，D0 按照 0→9→8→7→……1→0→9 变化，其内容可以用七段显示器显示。

参数 n 根据 PLC 的正负逻辑和七段码显示器的逻辑关系选取，具体参考 SEGL 指令中的 n 的取值表。本指令适于晶体管输出型 PLC。该指令与可编程序控制器的扫描周期（运算时间）同时执行。扫描时间短时，请使用恒定扫描模式与定时中断，且按一定时间间隔运行。

7）ASCII 码转换指令

ASC（FNC 76）：ASCII 码转换指令，程序步数 11 步，该指令求取数字、字母（最多 8 个字符）的 ASCII 码值，保存在 D.开始的四个连续地址中。

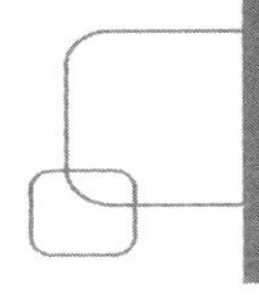

有关十六进制字符、BCD 字符与 ASCII HEX 码的对应关系如表 4-3-25 所示。图 4-3-75 中，当按下 X000 时，求取“ABCDEFGH”八个字符的 ASCII 码，并保存在 D300 开始的四个连续地址中，结果 D300 中的低 8 位=H41，D303 中的高 8 位=H48。

表 4-3-25 十六进制字符、BCD 字符、ASCII HEX 码对应关系表

十六进制字符	BCD 字符	ASCII HEX 码	十六进制字符	BCD 字符	ASCII HEX 码	十六进制字符	ASCII HEX 码
0	0	H30	6	6	H36	C	H43
1	1	H31	7	7	H37	D	H44
2	2	H32	8	8	H38	E	H45
3	3	H33	9	9	H39	F	H46
4	4	H34	A		H41		
5	5	H35	B		H42		

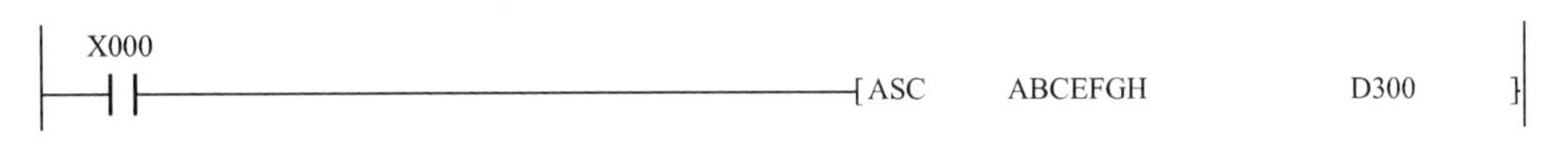

图 4-3-75 ASCII 指令

8）ASCII 码打印指令

PR（FNC 77）：ASCII 码打印指令，程序步数 5 步，该指令将 ASCII 码数据从输出端 Y 输出。图 4-3-76 中，当 X000=ON 时，将存储在 D300～D303 中的 ASCII 码 A～H 从 Y000～Y007 输出，其中 Y007 为高位，选通信号为 Y010，正在执行标志为 Y011。

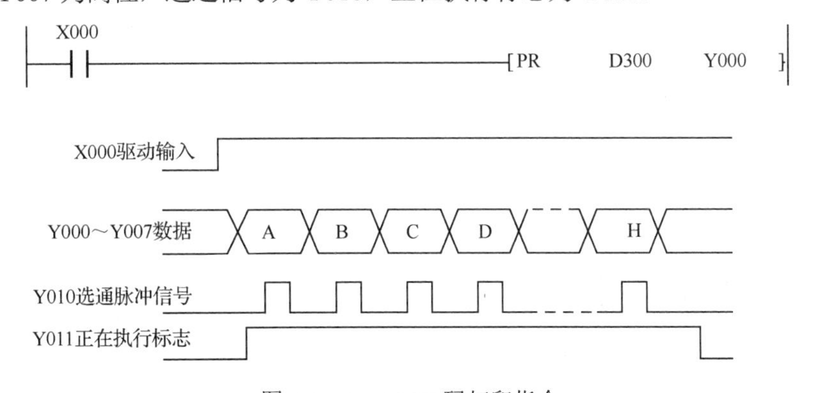

图 4-3-76 ASCII 码打印指令

9）BFM 读出指令

FROM（FNC 78）：BFM 读出指令，程序步数 9 步，有脉冲执行型。该指令将增设的特殊单元缓冲存储器（BFM）的内容读到可编程序控制器中。

图 4-3-77 所示的程序，当 X000=ON 时，表示从特殊单元（模块）NO.1 的缓冲存储器（BFM）#29 中读出 16 位数据，传送到可编程序控制器的 K4M0 中，X000=OFF 时，不执行传送，传送地点的数据不变化，脉冲执行型指令也如此。各编号的范围是：m1=0～7（特殊

单元、特殊模块号）、m2=0～32767（缓冲存储器 BFM 号）、n=1～32767（传送点数）。

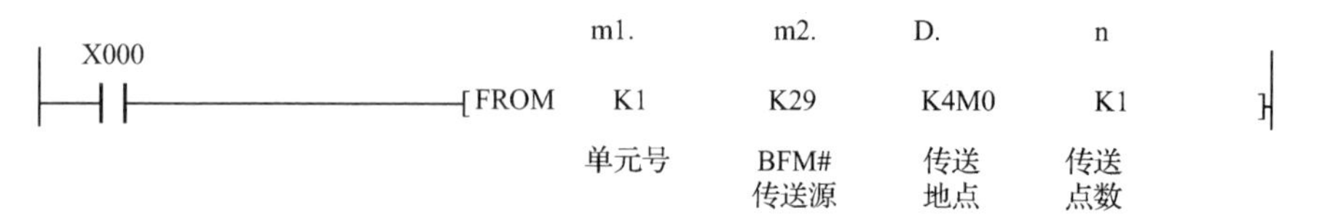

图 4-3-77 FROM 指令

10）BFM 写入指令

TO（FNC 79）：BFM 写入指令，程序步数 9 步，有脉冲执行型。该指令从可编程序控制器特殊单元的缓冲存储器（BFM）写入数据。

图 4-3-78 中的程序用的是 32 位连续执行指令，当 X000=ON 时，特殊单元（模块）№.1 的缓冲存储器（BFM）#13、#12 写入可编程序控制器的 D1、D0 中（32 位数据），X000=OFF 时不执行传送，传送地点的数据不变化。位元件的数据 n 指定是 K1～K4（16 位指令）、K1～K8（32 位指令），脉冲执行型指令也如此。各编号的范围是：m1=0～7（特殊单元、特殊模块号）、m2=0～32767（缓冲存储器 BFM 号）、n=1～32767（传送点数）。

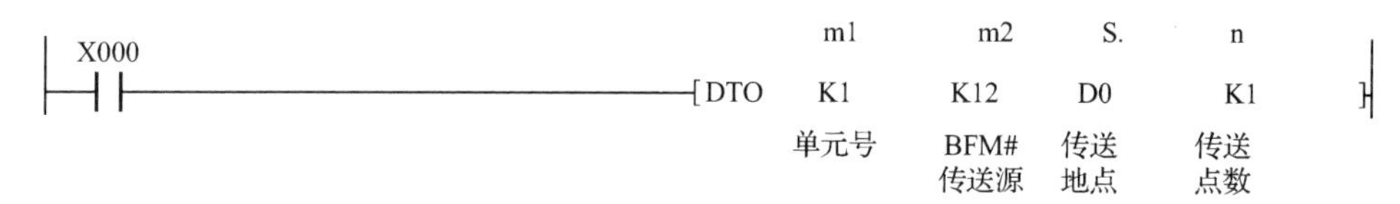

图 4-3-78 TO 指令

9．外部串联接口设备控制指令（FNC 80～FNC 89）

外部串联接口设备控制指令（FNC 80～FNC 89）用于串行数据传送、十六进制（HEX）与 ASCII 码转换、PID 运算等指令，具体见表 4-3-25。

1）串行数据传送指令

RS（FNC 80）：串行数据传送指令，程序步数 9 步，该指令可使 RS-232C 和 RS-485 功能扩展板及特殊适配器发送、接收串行数据，发送是指 PLC 向计算机、打印机等外部设备传递数据，接收是指外部设备向 PLC 传递数据。数据的传送格式可以通过特殊数据寄存器 D8120 设定，在不进行发送的系统中，要将数据发送点数设定为“K0”，而在不进行接收的系统中，要将接收点数设定为“K0”，RS 指令编程示例如图 4-3-79 所示。

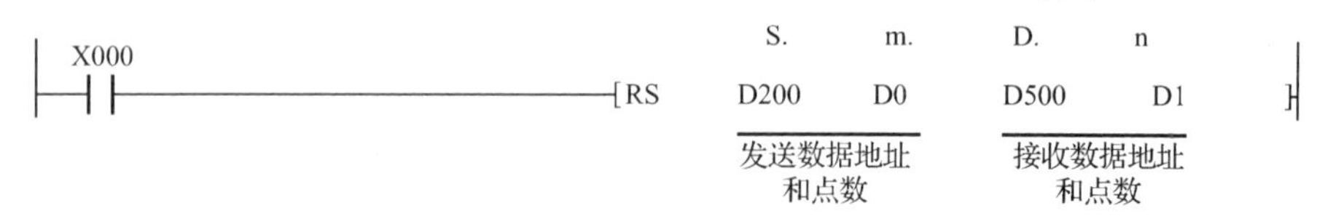

图 4-3-79 RS 指令

2）并行八进制位传送指令

PRUN（FNC 81）：并行八进制位传送指令，程序步数 5 步，有 32 位指令和脉冲执行型，该指令将 S.位指定的信号源以八进制处理并向 D.位指定的目的元件传送数据。图 4-3-80

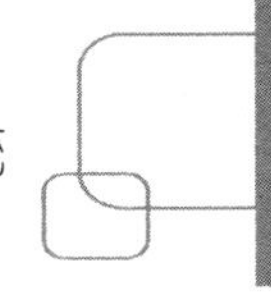

中，当 X030 接通时，进行数据传送 X000～X007→M0～M7，X010～X017→M10～M17，具体传送过程如图 4-3-81 所示。

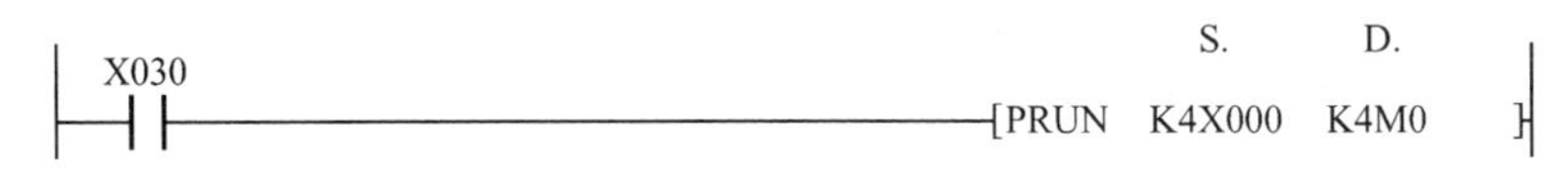

图 4-3-80 PRUN 指令

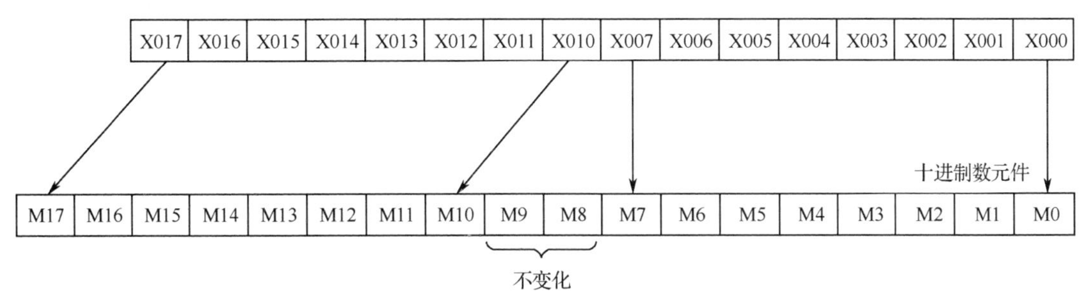

图 4-3-81 PRUN 指令执行过程

3）十六进制转换成 ASCII 码指令

ASCII（FNC 82）：将十六进制数据转换成 ASCII 码，程序步数 7 步，该指令完成 HEX→ASCII 的转换。图 4-3-82 中的程序，将源 S.中的 HEX 数据转换成 ASCII 码，向 D.中的高 8 位、低 8 位分别传送，转换的字符数由 n 指定。注意 M8161 为 RS、HEX、CCD 指令共用，当 M8161=OFF 时为 16 位转换模式；当 M8161=ON 时为 8 位转换模式，只向 D.中的低 8 位传送，D.中的高 8 位置 0。

M8000 (M8161)
S. D. n
X010 [ASCI D100 D200 K6]

图 4-3-82 HEX→ASCII 码指令

4）ASCII 码转换成十六进制数据指令

HEX（FNC 83）：将 ASCII 码转换成 HEX 数据，程序步数 7 步，该指令完成 HEX→ASCII 的转换。图 4-3-83 中的程序，将源 S.中的高低各 8 位 ASCII 字符转换成 HEX 数据，每 4 位向 D.中传送，转换的字符数由 n 指定。注意 M8161 为 RS、HEX、CCD 指令共用，当 M8161=OFF 时为 16 位转换模式；当 M8161=ON 时为 8 位转换模式，只将 S.中的低 8 位转换。当输入数据为 BCD 码时，在执行本指令后，需要完成 BCD→BIN 转换。当存入 S.中的不是 ASCII 字符时，则运算错误，不能转换。

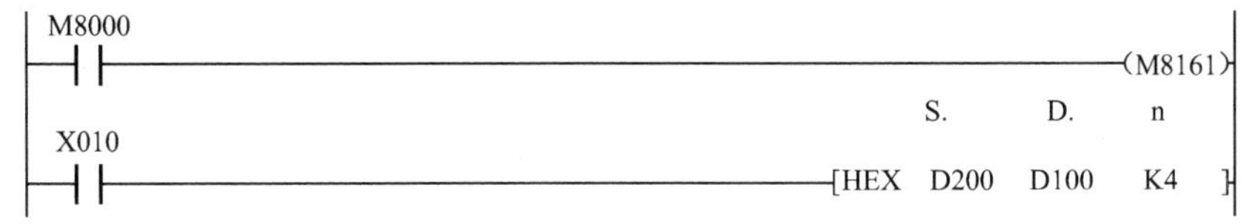

图 4-3-83 ASCII 码→HEX 指令

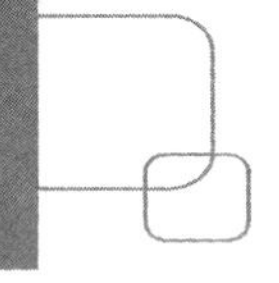

5）CCD 校验码指令

CCD（FNC 84）：CCD 校验码，程序步数 7 步，该指令一般用于通信数据的校验。图 4-3-84 中，将 S.指定的元件为起始的 n 点数据的高低各 8 位数据的总和与水平校验数据存储在 D.和 D.+1 的元件中。M8161 为 RS、HEX、CCD 指令共用，当 M8161=OFF 时为 16 位转换模式，当 M8161=ON 时为 8 位转换模式，只将 S.中的 n 点数据（仅低 8 位）进行校验。

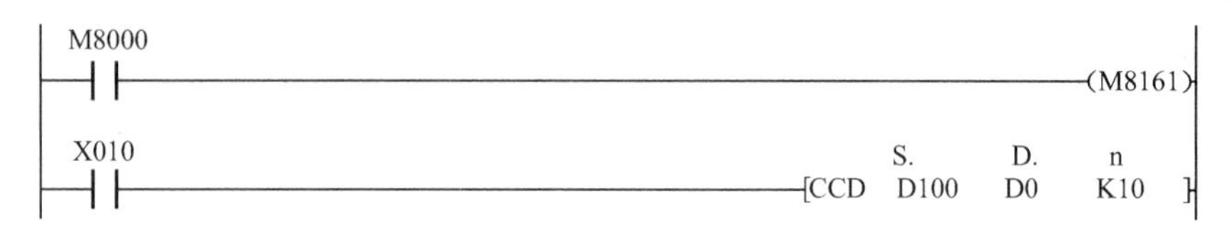

图 4-3-84　CCD 校验码指令

图 4-3-84 所示程序执行为 16 位转换模式，设源 S.中的数据内容如表 4-3-26 所示，则 CCD 校验的结果如图 4-3-85 所示。

表 4-3-26　CCD 码数据表

S.	数 据 内 容
D100 下	K100=01100100
D100 上	K111=01101111
D101 下	K100=01100100
D101 上	K98=01100010
D102 下	K123=01111011
D102 上	K66=01000010
D103 下	K100=01100100
D103 上	K95=01011111
D104 下	K210=11010010
D104 上	K88=01011000

1的个数如果为奇数，校验1；
1的个数如果为偶数，校验0

数据总和D0	K1091=H443=0000010001000011
水平校验D1	H85=0000000010000101

图 4-3-85　CCD 校验结果

6）电位器值读出指令

VRRD（FNC 85）：电位器值读出，程序步数 5 步，该指令读出 PLC 中模拟电位器中的数值。对应电位器 VR0～VR7，VRRD 指令中源 S.的数据为 K0～K7，也可以利用变址寄存器（Z=0～7）将其修改成 K0Z= K0～K7。图 4-3-86 中，当 X000 接通时，将电位器№.0 中的模拟值转换为 8 位 BIN 数据（范围 0～255）读出，保存到 D0 中，当 X001 接通时，将 D0 中的值作为定时器 T0 的设定值，通过本指令可以间接设定定时器的定时值（注意，FX_{2NC} 没有模拟电位器功能）。

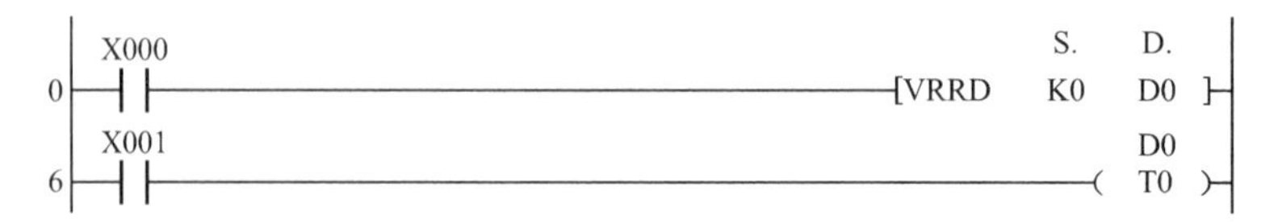

图 4-3-86　VRRD 指令

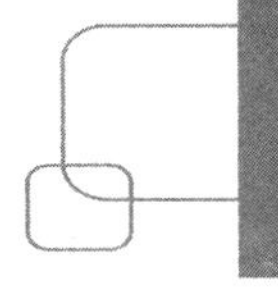

7）电位器刻度读入指令

VRSC（FNC 86）：电位器刻度读入，程序步数 5 步，该指令读取模拟电位器的刻度（0～10）并以二进制数形式保存到 D.中。图 4-3-87 中的程序，当 X000 接通时，读取电位器№.1 刻度 0～10 并以 BIN 值存入 D1 中，旋钮在旋转刻度中时通过四舍五入化成 0～10 的整数值。当 X001 接通时，通过 DECO 指令，根据电位器№.1 的刻度 0～10，使辅助继电器 M0～M10 中的某点置 ON，程序中的 Y000 在 M0 置 ON 时接通。

X000 ——[VRSC　S. K1　D. D1]
X001 ——[DECO　D1　M0　K4]
M0 ——(Y000)

图 4-3-87　VRSC 指令

8）PID 指令

PID（FNC 88）：PID 指令，程序步数 9 步，该指令完成 PID 控制运算，达到采样时间的 PID 指令在之后扫描时进行 PID 运算。

图 4-3-88 中，PID 指令指定了三个源参数 S1.、S2.、S3.和一个目标参数 D.，其中 S1.设定目标值（SV），S2.设定测定当前值（PV），S3.提供了控制参数表的首地址，一共由 25 个连续编号的数据寄存器组成，S3.～S3.+6 用于设定控制参数，S3.+7～S3.+19 用于 PID 内部运算，S3+20～S3.+24 用于设定报警标志，具体说明如表 4-3-27 所示，而 D.用于保存 PID 运算的结果。执行程序时，运算结果（MV）存入 D.中（D.要求指定为非电池保持的数据寄存器），占用的自 S3.起始的 25 个数据寄存器在本例中为 D100～D124，当在控制参数的 ACT 设定时，如果 bit1、bit2、bit5 均为 0，则占用 S3.开始的 20 个数据寄存器。

X000 ——[PID　S1. D0　S2. D1　S3. D100　D. D150]
目标值（SV）　测定值（PV）　控制参数表首地址　输出值（MV）

图 4-3-88　PID 指令

表 4-3-27　PID 参数表

参　数	标 志 意 义	说　明
S3	采样时间 Ts	1～32767ms
S3+1	动作方向（ACT）	bit 0=0 正动作；bit 0=1 逆动作 bit 1=0 输入值 S2 变化不报警；bit 1=1 输入值 S2 变化报警有效 bit 2=0 输出值 D 变化不报警；bit 2=1 输出值 D 变化报警有效 bit 3 不可使用 bit 4=0 自动调谐不动作；bit4=1 执行自动调谐 bit 5=0 无输出值上下限设定；bit5=1 输出值上下限设定有效 bit 6～15 不可使用（值 bit2、bit5 不能同时为 ON）

续表

参　数	标志意义	说　明
S3+2	输入滤波常数 α	改变滤波器效果（0～99%），0 时没有输入滤波
S3+3	比例增益 K_p	产生一比例输出因子（范围 0.01～327.67）
S3+4	积分时间 T_i	积分校正值达到比例校正值的时间， 范围 0～32767×100ms，0 为无积分（当作∞处理）
S3+5	微分增益 K_d	在输入值 S2 变化时，产生一已知比例的微分输出因子 （0～100%）
S3+6	微分时间 T_d	微分校正值达到比例校正值的时间， 范围 0～32767×10ms，0 为无微分
S3+7～ S3+19	—	PID 运算内部占用
S3+20	输入值上限报警	输入值超过上限报警 当 S3+1 的 bit1=1 时有效，0～32767
S3+21	输入值下限报警	输入值超过下限报警 当 S3+1 的 bit1=1 时有效，0～32767
S3+22	输出值上限报警	输出值超过上限报警，S3+1 的 bit2=0、b5=1 有效时，范围 0～32767；S3+1 的 bit2=1、b5=0 有效时，范围-327678～32767
S3+23	输出值下限报警	输出值超过下限报警，S3+1 的 bit2=0、b5=1 有效时，范围 0～32767；S3+1 的 bit2=1、b5=0 有效时，范围-327678～32767
S3+24	报警输出	bit0=1，输入值 S2 超过上限；bit1=1，输入值 S2 超过下限 bit2=1，输出值 S2 超过上限；bit3=1，输出值 S2 超过下限 （当 S3+1 的 bit1=1，bit2=1 时有效）

PID 指令可同时多次执行，但 S3.或 D.的软元件号不能重复。

PID 指令在定时器中断、子程序、步进程序、跳转指令中也可使用，但需要在使用前清除 S3+7 后再使用。

控制参数的设定值由连续编号的 25 个数据寄存器组成，进行 PID 运算前要用 MOV 指令传送写入。

采样时间 T_s 的最大误差为：－（1 运算周期+1ms）～+1 运算周期。T_s 若较小，如采样时间 T_s<可编程序控制器的 1 个运算周期，则发生编号为 K6740 的 PID 运算错误（PID 运算错误如表 4-3-28 所示），并以 T_s=运算周期，执行 PID 运算，这时建议最好在定时器中断（I6□□～I8□□）中使用 PID 指令。如图 4-3-89 所示，在初次执行中断程序时，使用脉冲指令 MOVP 将内部处理用寄存器 D107（即 S3+7）清零。

表 4-3-28　PID 运算错误表

代　码	错误内容	处理状态	处理方法
K6705	应用指令的操作数在对象元件范围外	PID 命令运算停止	请确认控制数据的内容
K6706			
K6730	采样时间 T_s 在对象软元件范围外（T_s<0）		
K6732	输入滤波常数 α 在对象范围外（α<0 或 100<α）		

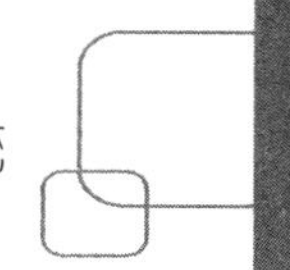

续表

代　码	错 误 内 容	处理状态	处 理 方 法
K6733	比例增益 K_p 在对象范围外（$K_p<0$）	PID 命令运算停止	请确认控制数据的内容
K6734	积分时间 T_i 在对象范围外（$T_i<0$）		
K6735	微分增益 K_d 在对象范围外（Kd<0 或 201<Kd）		
K6736	微分时间 T_d 在对象范围外（$T_d<0$）		
K6740	采样时间 T_s<运算周期	PID 命令运算继续	
K6742	测定值变化量超过范围（PV<-32768 或 PV>32767）		
K6743	偏差超过范围（EV<-32768 或 EV>32767）		
K6744	积分计算值在-32768～32767 以外		
K6745	微分增益 K_d 超过范围		
K6746	微分计算值在-32768～32767 以外		
K6747	PID 运算结果在-32768～32767 以外		
K6750	自动调谐结果不足	自动调谐结束	自动调谐开始时的测定值和目标值的差为 150 以下，或自动调谐开始时的测定值和目标值的差在 1/3 以上，则结束确认测定值、目标值后，再自动调谐
K6751	自动调谐动作方向不一致	自动调谐继续	自动调谐开始时的测定值预测的动作方向和自动调谐用输出值实际动作方向不一致，请使目标值、自动调谐用输出值、测定值的动作方向正确后，再自动调谐
K6752	自动调谐动作不足	自动调谐结束	自动调谐中测定值因上下变化不能正确动作，请使采样时间远远大于输出的变化周期，增大输入滤波常数，设定变量后再自动调谐

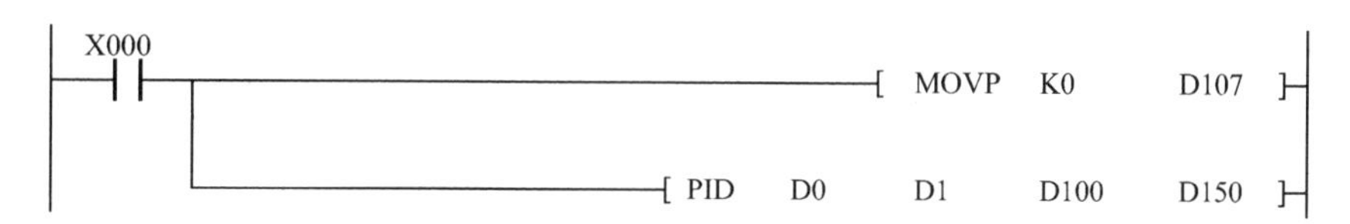

图 4-3-89　使用前将 S3+7 清零

输入滤波常数有使测定值变化平滑的效果。微分增益有缓和输入值急剧变化的效果。

当控制动作 ACT 的 S3+1 中的 bit5=1 且 bit2=0 时，输出值上下限设定有效，输出值的情形如图 4-3-90 所示，这种情况也有抑制 PID 控制的积分项增大的效果。

输入变化量、输出变化量的报警设定。

当控制动作方向 ACT 的 S3+1 中的 bit1=1 且 bit2=1 置 ON 时，用户可任意进行输入变化量、输出变化量的检查。检查根据 S3+20～S3+23 的值进行，超过被设定的输入/输出变化量时，报警标志 S3+24 的各位在 PID 指令执行后立刻变为 1（见图 4-3-91 和表 4-3-27）。但是 S3+21、S3+23 作为报警值使用时，被设定值作为负值处理。另外，使用输出变化量的报警功能时 S3+1 的 bit5 必须设置为 0。

所谓的变化量是：前次的值-本次的值=变化量。

报警标志（S3+24）的动作是：输入变化量 bit1=1，输出变化量 bit2=1。

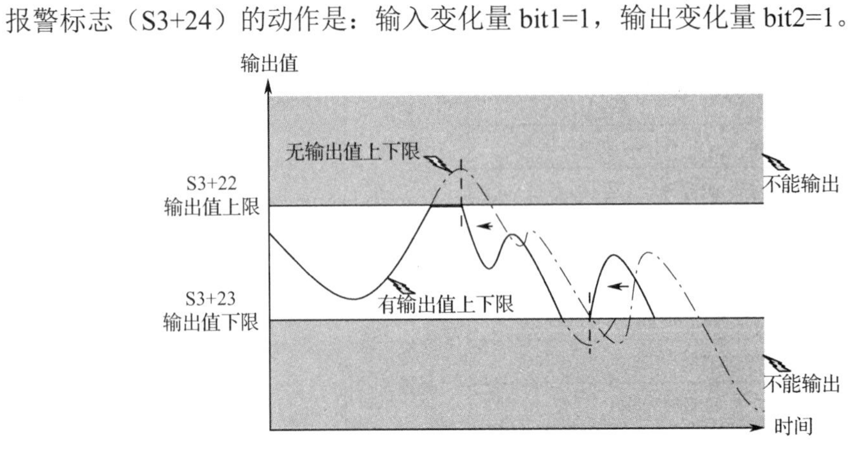

图 4-3-90 输出值上下限设定

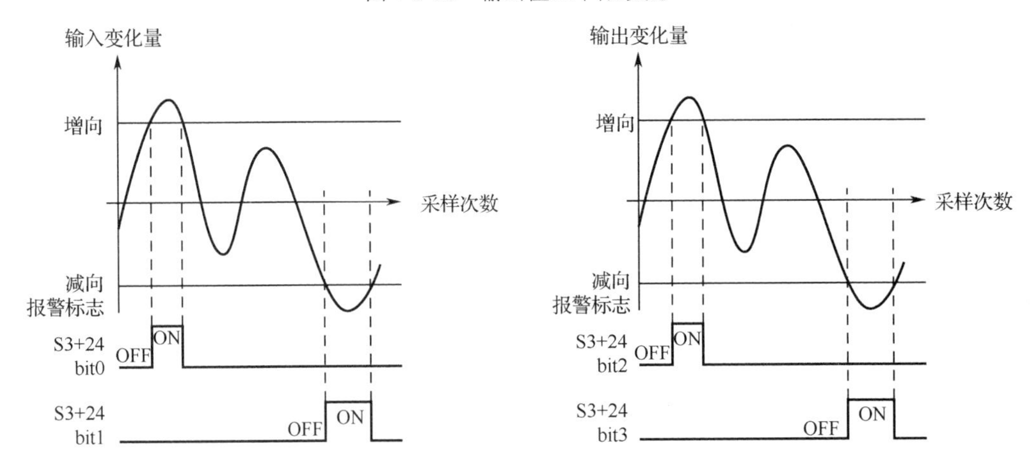

图 4-3-91 输入/输出变化量的报警标志设定

PID 3 个常数的求法——阶跃响应法。

为了执行 PID 运算控制，得到良好的控制结果，必须求得 PID 的比例增益，积分时间、微分时间这 3 个常数的最佳值。阶跃响应法是对控制系统施加一个阶跃输入，通过测定其输出响应曲线来测定 PID 常数的一种方法，测定时可以选定 0→50%、0→75%或 0→100%三个中的任一个做阶跃输出，阶跃响应输入/输出曲线及动作特性（最大倾斜 *R*、无用时间 *L*）和 3 个常数的关系如图 4-3-92、表 4-3-29 所示。

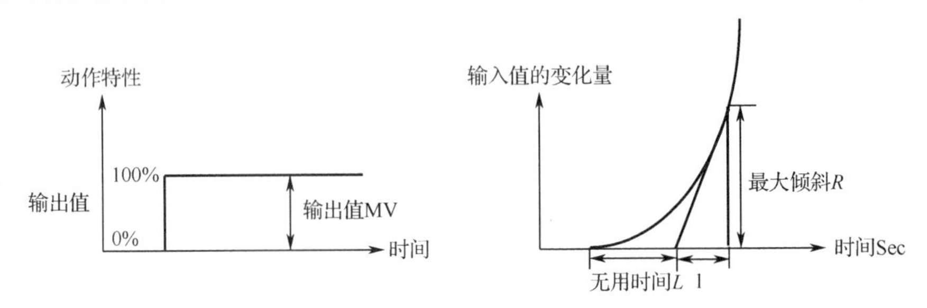

图 4-3-92 用阶跃响应法求 PID 常数

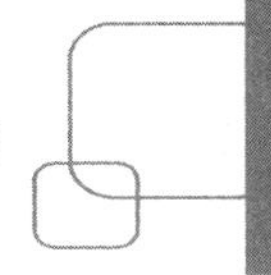

表 4-3-29　动作特性和 3 个常数

	比例增益 *Kp*%	积分时间 T_i×100ms	微分时间 T_d×100ms
仅有比例控制（P 动作）	$\frac{1}{RL}$×输出值（MV）	—	—
PI 控制（PI 动作）	$\frac{0.9}{RL}$×输出值（MV）	$33L$	—
PID 控制（PID 动作）	$\frac{1.2}{RL}$×输出值（MV）	$20L$	$50L$

PID 命令的基本运算公式：PID 指令根据速度形式、测定值微分运算形式进行 PID 运算。PID 控制根据 S3.中指定的动作方向的内容执行正动作或逆动作的运算。假定下列各符号代表的含义如下。

EV_n：本次采样时的偏差
EV_{n-1}：1 个周期前的偏差
SV：目标值
PV_{nf}：本次采样时的测定值（滤波后）
PV_{nf-1}：1 个周期前的测定值（滤波后）
PV_{nf-2}：2 个周期前的测定值（滤波后）
ΔM_V：输出变化值
MV_n：本次的操作量
D_n：本次的微分项
D_{n-1}：1 个周期前的微分项
K_P：比例增益
T_s：采样周期
T_i：积分常数
T_D：微分常数
α_D：微分增益

则控制动作的 PID 运算公式如表 4-3-30 所示。

表 4-3-30　PID 基本运算公式

动 作 方 向	PID 运算公式
正动作	$\Delta M_V = K_P\left\{(EV_n - EV_{n-1}) + \frac{T_s}{T_i}EV_n + D_n\right\}$ $EV_n = PV_{nf} - SV$ $D_n = \frac{T_D}{T_s + \alpha_D T_D}(-2PV_{nf-1} + PV_{nf} + PV_{nf-2}) + \frac{\alpha_D T_D}{T_s + \alpha_D T_D}D_{n-1}$ $MV_n = \Sigma\Delta M_V$
逆动作	$\Delta M_V = K_P\left\{(EV_n - EV_{n-1}) + \frac{T_s}{T_i}EV_n + D_n\right\}$ $EV_n = SV - PV_{nf}$ $D_n = \frac{T_D}{T_s + \alpha_D T_D}(2PV_{nf-1} - PV_{nf} - PV_{nf-2}) + \frac{\alpha_D T_D}{T_s + \alpha_D T_D}D_{n-1}$ $MV_n = \Sigma\Delta M_V$

其中，PV_{nf}根据读入的测定值由公式 4-3-1 求得：

$$PV_{nf} = PV_n + L（PV_{nf-1} - PV_n） \tag{4-3-1}$$

PV_n：本次采样时的测定值；L：滤波系数；PV_{nf-1}：1 个周期前的测定值。

10．浮点运算指令（FNC 110～FNC 147）

浮点数运算指令（FNC 110～FNC 147）用于浮点数的各种运算，如三角函数、开方上下字节交换等指令。

1）ECMP 指令

ECMP（FNC 110）：二进制浮点数比较指令，程序步数 13 步，该指令比较两个二进制浮点数的大小，图 4-3-93 所示程序中，比较 S1.、S2.两个数的大小，将比较结果送入 M0 起始的三个连续目标元件中，S1.>S2.时，M0 置 ON；S1.=S2.时，M1 置 ON；S1.<S2.时，M2 置 ON。

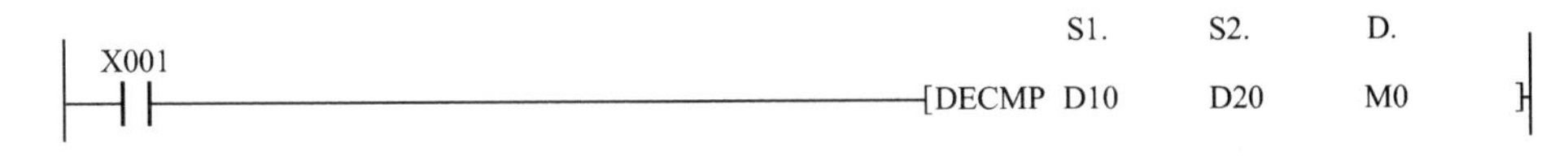

图 4-3-93　二进制浮点数比较指令

2）EZCP 指令

EZCP（FNC 111）：二进制浮点数区间比较指令，程序步数 17 步，图 4-3-94 的程序中，该指令判断浮点数 S.是否在两个二进制浮点数 S1.、S2.的区间范围内，将比较结果送入 M3 起始的三个连续目标软元件中，S1.>S.时，M3 置 ON；S1.≤S.≤S2 时，M4 置 ON；S.>S2 时，M5 置 ON，这里 S1.为区间下限，S2.为区间上限。

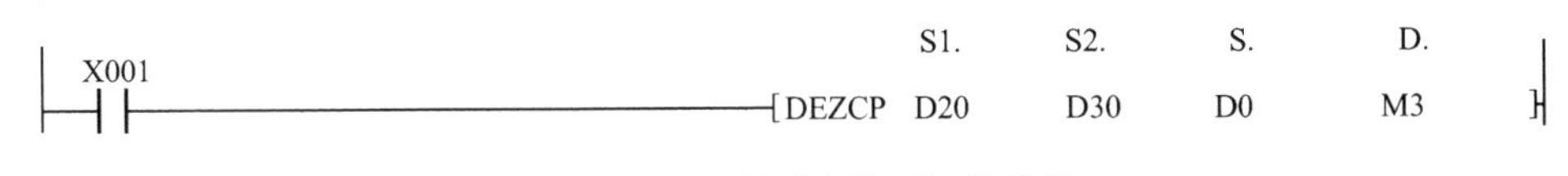

图 4-3-94　二进制浮点数区间比较指令

3）EBCD 指令

EBCD（FNC 118）：二进制浮点数与十进制浮点数的转换指令，程序步数 9 步，该指令完成二进制浮点数→十进制浮点数的转换。

4）EBIN 指令

EBIN（FNC 119）：二进制浮点数与十进制浮点数的转换指令，程序步数 9 步，该指令完成十进制浮点数→二进制浮点数的转换。

在 FX_{2N} PLC 中，为了得到更精确的结果，需要采用浮点数运算。另外，PLC 内部采用二进制浮点数处理，而用户难以判断二进制浮点数，一般要将其转换成十进制浮点数处理。二进制浮点数的格式为：±尾数×$2^{指数}$，十进制浮点数利用编号连续的一对数据寄存器处理。编号小的为尾数段，编号大的为指数段。在本例中，使用数据寄存器（D21、D20）处理十进制浮点数，D21、D20 的最高位为正负符号位，作为 2 的补码处理。十进制浮点数= [尾数 D20] ×$10^{[指数 D21]}$，尾数 D20 的范围：−9999～9999，指数 D21 的范围：−41～+35，十进制浮点数的范围为：1175×$10^{[-41]}$～3402×$10^{[35]}$。

图 4-3-95 的程序中，当按下 X001 时，将存储在 D51、D50 中的二进制浮点数转换成十进制浮点数，存入 D21、D20 中，转换结果如图 4-3-96 所示。当按下 X002 时，将存储在 D21、D20 中的十进制浮点数转换成二进制浮点数，存入 D51、D50 中。

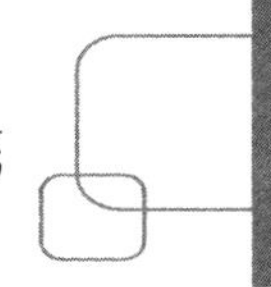

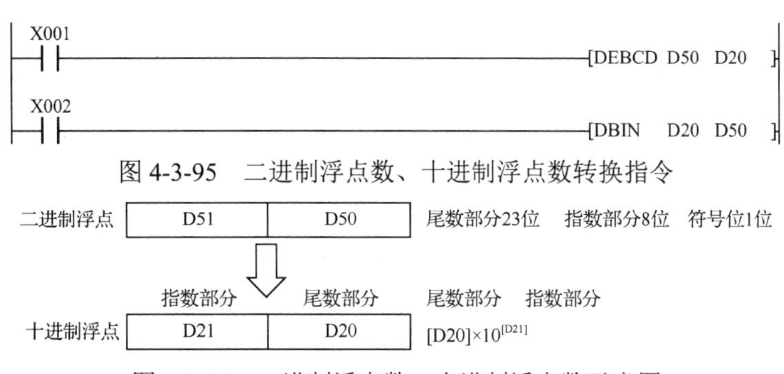

图 4-3-95　二进制浮点数、十进制浮点数转换指令

图 4-3-96　二进制浮点数→十进制浮点数示意图

使用 DEBIN 指令，可使有小数点的数值直接转换为二进制浮点数。例如，将 3.14 转换成二进制浮点数的程序如图 4-3-97 所示。

图 4-3-97　将 3.14 转换成二进制浮点数

5）EADD 指令

EADD（FNC 120）：二进制浮点数加法指令，程序步数 13 步，该指令完成二进制浮点数的加法运算。

6）ESUB 指令

ESUB（FNC 121）：二进制浮点数减法指令，程序步数 13 步，该指令完成二进制浮点数的减法运算。

7）EMUL 指令

EMUL（FNC 122）：二进制浮点数乘法指令，程序步数 13 步，该指令完成二进制浮点数的乘法运算。

8）EDIV 指令

EDIV（FNC 123）：二进制浮点数除法指令，程序步数 13 步，该指令完成二进制浮点数的除法运算。

图 4-3-98 所示的程序，当按下 X001～X004 时，分别进行二进制的加法、减法、乘法、除法四则运算。

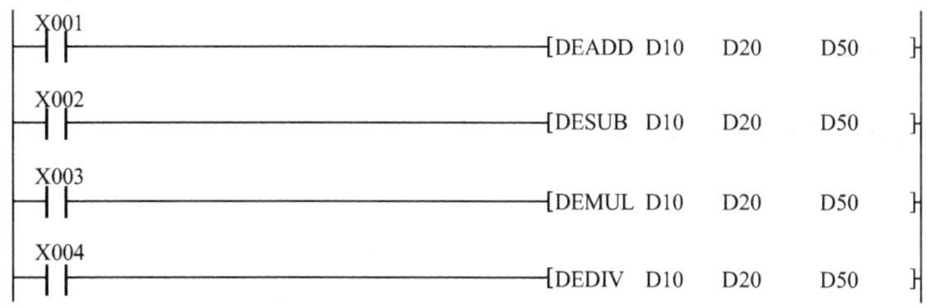

图 4-3-98　二进制浮点数加、减、乘、除运算指令

9）ESQR 指令

ESQR（FNC 127）：二进制浮点数开方指令，程序步数 9 步，该指令完成二进制浮点数的开方运算。图 4-3-99 所示的程序，当按下 X001 时，完成 $\sqrt{D10} \rightarrow D20$ 的运算。

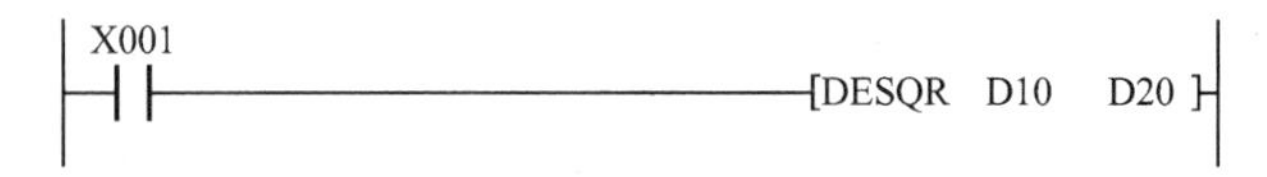

图 4-3-99 二进制浮点数开方运算

10）INT 指令

INT（FNC 129）：二进制浮点数转换成 BIN 整数指令，程序步数 9 步，该指令完成二进制浮点数到 BIN 整数的转换。图 4-3-100 所示的程序，当按下 X001 时，将 D100 中的二进制浮点数转换成 BIN 整数存入 D200 中。

图 4-3-100 二进制浮点数转换成 BIN 整数

11）三角函数指令

SIN（FNC 130）：求二进制浮点数的正弦指令，程序步数 9 步。

COS（FNC 131）：求二进制浮点数的余弦指令，程序步数 9 步。

TAN（FNC 132）：求二进制浮点数的正切指令，程序步数 9 步。

图 4-3-101 所示的程序，当按下 X001 时，分别求 D50 中的正弦、余弦、正切并存入 D60、D70、D80 中。

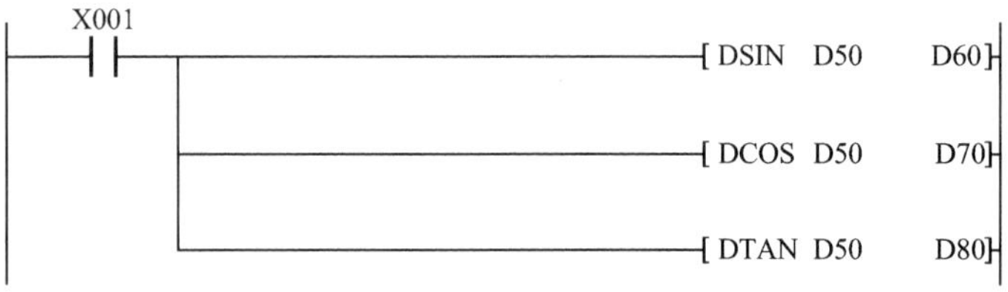

X001
DSIN D50 D60
DCOS D50 D70
DTAN D50 D80

图 4-3-101 二进制浮点数的三角函数运算

12）SWAP 指令

SWAP（FNC 147）：上下字节交换指令，程序步数 5 步，图 4-3-102 所示的程序，当按下 X001 时，将 D10 中的高低 8 位字节互相交换，将 D21、D20 中各个低 8 位与高 8 位互相交换，示意图如图 4-3-103 所示。

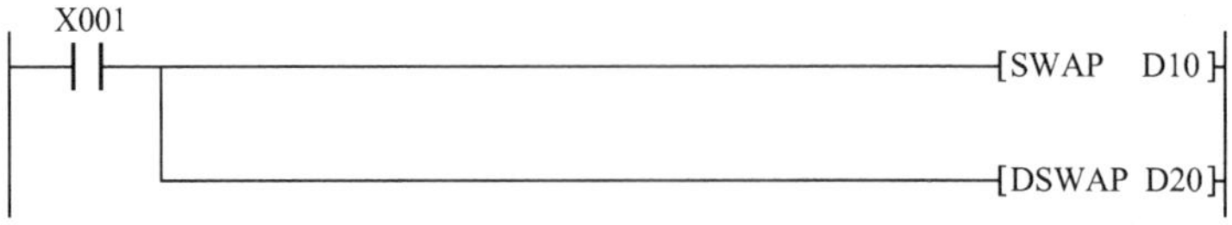

X001
SWAP D10
DSWAP D20

图 4-3-102 上下字节交换指令

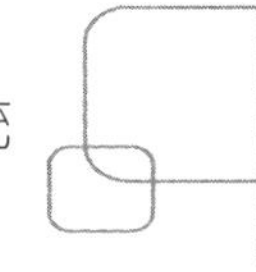

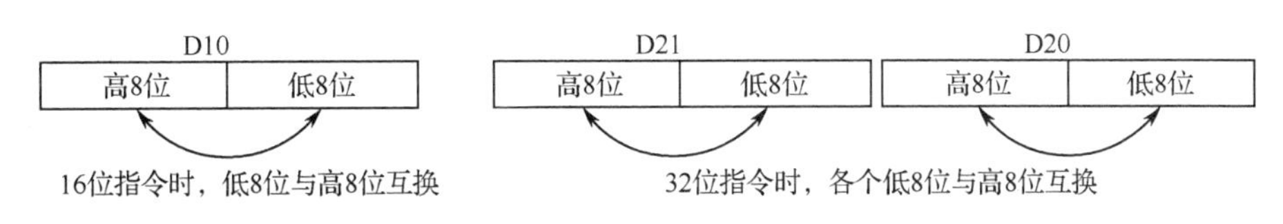

图 4-3-103　SWAP 指令示意图

11．时钟运算指令（FNC 160～FNC 169）

时钟运算指令（FNC 160～FNC 169）是对时钟数据进行运算和比较的指令，它还能对可编程序控制器内置的实时时钟进行时钟校准和时钟数据格式化操作。

1）TCMP 指令

TCMP（FNC 160）：时钟数据比较指令，程序步数 11 步，图 4-3-104 所示的程序，将指定时间（10 小时 30 分钟 50 秒）与预设在 D0 为首地址的时间数据（D0、D1、D2 分别存储时、分、秒）进行比较，将比较结果送入以 M0 为起始的三个连续软元件中。指定时间>预设时间时 M0 置 ON，指定时间=预设时间时 M1 置 ON，指定时间<预设时间时 M2 置 ON。注意："时"的设定范围为 0～23，"分"和"秒"的设定范围为 0～59。

X000　[TCMP　K10　K30　K50　D0　M0]

图 4-3-104　时钟数据比较指令

2）TZCP 指令

TZCP（FNC 161）：时钟数据区域比较指令，程序步数 11 步，图 4-3-105 所示的程序，将预设在 D0 为首地址的时间数据与指定的存储在 D20、D30 为首地址的两个时间区间进行比较，比较结果送入以 M3 为起始的三个连续软元件中。其中 D20 为区间的下限，D30 为区间的上限，预设时间<区间下限时，M3 置 ON，预设时间处于此区段之间时，M4 置 ON，预设时间>区段上限时，M5 置 ON。时钟数据区域比较示意图如图 4-3-106 所示。

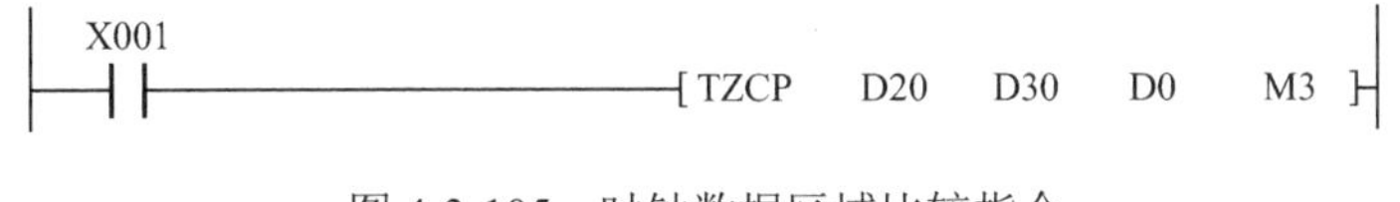

图 4-3-105　时钟数据区域比较指令

3）TADD 指令

TADD（FNC 162）：时钟数据加法指令，程序步数 7 步，图 4-3-107 所示的程序，将存储在以 D10 为起始的时间数据和以 D20 为起始的时间数据相加，结果存入以 D30 为起始的三个连续数据寄存器中。当运算结果超过 24 小时时，进位标志位 M8022 置 ON，将进行加法运算的结果减去 24 小时后，将该值作为运算结果保存，当运算结果为 0（0 时 0 分 0 秒）时，零标志位变为 ON，时钟数据加法运算的示意图如图 4-3-108 所示。

4）TSUB 指令

TSUB（FNC 163）：时钟数据减法指令，程序步数 7 步，图 4-3-109 所示的程序，将存

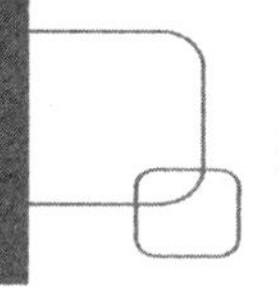

储在以 D10 为起始的时间数据和以 D20 为起始的时间数据相减，结果存入为 D30 为起始的三个连续数据寄存器中。当运算结果超过 0 小时后，借位标志位 M8021 变为 ON，将进行减法运算的结果加上 24 小时后，将该值作为运算结果保存，当运算结果为 0（0 时 0 分 0 秒）时，零标志位变为 ON，时钟数据减法运算的示意图如图 4-3-110 所示。

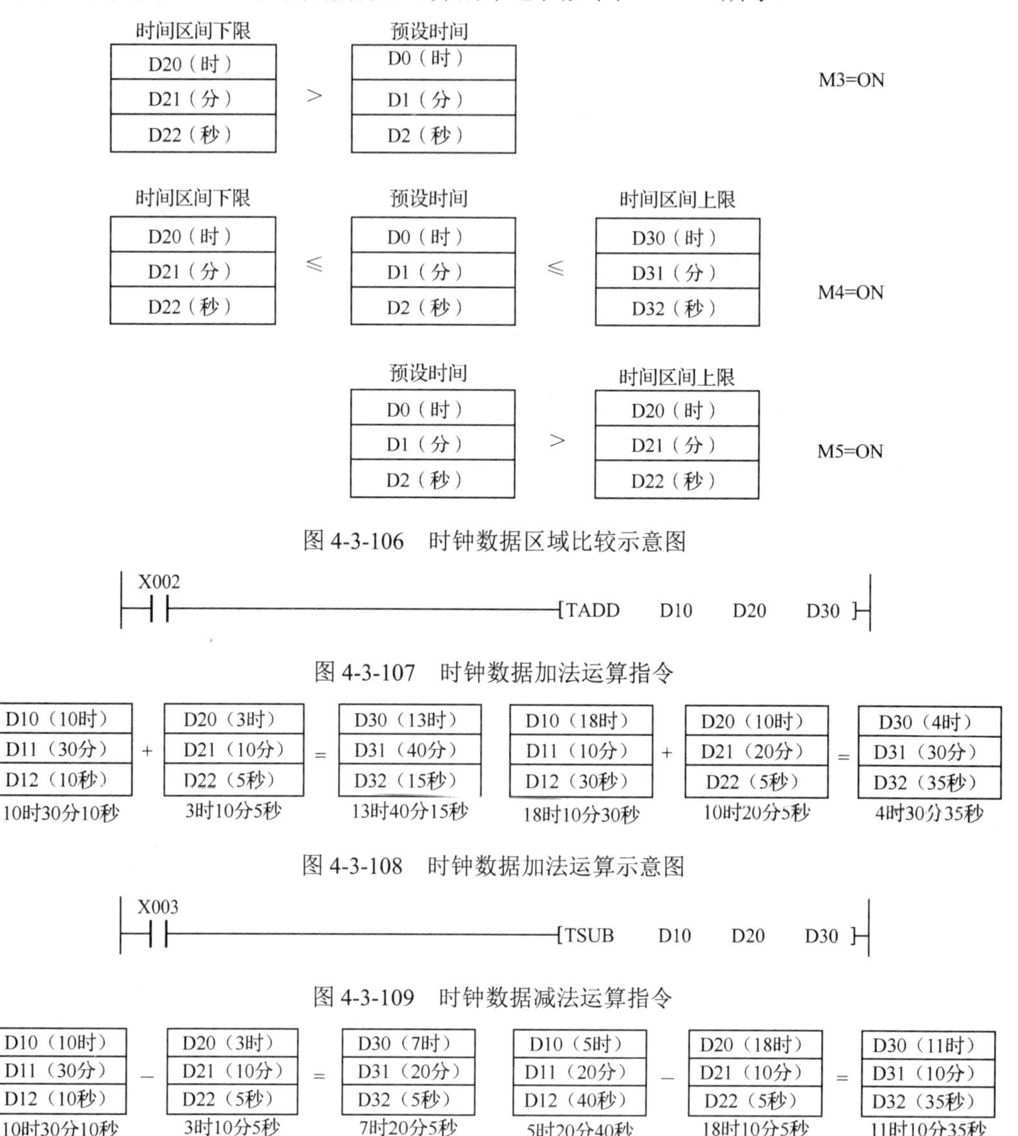

图 4-3-106　时钟数据区域比较示意图

图 4-3-107　时钟数据加法运算指令

图 4-3-108　时钟数据加法运算示意图

图 4-3-109　时钟数据减法运算指令

图 4-3-110　时钟数据减法运算示意图

5）TRD 指令

TRD（FNC 166）：时钟数据读取指令，如图 4-3-111 所示，程序步数 11 步，将可编程序控制器实时时钟的时钟数据读入数据寄存器中的指令。按照图 4-3-112 格式读取可编程序控制器中的实时时钟的时钟数据，读取源为保存时钟数据的特殊数据寄存器（D8013～D8019），D8018（年）可以切换为 4 位模式。

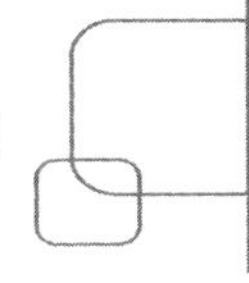

图 4-3-111　时钟数据读取指令

	元件	项目	时钟数据		元件	项目
特殊数据寄存器实时时钟用	D8018	年（公历）	0～99公历后两位	→	D0	年（公历）
	D8017	月		→	D1	月
	D8016	日		→	D2	日
	D8015	时		→	D3	时
	D8014	分		→	D4	分
	D8013	秒		→	D5	秒
	D8019	星期	0（日）～6（六）	→	D6	星期

图 4-3-112　可编程序控制器实时时钟读取示意图

6）TWR 指令

TWR（FNC 167）：时钟数据写入指令，程序步数 11 步，将时钟数据写入可编程序控制器的实时时钟的指令，如图 4-3-113 所示。为了写入时钟数据，必须预先设定由 D10 指定的元件地址号起始的 7 点元件，如图 4-3-114 所示。

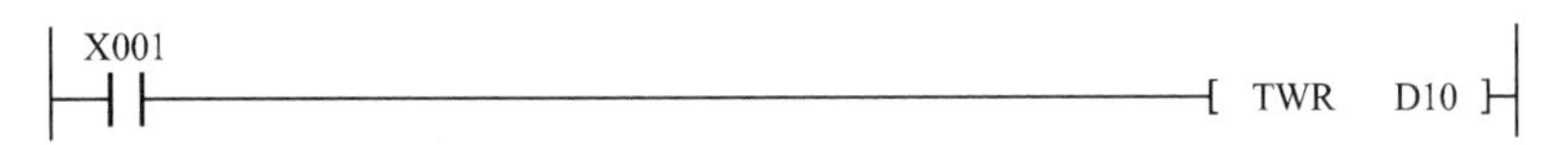

图 4-3-113　时钟数据写入指令

	元件	项目	时钟数据		元件	项目	
时钟设定用数据	D10	年（公历）	0～99公历后两位	→	D8018	年（公历）	特殊数据寄存器实时时钟用
	D11	月	1～12	→	D8017	月	
	D12	日	1～31	→	D8016	日	
	D13	时	0～23	→	D8015	时	
	D14	分	0～59	→	D8014	分	
	D15	秒	0～59	→	D8013	秒	
	D16	星期	0（日）～6（六）	→	D8019	星期	

图 4-3-114　时钟数据写入示意图

7）HOUR 指令

HOUR（FNC 169）：计时表指令，程序步数 7 步，图 4-3-115 所示的程序，当 X000 接通时间超过 300 小时时，Y005 变为 ON，其中 S1.以小时为单位指定使 D2.变为 ON 的时间，D1.以小时为单位存储当前值，D1.+1 存储不满 1 个小时的当前值（以秒为单位），D2.存储报警输出地址（当前值 D1.超过 S.指定的时间时变为 ON，本例中，Y005 在 300 小时+1 秒时置 ON，不满 1 小时的当前值以秒为单位保存在 D201 中）。

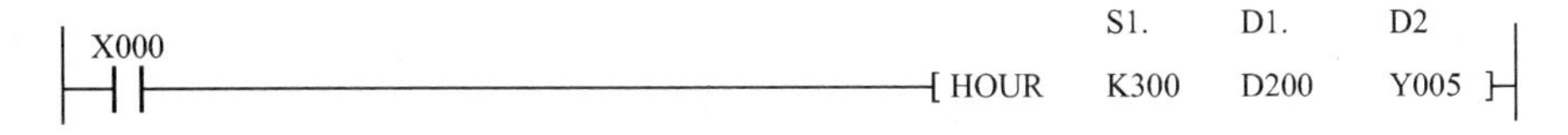

图 4-3-115　计时表指令

若使用普通的数据寄存器，当可编程序控制器的电源被切断或进行 STOP→RUN 的操作时，当前值数据被清除。因此为了能在切断可编程序控制器的电源后仍能使用当前值数据，应指定 D1.为停电保持用数据寄存器。

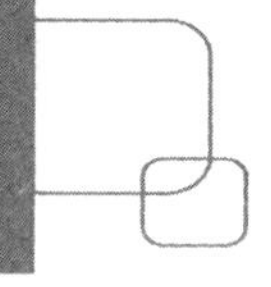

12．格雷码变换指令（FNC 170～FNC 179）

格雷码变换指令（FNC 170～FNC 179）是用于绝对型（绝对位置）旋转编码器的格雷码的转换及模拟模块的专用指令。

1）GRY 指令

GRY（FNC 170）：GRY 变换指令，如图 4-3-116 所示，程序步数 5 步，将 BIN 数据变换为格雷码并传送，16 位指令时源 S1.的范围为 0～32767，32 位指令 DGRY 的范围为 0～2147483647。

```
 X000
─┤├──────────────────────[ GRY   K1234   K3Y010 ]
```

图 4-3-116　GRY 指令

2）GBIN 指令

GBIN（FNC 171）：GBIN 变换指令，程序步数 5 步，格雷码逆变换指令，16 位指令时源 S1.的范围为 0～32767，32 位指令 DGRY 的范围 0～2147483647。图 4-3-117 所示的程序，将 X0～X013 中的 GRY 码转换成 BIN 数据并传送至 D10 中保存，用于格雷码方式编码器的绝对位置检测，对于源数据，16 位指令时范围为 0～32767，32 位指令时范围为 0～2147483647。

```
 X020
─┤├──────────────────────[ GBIN   K3X000   D10 ]
```

图 4-3-117　GBIN 指令

3）RD3A 指令

RD3A（FNC 176）：模拟量模块读取，FX_{2N} PLC 机型不支持。

4）WR3A 指令

WR3A（FNC 177）：模拟量模块写入，FX_{2N} PLC 机型不支持。

13．触点比较指令（FNC 224～FNC 246）

触点比较指令（FNC 224～FNC 246）是使用 LD、AND、OR 触点符号进行触点比较的指令。触点比较指令是具有逻辑运算功能的指令，分为单字比较（16 位数据比较）指令和双字比较（32 位数据比较）指令。比较时，要用到“=、<>、>、>=、<、<=”六种比较运算符中的一种，单字比较由 LD、AND、OR 三个命令和六种比较运算符共组合成 18 条指令，双字比较由 LDD、ANDD、ORD 三个命令和六种比较运算符共组合成 18 条指令，其组合情况如表 4-3-31 所示。

表 4-3-31　比较指令的组合

类　别	功 能 号	16 位指令	32 位指令	导 通 条 件
触点比较指令——运算开始（12 条）	224	LD=	LDD=	S1.=S2.
	225	LD>	LDD>	S1.>S2.
	226	LD<	LDD<	S1.<S2.
	227	LD<>	LDD<>	S1.≠S2.
	228	LD≤	LDD≤	S1.≥S2.
	229	LD≥	LDD≥	S1.≥S2.
触点比较指令——串联连接（12 条）	232	AND =	AND D=	S1.=S2.
	233	AND>	AND D>	S1.>S2.
	234	AND<	AND D<	S1.<S2.
	236	AND <>	AND D<>	S1.≠S2.
	237	AND≤	AND D≤	S1.≥S2.
	238	AND≥	AND D≥	S1.≥S2.
触点比较指令——并联连接（12 条）	240	OR=	OR D=	S1.=S2.
	241	OR >	OR D>	S1.>S2.
	242	OR <	OR D<	S1.<S2.
	244	OR <>	OR D<>	S1.≠S2.
	245	OR≤	OR D≤	S1.≥S2.
	246	OR≥	OR D≥	S1.≥S2.

触点数据比较指令的功能是对源数据进行 BIN 数据比较，其中 LD 是连接左母线的触点比较指令，AND 是串联触点的比较指令，OR 是并联触点的比较指令。

图 4-3-118 所示的程序，当计数器 C10 的当前值为 200 时，驱动 Y000。当 D200 的值大于-29 且 X001 处于 ON 时，置位 Y001。当计数器 C200 的值大于 678493 时，或者 M3 处于 ON 时，Y002 接通。

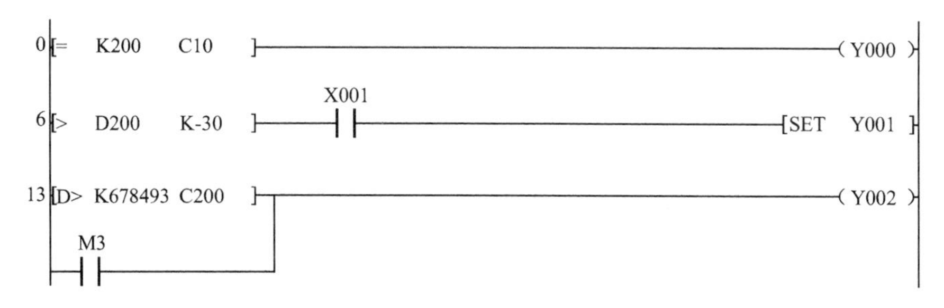

图 4-3-118　LD 触点比较指令

注意：

（1）当源数据的最高位（16 位指令的 bit15，32 位指令的 bit31）为 1 时，将该数值作为负数进行比较。

（2）32 位计数器的比较，必须以 32 位指令来进行，若指定 16 位指令时，会导致程序出错或运算错误。在处理 32 位数据时，如果指定低 16 位区为 S1.，则高 16 位区自动指定 S1+1.)。

图 4-3-119 所示的程序，当 X000 处于 ON，且计数器 C10 的当前值为 200 时，驱动 Y010。X001 断开且当 D0 的内容不等于-10 时，置位 Y011。当 X002 处于 ON 且计数器 C200 的内容大于 678493 时，或者 M3 处于 ON 时，Y002 接通。

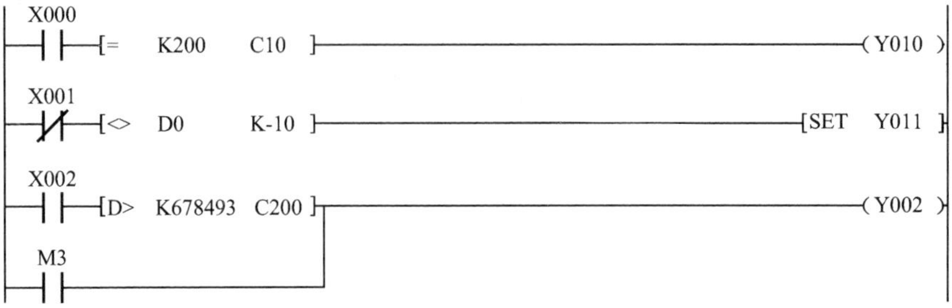

```
 X000
─┤├─[=    K200     C10  ]──────────────(Y010 )
 X001
─┤/├─[<>  D0       K-10 ]──────────[SET  Y011 ]
 X002
─┤├─[D>   K678493  C200 ]─┬────────────(Y002 )
 M3                       │
─┤├───────────────────────┘
```

图 4-3-119　AND 触点比较指令

图 4-3-120 所示的程序，当 X001 处于 ON，或计数器 C10 的当前值为 200 时，Y004 置位。当 X002 接通且 M30 接通，或当 D100 中的内容大于 K100000 时，M60 接通。

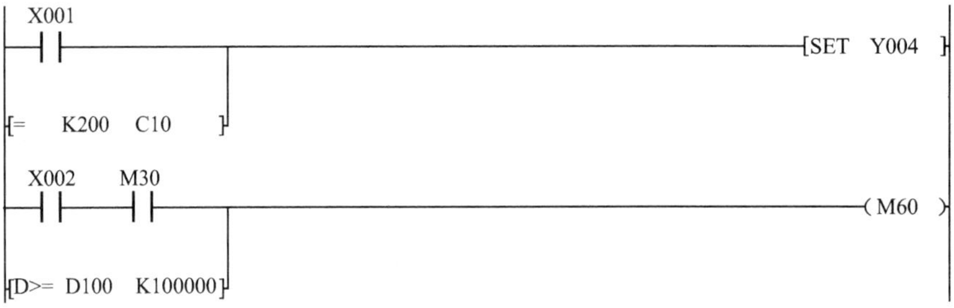

```
 X001
─┤├──────────────┬─────────────[SET  Y004 ]
                 │
[=    K200   C10 ]
 X002    M30
─┤├─────┤├───────┬─────────────────(M60 )
                 │
[D>=  D100   K100000]
```

图 4-3-120　OR 触点比较指令

习　　题

4-1　填空题

（1）按工作方式分，三菱定时器可分为________定时器和________定时器两种，编号为 T0～T255 的定时器是________定时器，其中编号为 T0～T199 的定时器，最大定时长度是________。

（2）高级指令由________、________、________三部分组成，高级指令的执行必须有________。

（3）K2X0 表示________单元________位数据，由起始元件________（最低位）开始组成的位元件组________～________。

（4）一组栈操作指令中，________、________只能使用一次，________可以使用多次。

（5）特殊辅助继电器 M8000 表示________，M8002 表示________，M8004 表示

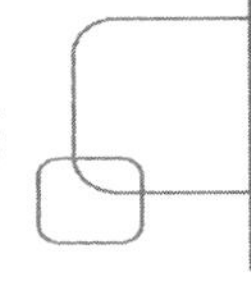

________，M8009 表示________，M8011 表示________，M8020 表示________，M8059 表示________。

（6）用步进梯形图指令________编写的程序叫步进梯形图程序。一个步进程序可能有多个步进过程，但一个完整的步进过程是从________指令开始，到下一个________指令结束。

4-2　判断题

（1）子程序可以嵌套，但最多只允许 5 层。（　　）

（2）在一个程序中，一个指针标号只能出现 1 次。（　　）

（3）FOR-NEXT 构成循环指令，循环指令允许嵌套，但最多只允许 3 层。（　　）

（4）X、Y、M、S 等称为位元件，T、C、D 等称为字元件。（　　）

（5）应用指令有连续执行型和脉冲执行型两种，助记符中没有“P”的指令是脉冲执行型。（　　）

（6）中断指令不允许嵌套。（　　）

（7）在执行完所有 STL 指令后，为防止出现逻辑错误，一定要使用 RET 指令。（　　）

（8）MC、MCR 主控指令对允许嵌套，但最多不能超过 8 级。（　　）

（9）MPS、MPP 指令必须成对使用，而且连续使用次数不能超过 8 次。（　　）

（10）三菱定时器是一种延时 ON 的定时器，即当定时时间到时，线圈得电。（　　）

4-3　根据图 T4-3 所示梯形图程序写出对应的助记符程序。

图 T4-3

4-4　分析图 T4-4 所示梯形图程序，画出输出时序图，并写出指令表。

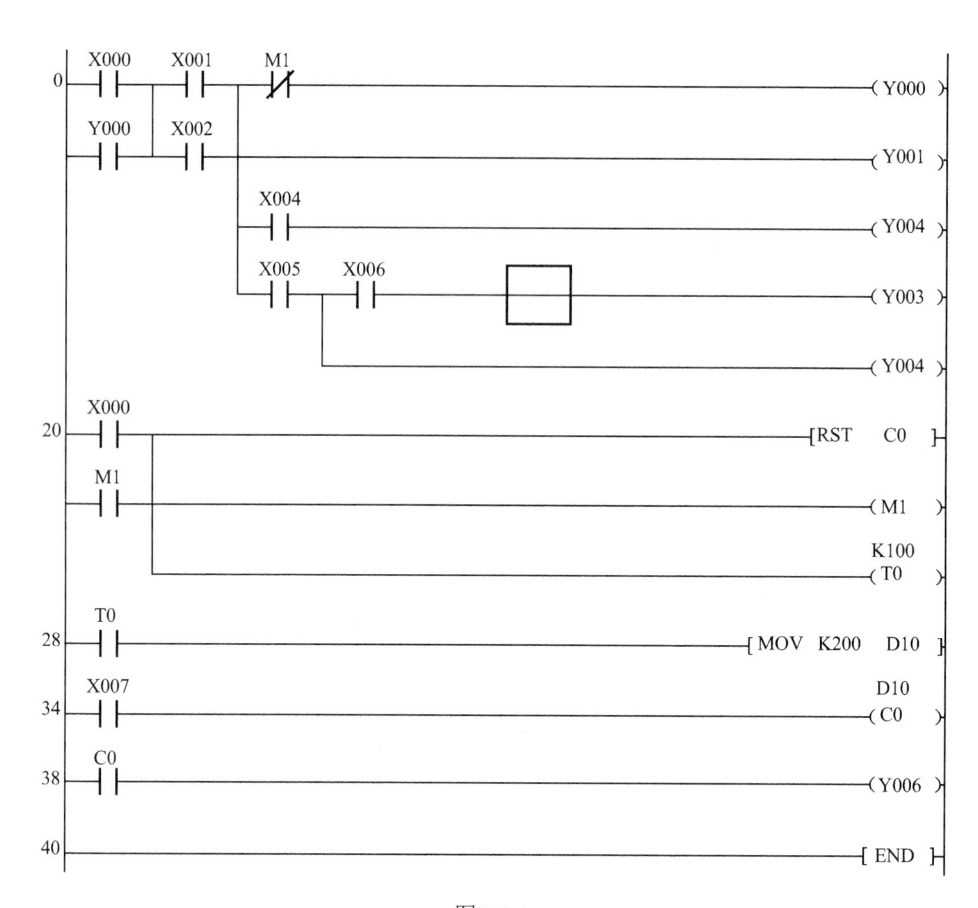

图 T4-4

4-5 完成下式的计算

（8765+1234）*2/125

要求：

① X001=ON 时计算，X000=ON 时全清零。

② 观察是否有余数，整数结果存入 DT0 起始的地址中。

4-6 假设数据寄存器（DT0）=HAAA、（DT1）=H555、（DT2）=H999，试将（DT0）和（DT1）中的数据进行交换，（DT2）中的数据高低 8 位进行交换。

4-7 设计一个 6 分频、16 分频的程序。

第5章　PLC 编程技术

5.1　PLC 编程原则

编写 PLC 程序，一般应该遵循以下基本原则。

（1）梯形图每一行都从左母线开始，线圈接在最右边，接点不能放在线圈的右边，如图 5-1-1（a）所示。在继电器控制系统中，热继电器的接点可以加在线圈的右边，而 PLC 的梯形图是不允许的，如图 5-1-1（b）所示，在三菱 GX Developer 软件中会弹出“编辑的位置不合适”的提示框。

图 5-1-1（a）　线圈必须接在最右边

图 5-1-1（b）　“编辑的位置不合适”的提示框

（2）线圈不能直接和左母线相连（STL 指令除外）。如果需要，可以加上一个没有使用的内部继电器常闭接点，或者通过特殊内部继电器 M8001（常闭继电器）来连接，如图 5-1-2 所示。若出现这种情况，在三菱 GX Developer 软件中，会提示修正光标的位置，如图 5-1-3 所示。

图 5-1-2　线圈不能直接和左母线相连

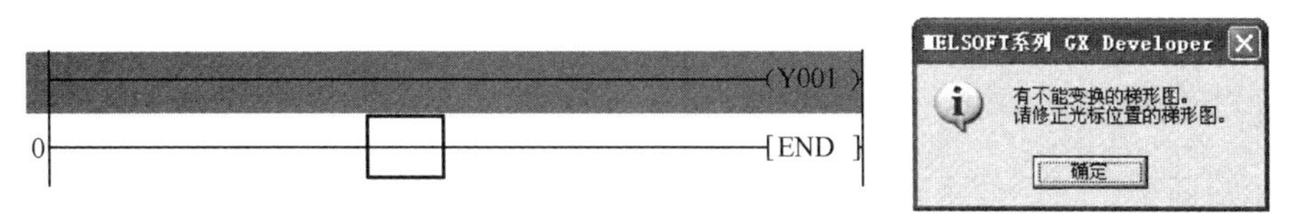

图 5-1-3　线圈和左母线连接时提示修正光标的位置

（3）外部输入/输出继电器、内部继电器、定时器、计数器等器件的接点可多次重复使用，如图 5-1-4 所示。同一编号的线圈在一个程序中不能使用两次（STL 指令除外），否则会引起“双线圈输出错误”，如图 5-1-5 所示。

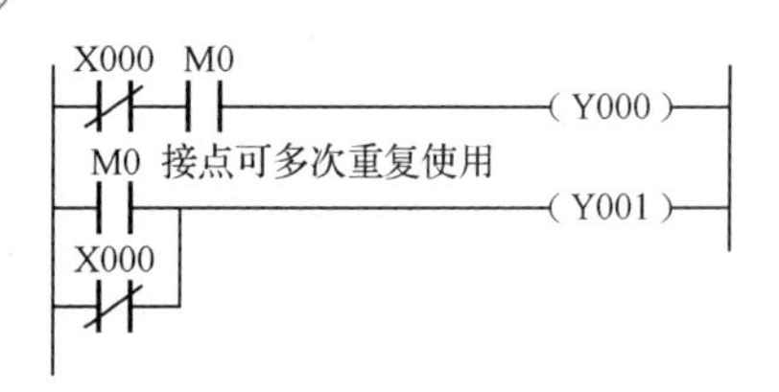

图 5-1-4　接点可多次重复使用

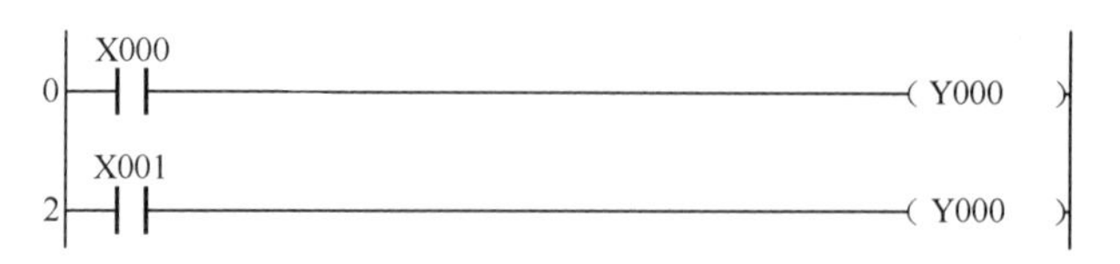

图 5-1-5　双线圈输出错误

需要注意的是，在三菱 PLC 中，双线圈的梯形图程序编译时可以通过，但只有最后一个触点有效，图 5-1-5 所示的程序经过编译后没有出错，但只有触点 X001 对线圈 Y000 有效，图 5-1-6（a）是触点 X000 接通的情况，线圈 Y000 没被触发，图 5-1-6（b）是触点 X001 接通的情况，线圈 Y000 被触发。

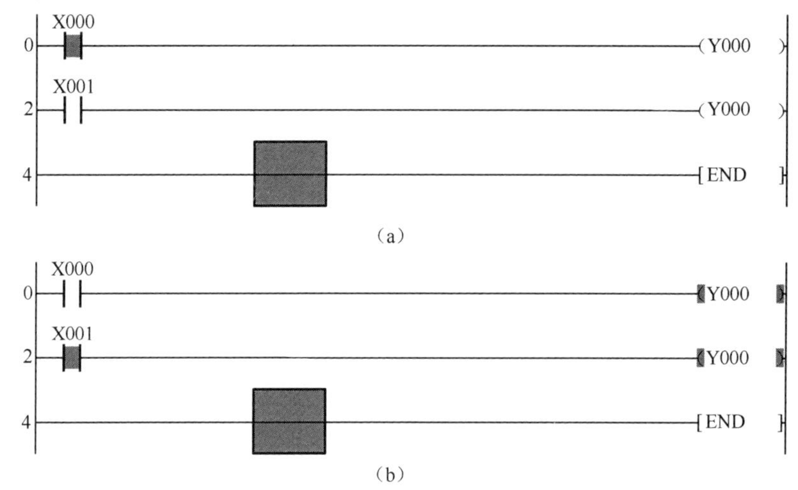

图 5-1-6　双线圈编写结果

（4）梯形图程序必须符合顺序执行的原则，即从左到右、从上到下地执行，如图 5-1-7 所示的“混联”桥式电路不能直接编程，图 5-1-8 是将“混联”桥式电路化简后的可用电路。

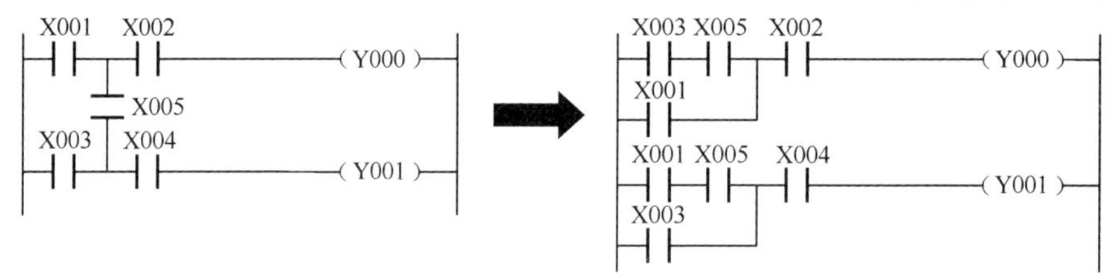

图 5-1-7　桥式电路不能直接编程　　　　图 5-1-8　化简后的可用电路

（5）梯形图程序中对串/并联接点的使用次数无限制，两个或两个以上的线圈可以并联但不能串联，如图 5-1-9 和图 5-1-10 所示。

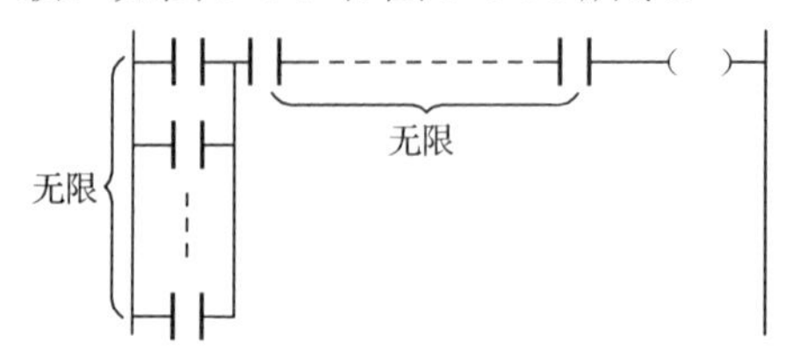

图 5-1-9　串/并联接点可以无限地使用

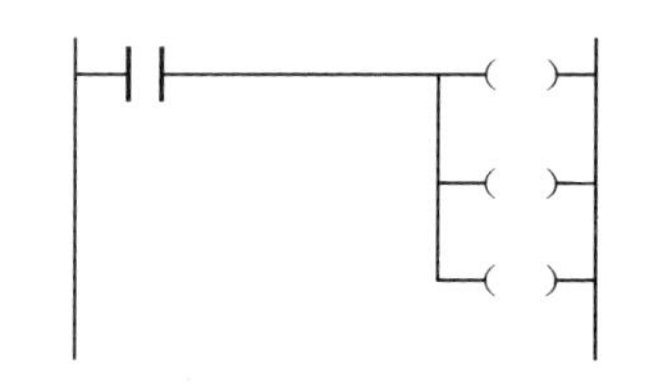

图 5-1-10　线圈可以并联输出

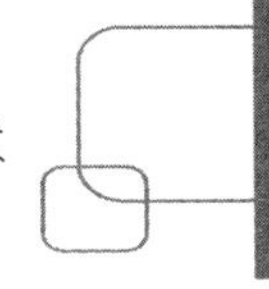

（6）梯形图程序最好遵循“头重脚轻、左重右轻”的原则，这样的梯形图美观、整洁、符合结构化程序设计的要求，图 5-1-11 是将一个层级电路化简为多支路电路的程序。

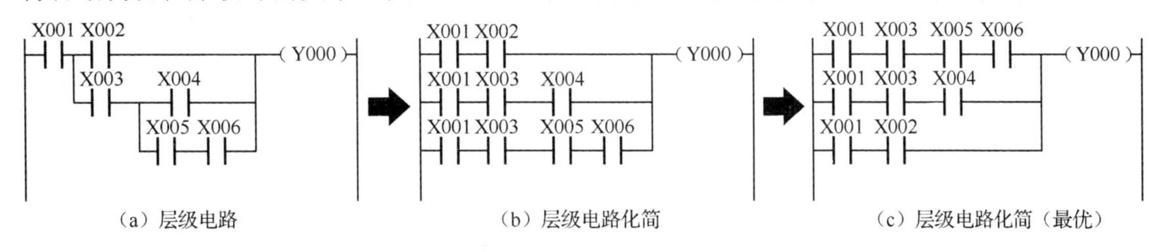

图 5-1-11　化简层级电路为多支路电路

5.2　PLC 基本编程电路

一个大型的程序往往由一些简单、典型的基本功能程序组成。掌握这些基本功能程序的设计原理和编程技巧，对于编写大型的、复杂的应用程序是非常有利的。下面介绍一些常见的 PLC 基本编程电路。

5.2.1　自锁电路（启动复位电路）

自锁电路是 PLC 控制电路中最基本的常用电路，常用于实现 PLC 系统的启动、停止与保持，在图 5-2-1（a）中，触点 X000 闭合，Y000 接通，即使触点 X000 再断开，Y000 也处于保持接通的状态，从而达到自保持的目的。触点 X001 接通，Y000 断开，失去自保持功能。

自锁电路也叫自保持电路，X000 叫作启动按钮，X001 叫作复位按钮，所以，也有人把自锁电路叫作启动复位电路。自锁电路可分为复位优先和启动优先两种。图 5-2-1 所示电路为复位优先式，即只要复位按钮 X001 有效，不管启动按钮 X000 状态如何，Y000 均不接通。启动优先式电路中，只要启动按钮 X000 有效，则不管复位按钮 X001 状态如何，Y000 均接通。

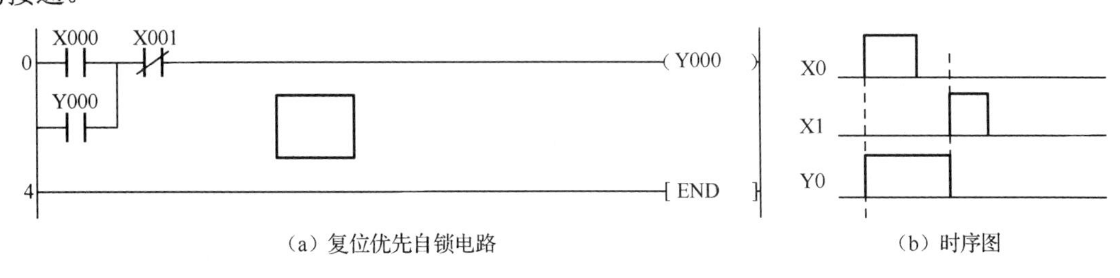

图 5-2-1　自锁电路及时序图

5.2.2　互锁电路

所谓互锁控制，是指在自锁控制电路之间有互相封锁的控制关系，启动其中的一个自锁控制电路，其他控制电路就不能再启动了，即受到已启动电路的封锁。只有将已启动电路卸荷，其他的控制电路才能被启动。如在图 5-2-2 所示的控制电动机的正反转电路程序中，若先闭合 X000，正转 M0 接通，则反转 M1 不能被接通。反之，若先闭合 X002，反转 M1 接通，则正转 M0 不能被接通。也就是说，两个启动控制回路的任何一个启动之后，另一个启动控制回路就不能被接通，从而达到互锁，控制电动机不能同时正反转。互锁电路的程序编制，可以通过在一个自锁回路中串联其他输出继电器、保持继电器的常闭触点来实现。

互锁电路也分复位优先和启动优先两种，图 5-2-2 所示是复位优先互锁电路及时序图，图 5-2-3 所示是启动优先互锁电路。

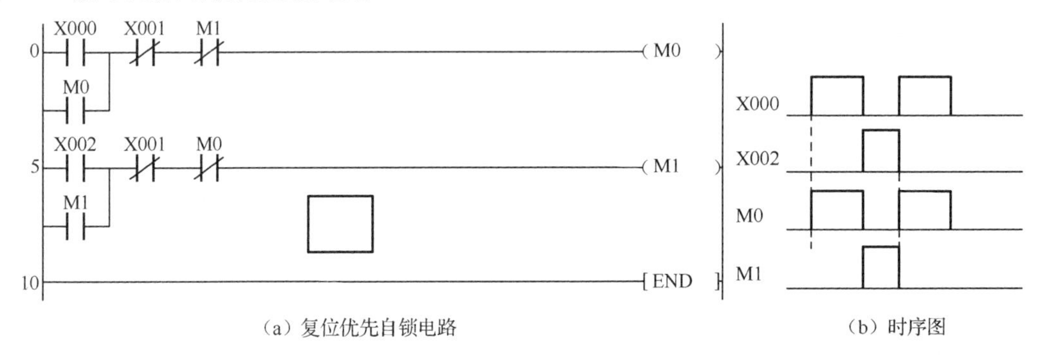

（a）复位优先自锁电路　（b）时序图

图 5-2-2　复位优先互锁电路及时序图

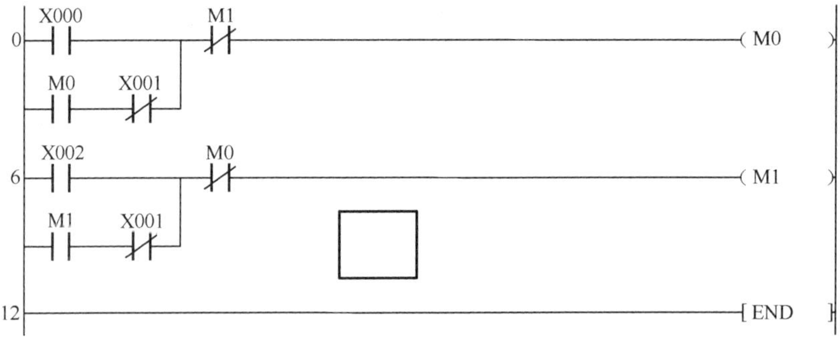

图 5-2-3　启动优先互锁电路

一种互为发生条件的互锁电路，如图 5-2-4 所示。输出继电器 Y001 的常开触点串联在 Y002 回路中，只有 Y001 接通才允许 Y002 接通。Y001 关断时 Y002 也被同时关断，Y001 接通是 Y002 自行启动和停止的条件。

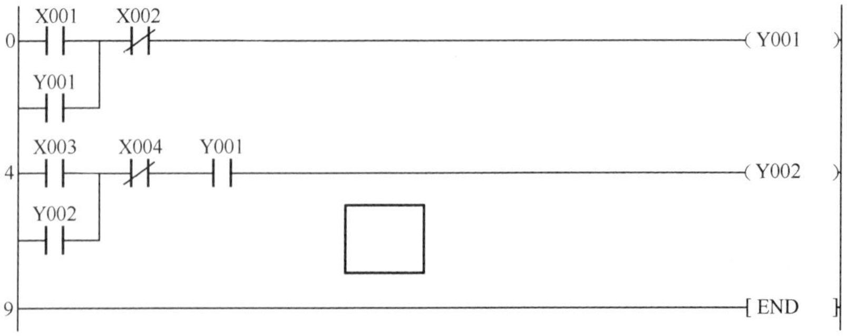

图 5-2-4　互为发生条件的互锁电路

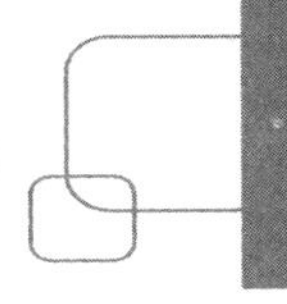

5.2.3　分频电路

在 PLC 应用系统中，许多场合要用到分频电路，如采用二分频、三分频等不同的分频电路来实现不同频率的灯光闪烁。图 5-2-5 是使用交替输出指令 ALT 构成的二分频电路，该指令使输出触点交替接通和断开。当 X000 接通时，Y000 接通，当 X000 再次接通时，Y000 断开，其时序图如图 5-2-5（b）所示。图 5-2-6 是三分频电路，当 X000 接通时，Y000 接通，C0 计数，当 C0 计数三次时，Y001 接通，结果 Y001 的周期是 Y000 的三倍，频率是 Y000 的 1/3，从而实现三分频，其时序图如图 5-2-6（b）所示。

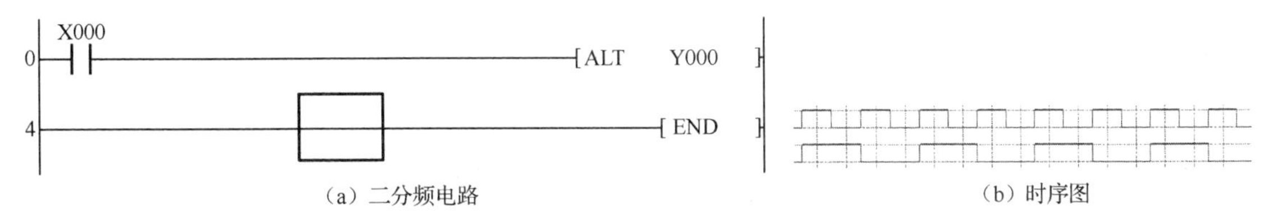

（a）二分频电路　　（b）时序图

图 5-2-5　二分频电路（ALT 交替输出）及时序图

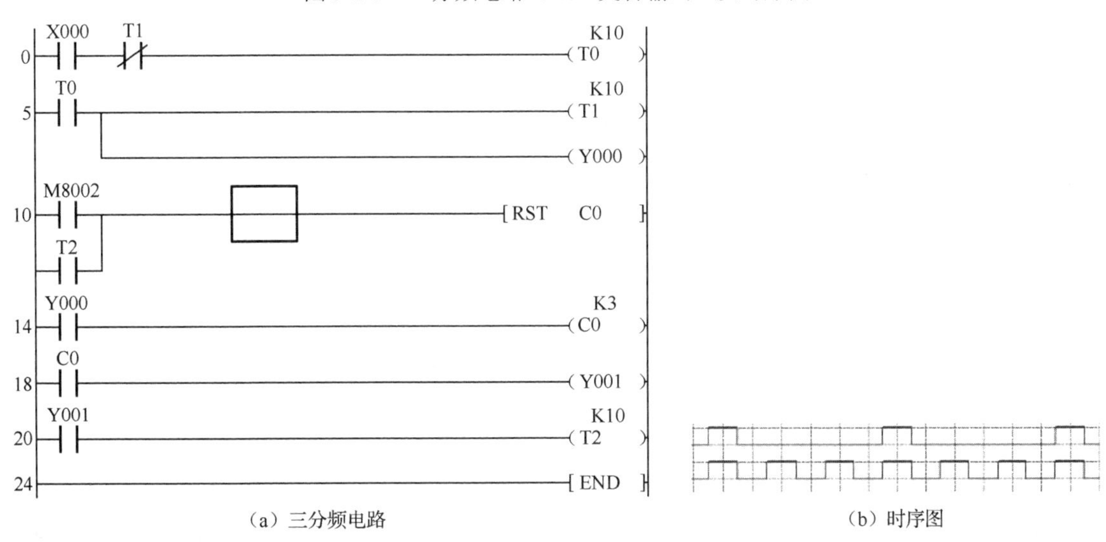

（a）三分频电路　　（b）时序图

图 5-2-6　三分频电路及时序图

5.2.4　时间控制电路

在控制系统中，如果某道工序对时间有要求，就需要编写时间控制电路。时间控制电路是 PLC 控制系统中经常用到的电路之一。实现时间控制电路首先就要想到定时器，除此之外，还可以采用非定时器的方式实现（如用标准时钟脉冲实现）。时间控制电路根据延时后的通断方式可分成延时 ON 和延时 OFF 两种，根据定时长短可分为普通定时和长定时两种。

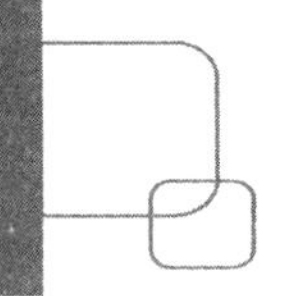

1．延时ON与延时OFF电路

三菱系列 PLC 中的定时器都是通电延时 ON 电路，即定时器输入信号一经接通，定时器的设定值不断减 1，当设定值减为零时，定时器才有输出，此时定时器的常开触点闭合，常闭触点打开。当定时器输入断开时，定时器复位，由当前值恢复到设定值，其输出的常开触点断开，常闭触点闭合。

如图 5-2-7 所示是一个延时 ON 电路，按下 X000 按钮后，需要经过 2s Y000 才会 ON。通过程序编制也可以实现延时 OFF 控制，图 5-2-8 就是一个延时 OFF 电路，此电路在按下 X000 后，Y000 接通，经过 2s 后 Y000 断开。

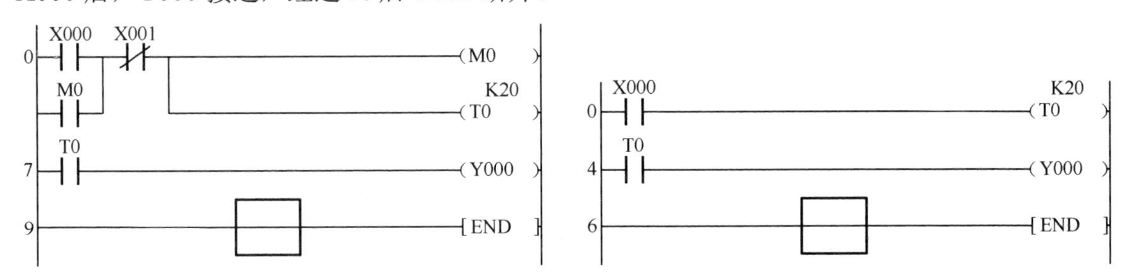

图 5-2-7　延时 ON 电路

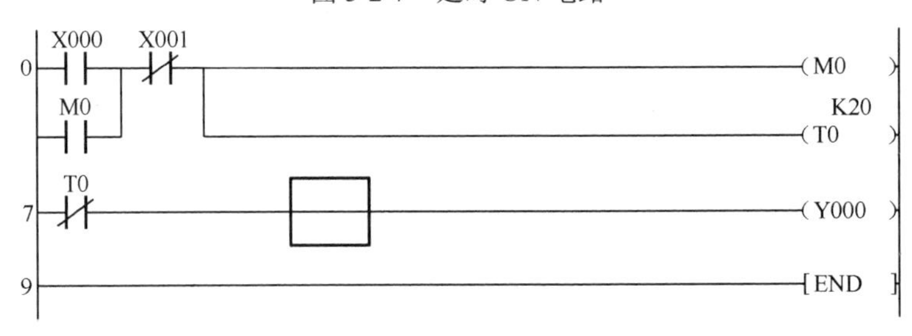

图 5-2-8　延时 OFF 电路

2．利用时钟继电器实现的时间控制电路

实现时间控制不仅可以用 T0～T255 等定时器，也可以用时钟继电器。三菱 FX 系列 PLC 一共有四种标准的时钟继电器。表 5-2-1 列出了 FX 系列时钟继电器的位地址、名称和功能。图 5-2-9 是使用时钟继电器 M8012 设计的时间控制电路，这个电路可以产生占空比为 1∶1、周期为 2s 的周期性方波信号。

表 5-2-1　三菱 FX 系列时钟继电器功能表

位 地 址	名　称	功　能
M8011	0.01s（10ms）时钟继电器	以 0.01s 为周期重复占空比为 1∶1 的通断动作
M8012	0.1s（100ms）时钟继电器	以 0.1s 为周期重复占空比为 1∶1 的通断动作
M8013	1s 时钟继电器	以 1s 为周期重复占空比为 1∶1 的通断动作
M8014	1min 时钟继电器	以 1min 为周期重复占空比为 1∶1 的通断动作

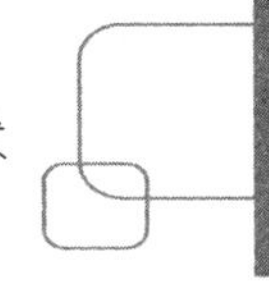

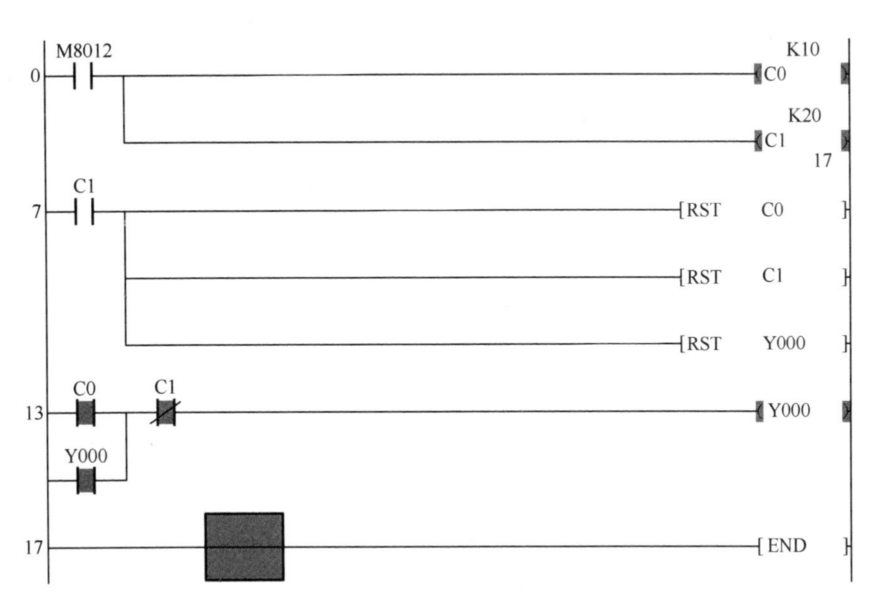

图 5-2-9　使用时钟继电器设计的时间控制电路

3．长定时电路

时间控制电路一般用定时器来实现，但 FX 系列 PLC 中无论积算型定时器还是非积算型定时器，可定时最大时间长度均为 3276.7s，如果需要控制的时间超过此时间长度，就需要编制这种长定时电路。

图 5-2-10 是用定时器和计数器结合来编写的长定时电路，定时的长度是 100×20×0.1s，即 Y000 要 200s 后才会接通。

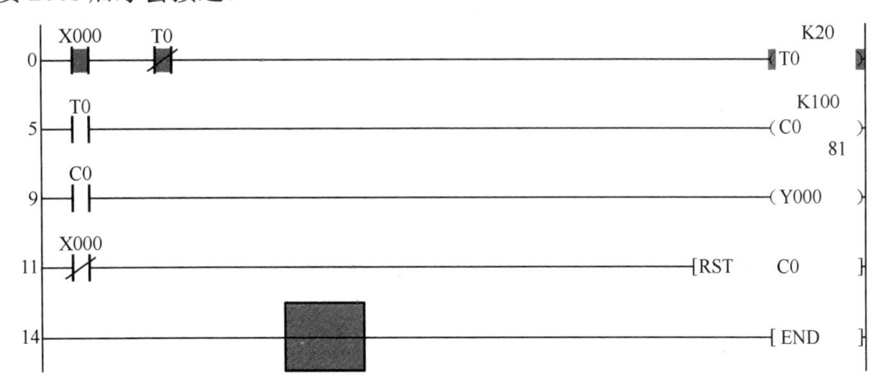

图 5-2-10　长定时电路——定时器和计数器结合

图 5-2-11 是用 2 个计数器结合 M8014 时钟继电器来编写的长定时电路，定时的长度达 20×30min，Y000 要 10 小时后才会接通，可见其定时长度已超过了只使用定时器的范围。

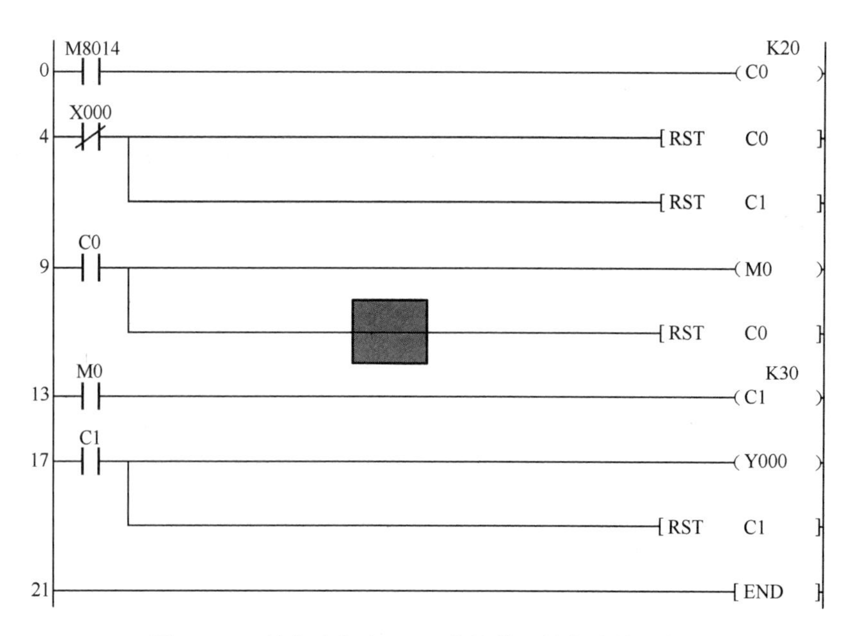

图 5-2-11　长定时电路——2 个计数器结合时钟继电器

4．利用定时器串/并联构建时间控制电路

1）定时器串联构建的时间控制电路

定时器串联，排在前面的定时器先接通，排在前面的定时器相当于排在后面的定时器的一个延时常开触点。当后面的一个定时器接通时，所延长的时间是前面定时器定时长度和后面这个定时器定时长度之和。因此利用定时器串联，同样可以达到长时间控制的目的。（5.2.5 节中图 5-2-13 所示就是一个典型的定时器串联构建的时间控制电路，Y000 在 X000 接通 30s 后被接通。）

2）定时器并联构建的时间控制电路

定时器并联，所并联的定时器同时触发，定时短的定时器先接通。如图 5-2-12 是定时器并联构建的时间控制电路，当 X000 接通后 T0、T1 同时触发，但 T0 定的时间为 30s，T1 定的时间只有 20s，所以 Y001 先接通，过 10s 后 Y000 再接通。

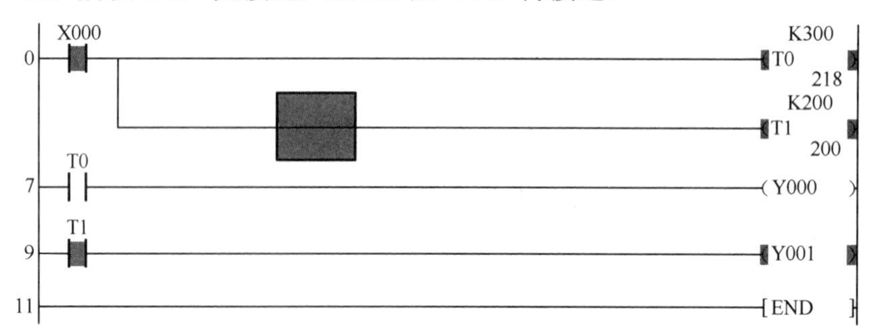

图 5-2-12　定时器并联构建的时间控制电路

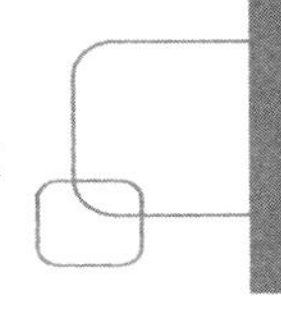

5.2.5　计数控制电路

1．用一个计数器实现多个计数控制

计数控制电路一般都要使用计数器 C 指令，当达到目标值时，计数器接通。如果进行数值动态监控，常结合比较指令达到控制目的。图 5-2-13 使用一个计数器达到了控制两个输出的目的，按下计数按钮 X000，当计数达到 10 时，Y000 输出，当计数达到 20 时，Y001 输出，按下复位按钮 X001，计数器复位，使用这种方法可以用一个计数器实现多个计数控制。

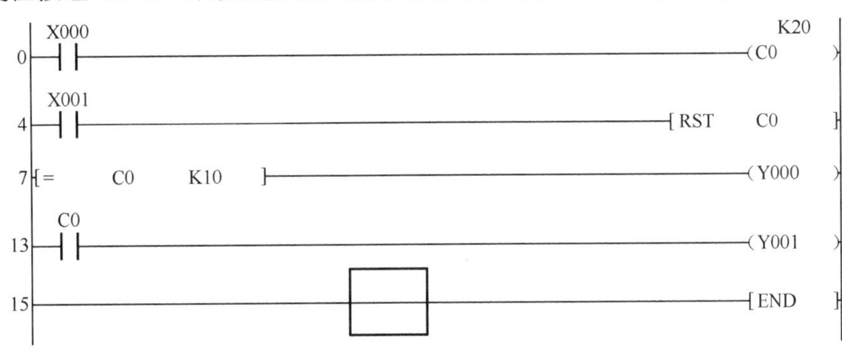

图 5-2-13　用一个计数器控制两个输出

2．扫描计数电路

在某些场合中，需要统计 PLC 的扫描次数。图 5-2-14 使用计数器 C0 统计 PLC 的扫描次数，当输入继电器 X000 接通时，内部继电器 M0 每隔一个扫描周期接通一次，每次接通一个扫描周期，计数器 C0 对扫描次数进行计数，当达到扫描规定的次数 20 时，C0 接通，输出继电器 Y000 接通。

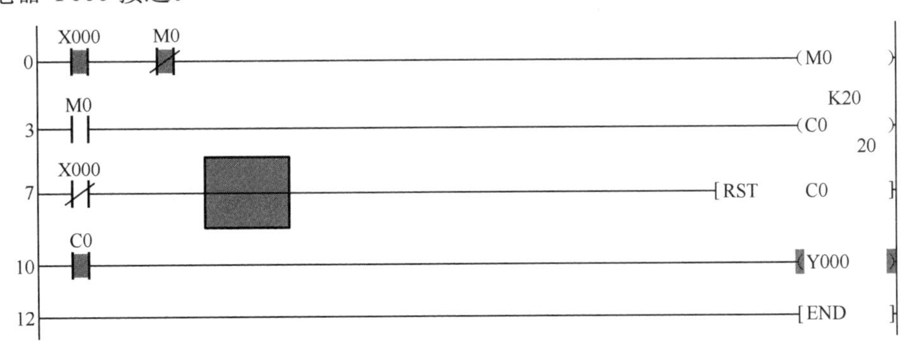

图 5-2-14　扫描计数电路

3．计数器串联使用可扩大计数器的计数范围

计数器设置也有一个范围（16 位计数器预置范围为 K1～K32767），当要求控制系统的计数时间大于计数器的允许设置范围时，计数器串联可扩大计数器的计数范围。图 5-2-15 将三个计数器串联组合，在达到计数值 C0×C1×C2=3×4×5=60 以后，Y000 接通。使用这种方法，总计数值就不再受限制，总计数值一般是串联计数器计数值的乘积。

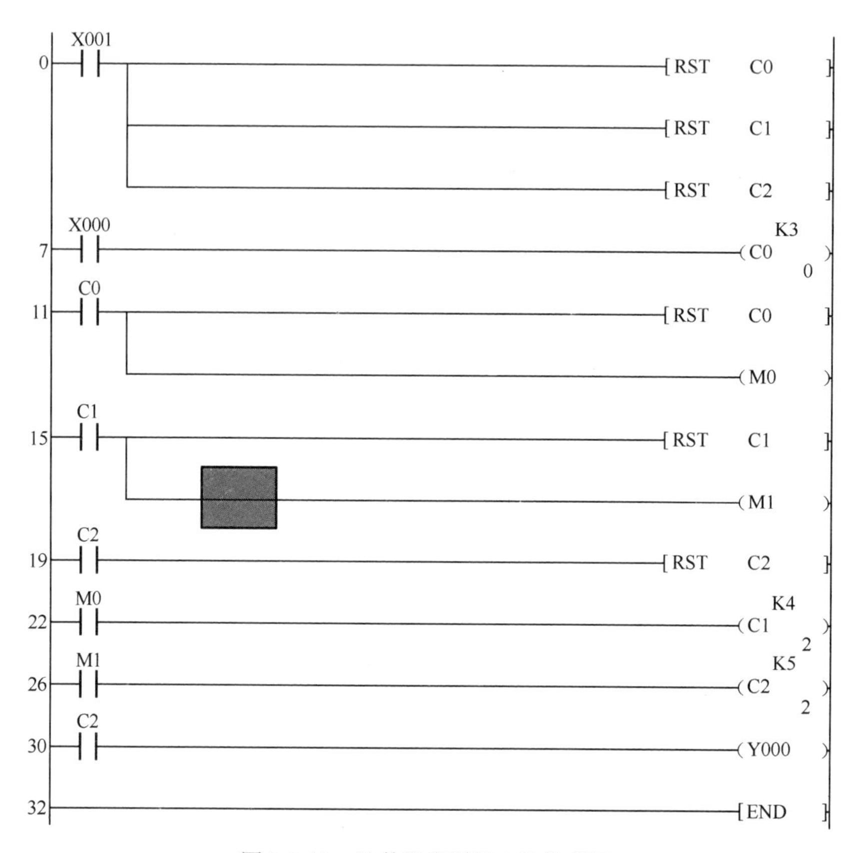

图 5-2-15 计数器串联扩大计数范围

4. 计数报警电路

报警电路有很多种，有指示时间的定时报警，也有限位开关（传感器）检测到信号后引发的报警，当计数值达到规定数值时引发报警的电路叫计数报警电路。图 5-2-13 可以看成一个计数报警电路。假设 Y000 接蜂鸣器、Y001 接指示灯，则当计数达到规定值的一半时，蜂鸣器报警，当达到规定值时报警指示灯亮。但编制计数报警电路并不一定要使用计数器，使用加 1、减 1 高级指令，同样可以完成计数报警电路。图 5-2-16 就是一个计数报警电路程序，本程序假设一个展厅只能容纳 10 个人，当超过 10 个人时就报警。在展厅进出口各装一个传感器 X000、X001，当有人进入展厅时，X000 检测到，实现加 1 运算，当有人出来时，X1 检测到，实现减 1 运算，在展厅内人数达到 10 人以上时就接通 Y0 报警。

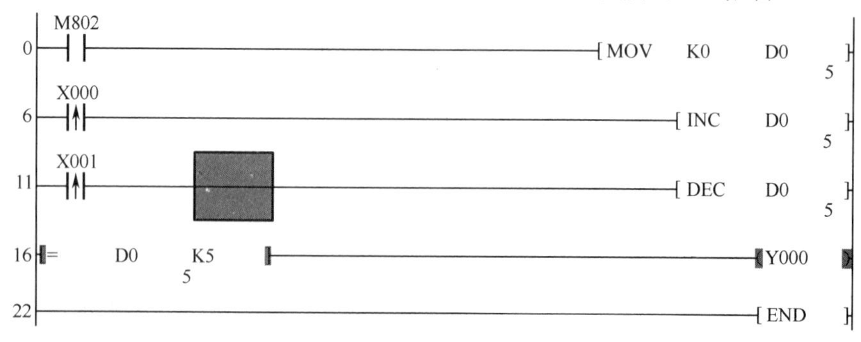

图 5-2-16 计数报警电路

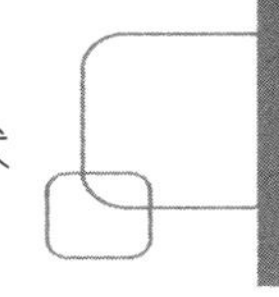

5.2.6　单脉冲电路

单脉冲往往是信号发生变化时产生的，其宽度就是 PLC 扫描一遍用户程序所需要的时间，即一个扫描周期。在实际应用中，常用单脉冲电路来控制系统的启动、复位、计数器的清零和计数等。

图 5-2-17 是用输出继电器编写的单脉冲电路，该程序在 X000 接通时，PLC 每扫描一次就产生一个单脉冲 M0。

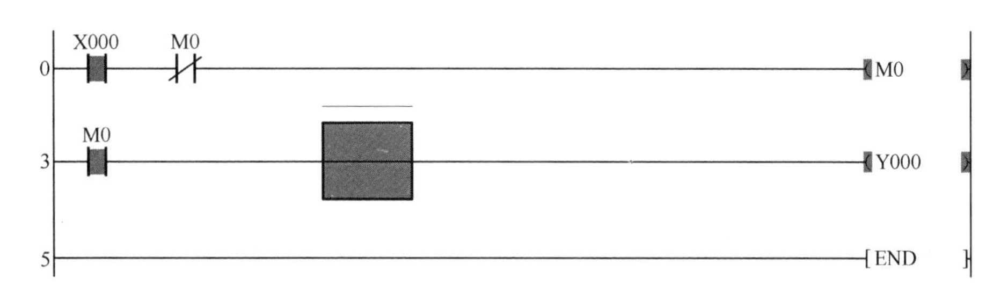

图 5-2-17　用输出继电器编写的单脉冲电路

图 5-2-18 是用两个定时器编写的单脉冲电路，通过改变定时器的时间来改变脉冲的宽度。

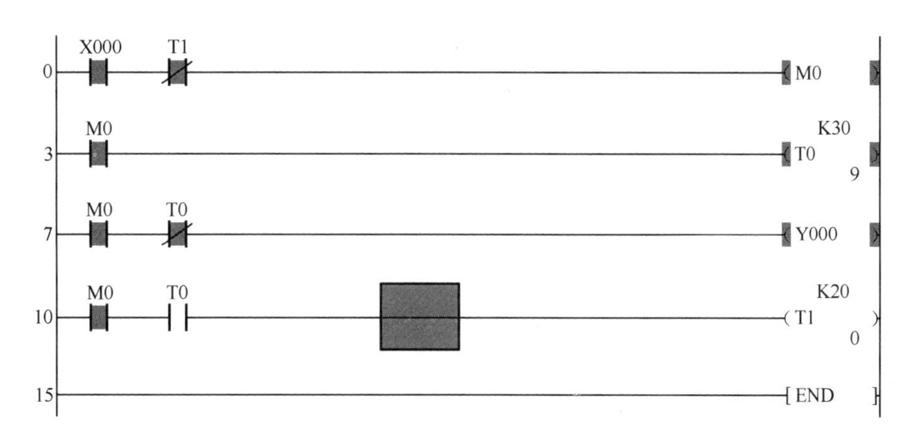

图 5-2-18　用两个定时器编写的单脉冲电路

5.2.7　闪光电路

闪光电路是一种实用控制电路，既可以控制灯光的闪烁频率，也可以控制灯光的通断时间比，同样的电路也可以控制其他负载，如电铃、蜂鸣器等。实现闪光控制的方法很多，常用两个定时器或两个计数器来实现。图 5-2-19 是用两个定时器编写的闪光电路。

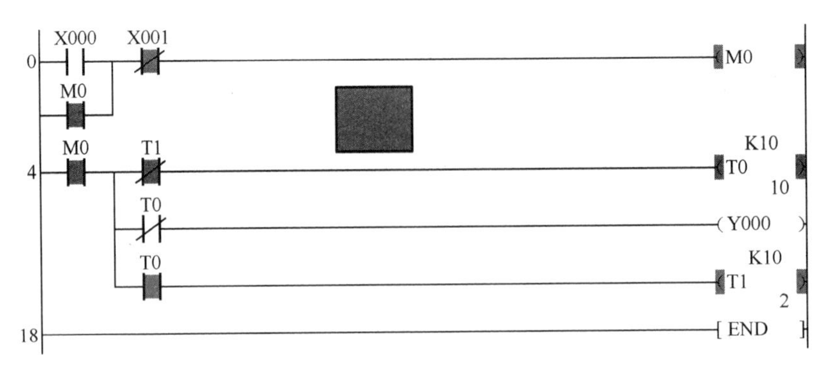

图 5-2-19　用两个定时器编写的闪光电路

5.2.8　振荡电路

振荡电路可以产生特定通/断间隔的时序脉冲，常用做脉冲信号源、周期性方波信号等，也可用来代替传统的闪光报警电路。图 5-2-20 是用两个定时器编写的振荡电路。

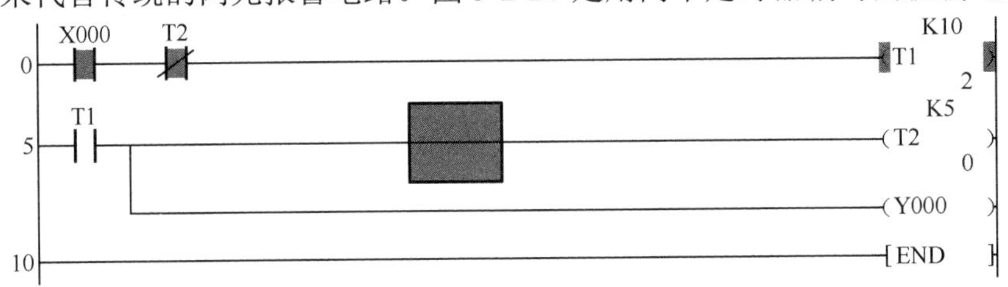

图 5-2-20　振荡电路

5.2.9　手动/自动工作方式切换

在图 5-2-21 所示的梯形图中，X000 表示手动、自动方式选择开关。当 X000 闭合时，转移条件成立，程序将跳过手动程序，直接执行自动程序，然后执行共同程序，结果 Y001 接通；若选择开关断开，则执行手动程序后跳过自动程序，去执行共同程序，结果 Y000 接通。这种用一个按钮进行手动、自动工作方式切换的编程方法广泛用于生产线上自动循环和手动调节之间的切换。

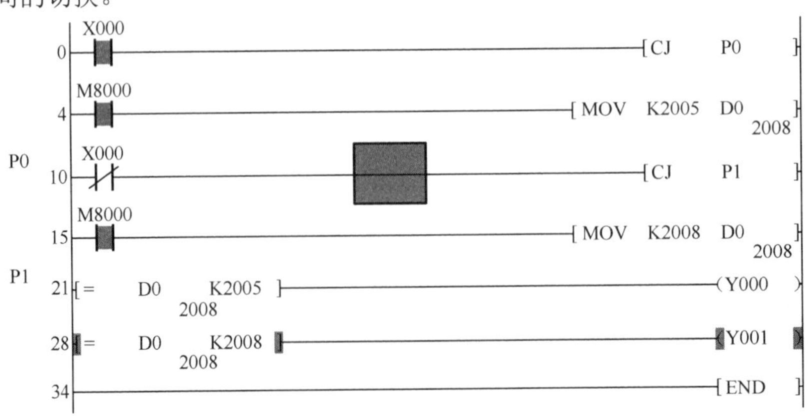

图 5-2-21　手动、自动切换开关

5.2.10　单按钮启停控制电路

通常一个电路的启动和停止控制由两个按钮分别完成，当一台 PLC 控制多个这种具有启停操作的电路时，将占用很多输入点。由于大多数被控设备输入信号多，输出信号少，有时在设计不太复杂的控制电路或对老系统进行改造时，会面临输入点不足的问题。这固然可以通过增加 I/O 扩展单元解决，但有时候往往就因为几个点而造成成本大大增加。因此用单按钮实现启停控制的意义日益重要，既节省了 PLC 的点数，又减少了外部按钮和接线，这是目前广泛应用单按钮启停控制电路的直接原因。

图 5-2-22 所示的单按钮启停控制电路，其关键是将计数器的设置值设为 2，当按一下 X000 时，计数器增 1，C0 不通，Y000 启动；再按一下 X000，计数器 C0 到达设定值接通，关闭 Y000，起到停止控制的作用。这就达到了用一个普通按钮控制电动机的启动与停止，又少占 PLC 一个输入点的目的。

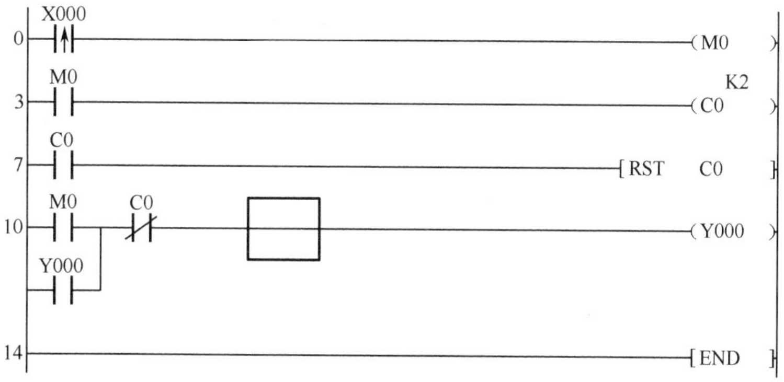

图 5-2-22　单按钮启停控制电路

图 5-2-23 仍用一个按钮控制启停，但当按下 X000 时，触点 Y000 接通，当松开 X000 时，触点 Y000 断开，有这种特点的按钮叫作琴键式按钮，这种按钮在实际系统中广泛应用。

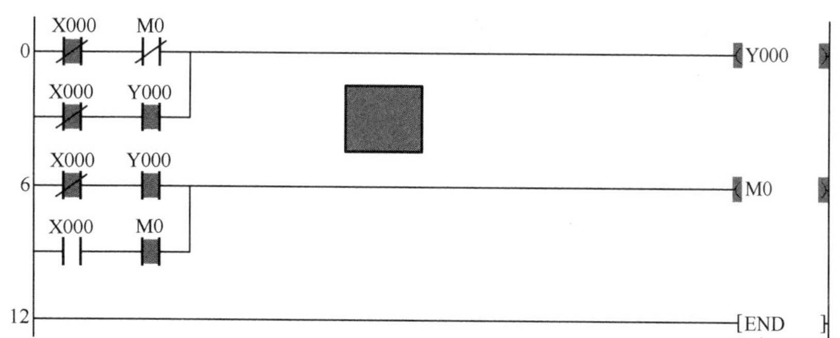

图 5-2-23　单按钮启停控制电路（琴键式）

5.3 PLC 程序设计

程序设计是整个系统设计的关键环节，设计一个 PLC 控制系统，大量的工作时间将花在程序设计上，熟悉 PLC 程序设计的过程和步骤、常见程序设计方法，对快速、优质、高效完成 PLC 控制系统是重要的。

5.3.1 PLC 程序设计过程

建立一个 PLC 控制系统时，必须首先把系统需要的输入、输出数量确定下来，然后按照需要确定各种控制动作的顺序和各个控制装置彼此之间的相互关系，再分配 PLC 的输入/输出点、内部辅助继电器、定时器、计数器，就可以设计 PLC 程序，画出梯形图了。在画梯形图时，要注意每个从左母线开始的逻辑行必须终止于一个继电器线圈或定时器、计数器，与实际的电路图不一样。梯形图画好后，使用编程软件直接把梯形图输入计算机并下载到 PLC 进行模拟调试，修改调试直至符合控制要求，这便是程序设计的整个过程。

一般说来，PLC 程序设计的整个过程可以分成以下六个步骤进行。

（1）确定被控系统必须完成的动作及完成这些动作的顺序。

（2）分配输入输出设备，即确定哪些外围设备发送信号到 PLC，哪些外围设备接收来自 PLC 的信号，并将 PLC 的输入/输出口与之对应进行分配（简称 I/O 分配）。PLC 是按编号区别操作元件的，I/O 分配时对元件的编号使用一定要明确。同一个继电器的线圈（输出点）和它的触点要使用同一编号；每个元件的触点使用时没有数量限制，但每个元件的线圈在同一程序中不能出现多个用途。对于输入触点，程序不能随意改变其状态。

（3）设计 PLC 程序，画出梯形图。梯形图体现了按照正确的顺序所要求的全部功能及其相互关系。

（4）用计算机对 PLC 的梯形图直接编程。

（5）对程序进行调试（模拟和现场）。

（6）保存已完成的程序。

5.3.2 PLC 程序设计方法

5.3.2.1 顺序控制

编写 PLC 程序主要是指梯形图程序，而继电器控制是 PLC 控制的基础，因此除了要熟悉继电器控制技术，搞清楚梯形图与继电器控制图的异同也是非常必要的，现将它们比较如下。

（1）梯形图与继电器控制图的电路形式和符号基本相同，相同电路的输入和输出信号也基本相同，但是它们的控制实现方式是不同的。

（2）继电器控制系统中的继电器触点在 PLC 中是存储器中的“数”，继电器的触点数量

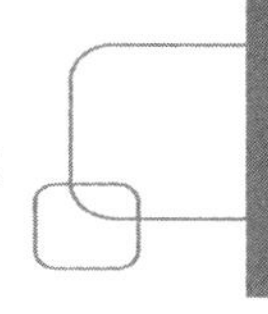

有限，设计时需要合理分配使用继电器的触点；而 PLC 中存储器的“数”可以反复使用，因为存储器中只使用“数”的状态“1”或“0”。

（3）继电器控制系统中梯形图就是电线连接图，施工费力，更改困难；而 PLC 中的梯形图是利用计算机制作的，更改简单，调试方便。

（4）继电器控制系统中继电器按照触点的动作顺序和时间延迟，逐个动作；而 PLC 按照扫描方式工作，首先采集输入信号，然后对所有梯形图进行计算，最后将计算结果输出，由于 PLC 的扫描速度快，输入信号到输出信号的改变似乎是在一瞬间完成的。

（5）梯形图左右两侧的母线对继电器控制系统来说是系统中继电器的电源线；而在 PLC 中这两根线已经失去了意义，只是为了维持梯形图的形状。梯形图按行从上至下编写，每一行按从左向右的顺序编写。在继电器控制系统中，控制电路的动作顺序与梯形图编写的顺序无关；而 PLC 中梯形图的执行顺序与梯形图编写的顺序一致，因为 PLC 视梯形图为程序。在分析梯形图中的逻辑关系时，为了借用继电器电路图的分析方法，可以想象左右两侧母线之间有一个左正右负的直流电源。

（6）梯形图的最右侧必须连接输出元素。在继电器控制系统中，梯形图的最右侧是各种继电器的线圈；而在 PLC 中，在梯形图最右侧可以是表示线圈的存储器“数”，还可以是计数器、定时器、数据传输、译码器等 PLC 上的输出元素或指令。

（7）梯形图中的触点可以串联和并联。输出元素在 PLC 中只允许并联，不允许串联；而在继电器控制系统中，继电器线圈是可以串联使用的（只要所加电压合适）。

（8）在 PLC 中的梯形图必须有结束标志，三菱 PLC 的结束标志是（END）。

5.3.2.2 顺序控制设计法（逐步探索法）

PLC 程序设计通常有解析法（逻辑设计法）、翻译法（经验设计法）和顺序控制设计法（逐步探索法）等。本节主要介绍顺序控制设计法。

所谓顺序控制，就是按照生产工艺预先规定的顺序，在各个输入信号的作用下，根据内部状态和时间的顺序，在生产过程中各个执行机构自动有秩序地进行操作。

使用顺序控制设计法时首先要根据系统的工艺过程，画出顺序功能图，然后再画出梯形图。根据工艺流程画出顺序功能图是顺序控制设计法的关键。

1. 顺序功能图的由来和组成

顺序功能图是描述控制系统的控制过程、功能和特性的一种图形，顺序功能图并不涉及所描述的控制功能的具体技术，它是一种通用的技术语言，可以供进一步设计或者不同的专业人员之间进行技术交流。

在法国的 TE（Telemecanique）公司研制的 Grafcet 的基础上，1978 年法国公布了用于工业过程文件编制的法国标准 Afcet，第二年公布了功能图（Function Chart）的国家标准 Grafect，它提供了步（Step）和转换（Transition）这两种简单的结构，这样可以将系统划分为简单的单元，并定义出这些单元之间的顺序关系。1994 年 5 月公布的 IEC 可编程序控制器标准 IEC1131-3 中，顺序功能图被确定为首选的可编程序控制器编程语言，我国在 1986 年颁布了顺序功能图的国家标准 GB 6988.6—1986。

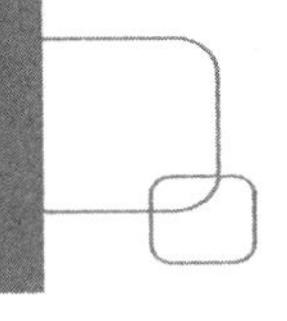

顺序功能图主要由步、有向连线、转换、转换条件和动作（或命令）组成。

1）步

顺序控制设计法最基本的思想是将系统的一个工作周期划分为若干个相连的阶段，这些阶段称为“步”（Step），并用编程元件（如内部存储器 M）来代表各步。步是根据输出量的“状态”变化来划分的，在任何一步之内，各输出量的 ON/OFF 状态不变，但是相邻两步输出量的状态是不同的。步的这种划分使代表各步的编程元件的状态与各输出量的状态之间有着极为简单的逻辑关系。

如图 5-3-1（a）所示为某组合机床动力头的进给运动，根据控制动力头运动的 3 个电磁阀输出量 0/1 状态的变化，一个工作周期可分为等待启动时动力头停在左边（简称初始）、按下启动按钮后动力头向右快速进给（简称快进）、碰到限位开关 X1 后变为工作进给（简称工进）、碰到 X2 后快速退回（简称快退）四个阶段，即一个机床动力头工作周期可以分为初始、快进、工进和快退四步。用矩形方框表示步，在方框中用数字或者用代表该步的编程元件的地址表示该步的编号，画出描述该机床动力头进给运动的顺序功能图，如图 5-3-1（b）所示。

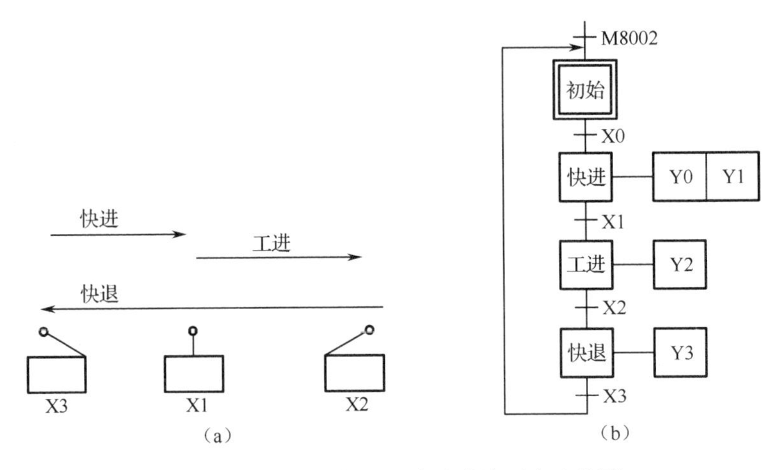

图 5-3-1　某组合机床动力头进给顺序功能图

2）初始步

与系统的初始状态相对应的步称为初始步，初始状态一般是系统等待启动命令的相对静止状态。初始步用双线方框表示，第一个顺序功能图至少应该有一个初始步。

3）与步对应的动作或命令

可以将一个控制系统划分为被控系统和施控系统，例如在数控车床系统中，数控装置是施控系统，而车床是被控系统。对于被控系统，在某一步中要完成某些“动作”；对于施控系统，在某一步中则要向被控系统发出某些命令。为了叙述方便，下面将命令或动作统称为动作，并用矩形框中的文字或符号表示，该矩形框应与相应步的符号相连。如果某一步有几个动作，可以用图 5-3-2 中的两种画法表示，这两种画法并不包含这些动作之间的任何顺序。

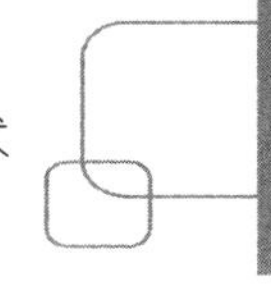

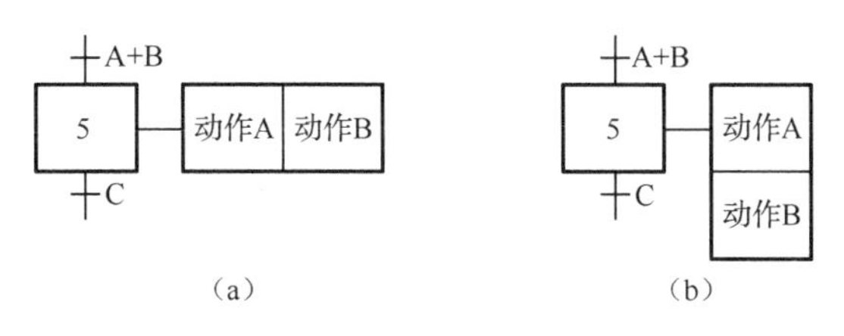

图5-3-2 “步”动作的画法

4）活动步

当系统正处于某一步所在的阶段时，该步处于活动状态，称该步为“活动步”。当处于活动状态时，相应的动作被执行；当处于不活动状态时，相应的非存储型动作被停止执行。

2. 有向连线与转换条件

1）有向连线

在顺序功能图中，随着时间的推移和转换条件的实现，将会发生步的活动状态的进展，这种进展按有向连线规定的路线和方向进行，在画顺序功能图时，将代表各步的方框按它们成为活动步的先后次序顺序排列，并用有向连线将它们连接起来。步的活动状态习惯的进展方向是从上到下或从左到右，在这两个方向上的有向连线的箭头可以省略。如果不是上述两个方向，应在有向连线上用箭头注明进展方向。在可以省略箭头的有向连线上，为了更易于理解也可以加上箭头。

如果在画图时有向连线必须中断（例如，在复杂的图中，或用几个图来表示一个顺序功能图时），应在有向连线中断处标明下一步的标号和所在的页数，如步50，5页。

2）转换

转换用有向连线上与有向连线垂直的短线来表示，转换将相邻两步隔开，步的活动状态的进展是由转换的实现来完成的，并与控制过程的发展相对应。

3）转换条件

使系统由当前步进入下一步的信号称为转换条件，顺序控制设计法用转换条件控制代表各步的编程元件，让它们的状态按一定的顺序变化，然后用代表各步的编程元件去控制可编程序控制器的各输出位。

转换条件可以是外部的输入信号，如按钮、指令开关、限位开关的接通/断开等，也可以是可编程序控制器内部产生的信号，如定时器、常开触点的接通等，转换条件还可能是若干个信号的与、或、非逻辑组合。

转换条件可用文字语言、布尔代数表达式或图形符号标注在表示转换的短线旁边，使用最多的是布尔代数表达式。

3. 顺序功能图的基本结构

1）单向结构

单向结构由一系列相继激活的步组成，每一步的后面仅有一个转换，每一个转换的后面只有一个步，如图 5-3-3（a）所示。

2）选择结构

选择结构的开始称为分支，转换符号只能标在水平连线之下，如图 5-3-3（b）所示。如果步 3 是活动步，并且转换条件 h =1，则发生由步 3→步 4 的进展。如果步 3 是活动步，并且 k =1，则发生由步 3→步 6 的进展。如果选择条件 k 和 h 同时为 ON 时，将优先选择 h 对应的结构。选择有双向选择和多向选择，一般只允许同时选择一个方向，选择结构的结束称为合并，当满足合并条件时，则退出选择结构，进入步 8。

3）并行结构

并行结构的开始称为分支，当转换的实现导致几个结构同时被激活时，这些结构称为并行结构，如图 5-3-3（c）所示。当步 3 是活动的，并且转换条件 e =1 时，步 4 和步 6 同时变为活动步，同时步 3 变为不活动步。为了强调转换的同步实现，水平连线用双线表示。并行结构的结束称为合并，在表示同步的水平双线之下，只允许有一个转换符号。当连接在双线上的所有前级步（步 5、7）都处于活动状态，并且转换条件 i=1 时，才会发生步 5、7 到步 8 的进展。

4）子步（MicroStep）

在顺序功能图中，某一步可以包含一系列子步和转换，通常这些结构表示系统的一个完整的子功能，子步的使用使系统的设计者在总体设计时容易抓住系统的主要矛盾，用更加简洁的方式表示系统的整体功能，而不是一开始就陷入某些细节之中。设计者可以从最简单的对整个系统的全面描述开始，然后画出更详细的顺序功能图。子步中还可以包含更详细的子步，这种设计方法的逻辑性很强，可以减少设计中的错误，缩短总体设计和查错需要的时间，如图 5-3-4 所示。

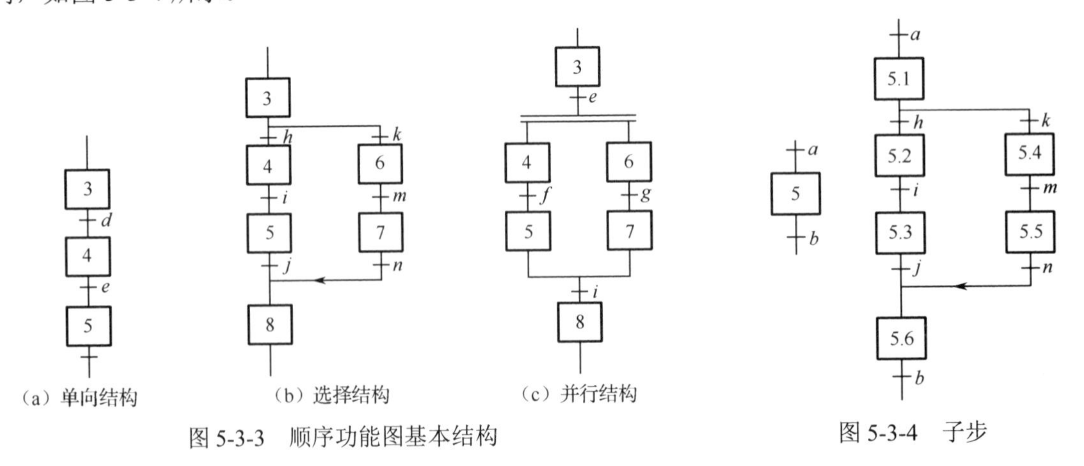

（a）单向结构　（b）选择结构　（c）并行结构

图 5-3-3　顺序功能图基本结构

图 5-3-4　子步

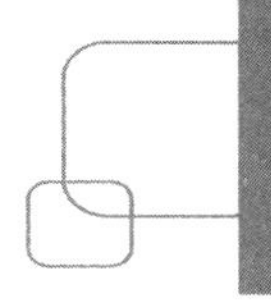

4. 顺序功能图中转换实现的基本规则

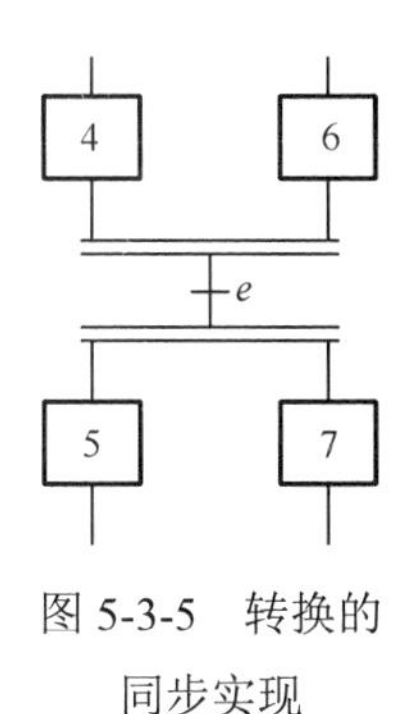

图 5-3-5　转换的同步实现

1）转换实现的条件

在顺序功能图中，步的活动状态的进展是由转换的实现来完成的。转换实现必须同时满足两个条件：

（1）该转换所有的前级步都是活动步。

（2）相应的转换条件得到满足。

如果转换的前级步或后续步不止一个，转换的实现称为同步实现（图 5-3-5），为了强调同步实现，有向连线的水平部分用双线表示。

2）转换实现应完成的操作

转换实现时应完成以下两个操作：

（1）使所有由有向连线与相应转换符号相连的后续步都变为活动步。

（2）使所有由有向连线与相应转换符号相连的前级步都变为不活动步。

以上规则可以用于任意结构中的转换，其区别如下：在单向结构中，一个转换仅有一个前级步和一个后续步；在并行结构的分支处，转换有几个后续步，在转换实现时应同时将它们对应的编程元件置位；在并行结构的合并处，转换有几个前级步，它们均为活动步时才有可能实现转换，在转换实现时应将它们对应的编程元件全部复位；在选择结构的分支与合并处，一个转换实际上只有一个前级步和一个后续步，但是一个步可能有多个前进步或多个后续步。

转换实现的基本规则是根据顺序功能图设计梯形图的基础，它适用于顺序功能图中的各种基本结构和各种顺序控制梯形图的编程方法。

5. 绘制顺序功能图时的注意事项

下面是针对绘制顺序功能图时常见的错误所提出的注意事项：

（1）两个步不能直接相连，必须用一个转换将它们隔开。

（2）两个转换也不能直接相连，必须用一个步将它们隔开。

（3）顺序功能图中的初始步一般对应于系统等待启动的初始状态，这一步可以无输出处于 ON 状态，因此有的初学者在画顺序功能图时很容易遗漏这一步。初始步是必不可少的，一方面因为该步与它们的相邻步相比，从总体上说输出变量的状态各不相同；另一方面如果没有该步，则无法表示初始状态，系统也无法返回停止状态。

（4）自动控制系统应能多次重复执行同一工艺过程，因此在顺序功能图中一般应有由步和有向连线组成的闭环，即在完成一次工艺过程的全部操作之后，应从最后一步返回初始步，系统停留在初始状态（单周期操作）；在连续循环工作方式时，从最后一步返回下一工作周期开始运行的第一步。

（5）在顺序功能图中，只有当某一步的前级步是活动步时，该步才有可能变成活动步。如果用没有断电保持功能的编程元件代表各步，进入 RUN 工作方式时，它们均处于 OFF 状态，必须用初始化脉冲（如 M8002 等）作为转换条件，将初始步预置为活动步，否则会因为顺序功能图中没有活动步，而使系统无法工作。如果系统有自动、手动两种工作方式，顺序功能图是用来描述自动工作过程的，这时还应在系统由手动工作方式进入自动工作方式时，用一个适当的信号将初始步置为活动步。

由于顺序控制设计法是以“步”而论的，即以“步”为核心，一步一步设计下去，一步一步修改调试，直至完成整个程序的设计，所以，顺序控制设计法通常又叫作“逐步探索法”。由于 PLC 内部继电器数量大，其接点在内存允许的情况下可重复使用，具有存储数量大、执行快等特点，初学者采用此方法可以缩短设计周期，对有经验的工程师来说，也可以提高设计的效率，程序的调试、修改和阅读也很方便。因此顺序控制设计法是一种先进的设计方法，建议初学者采用此方法。

【例 5-3-1】 液体混合控制。

液体混合系统装置如图 5-3-6 所示，上限位、下限位和中限位液位传感器被液体淹没时为 1 状态，阀 A、阀 B、阀 C 为电磁阀，线圈通电时打开，线圈断电时关闭。开始时容器是空的，各阀门均关闭，各传感器均为 0 状态。按下启动按钮后，打开阀 A，液体 A 注入容器，中限位开关变为 ON 时，关闭阀 A，打开阀 B，液体 B 流入容器。液面升到上限位开关时，关闭阀 B，电动机 M 开始运行，搅拌液体，60s 后停止搅拌，打开阀 C，放出混合液。当液面降至下限位开关之后，再过 5s，容器放空，关闭阀 C，打开阀 A，又开始下一周期的操作。按下停止按钮，当前工作周期中的操作结束后，停止操作（返回并停在初始状态）。

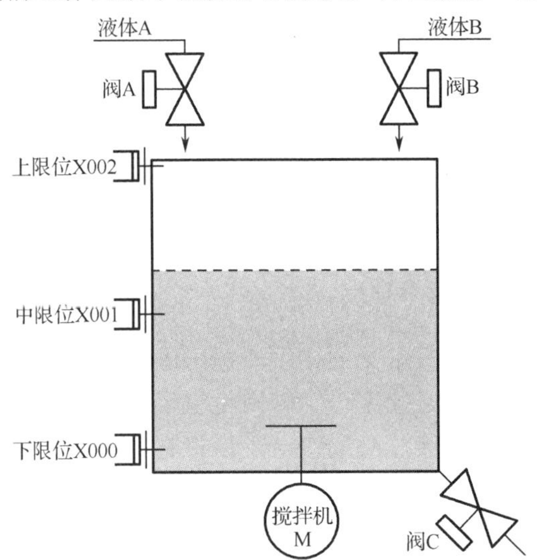

图 5-3-6 液体混合系统装置

第一步：I/O 分配。

本题 I/O 分配如表 5-3-1 所示。

表 5-3-1 I/O 分配表

输入		输出	
按钮或传感器信号	输入分配	电动机或阀门	输出分配
下限位	X000	阀 A	Y000
中限位	X001	阀 B	Y001
上限位	X002	阀 C	Y002

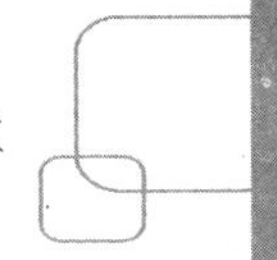

续表

输　入		输　出	
按钮或传感器信号	输入分配	电动机或阀门	输出分配
启动按钮	X003	搅拌电动机	Y003
停止按钮	X004	—	—

第二步：依据题意画出顺序功能图。

本题顺序功能图可以分解为六步，注意下一步一般要清除上一步动作，在液体注入容器时，下限位 X000 先“ON”，到中限位 X001“ON”时，才开始打开阀门 B，注入液体 B；在放出混合液时，下限位 X000 由“ON”变成“OFF”，5s 后全部放空，根据是否按下停止按钮 X004，决定是否进入下一个工作周期。画出的顺序功能图如图 5-3-7 所示。

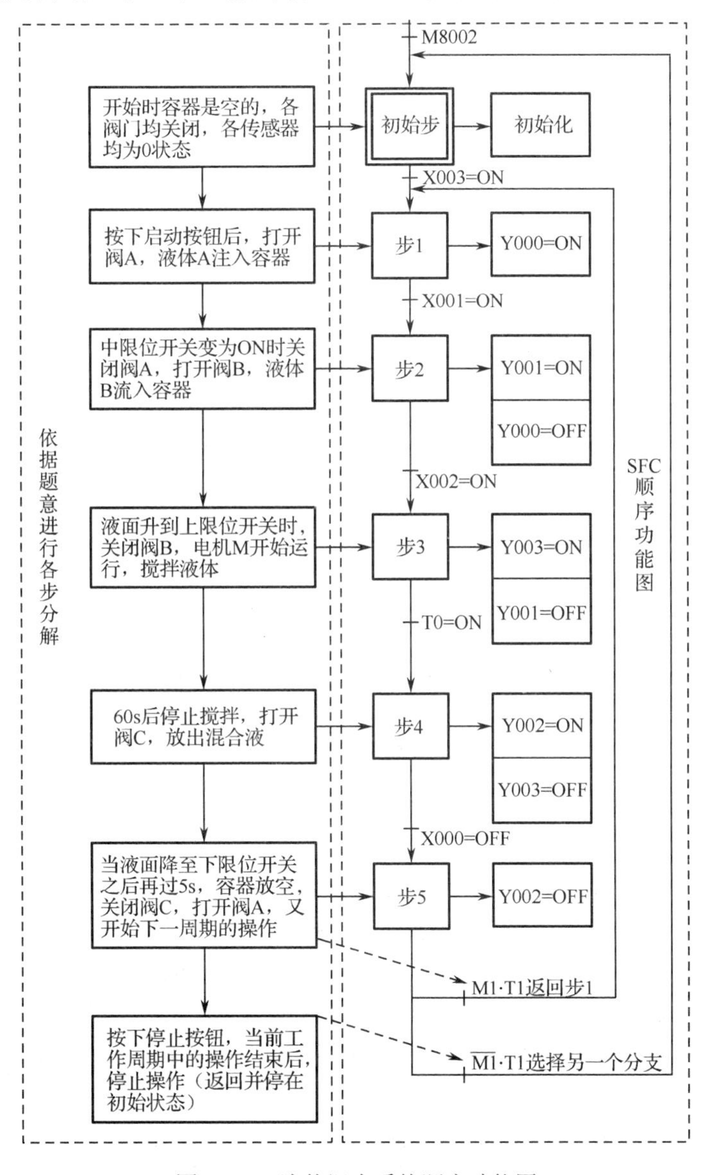

图 5-3-7　液体混合系统顺序功能图

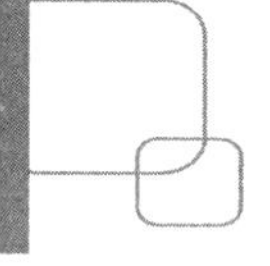

第三步：依据顺序功能图编写 PLC 梯形图程序，如图 5-3-8 所示。

图 5-3-8　液体混合系统梯形图

在设计较为复杂的程序时，为了保证程序逻辑的正确以及程序的易读性，常将一个控制过程分为若干个阶段（过程），在每一个阶段均设立一个状态控制标志，每个状态用一个 PLC 内部继电器 M 表示，这样的继电器称为该状态的特征继电器，简称状态继电器。每个状态与一个转移条件相对应，为了保证状态的转移严格按照预定的顺序逐步展开，不发生错误转移，当系统处于某工作状态的情况下，一旦该状态之后的转移条件满足，即启动下一个状态，同时关断本状态。按照控制系统每个阶段的状态变化去分析设计梯形图程序，可使程序更为逻辑清晰，结构完整，避免遗漏，减少错误。所以，顺序控制设计法又叫“状态设计法”。

在控制过程中，任何一个输出控制信号（包括中间信号）的产生都可以归结为一个“置位”或“复位”的逻辑关系，各种控制的条件（即输入信号，有时也包括中间信号）都能被

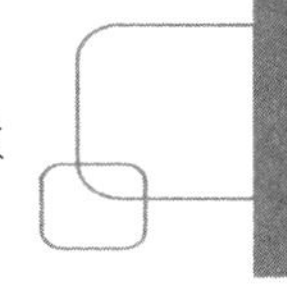

包含在这种逻辑关系中，有的将这种逻辑关系称为基本控制逻辑。因此，当使用状态继电器来编程时，常使用 SET 置位命令和 RST 复位命令。用 SET 指令来设定某一个阶段的标志状态，当这一阶段结束时，利用 SET 指令设定下一个状态的标志，同时使用 RST 指令复位上一个阶段的状态标志。在程序结束需要循环时，应在最后的一个阶段结束时，重新启动需要循环的阶段标志，这样的程序清晰明了，易读易懂。

注意，编程时应使下一个状态启动在前，本状态的关断在后，否则状态转移不能进行。

【例 5-3-2】 机械手控制。

机械手是典型的机电一体化设备，在许多自动化生产线上都用它来代替手工操作。如图 5-3-9 所示是一台工件传送机械手的动作示意图，其作用是将工件从 A 位传送到 B 位，动作方式有上升、下降、右移、左移、抓紧和放松。机械手上装有五个限位开关（SQ1～SQ5），控制对应工步的结束，传送带上设有一个光电开关（SQ6），检测工件是否到位。假设机械手的原始位置在 B 处，从 B 处到 A 处取工件放在 B 处，机械手放松时延迟 2s，I/O 分配如表 5-3-2 所示，试设计机械手取物的 PLC 程序。

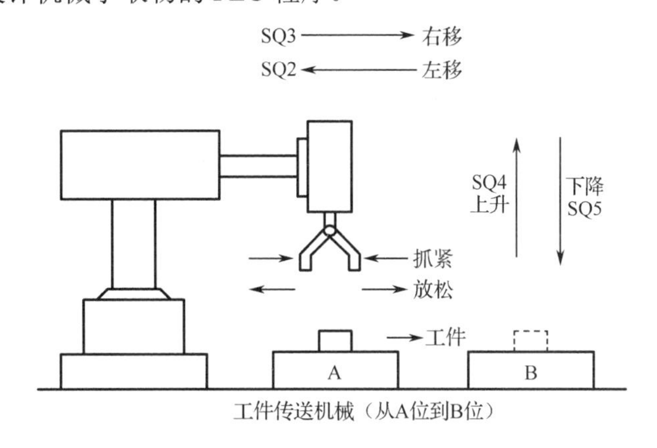

图 5-3-9　机械手工作情况示意图

表 5-3-2　I/O 分配表

输 入 分 配		输 出 分 配	
启动信号 SB1	X000	传送带 A 运行	Y000
停止信号 SB2	X001	机械手左移驱动	Y001
抓紧限位开关 SQ1	X002	机械手右移驱动	Y002
左限位开关 SQ2	X003	机械手上升驱动	Y003
右限位开关 SQ3	X004	机械手下降驱动	Y004
上限位开关 SQ4	X005	机械手抓紧驱动	Y005
下限位开关 SQ5	X006	机械手放松驱动	Y006
光电限位开关 SQ6	X007		

设置 9 个状态继电器（见图 5-3-10 机械手控制流程图中对应 9 个过程的状态继电器 M1～M9），利用状态继电器的方法，设计机械手取物的 PLC 程序如图 5-3-11 所示。

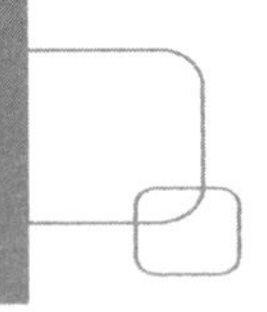

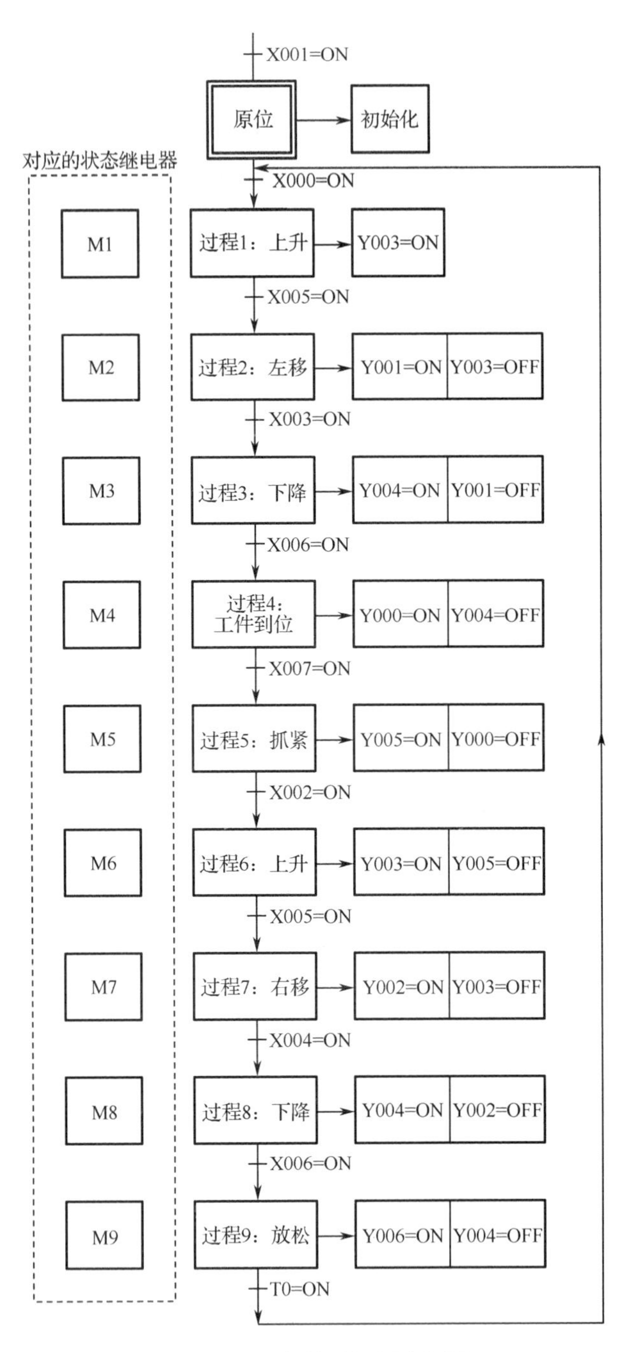

图 5-3-10　机械手控制流程图

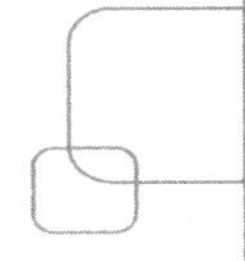

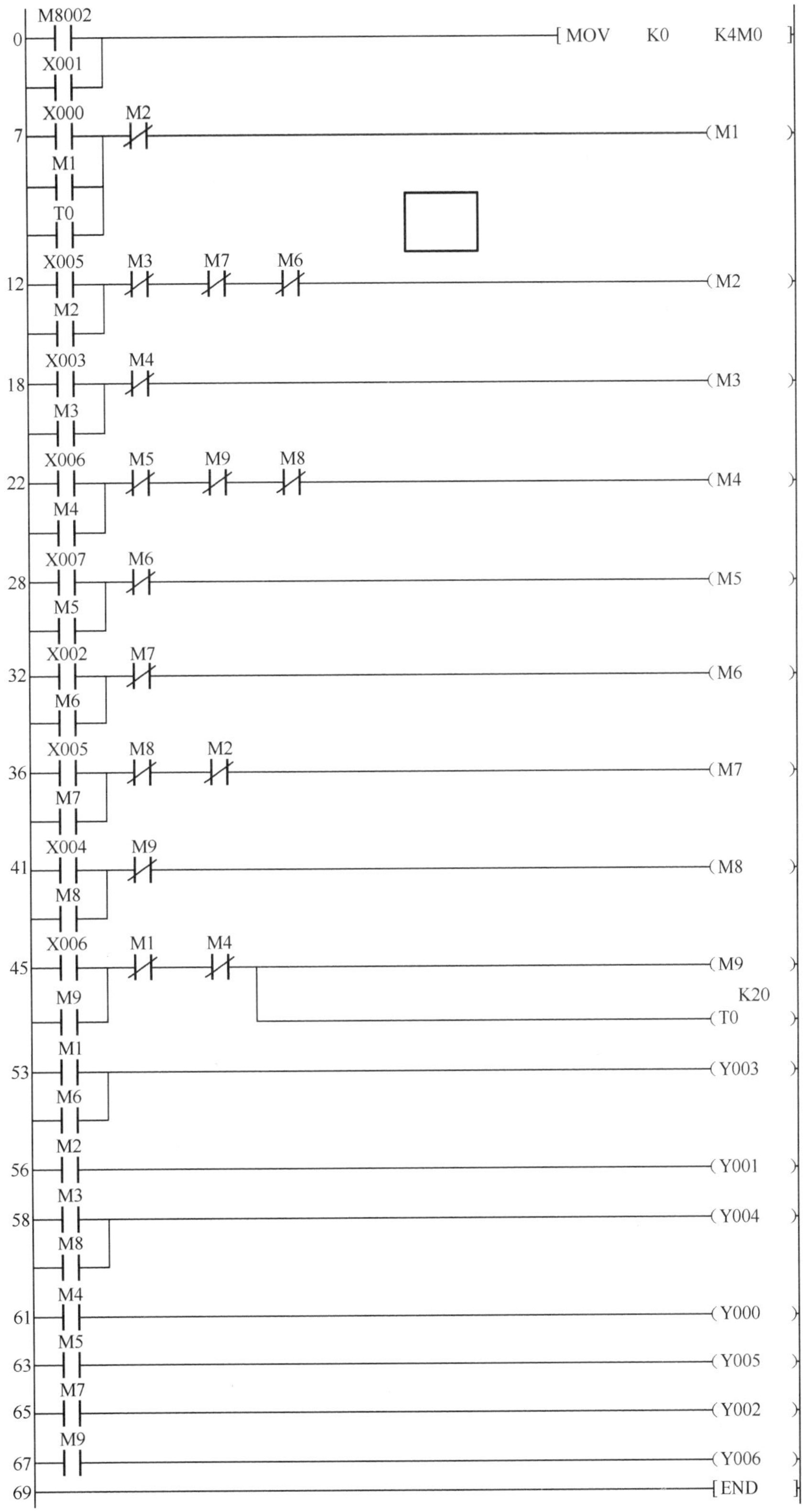

```
0   M8002 / X001 (并联) ─────────────── [MOV K0 K4M0]
7   X000 / M1 / T0 (并联) ── M2(常闭) ── (M1)
12  X005 / M2 (并联) ── M3(常闭) ── M7(常闭) ── M6(常闭) ── (M2)
18  X003 / M3 (并联) ── M4(常闭) ── (M3)
22  X006 / M4 (并联) ── M5(常闭) ── M9(常闭) ── M8(常闭) ── (M4)
28  X007 / M5 (并联) ── M6(常闭) ── (M5)
32  X002 / M6 (并联) ── M7(常闭) ── (M6)
36  X005 / M7 (并联) ── M8(常闭) ── M2(常闭) ── (M7)
41  X004 / M8 (并联) ── M9(常闭) ── (M8)
45  X006 / M9 (并联) ── M1(常闭) ── M4(常闭) ── (M9)
                                              └── (T0 K20)
53  M1 / M6 (并联) ── (Y003)
56  M2 ── (Y001)
58  M3 / M8 (并联) ── (Y004)
61  M4 ── (Y000)
63  M5 ── (Y005)
65  M7 ── (Y002)
67  M9 ── (Y006)
69  ─────────────── [END]
```

图 5-3-11　机械手控制梯形图（利用状态继电器）

【例 5-3-3】 顺序控制。

设某工件加工过程分四道工序完成，共需 30s，其时序图如图 5-3-12 所示。X000 为运行控制开关，X000=ON 时，启动并运行；X000=OFF 时，停机。试编写该工件的加工程序。

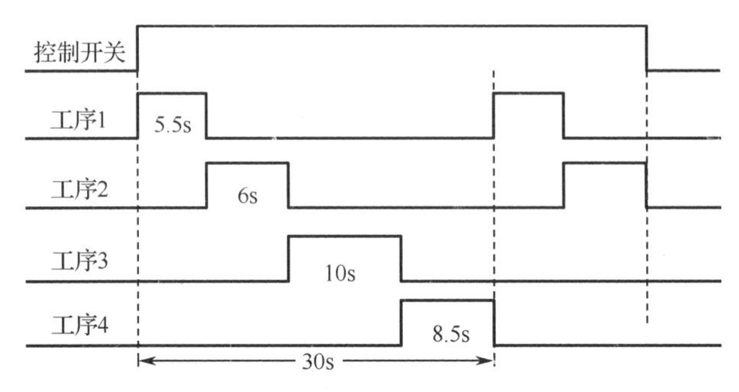

图 5-3-12 顺序控制时序图

根据题意和时序图，可知：

① 该工件的加工控制是顺序控制，当第 4 道工序加工完毕后，又回到第 1 道工序重新执行，如此周而复始。

② 这是一个单按钮启停控制程序，当 X000=ON 时，系统启动并运行；当 X000=OFF 时，系统停机，退出循环。

I/O 分配表如表 5-3-3 所示。

表 5-3-3 I/O 分配表

输入		输出	
启停按钮	X000	工序 1	Y000
		工序 2	Y001
		工序 3	Y002
		工序 4	Y003

本例提供了三种不同的编程方法。

解法 1：用 4 个定时器实现分级定时控制。

利用 4 个定时器分别设置 4 道工序的时间，串联实现分级定时控制，通过定时器的通断依次启动下一道工序，程序梯形图及实时监控结果如图 5-3-13 所示。

解法 2：用 1 个定时器结合比较指令。

用 1 个定时器设置全过程时间，并用 3 条比较指令来判断和启动各道工序。由于 T 是增 1 定时器，当达到预定值 30s（K300）时开始计数，过 5.5s 后其过程值变为 K115，所以只有当比较结果的值≤K115 时方可启动下一道工序。以此类推，即可完成控制要求，该方法编写的程序梯形图及实时监控结果如图 5-3-14 所示。

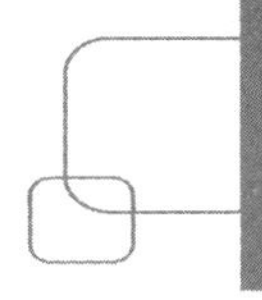

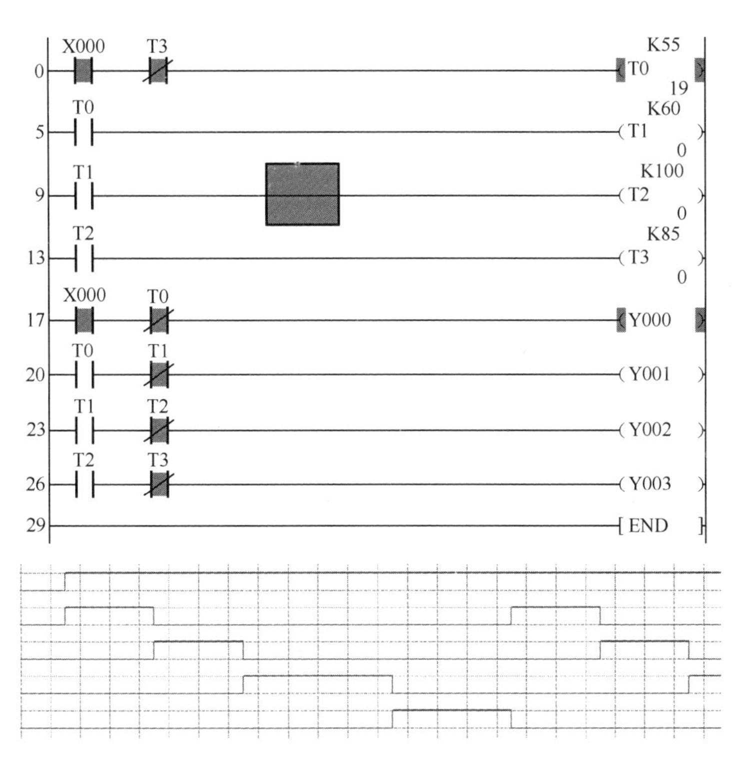

图 5-3-13　用 4 个定时器实现分级定时控制

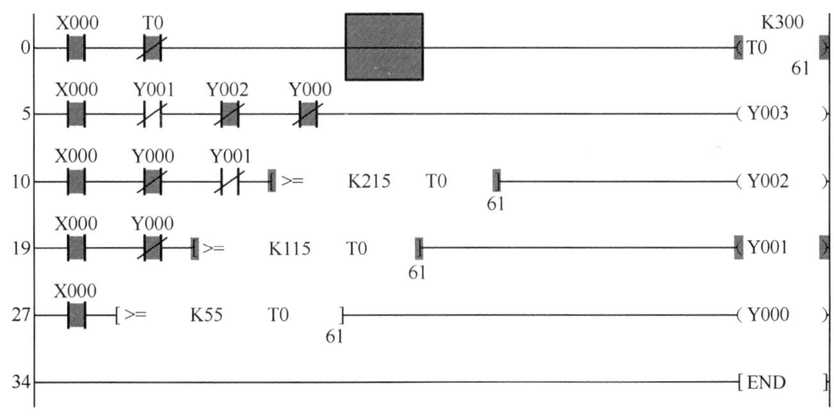

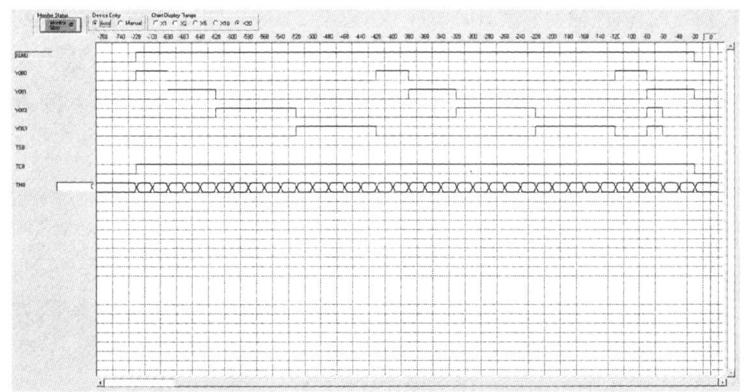

图 5-3-14　用 1 个定时器结合比较指令

解法 3：用计数器结合比较指令。

用一个计数器实现全过程监控，不过当使用计数器时，必须借助 M8012 时钟脉冲继电器，再结合比较指令，所编写的程序梯形图及实时监控结果如图 5-3-15 所示。

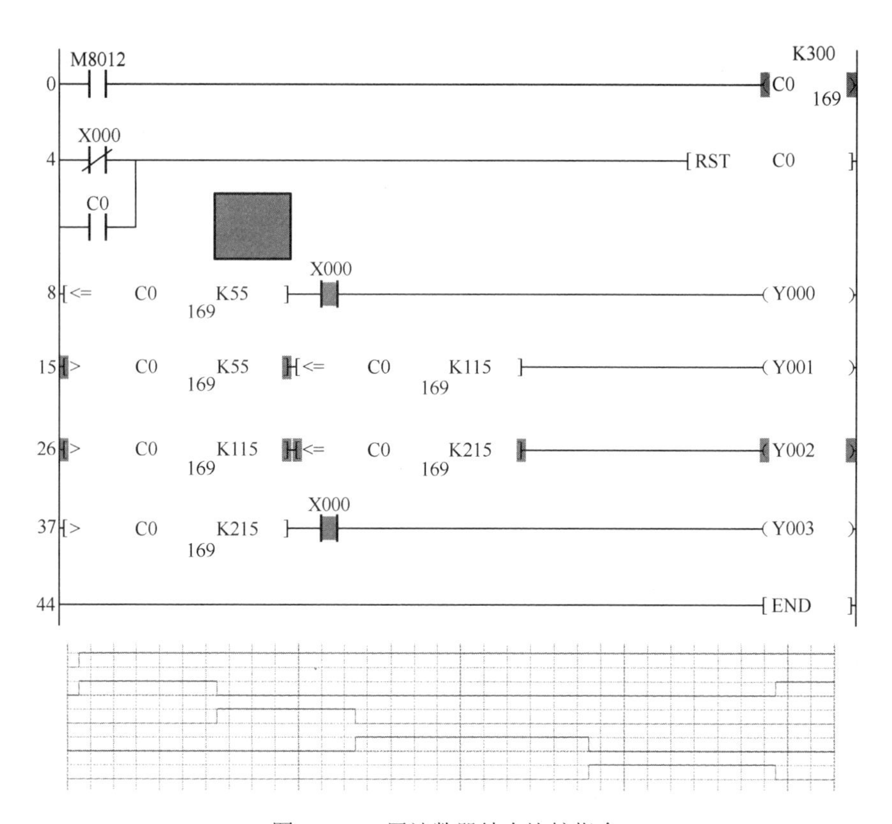

图 5-3-15　用计数器结合比较指令

【例 5-3-4】 交通灯控制。

十字路口交通灯控制示意图如图 5-3-16 所示。当合上控制开关 K 后，东西方向机动车道绿灯首先亮 8s 后灭，然后黄灯亮 2s 后灭，接着红灯亮 10s 后灭，再绿灯亮，依次循环；与此同时，东西方向人行道绿灯亮 10s 后，红灯亮 10s，如此不断循环。对应东西方向机动车道绿灯和黄灯亮的时候，南北方向机动车道红灯亮，红灯亮 10s 后灭，然后绿灯亮 8s 后灭，黄灯亮 2s 后灭，接着红灯亮 10s，依次循环；与此同时，南北方向人行道红灯亮 10s 后，绿灯亮 10s，如此不断循环。断开控制开关后，所有的灯都熄灭。

解法 1：设置状态继电器 M1 等。

第 1 步：I/O 分配。

输入仅有 1 个控制开关信号，输出较为复杂，其中在机动车道上，东西方向有绿灯、黄灯、红灯 2 组，南北方向有绿灯、黄灯、红灯 2 组；在人行横道上，东西方向、南北方向各有红、绿灯 4 组。其 I/O 分配表如表 5-3-4 所示。

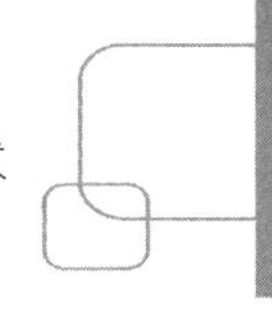

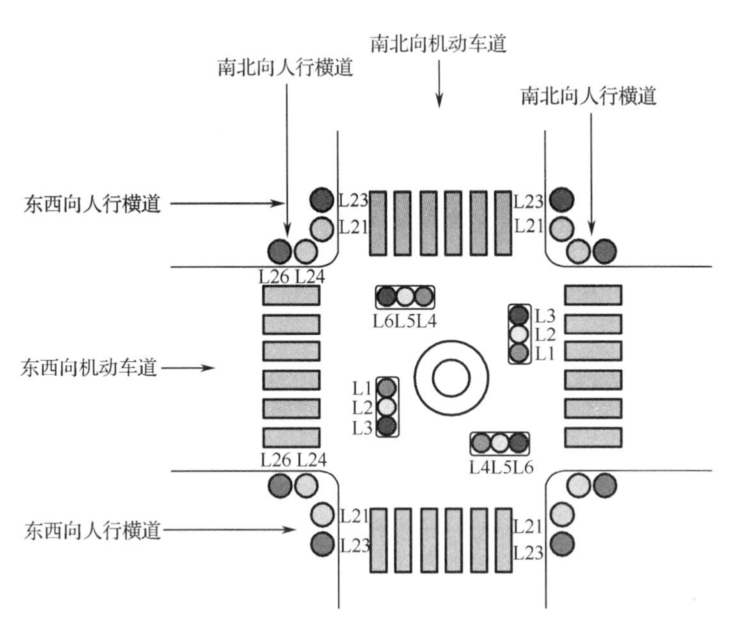

图 5-3-16　交通灯控制示意图

表 5-3-4　I/O 分配表

输入	输出						
控制开关 K	道路类别	方向					
		东西方向			南北方向		
X000	机动车道	绿灯 L1	黄灯 L2	红灯 L3	绿灯 L4	黄灯 L5	红灯 L6
		Y001	Y002	Y003	Y004	Y005	Y006
	人行横道	绿灯 L21		红灯 L23	绿灯 L24		红灯 L26
		Y021		Y023	Y024		Y026

第 2 步：设立状态继电器。

为了编程方便，将整个控制过程分为东西方向和南北方向 2 个主分支，每个分支又分机动车道和人行横道 2 个小分支。

在机动车道小分支上设立东西方向绿灯亮、黄灯亮、红灯亮 3 个阶段的 3 个状态继电器 M1，M2，M3；南北方向绿灯亮、黄灯亮、红灯亮 3 个阶段的 3 个状态继电器 M4，M5，M6。

在人行横道小分支上设立东西方向绿灯亮、红灯亮 2 个阶段的 2 个状态继电器 M21，M23；南北方向绿灯亮、红灯亮 2 个阶段状态继电器 M24，M26。

因此状态继电器表如表 5-3-5 所示。

表 5-3-5　状态继电器表

<table>
<tr><td rowspan="2">道路类别</td><td colspan="6">状态继电器标志</td></tr>
<tr><td colspan="3">东西方向</td><td colspan="3">南北方向</td></tr>
<tr><td rowspan="2">机动车道</td><td>绿灯 L1</td><td>黄灯 L2</td><td>红灯 L3</td><td>绿灯 L4</td><td>黄灯 L5</td><td>红灯 L6</td></tr>
<tr><td>M1</td><td>M2</td><td>M3</td><td>M4</td><td>M5</td><td>M6</td></tr>
<tr><td rowspan="2">人行横道</td><td colspan="2">绿灯 L21</td><td>红灯 L23</td><td colspan="2">绿灯 L24</td><td>红灯 L26</td></tr>
<tr><td colspan="2">M21</td><td>M23</td><td colspan="2">M24</td><td>M26</td></tr>
</table>

注意，如果东西方向绿灯亮，则南北方向表现为红灯亮，而且人行横道没有黄灯，因此各状态继电器在运行时对应情况如表 5-3-6 所示。

表 5-3-6　状态继电器运行时对应情况表

<table>
<tr><td rowspan="4">东西方向</td><td rowspan="2">机动车道</td><td>绿灯 L1</td><td>黄灯 L2</td><td>红灯 L3</td></tr>
<tr><td>M1</td><td>M2</td><td>M3</td></tr>
<tr><td rowspan="2">人行横道</td><td colspan="2">绿灯 L21</td><td>红灯 L23</td></tr>
<tr><td colspan="2">M21</td><td>M23</td></tr>
<tr><td rowspan="4">南北方向</td><td rowspan="2">机动车道</td><td>红灯 L6</td><td>绿灯 L4</td><td>黄灯 L5</td></tr>
<tr><td>M6</td><td>M4</td><td>M5</td></tr>
<tr><td rowspan="2">人行横道</td><td>红灯 L26</td><td colspan="2">绿灯 L24</td></tr>
<tr><td>M26</td><td colspan="2">M24</td></tr>
</table>

很显然，这是一个并行分支，进入并行分支的条件是 X000=ON↑，当 X000=ON↑时，系统同时进入 4 个分支（东西、南北各 2 个分支）。并行分支汇合的条件是 X000=OFF，当满足汇合条件时，退出系统。根据控制要求，每个标志的转移过程如图 5-3-17 所示。根据图 5-3-17，和表 5-3-4～表 5-3-6，画出交通灯控制的状态流程图，如图 5-3-18 所示。

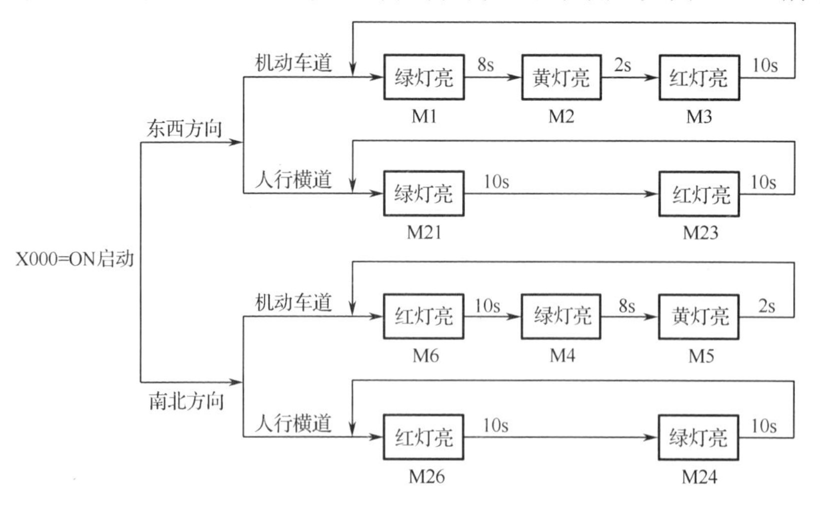

图 5-3-17　标志转移过程

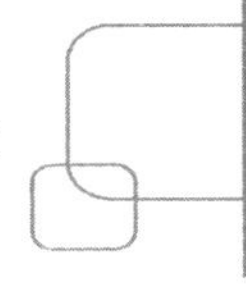

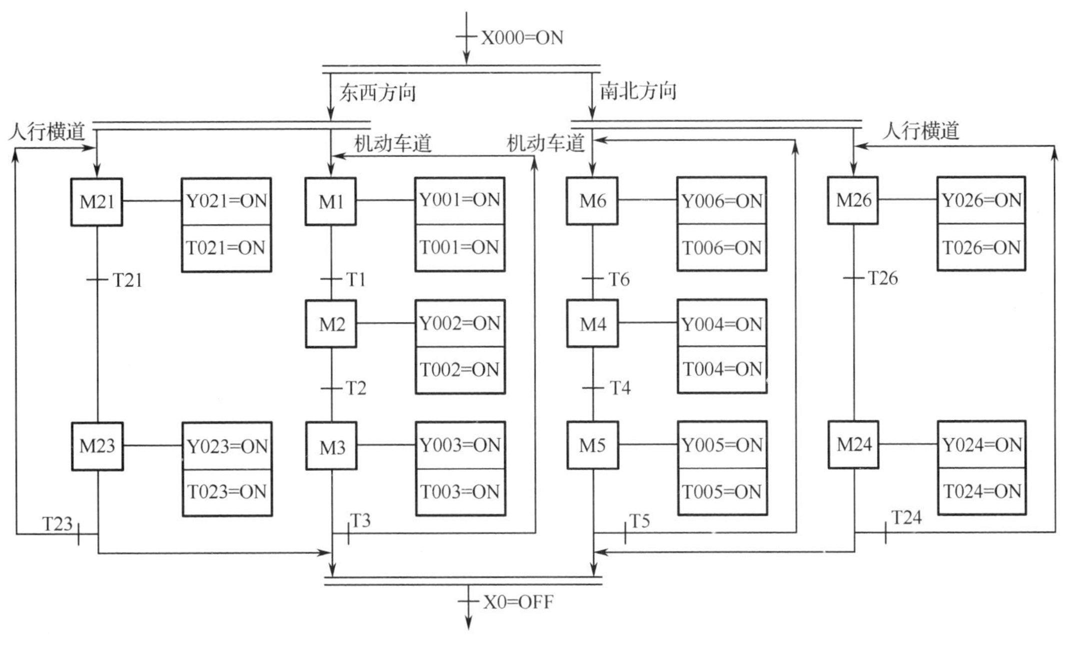

图 5-3-18　交通灯控制的状态流程图

在图 5-3-18 中，共用到 10 个定时器，结合题意，将它们列成表 5-3-7 所示。

表 5-3-7　定时器列表

东西方向				南北方向			
定时器		定时（s）	控制对象	定时器		定时（s）	控制对象
机动车道	T1	8	绿灯	机动车道	T6	10	红灯
	T2	2	黄灯		T4	8	绿灯
	T3	10	红灯		T5	2	黄灯
人行横道	T21	10	绿灯	人行横道	T24	10	绿灯
	T23	10	红灯		T26	10	红灯

现在可以设计出满足该控制要求的 PLC 程序了。设计时需要注意，当某个状态继电器的转移条件成立时，即进入该状态，触发该状态继电器“置位”，同时将上一个（前级）状态继电器“复位”。所设计的程序如图 5-3-19 所示。

解法 2：SFC 图法。

按照前面顺序功能图（SFC）“步-转换-动作”的办法设计程序。首先，在 GX Developer 中创建新工程时，注意在“程序类型”中选择“SFC 图”而不是选择“梯形图”，然后在默认的打开画面中，如图 5-3-20 所示，创建 2 个块，“0”块的类型为梯形图块，并将该块命名为“准备工作段”，“1”块的类型为“SFC 块”，块标题为“实际交通控制段”，注意，已经完成块转换的标志是“-”，没有完成块转换的标志是“*”。

并行分支结构如图 5-3-21 所示，在“1”块中，首先是初始步“0”步，这步的工作是初始化，即将 Y001 到 Y006 及 Y021、Y023、Y024、Y026 复位。

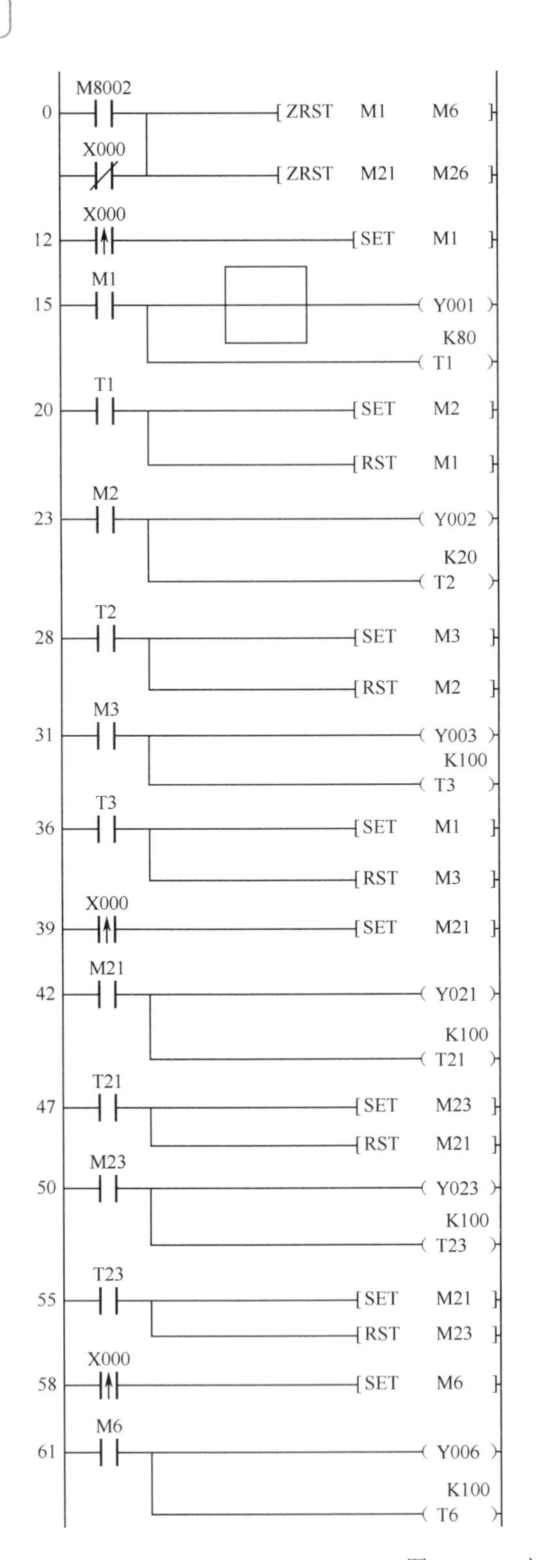

图 5-3-19　交通灯控制程序

“0”步到“10”步的转换条件是“X000=ON”，程序如图 5-3-22 所示。

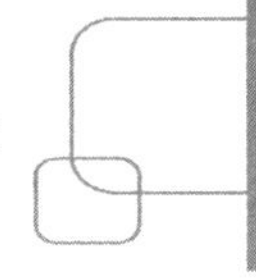

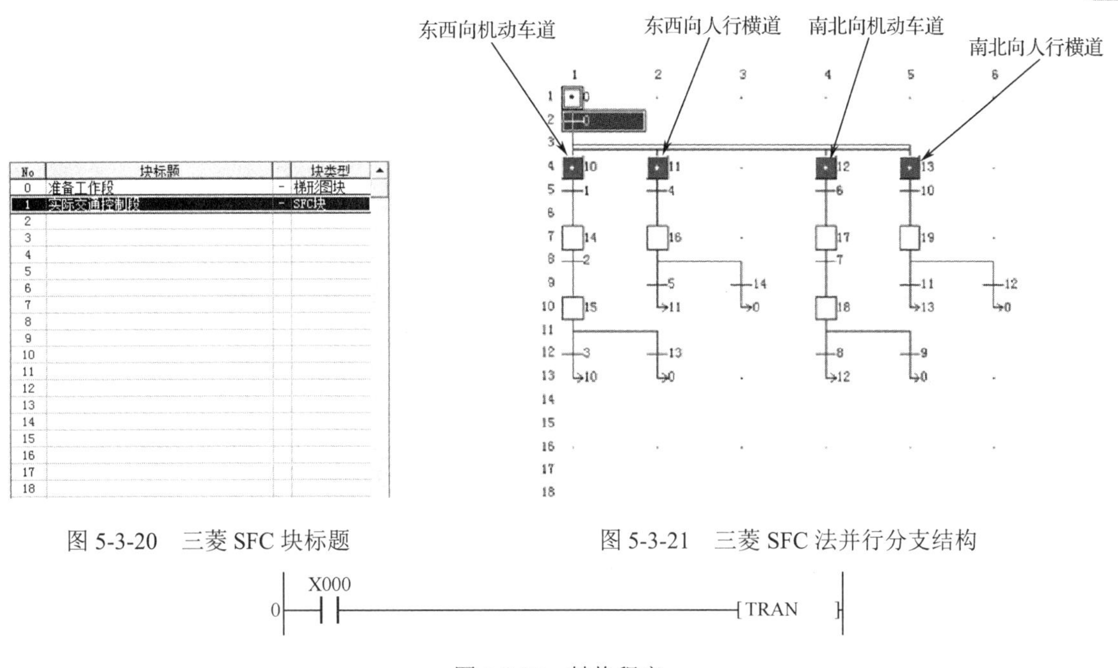

图 5-3-20　三菱 SFC 块标题　　　　图 5-3-21　三菱 SFC 法并行分支结构

X000
0 ─┤├─ [TRAN]

图 5-3-22　转换程序

当转换条件成立时（X000=ON），程序进入东西向机动车道（10 步）、东西向人行横道（11 步）及南北向机动车道（12 步）、南北向人行横道（13 步）4 个并行分支中。

在每一个并行分支的结束，都有一个选择分支结构。以第一个分支为例，转换条件“3”的转换条件是“T3=ON”，转换条件“13”的转换条件是“X000=OFF”，当转换条件“3”的条件满足，即 T3=ON 时，程序返回到第“10”步又开始循环；当转换条件“13”的条件满足，即 X000=OFF 时，程序返回到第“0”步并停止。其他三个并行分支的结构类似，当 X000=OFF 条件满足时，4 个并行分支都合并返回到第“0”步并停止。由图 5-3-21 可见当转换条件“0”满足时，程序同时进入 4 个并行分支。图 5-3-23 是顺序结构图、转换条件、时序图叠加到一起的实际监控。图 5-3-24 是三菱 SFC 法的梯形图程序（注意与图 5-3-19 比较，这里已经不需要 M1、M2 等状态继电器标志）。

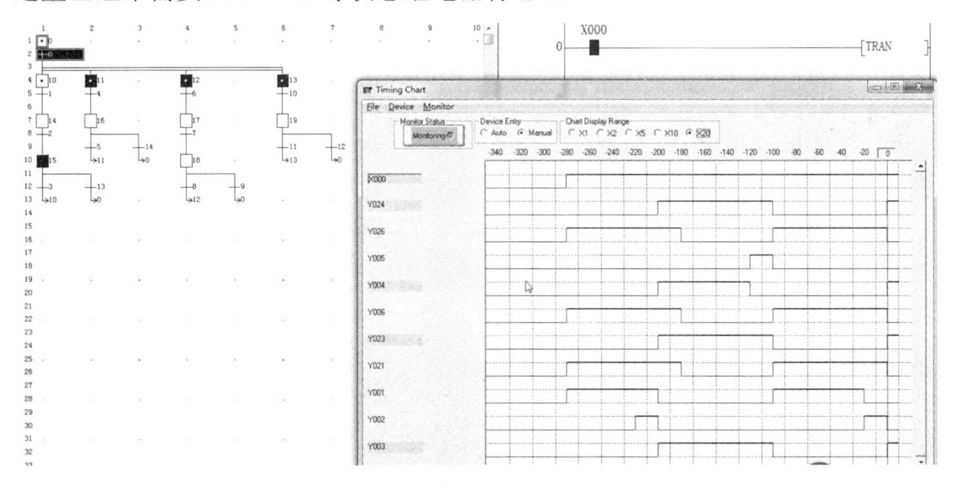

图 5-3-23　三菱 SFC 法实际监控

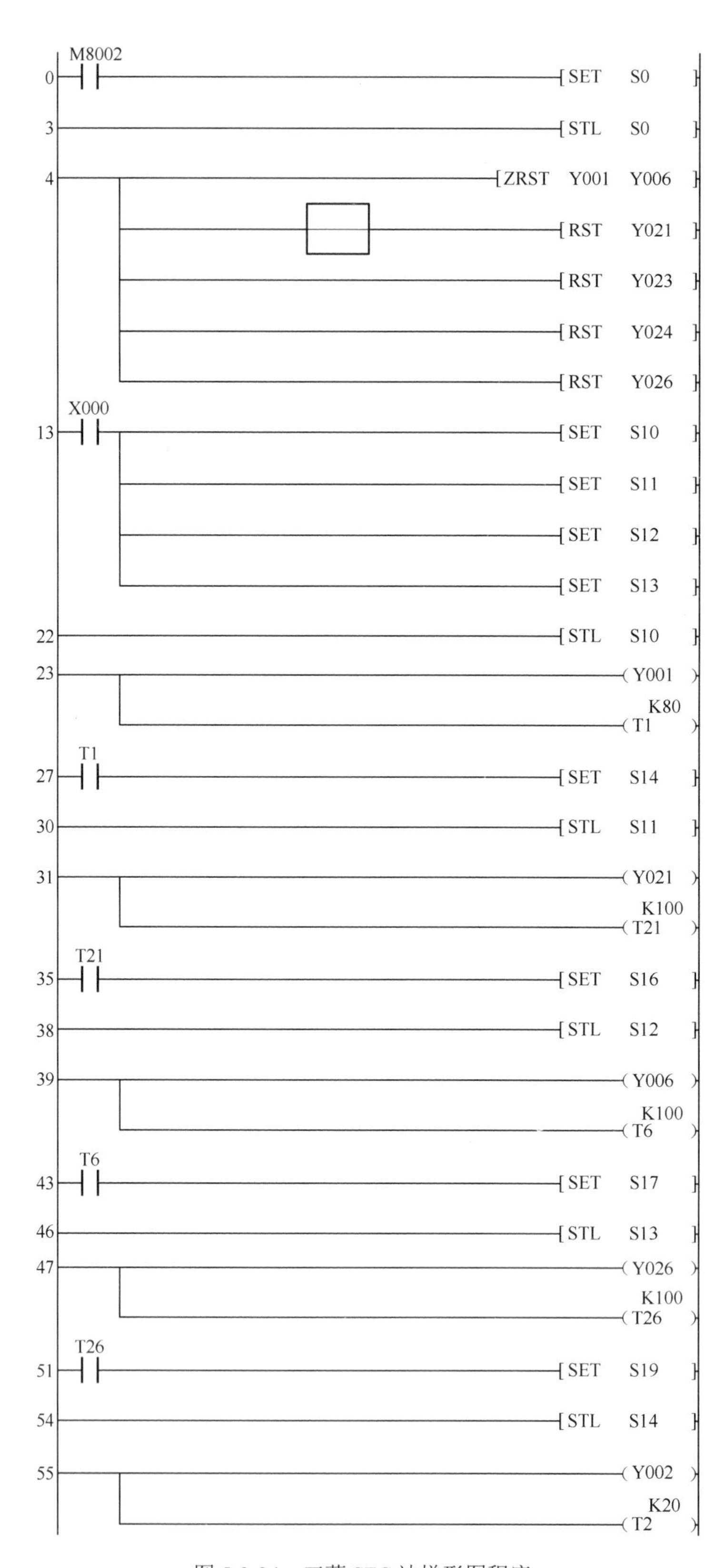

图 5-3-24 三菱 SFC 法梯形图程序

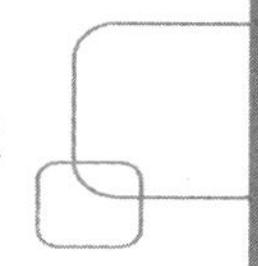

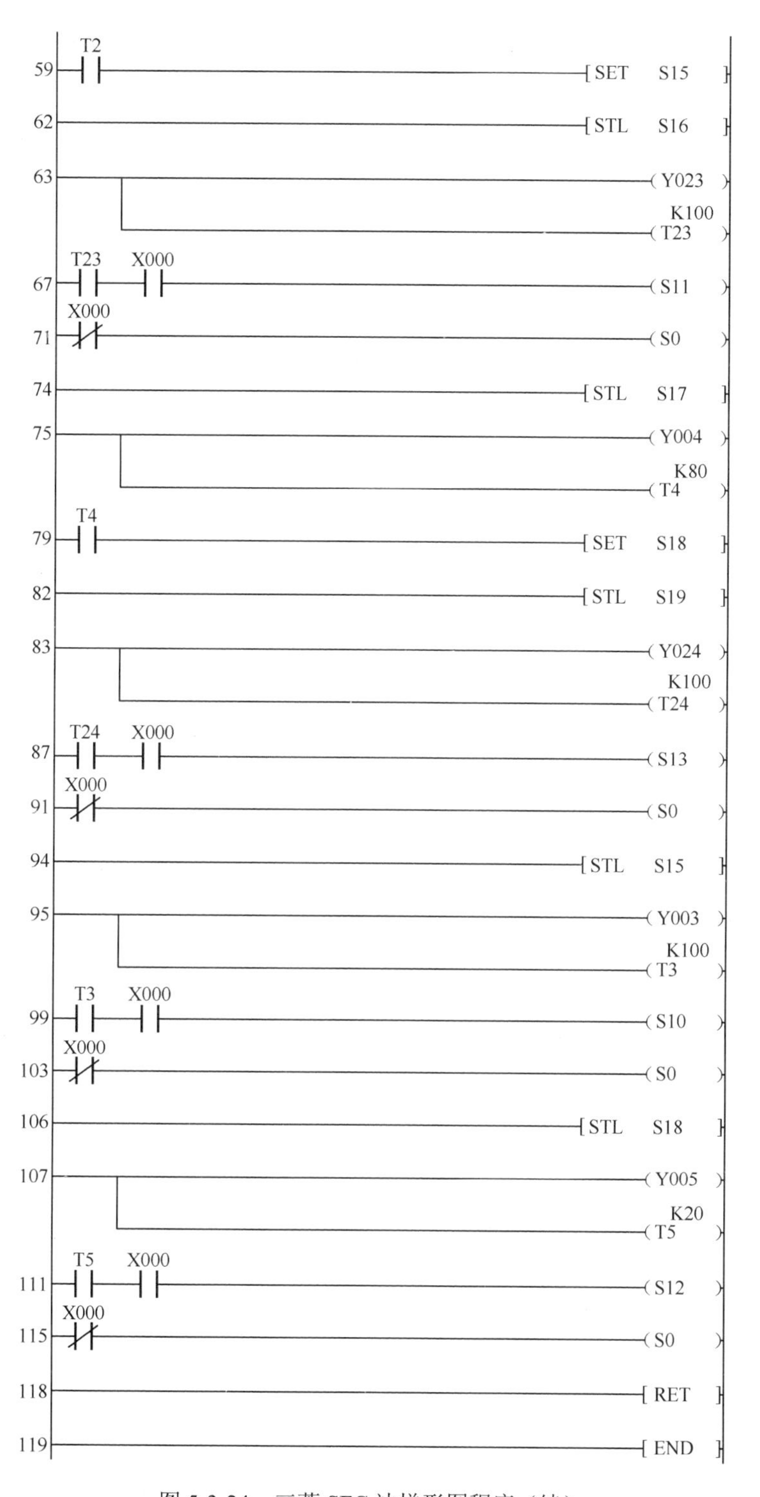

图 5-3-24　三菱 SFC 法梯形图程序（续）

习　题

5-1　自锁电路和互锁电路的区别是什么？三菱如何实现具有掉电保护的互锁电路？

5-2　根据图 T5-2 的结构编写梯形图程序。

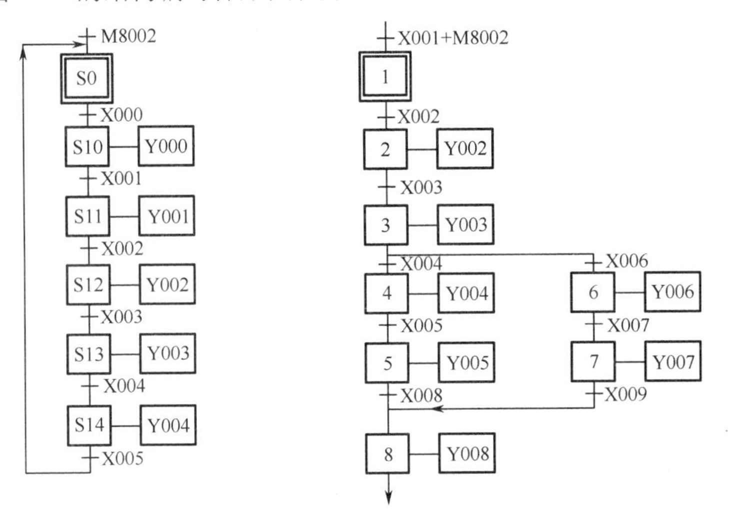

图 T5-2

5-3　有按红、黄、绿、红、……、黄、绿顺序布置的 12 只彩灯，要求：

（1）每 1s 移动一个亮灯位置。

（2）每次亮 0.5s。

（3）有一个选择开关：

① 每次只点亮一只彩灯；

② 每次点亮连续三只彩灯。

请设计控制程序，绘出梯形图。

5-4　某机械手的工作循环如图 T5-4 所示。

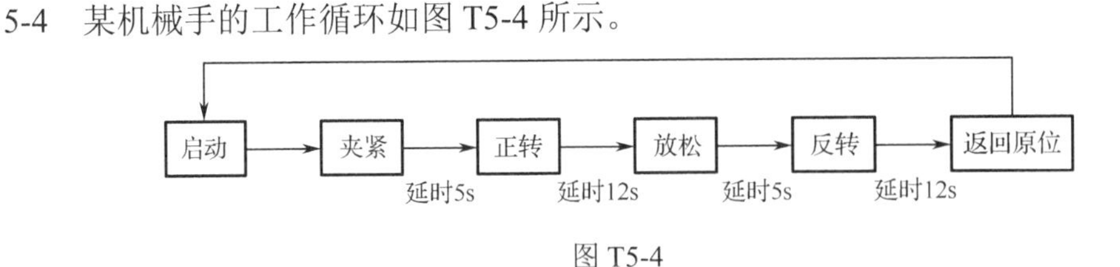

图 T5-4

设机械手由液压系统驱动，4 个电磁阀 1DZ、2DZ、3DZ、4DZ 分别控制机械手夹紧、放松、正转、反转 4 个动作。电磁阀 1DZ 通电后即使断电（只要 2DZ 不通电）也能夹紧。另设 4 个指示灯，以显示机械手对应的 4 个工作状态。

要求：

（1）绘出 I/O 分配表。

（2）用顺序控制设计法设计程序。

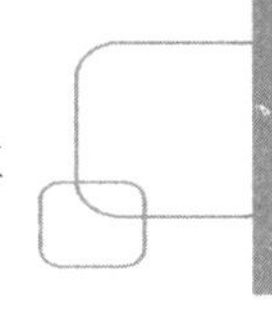

5-5　继电器-接触器控制电路如图 T5-5 所示，画出梯形图并写出指令表，列出 I/O 分配表。

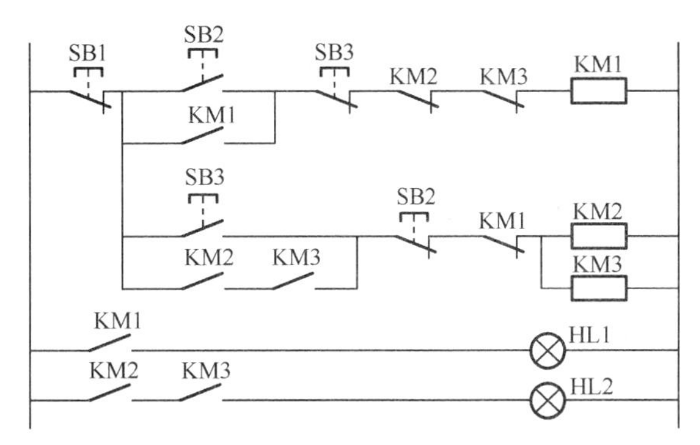

图 T5-5

5-6　3 台电动机，要求启动时每隔 10 分钟启动一台，每台运行 8 小时自动停机，运行中还可以用停止按钮将 3 台电动机同时停机，试编制程序实现。

5-7　设计一个节日礼花弹引爆程序。礼花弹用电阻点火引爆器引爆，为了实现自动引爆，以减轻工作人员频繁操作的负担，保证安全，提高动作的准确性，现采用 PLC 控制，要求编制以下两种控制程序：

（1）第 1～12 个礼花弹，引爆间隔为 0.1s；第 13～14 个礼花弹，引爆间隔为 0.2s。

（2）第 1～6 个礼花弹，引爆间隔为 0.1s，引爆完后停 10s；接着第 7～12 个礼花弹引爆，间隔 0.1s，又停 10s；接着第 13～18 个礼花弹引爆，间隔 0.1s，引爆完后再停 10s；接着第 19～24 个礼花弹引爆，间隔 0.1s。引爆用一个引爆启动开关控制。

5-8　某种流水灯的控制时序图如图 T5-8 所示，当按下 X000 后，Y000 亮，1s 后 Y001 亮，2s 后 Y002 亮，3s 后 Y003 亮，……当 Y007 亮 1s 后，所有灯灭 1s 后 Y000 又亮，如此循环，直至断开 X000 后循环停止，试编制程序，并仿真调试。

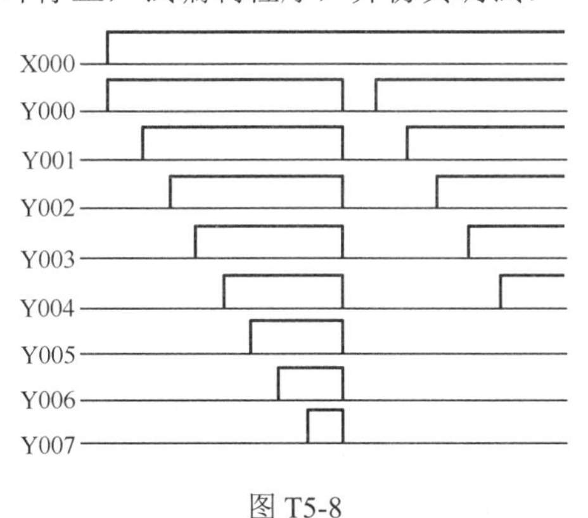

图 T5-8

5-9　试根据图 5-3-10，设计能满足例 5-3-2 控制要求的 PLC 程序并仿真（要求用 SFC 图法）。

第6章　三菱变频器的应用

变频器是一种将工频（50Hz 或 60Hz）工作的交流电变换为频率连续可调的交流电的装置。变频器内部含有微处理器芯片，可以进行算术逻辑运算和信号处理，能实现多种自动控制，利用变频调速技术可以节能、改善工艺流程、提高产品质量、便于自动控制等。随着微电子学、电力电子技术、计算机技术、自动控制技术等的不断发展，变频器的应用越来越普及，特别是中国经济大规模高速度发展，使得变频器在我国越来越具有广阔的发展前景。

6.1　变频器的历史

6.1.1　变频器的发展基础

变频器的发展基础是电力电子器件。第一代电力电子器件是 1956 年出现的晶闸管，晶闸管是一种电流控制型开关器件，只能通过门极控制其导通而不能控制其关断，初期由这种晶闸管组成的变频器应用范围很窄。

第二代电力电子器件以门极可关断晶闸管（GTO）和电力晶体管（GTR）为代表，在 20 世纪 60 年代发展起来。GTO、GTR 都是电流型自关断器件，可方便地实现逆变和斩波，但开关频率仍然不高，尽管这时出现了 PWM 技术，但因载波频率和最小脉宽都受到限制，得不到理想的正弦脉冲调制波形，噪声大，限制了变频器的推广应用。

第三代电力电子器件以场效应晶体管（MOSFET）和绝缘栅双极型晶体管（IGBT）为代表，在 20 世纪 70 年代开始应用，这两种都是电压型自关断器件，栅极信号功率小，开关频率可达到 20Hz 以上。尤其采用了 PWM 技术的逆变器噪声大大降低，电压和电流参数均已超过 GTR，因此 IGBT 的变频器基本取代了 GTR 的变频器，利用 IGBT 构成的高压（3kV/6.3kV）变频器最大容量可达 7460kW。

第四代电力电子器件以智能功率模块（IPM）为代表。IPM 以 IGBT 为开关器件同时集成有驱动电路和保持电路，由 IPM 组成的逆变器只需对桥臂上各个 IGBT 提供隔离的 PWM 信号即可，IPM 的保持功能有过电流、短路、过电压、欠电压和过热等，可实现再生制动。简单的外部控制电路，使变频器的体积、质量和接线大为减小，而功能大为提高，可靠性也大为增加，大大推动了变频器的发展。

6.1.2　变频器发展的支柱

变频器发展的支柱是计算机技术和自动控制理论。

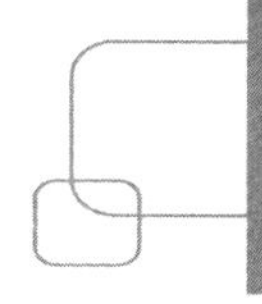

GTR 和 GTO 时代，变频器的控制核心是 8 位微处理器，按压频比控制原理实现异步电动机的变频调速，工作性能有很大的提高。后来 IGBT 凭借其优良性能很快取代了 GTR，而性能更为完善的 IPM 使得变频器的容量和电压等级不断扩大和提高，随着 16 位、32 位微处理器逐步取代 8 位微处理器，变频器的功能也从单一的变频调速功能发展为包含算术逻辑运算及智能控制在内的综合功能。

自动控制理论的发展也推动了变频器的发展，矢量控制、直接转矩控制、模糊控制和自适应控制等多种模式的变频器都得益于自动控制技术。现代的变频器已经内置有参数辨识系统、PID 调节器、PLC 和通信单元等，根据需要可实现拖动不同负载、宽调速和伺服控制等多种应用。

6.1.3　变频器发展的动力

变频器发展的动力是市场需求。

直流电动机和交流电动机是动力机械的主要拖动装置，在推动工业现代化方面发挥着巨大的作用。直流调速系统有调速范围广、稳定性好和过载能力强等优点，特别是在低速时仍能得到较大的过载能力，是其他调速系统无法比拟的，因而直流调速系统在很长一段时间内被广泛地使用。但直流调速系统也有着显著的弱点，主要表现在直流电动机结构复杂，消耗大量有色金属，换向器及电刷维护保养困难、寿命短、效率低等。

交流电动机结构简单，造价低廉，运行控制方便，在工农业生产中得到广泛的应用，但由于没有变频电源，在过去很长一段时间内只能工作在不要求变速或对调速性能要求不高的场合。在许多场合下，人们希望用能调速的交流电动机来代替直流电动机，于是对交流调速系统展开了大量的研究，这催生了变频器。前身为瑞典 STRONGB 的芬兰瓦萨控制系统有限公司，于 1967 年开发出世界上第一台变频器，开创了世界商用变频器的市场。交流变频器的问世使交流变频调速取代了结构复杂、价格昂贵的直流电动机调速，而且节省了大量的能源。

随着变频器在工农业生产、日常生活等领域的广泛应用，以及变频器可带来的巨大经济效益，使得变频器的市场前景十分好，销售额呈逐年上升趋势。目前，国外变频器市场的增长速度每年都在 10%以上，国内变频器 70%以上的市场份额由美国、日本、欧洲厂商的产品占领，如日本的三菱、松下、富士、日立，欧洲的西门子、施耐德、ABB 公司，美国的艾默生变频器、AB 变频器等，并已形成 60 亿元以上的年销售规模。而且根据变频器在不同行业的应用特点，很多厂家都推出了个性鲜明的、非常新颖的变频器，所以说，市场需求是变频器发展的内在动力。

6.2　变频器的分类

变频器的分类多种多样，表 6-2-1 列出了目前变频器的分类。

表 6-2-1　变频器的分类

按变换频率方法分	交-直-交变频器（间接变频器）	用整流器先将电网中的交流电整流成直流电，再用逆变器将直流电逆变成交流电供给负载，又称间接变频器
	交-交变频器（直接变频器）	只用一个变换环节就可把恒压恒频（CVCF）的交流电源变换成变压变频（VVVF）电源，又称直接变频器
按主电路工作方法分	电压型变频器	中间直流环节采用大电容滤波，称为电压型变频器
	电流型变频器	采用高阻抗大电感滤波，称为电流型变频器
按调压方法分	PAM 变频器	PAM（脉幅调制）方式，通过改变直流环节的电压或电流来改变输出电压或电流，逆变器负责调节输出频率，整流器部分只控制电压或电流
	PWM 变频器	PWM（脉宽调制）方式，通过改变输出脉冲的占空比来实现。目前使用最多的是占空比按正弦规律变化的正弦波脉宽调制方式，即 SPWM 方式
按控制方式分	U/f 控制变频器（压频比控制变频器）	采用 VVVF 控制方式实现，对变频器输出的电压和频率同时进行控制，通过保持 U/f 恒定使电动机获得所需的转矩特性
	SF 控制变频器（转差频率控制变频器）	采用转差频率控制方式实现，是在 U/f 控制基础上的一种改进方式。这种方式中，变频器通过电动机、速度传感器构成速度反馈闭环调速系统，变频器的输出频率由电动机的实际转速与转差频率之和来自动设定，从而达到在调速控制的同时也使输出转矩得到控制。该方式是闭环控制，故与 U/f 控制相比，调速精度与转矩特性较优
	VC 控制变频器（Vector Control 矢量控制变频器）	VC 控制变频器，是将异步电动机的定子电流分解为产生磁场的电流分量（励磁电流）和与其相垂直的产生转矩的电流分量（转矩电流），并分别控制。这种控制方式必须同时控制异步电动机定子电流的幅值和相位，即控制定子电流矢量，VC 方式使异步电动机的高性能成为可能，矢量控制理论 1967 年由德国提出
	直接转矩控制变频器（DTC 控制变频器）	DTC 控制变频器，不通过控制电流、磁链等量来间接控制转矩，而是把转矩直接作为被控矢量来控制。特点是转矩控制是控制定子磁链，并能实现无传感器测速，1985 年德国首先提出这一理论，1995 年由 ABB 公司实现
按用途分	通用变频器	简易型通用变频器；高性能多功能通用变频器
	专用变频器	高性能专用变频器：为满足特定产品需要而设计生产的变频器，多采用 VC 控制方式，也有直接转矩控制（DTC）方式，例如，新型具有“参数自调整”功能的 VC 变频器、纺织专用型变频器、电梯专用变频器、防爆变频器等
		高频变频器：采用 PAM 控制的高频变频器，输出主频达 3kHz，常用于超精密机械加工
		高压变频器：一般是大容量的变频器，最高功率可达到 5000kW，电压等级为 3KV、6KV、10KV。其中又分为“高-低-高”式变压变频器和“高-高”式高压变频器两种
按机壳分		有塑壳变频器、铁壳变频器和柜式变频器
按供电电压、相数、输出功率分	电源电压	低压变频器（110V、220V、380V）；中压变频器（660V、1140V）； 高压变频器（3kV、6kV、10kV）
	电源相数	单相输入变频器：输入端为单相电，输出端为交流电 三相输入变频器：输入/输出两端均为三相电
	输出功率	小功率变频器、中功率变频器和大功率变频器
按功能分	—	恒转矩变频器：控制对象具有恒转矩特性，在转速精度及动态特性方面要求一般不高，当用变频器进行恒转矩调速时，必须加大电动机和变频器的容量，以提高低速转矩。主要用于挤压机、搅拌机等。 平方转矩变频器：控制对象在过载能力方面，负载转矩与转速的平方成正比，所以低速运行时负载轻，具有节能效果，主要用于风机和泵类负载
按主开关器件分	—	有 IGBT、GOT 和 BJT 3 种

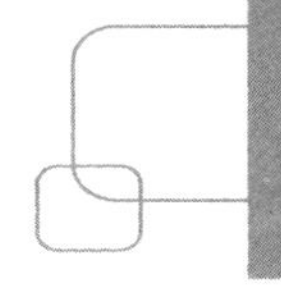

6.3　变频器的原理

6.3.1　调速与交流变频调速

调速即速度调节，指在电力拖动系统中为满足工作机械的相同转速要求，人为改变电动机转速的方法。调速可通过改变电动机的参数或电源电压、频率等方法来改变电动机的机械特性，使得电动机的转速稳定改变。

调速系统分为直流调速系统和交流调速系统。直流调速系统具有优良的静、动态特性，在很长的一段时期内，应用中基本上采用直流调速系统。近年来，随着电力半导体器件、计算机技术、自动控制理论的发展，以各种电力半导体器件构成的交流变频调速系统正在取代直流调速系统。

由电动机学可知，异步电动机的转速为：

$$n=(1-s)n_1=\frac{60f}{P}(1-s) \tag{6-3-1}$$

式中，n_1——同步转速（r/min）；

f——定子频率［即电源频率（Hz）］；

P——磁极对数；

s——转差率。

从式（6-3-1）可知，要调节异步电动机的转速可从 P、f、s 三个参数入手，因此，异步电动机的调速方式可分为三种，即变级调速、变转差率调速和变频调速。

通过改变电动机绕组的接线方式，使电动机从一种极对数变为另一种极对数，从而实现异步电动机的有级调速的方法叫变级调速。变级调速设备简单、价格低廉、工作可靠性较高，变级调速的关键在于电动机的绕组设计。

通过调节串联在转子绕组中的电阻值（调阻调速），或在转子电路中引入附加的转差电压（串级调速），或者调整电动机定子电压（调压调速），以及采用电磁转差离合器改变气隙磁场（电磁离合器调速）等方法改变转差率，从而对电动机实现平滑无级调速，这种方法叫变转差率调速。变转差率调速在电动机调速技术中曾占据重要的地位，但效率不高。

通过改变定子绕组的供电频率来平滑、无级地调节异步电动机转速的方法叫变频调速。交流变频调速由于能高效率、宽范围、高精度、平滑无级地调速，而且具有节能等效果，因而近十多年来发展迅速且前景较好。

6.3.2　通用变频器的工作原理

下面以通用变频器为例，介绍变频器的工作原理。

变频器的功能就是将频率、电压都固定的交流电源变成频率、电压都连续可调的三相交流电源。按照变换环节有无直流环节，变频器可以分为交-直-交变频器和交-交变频器。

1. 交-直-交变频器的基本工作原理

交-直-交变频器就是先把频率、电压都固定的交流电整流成直流电，再把直流电逆变成频率、电压都连续可调的三相交流电源。由于把直流电逆变成交流电的环节比较容易控制，并且在电动机变频后的特性方面比其他方法具有明显的优势，所以通用变频器一般采用交-直-交变频器。交-直-交变频器工作原理示意图如图 6-3-1 所示，可以分为以下几部分。

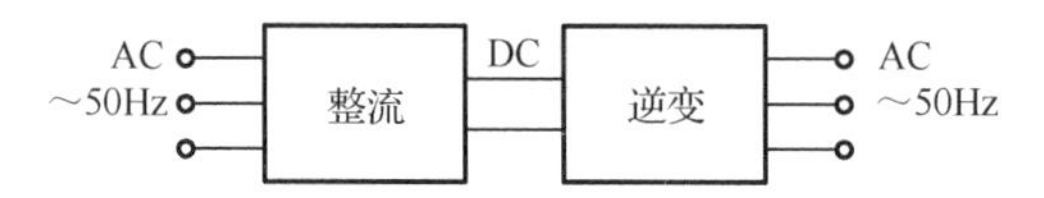

图 6-3-1　交-直-交变频器工作原理示意图

整流电路（交-直部分）：通常由二极管或晶闸管（俗称可控硅）搭建的桥式电路组成。根据输入电源的不同分为单相桥式整流电路和三相桥式整流电路。常用的小功率变频器多数为单相 220V 输入，较大功率的变频器多数为三相 380V（线电压）输入。

逆变电路（直-交部分）：逆变电路是变频器的最核心关键部分，它利用 6 个晶体管（VT_1～VT_6）按导通顺序有规律地控制逆变器中开关管的导通和关断，按每个晶体管的导通电角度分为 120° 导通型和 180° 导通型两种类型。逆变电路目前所采用的开关管一般为 IGBT、IPM。

在整流和逆变中有滤波环节。根据储能元件不同，滤波电路可分为电容滤波和电感滤波两种，用电容滤波的又叫电压源型变频器，用电感滤波的又叫电流源型变频器。

2. 交-交变频器基本工作原理

交-交变频器无中间直流环节，而是直接将电网固定频率的恒压恒频（CVCF）交流电源变换成变压变频（VVVF）交流电源，也称为“直接”变压变频器。

图 6-3-2（a）所示为单相输出的交-交变频器，正、反向两组晶闸管按交流电源的自然周期相互切换。当正向组工作时，反向组关断，在负载上得到正向电压；当反向组工作时，正向组关断，在负载上得到反向电压。负载上获得的交变输出电压 u_o 的大小由整流装置的控制角 α 决定，u_o 的频率由整流装置的切换频率决定。如果 α 一直不变，输出的平均电压就是方波，如图 6-3-2（b）所示。而如果控制角 α 在整流器正向导通的周期内被控制在 $\frac{\pi}{2}$ 到 0 再到 $\frac{\pi}{2}$ 之间变化，则输出电压 u_o 就会从 0 变到最大值再变回到 0，α 在整流器反向导通的周期内类似变化从而得到呈正弦规律变化的交变电压。

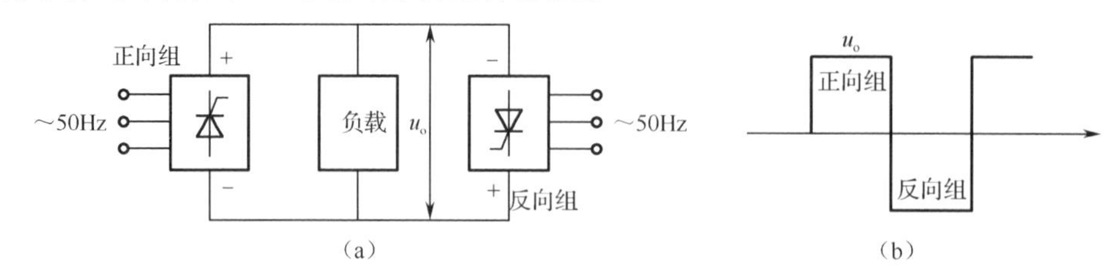

图 6-3-2　交-交变频器原理图及其方波电路

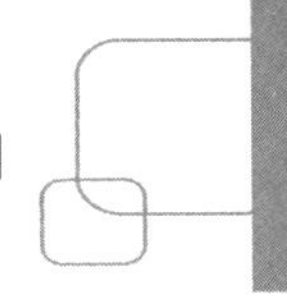

6.4　变频器的性能指标

6.4.1　变频器的额定数据

1．输入侧的额定数据

（1）输入电压 U_{IN}。

输入电压 U_{IN} 即电源侧的电压。在我国，低压变频器的输入三相交流电压通常为380V，单相交流电压为220V。此外变频器规定了输入电压的允许波动范围，如±10%、−15%～10%等。

（2）相数。

相数有单相和三相之分。

（3）频率 f_{IN}。

频率 f_{IN} 即电源频率。我国为50Hz，频率的允许波动范围通常规定为±5%。

2．输出侧的额定数据

（1）额定电压 U_N。

因为变频器的输出电压要随频率而变，所以额定电压 U_N 定义为输出的最大电压。通常额定电压 U_N 总是和输入电压 U_{IN} 相等。

（2）额定电流 I_N。

额定电流 I_N 是指变频器允许长时间输出的最大电流。

（3）额定容量 S_N。

额定容量 S_N 由额定电压 U_N 和额定电流 I_N 的乘积决定。

（4）配用电动机容量 P_N。

配用电动机容量 P_N 指在连续不变的负载中，允许配用的最大电动机容量。在生产机械中，电动机的容量主要是根据发热状况来决定的，只要不超过允许的温升值，电动机是允许短时间过载的，而变频器则不允许。所以在选用变频器时，应充分考虑负载的工况。

（5）过载能力。

过载能力指变频器的输出电流允许超过额定值的倍数和时间。大多数变频器的过载能力规定为150%，1min。

3．输出频率指标

（1）频率范围。

频率范围指变频器能输出的最小频率和最大频率，如0.1～400Hz、0.2～200Hz等。

（2）频率精度。

频率精度指频率的准确度。由变频器在无任何自动补偿时的实际输出频率与给定频率之间的最大误差与最高频率的比值来表示。频率精度与给定的方式有关，数字量给定时的频率精度比模拟量给定时的频率精度约高一个数量级。

（3）频率分辨率。

频率分辨率指输出频率的最小改变量，其大小和最高工作频率有关。

6.4.2 变频器的关键性能指标

变频器性能的优劣，一要看其输出交流电压的谐波对电动机的影响，二要看对电网的谐波污染和输入功率因数，三要看其本身的能量损耗如何。

选择变频器时首先要看的是变频器的性能指标，表 6-4-1 给出了变频器的关键性能指标。

表 6-4-1 变频器的关键性能指标

序号	性能指标名称	性能指标说明
1	在 0.5Hz 时能输出多大的启动转矩	比较优良的变频器在 0.5Hz 时，22kW 以下能输出 200%高启动转矩或 30kW 以上能输出 180%的启动转矩。有此特性时，变频器就能根据负载要求实现短时间平稳的加减速，能快速响应交变负载和及时检测出再生功率
2	速度调节范围控制精度和转矩控制精度	现有的变频器速度控制精度能达到±0.005%，转矩控制精度能达到±3%
3	低速时脉动情况	低速时的脉动情况是检验变频器好坏的一个重要标准，高质量的变频器在 1Hz 时转速脉动只有 1.5r/min
4	频率分辨率与频率精度	频率分辨率指输出频率的最小改变量，即每相邻两档频率之间的最小差值。数字设定式变频器的频率分辨率在调频范围内是个常数，取决于微处理器的性能；模拟设定式变频器的频率分辨率一般可达到最小频率×0.05%。频率精度指频率的稳定度，是指在频率给定值不变的情况下，当温度、负载变化，电压波动或长时间工作后，变频器的实际输出频率与给定频率之间的最大误差与最高工作频率之比。对于数字设定式的变频器，频率精度通常能达到±0.01%（-10～+50℃），模拟设定式变频器的频率精度通常为±0.5%（15～35℃）
5	噪声及谐波干扰	与变频器用的器件及调制频率和控制方式有关。使用 IGBT 和 IPM 的变频器，调制频率高，人的耳朵听不见，噪声小，但高次谐波始终存在。如果采用控制方式则较好，也可减少部分谐波量，例如，空间矢量控制方式与 SPWM 控制方式相比，谐波含量得到减少
6	发热量	一台变频器发热量大，说明功耗大、效率低、通风散热系统不好，也影响变频器的寿命
7	多功能化、智能化	变频器是否多功能化、智能化也是选择时的因素之一，一台变频器应能根据负载情况选择不同功能，或具有一定的智能

6.5 变频器的应用与发展

6.5.1 变频器的应用

变频器是当前最理想、最有发展前途的电动机调速方式，主要应用在纺织、印刷、电梯、机床、生产自动化流水线、空调、发电等行业，它的应用主要可以概括为下面几个方面。

1．变频器在节能方面的应用

传统风机、泵类采用挡板和阀门进行流量调节，电动机转速基本不变，耗电功率变化不大。但当用户需要的平均流量较小时，风机、泵类若采用变频调速使电动机转速降低，就能节约能量。据统计，风机、泵类负载采用变频调速节电率可达到 20%～60%，风机、泵类电动机的用电量占全国总用电量的 31%，占工业用电量的 50%，如果在此类负载中使用变频器调速，节能效果非常可观，将具有非常重要的意义。因此节能变频器的应用，在最近十几年来发展非常迅速，在这一领域中变频调速应用的也最多。据估计，我国已经进行变频调速改造的风机、泵类负载的容量约占总容量的 5%以上，年节电约 4×10^{10}kW·h。目前应用较成功的有恒压供水、风机、空调和液压泵的变频调速。例如，广泛应用于城乡生活用水、消防、喷灌等的恒压供水，就是典型的变频控制模式，不仅节省大量电能，而且延长了设备的使用寿命，使用操作也更加方便。

2．变频器在自动化方面的应用

由于变频器内置有 32 位或 16 位的微处理器，具有多种算术逻辑运算和智能控制功能，输出频率精度高达 0.1%～0.01%，还设置有完善的检测、保护环节，因此变频器在自动化系统中获得了广泛的应用。例如，玻璃工业中的平板玻璃退火炉、玻璃窑搅拌、拉边机、制瓶机；电弧炉自动加料、配料系统，以及电梯的智能控制；化纤工业中的卷绕、拉伸、计量、导丝等。

3．变频器在提高工艺水平和产品质量方面的应用

变频器广泛用来提高工艺水平和产品质量，例如，变频器用于传送、起重、挤压、机床等各种机械设备控制领域，以减少设备的冲击和噪声，延长设备的使用寿命，使机械系统简化，操作和控制更加方便，有的甚至改变了原有的工艺规范，提高了整个设备的功能。例如，纺织和许多行业用的定型机，在采用变频调速后，温度调节可以通过变频器自动调节风机的速度来实现，解决了产品的质量问题。此外，变频器很方便地实现风机在低频低速下的启动问题，减少传送带与轴承的磨损，延长了设备的寿命，同时节能 40%左右。

变频器的历史有 30 多年，变频器行业在我国已有 20 多年的历史，我国变频器的市场规模逐年扩大，据有关资料报道，我国 2003 年变频器的销售额突破 30 亿元，而在 2008 年，高、中、低压变频器总的市场分量已接近 150 亿，内外资品牌约 140 个，从事代理销售和二次开发的公司有上千家。国内变频器市场以外资品牌的进入而发展，目前外资品牌如西门子、三菱、ABB 等在国内变频器市场的占有率约为 76%。我国变频器国产品牌在技术、加工制造、工业设计、资金实力等方面都与国外品牌存在一定的差距。目前阻碍变频器推广应用的主要原因是价格偏高，随着开发变频器的技术进步，变频器的普遍推广应用，变频器本土品牌的兴起，变频器的价格会逐年降低，掌握变频器技术将越来越有用。

6.5.2　变频器的发展

随着电力电子器件的发展，多种新型变频调速的电动机的开发成功，IT 技术的进步，以及控制理论的不断创新，这些技术都影响着变频器的发展。今后变频器的发展趋势将是矩阵变频器、网络化与智能化、专门化、一体化与小型化、节能和环保无公害。

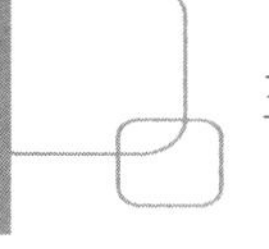

1．小型化与一体化

小型化注定是变频器的发展趋势。近几年来，国外各大公司纷纷推出以 DSP（数字信号处理器）为基础的内核，配以电动机控制所需的外围功能电路，使得变频器的价格大大降低，也使变频器的体积大为缩小。另外，将一些相关的功能部件如参数辨识系统、PID 调节器、PLC 和通信单元等集成到内部组成一体化机，不仅使变频器的功能增强，系统可靠性增加，还有效地缩小了变频器的体积，减少了与外部电路的连接，这有如当今的计算机一体机，由于省去了主机和大大减少了接线，因而受到广大用户的欢迎。

2．智能化与网络化

变频器的智能化指变频器安装到系统后，不需进行过多的功能设定，就可以方便地操作使用，且有明显的工作状态显示，能够实现故障诊断与排除，甚至可进行部件自动转换。

现代工业控制网络主要有设备层、控制层、信息层 3 个层面。变频器的网络化就是将变频器作为网络控制系统中的执行器（例如，在采用 PLC 为运动控制器时，驱动器通常为变频器、可逆电动机驱动器、步进电动机环形驱动器等）。通过配接 RS232/RS485 串行通信协议、PROFIBUS 等现场总线协议以及局域网协议，多台变频器可实现网络联动。针对不同的控制系统和不同的用户要求，可配置和选用不同的网络协议，形成最优化的变频器综合管理控制系统。

3．专门化

根据某类负载的特性，有针对性地制造专门化的变频器，不但利于负载的电动机进行经济有效的控制，而且可以降低制造成本，例如，风机、水泵专用变频器、起重机械专用变频器、电梯控制专用变频器和空调专用变频器等，所以专门化是变频器的一个发展方向。

4．节能、环保无公害

保护环境，制造绿色产品是人类的新理念，今后的变频器将更注重节能和环保无公害。能源危机、金融危机、全球气候暖化危机使人们认识到了节能的重要性，向风机、泵类等负载要能源，利用交流变频调速技术节能是变频器的一大发展趋势。风能具有全球范围内的巨大蕴藏量、可再生、分布广、无污染的特性，风能发电已成为世界可再生能源发展的重要方向。丹麦是世界上最早开始研究和应用风力发电的国家。丹麦能源依靠科技进步走出了一条“高效、清洁、可持续发展”的道路。2005 年至今，丹麦的国民生产总值增长了约 25%，而传统的石化能源消耗量基本维持不变，就是源于大量应用风力发电。2009 年 12 月 7 日至 18 日丹麦哥本哈根气候会议，定出了将每年全球气温升幅控制在 2 摄氏度以下，减少碳排放的发展目标。中国新能源战略把大力发展风力发电作为重点。据 1993 年调查统计，全国各类电动机装机容量约为 3.5×10^8kW，耗电量约占全国发电量的 60%，其中大多数电动机长时间处于轻载运行状态。特别是其中装机容量占总装机容量一半以上的风机，泵类负载的电动机，70%采用风挡或阀门调节流量，运行状态更差。这些电动机用电量占全国用电量的 31%，占工业用电量的 50%，若在此类负载上使用变频调速装置，将可节电 30%左右。估计现在全国电动机的装机容量有 5×10^8kW，按一半为风机、泵类负载计算，有 2.5×10^8kW，如果将其中的 40%进行变频调速改造，就可节能 1×10^8kW。目前，我国已使用的变频器总容量为（1.0～1.5）×10^8kW，中国的风电装机容量将实现每年 30%的高速增长。按照国家规划，未来 15 年，全国风力发电装机容量将达到 2000 万～3000 万 kW。2009 年上半年中国风力发电达到 126 亿 kW•h，占同期全国发电量约百分之一，中国已成为亚洲第一风能利用大国。利用变频器节能的发展前景非常广阔和美好。

随着变频器的进一步推广和应用，用户也在不断提出各种新的要求，促使变频器功能多样化。例如，近年来人们对环境问题非常重视，绿色产品大行其道，因此就必须严肃考虑变频器对周围环境的影响，IGBT 低噪声变频器的出现使噪声问题基本上得到了解决。随着变频技术的发展及人们对环境问题的重视，变频器对周围环境的影响可以不断减少，环保无公害化变频器的推出已经成为大势所趋。

5. 矩阵变频器

目前 PWM 变频器已得到了广泛应用，但随着 PWM 变频器的普及，它对周边设备的影响也日益增加，例如，电源高次谐波引起的误动作、射频干扰引起的误动作等，对电动机性能的劣化影响（如电动机的冲击电压引起的绝缘老化等），因此 PWM 变频器还不是真正环保型的变频器。

矩阵变频器没有中间直流环节，省去了体积大、价格贵的电解电容，实现了小型化。能实现功率因数为 1、输入电流为正弦且能四象限运行，系统的功率密度大，并能实现轻量化，具有非常诱人的前景。由于铝电解电容有一定的寿命，必须在一定年限更换电容，如 5～8 年，而矩阵变频器去掉了直流电容，矩阵变频器可以长时间可靠工作。

矩阵变频器主要用到能够发挥其长处和优点的场合中，如它的处理再生能量的功能，应用在起重、电梯、离心机和其他需要连续电动又连续制动发电的场合。当然，它也可以装在那些需要制动，但又没有空间安装制动电阻或者安装电阻会引起意外事故的地方，如酒精化工厂等。另外一个非常有潜力的地方，就是需要有低谐波的应用场合。如在轮船，就能允许安装更小的发电动机组。在一些隔离系统中能降低设备的体积，而省去了类似脉波变频器系统中的额外变压器。

世界上几个大的公司如罗克韦尔、西门子等都在研究的“矩阵变频器”将会是下一代变频器，目前由于成本太高而无法商业化应用，但这是变频器的发展方向。

6.6　三菱 FR-E740 变频器结构

随着节能的普及和工业自动化的推广，变频器的使用越来越多，每年在中国有上百亿元的销售额。三菱变频器是世界知名的变频器之一，由三菱电机株式会社生产，市场占有率比较高。现三菱公司专门生产 FR-A740/FR-F740/FR-E740/FR-D740/FR-D720S 几个系列的变频器，本书主要介绍 FR-E740 变频器。

6.6.1　三菱 FR-E740 变频器的外形

三菱 FR-E740 变频器外形如图 6-6-1 所示，面板结构组成如图 6-6-2 所示。

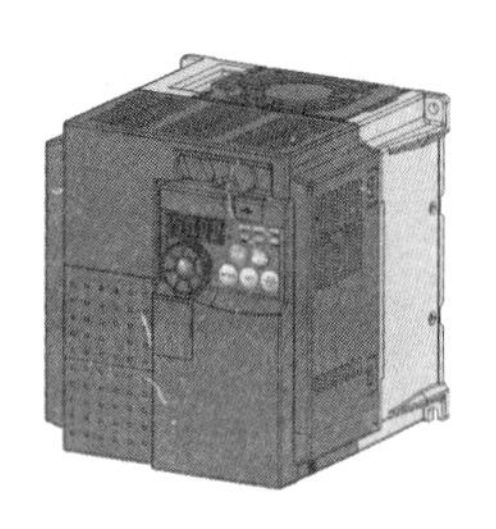

（a）FR-E740-3.7K-CHT

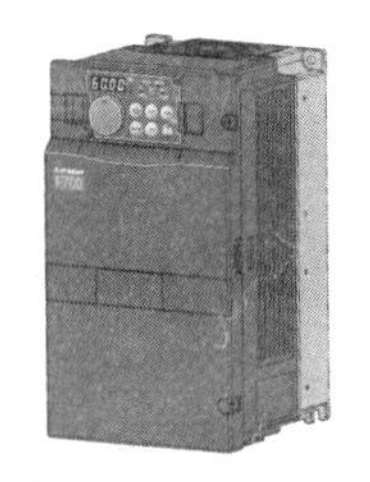

（b）FR-E740-11K-CHT

图 6-6-1　三菱 FR-E740 变频器外形图

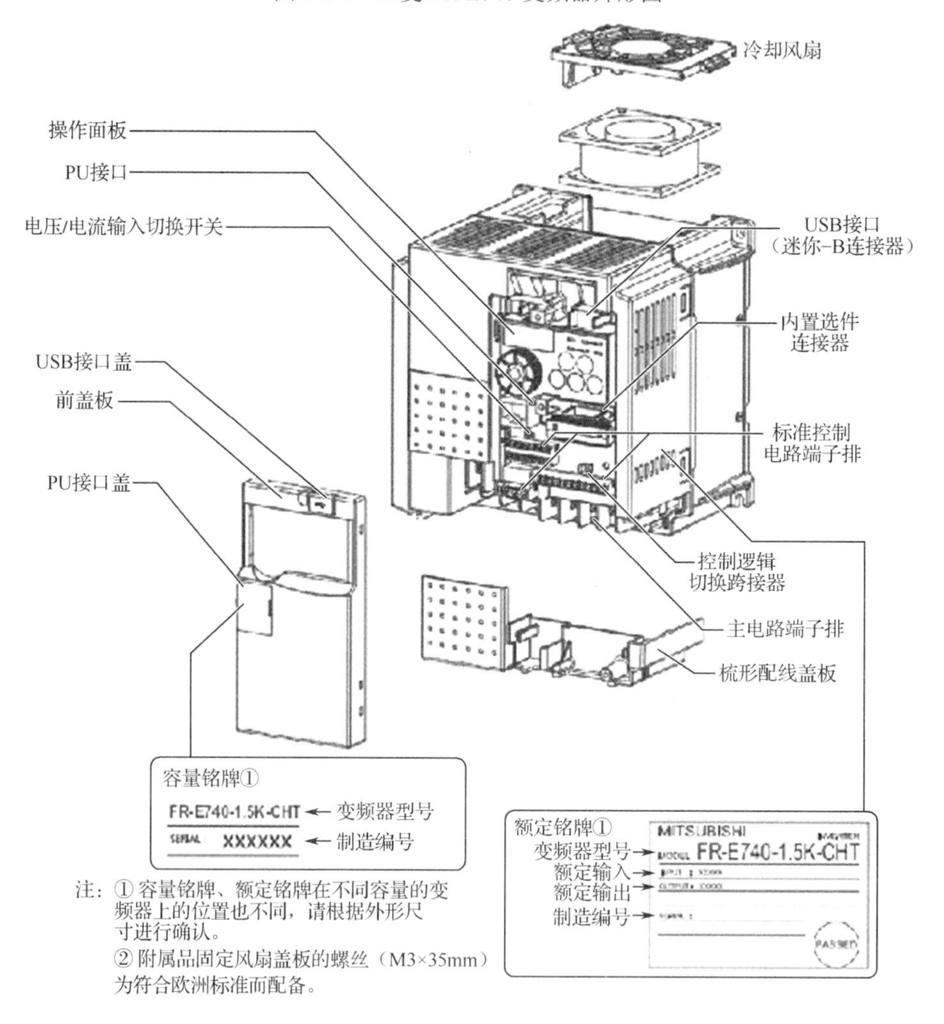

图 6-6-2　三菱 FR-E740 变频器面板结构组成图

6.6.2　三菱 FR-E740 变频器的型号

如图 6-6-3 所示，三菱变频器型号以 FR 开头，主要有电压级数和变频器容量两个关键性指标。

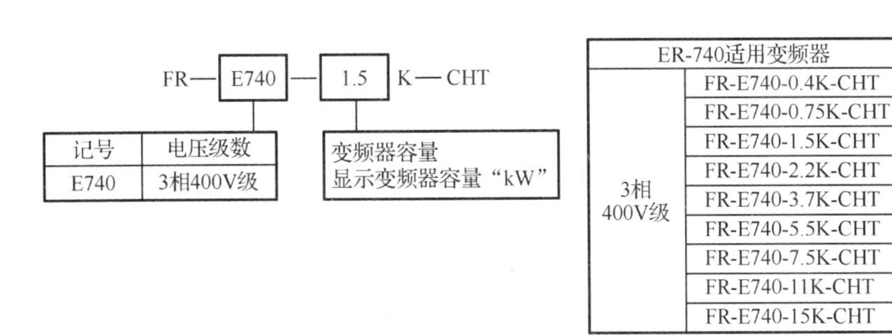

图 6-6-3　三菱 FR-E740 变频器型号示意图

6.6.3　三菱 FR-E740 变频器的端子

1. 接线端子的含义

（1）主回路端子规格。

主回路端子规格如表 6-6-1 所示。

表 6-6-1　主回路端子规格表

端子记号	端子名称	说　明
L1、L2、L3（注）	电源输入	连接工频电源。在使用高功率整流器（FR-HC）及电源再生共用整流器（FR-CV）时，请不要接其他任何设备
U、V、W	变频器输出	接三相鼠笼电动机
+、PR	连接制动电阻器	在端子和 PR 之间连接选件制动电阻器
+、-	连接制动单元	连接作为选件的制动单元、高功率整流器（FR-HC）及电源再生共用整流器（FR-CV）
+、P1	连接改善功率因数 DC 电抗器	拆开端子和 P1 间的短路片，连接选件改善功率因数用直流电抗器
⏚	接地	变频器外壳接地用，必须接大地

注：单相电源输入时，变成 L1、N 端子。

（2）主电路端子的端子排列与电源、电动机的连接。

三菱 FR-E740 系列变频器主电路端子的端子排列与电源接线如图 6-6-4（a）、(b)、(c)、(d）所示。

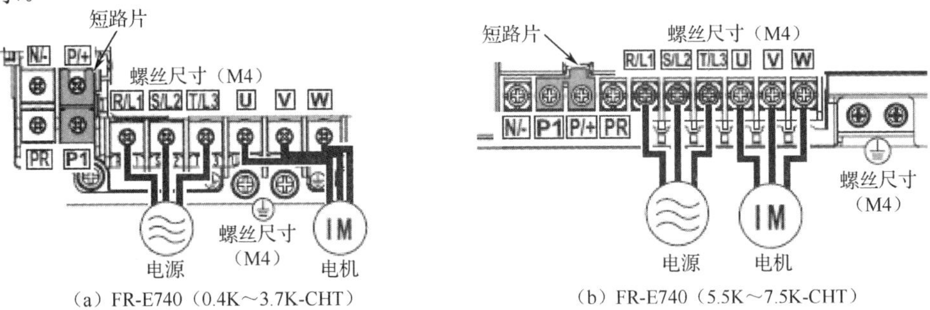

图 6-6-4　主电路端子的端子排列与电源接线

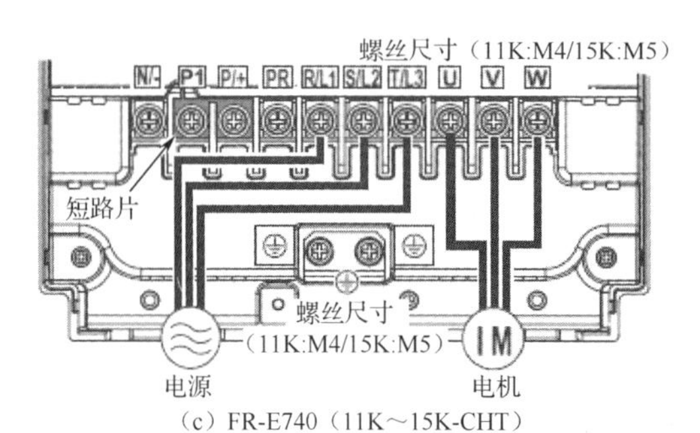

（c）FR-E740（11K～15K-CHT）

●3相400V电源输入

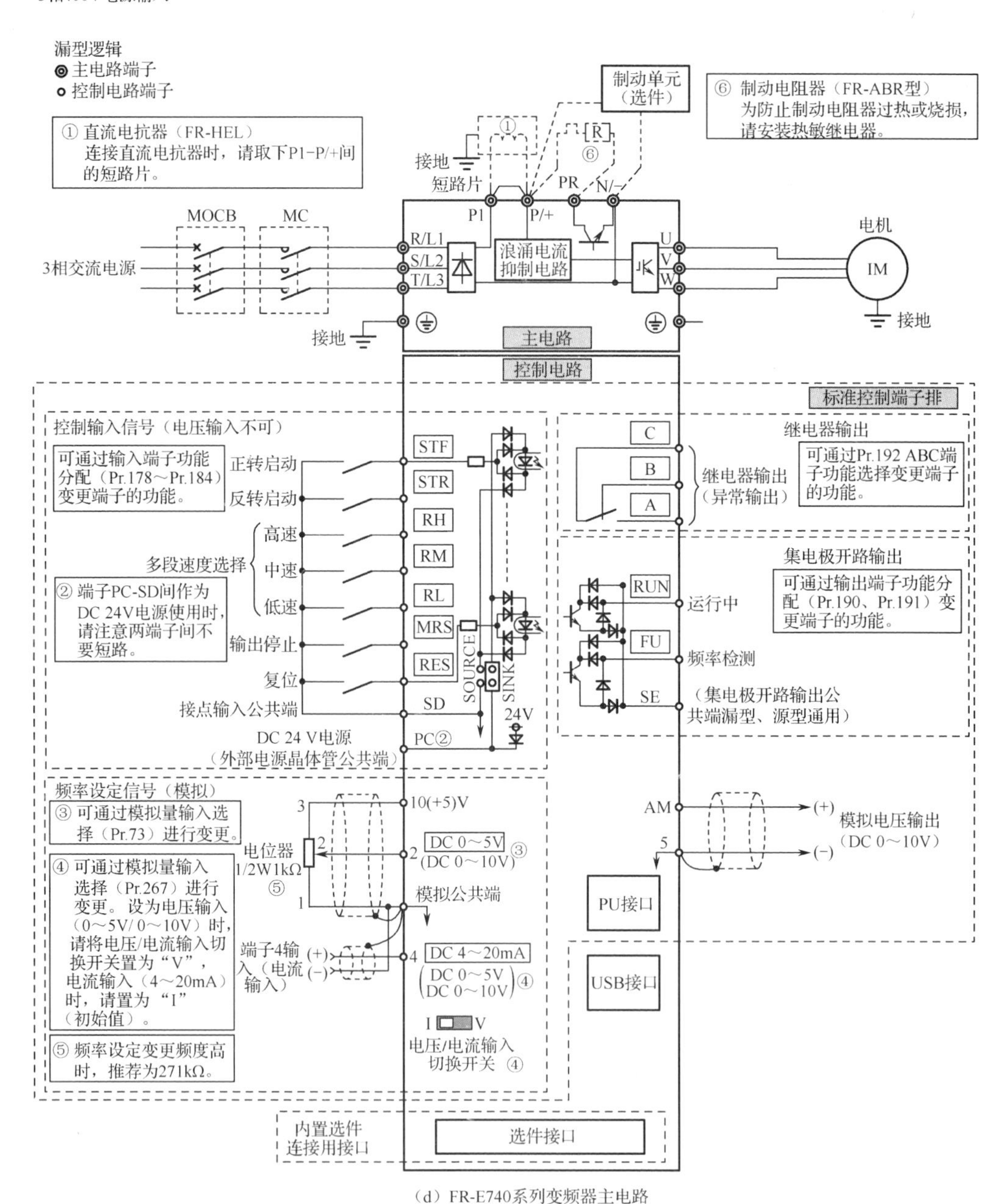

（d）FR-E740系列变频器主电路

图 6-6-4　主电路端子的端子排列与电源接线（续）

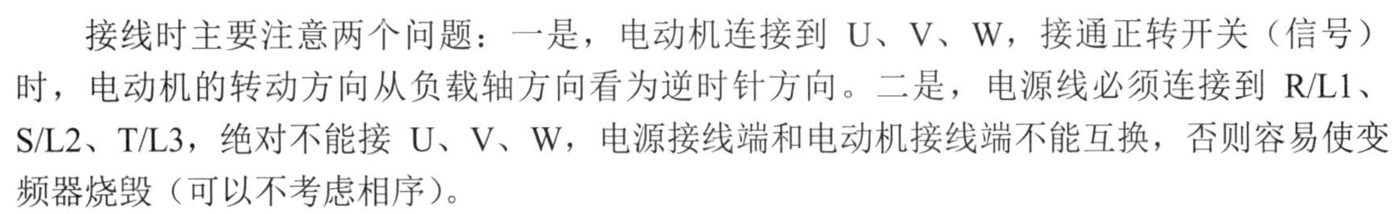

接线时主要注意两个问题：一是，电动机连接到 U、V、W，接通正转开关（信号）时，电动机的转动方向从负载轴方向看为逆时针方向。二是，电源线必须连接到 R/L1、S/L2、T/L3，绝对不能接 U、V、W，电源接线端和电动机接线端不能互换，否则容易使变频器烧毁（可以不考虑相序）。

（3）控制回路端子。

控制回路端子列表如表 6-6-2～表 6-6-4 所示，其中输入端子见表 6-6-2，输出端子见表 6-6-3，通信端子见表 6-6-4。

表 6-6-2　输入端子列表

<table>
<tr><th>种类</th><th>端子记号</th><th>端子名称</th><th colspan="2">端子功能说明</th><th>额定规格</th></tr>
<tr><td rowspan="11">接点输入</td><td>STF</td><td>正转启动</td><td>STF 信号 ON 时为正转，OFF 时为停止</td><td rowspan="2">STF、STR 同为 ON 时停止</td><td rowspan="5">输入电阻 4.7Ω；
开路时电压 DC 21～26V；
短路时 DC 4～6mA</td></tr>
<tr><td>STR</td><td>反转启动</td><td>STR 信号 ON 时为反转，OFF 时为停止</td></tr>
<tr><td>RH
RM
RL</td><td>多段速度选择</td><td colspan="2">用 RH、RM、RL 信号的组合可以进行多段速度选择</td></tr>
<tr><td>MRS</td><td>输出停止</td><td colspan="2">MRS 信号 ON（20ms 或以上）变频器输出停止。用电磁制动器停止电动机时用于断开变频器输出</td></tr>
<tr><td>RES</td><td>复位</td><td colspan="2">用于解除保护电路动作时的报警输出，使 RES 信号 ON（0.1s 或以上）后断开。
初始设定为始终可进行复位，但进行了 Pr.75 的设定后，仅在变频器报警发生时可进行复位，复位需时约 1s</td></tr>
<tr><td rowspan="3">SD</td><td>接点输入公共端（漏型）（初始设定）</td><td colspan="2">接点输入端子（漏型逻辑）的公共端子</td><td rowspan="3">—</td></tr>
<tr><td>外部晶体管公共端（漏型）</td><td colspan="2">漏型逻辑时当连接晶体管输出（即集电极开路输出），如可编程控制器 PLC 时，将晶体管输出用的外部电源公共端接到该端子时，可防止因漏电引起的误动作</td></tr>
<tr><td>DC 24V 电源公共端</td><td colspan="2">DC 24V0.1A 电源（端子 PC）的公共输出端子。与端子 5 及端子 SE 绝缘</td></tr>
<tr><td rowspan="3">PC</td><td>外部晶体管公共端（漏型）（初始设定）</td><td colspan="2">漏型逻辑时当连接晶体管输出（即集电极开路输出），如可编程控制器 PLC 时，将晶体管输出用的外部电源公共端接到该端子时，可防止因漏电引起的误动作</td><td rowspan="3">电源电压范围 DC 22～26V；
容许负载电流 100mA</td></tr>
<tr><td>接点输入公共端（漏型）</td><td colspan="2">接点输入端子（漏型逻辑）的公共端子</td></tr>
<tr><td>DC 24V 电源公共端</td><td colspan="2">可作为 DC 24V、0.1A 电源使用</td></tr>
<tr><td rowspan="2">频率设定</td><td>10</td><td>频率设定用电源</td><td colspan="2">作为外接频率设定（速度设定）用电位器时的电源使用（参照 Pr.73 模拟量输入选择）</td><td>DC 5.2V±0.2V 容许负载电流 10mA</td></tr>
<tr><td>2</td><td>频率设定（电压）</td><td colspan="2">作为外接 DC 0～5V（或 0～10V），在 5V（10V）时为最大输出频率，输入输出成正比，通过 Pr.73 进行 DC 0～5V（初始设定）和 DC 0～10V 输入的切换操作</td><td>输入电阻 10kΩ±1kΩ；
最大容许电压 DC 20V</td></tr>
</table>

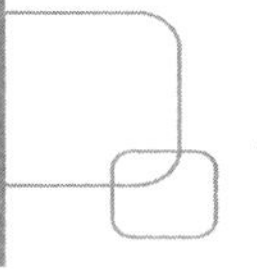

续表

种类	端子记号	端子名称	端子功能说明	额定规格
频率设定	4	频率设定（电流）	如果输入 DC 4～20mA（或 0～5V，0～10V），在 20mA 时为最大输出频率，输入输出成正比，只有 AC 信号为 ON 时端子 4 的输入信号（初始设定）和 DC 0～5V、DC 0～10V 输入的切换操作才会有效。电压输入（0～5V/0～10V）时，请将电压/电流输入切换开关切换至“V”	电流输入情况下输入电阻 233Ω ±5Ω； 最大容许电流 30mA； 电压输入情况下输入电阻 10kΩ ±1kΩ；最大容许电压 DC20V
	5	频率设定公共端	频率设定信号（端子 2 或 4）及端子 AM 的公共端子，请勿接大地	—

表 6-6-3　输出端子列表

种类	端子记号	端子名称	端子功能说明	额定规格
继电器	A、B、C	继电器输出（异常输出）	变频器的 3 个交流输出端子。异常时，B、C 间不导通（A、C 间导通）；正常时，B、C 间导通（A、C 间不导通）	端子容量 AC 230V 0.3A（功率因数=0.4），DC 30V 0.3A
集电极开路	RUN	变频器正在运行	变频器输出频率大于或等于启动频率（初始值 0.5Hz）时为低电平，已停止或正在直流制动时为高电平	容许负载 DC 24V（最大 DC 27V）0.1A（ON 时最大电压降 3.4V） 低电平表示集电极开路输出用的晶体管处于 ON（导通状态），高电平表示处于 OFF（不导通状态）
	FU	频率检测	输出频率大于或等于任意设定的检测频率时为低电平，未达到时为高电平	
	SE	集电极开路输出公共端	端子 RUN、FU 的公共端子	—
模拟	AM	模拟电压输出	可以从多种监视项目中选一种作为输出，变频器复位时不被输出。输出信号与监视项目的大小成比例 输出项目：输出频率（初始设定）	输出信号 DC 0～10V 许可负载电流 1mA（负载阻抗 10kΩ 以上），分辨率 8 位

表 6-6-4　通信端子列表

种　类	端子记号	端子名称	端子功能说明
RS-485	—	PU 接口	通过 PU 接口，可进行 RS-485 通信 标准规格：EIA-485（RS-485） 传输方式：多站点通信 通信速率：4800～38400bps 总长距离：500m
USB	—	USB 接口	与计算机通过 USB 连接，可实现 FR Configurator 操作 接口：USB1.1 标准 传输速度：12Mbps 连接器：USB 迷你-B 连接器（插座迷你-B 型）

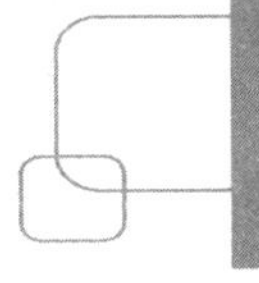

（4）变频器端子接线长度要求。

变频器接线总长度要求：当变频器连接 1 台或多台电动机时，其连接线路总长度应低于表 6-6-5 中的值，变频器接线长度要求示例如图 6-6-5 所示。接线距离长或想减小低速侧的电压降（转矩减小）时请使用粗电线，电线间电压降的值可用公式 6-6-1 算出。

电线间电压降：
$$V=\frac{\sqrt{3}\times 电线电阻\times 接线距离\times 电流}{1000} \tag{6-6-1}$$

公式（6-6-1）中各项的单位：电线电阻：MΩ/m；接线距离：m；电流：A；电压：V。

表 6-6-5　变频器的接线长度

载 波 频 率	变频器接线长度要求		
Pr.72 PWM 频率选择设定值*	0.75K	1.5K	2.2K
2kHz 以下	300m	500m	
3～4kHz	200m	300m	500m
5～9kHz	100m		
10kHz 以上	50m		

注：*当 S75K 以上时，Pr.72 PWM 频率选择设定范围是 0～6。

图 6-6-5　变频器接线长度要求示例

（5）关于变频器的接地。

电气电路通常以绝缘物绝缘并收纳到外壳内，但是，要制作能完全切断漏电流的绝缘物是不可能的，实际上会有极少的电流漏到外壳上，为防止人接触电气设备的外壳时因漏电流造成触电而将外壳接地，对于如音响、传感器、计算机等处理微信号，或者以极高速动作的设备来说，为了防止受到外来噪声的干扰，接地也是非常重要的。因为接地的目的大致分为防止触电和防止噪声引起误动作两类，为了明确区分这两种接地，并避免变频器高次谐波成分的漏电流侵入防止误动作的接地，必须进行下述处理。

变频器的接地尽量采用专用接地，如图 6-6-6（a）所示，不采用专用接地时，可以采用接地点与其他设备连接的共用接地，如图 6-6-6（b）所示，必须避免图 6-6-6（c）所示与其他设备的共用接地线接地。此外，变频器及变频器所驱动的电动机的接地中会有高次谐波成分的大量漏电流流动，必须与噪声敏感型设备分开接地，在高层建筑中，通过钢筋进行防止噪音误动作的接地，要采用专用接地。

变频器必须接地时必须遵循国家及当地安全法规和电气规范的要求。接地线尽量用粗线，接地线的尺寸必须符合变频器所要求的尺寸。接地点尽量靠近变频器，接地线尽量短。

接地线的接线尽量远离噪音敏感型设备的输入/输出接线，并且平行距离越短越好。

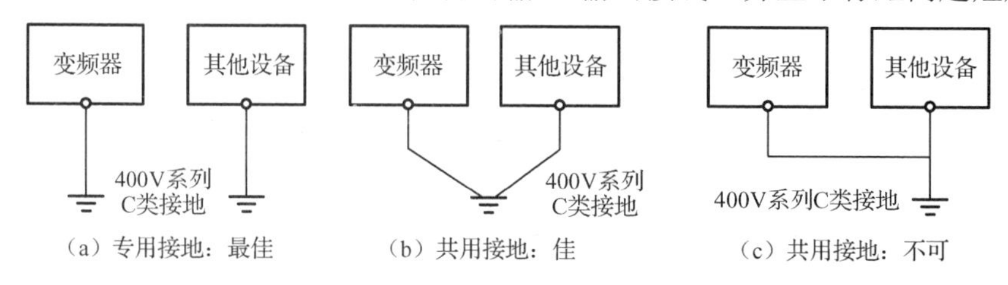

（a）专用接地：最佳　　（b）共用接地：佳　　（c）共用接地：不可

图 6-6-6　变频器接地方式

（6）控制电路的公共端端子 SD、SE、5。

端子 SD、SE 及端子 5 是输入/输出信号的公共端端子。其中，端子 SD 是接点输入端子（STF/STR、RH/RM/RL、MRS、RES）的公共端端子。端子 5 为频率设定信号（端子 2 或 4）的公共端端子及模拟量输出端子（AM）的公共端端子。端子 SE 为集电极开路输出端子（RUN、FU）的公共端端子。注意任何一个公共端端子都是互相绝缘的，不要将该公共端端子接地。

6.6.4　三菱 FR-E740 变频器的安装与拆卸

对 11K 以下的变频器（这里以 FR-E740-3.7K-CHT 变频器为例），其前盖板的安装和拆卸如下：安装时将前盖板对准主机正面笔直装入，具体如图 6-6-7（a）所示，拆卸时将前盖板沿箭头所示方向向前面拉，将其卸下，具体如图 6-6-7（b）所示。

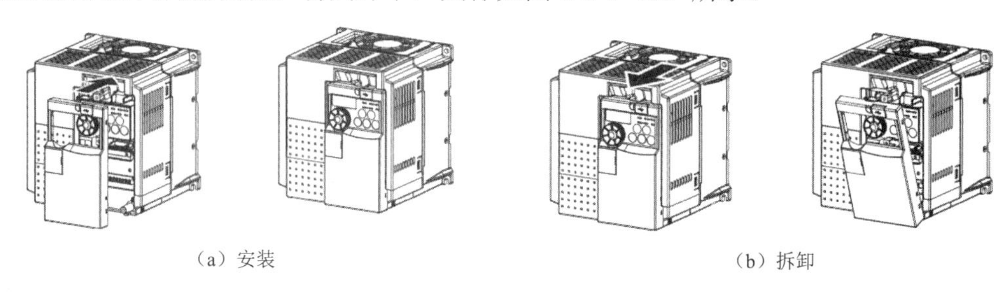

（a）安装　　（b）拆卸

图 6-6-7　3.7K 变频器的安装与拆卸

接线盖的安装和拆卸方法如下：如图 6-6-8 所示，安装时对准安装导槽将盖板装在主机上，拆卸时将配线盖板向前拉即可简单卸下（注意操作面板不能从变频器上拆卸下来）。

对 11K 及其以上的变频器安装（以 FR-E740-11K-CHT 为例）：先将前盖板 2 对准主机正面笔直装入，再将前盖板 1 下部 2 处固定卡爪插入主机的接口，最后拧紧前盖板 1 的安装螺丝，步骤如图 6-6-9 所示。拆卸如图 6-6-10 所示，拧松前盖板 1 的安装螺丝，将前盖板 1 沿箭头所示方向向前面拉，将其卸下，前盖板 2 沿箭头所示方向向前面拉可被卸下。

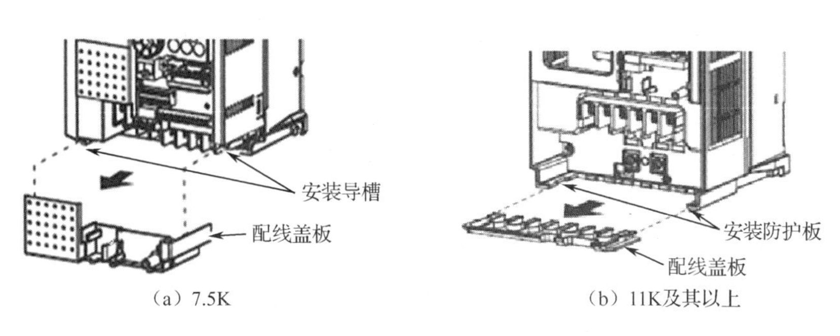

图 6-6-8　配线盖板的安装与拆卸

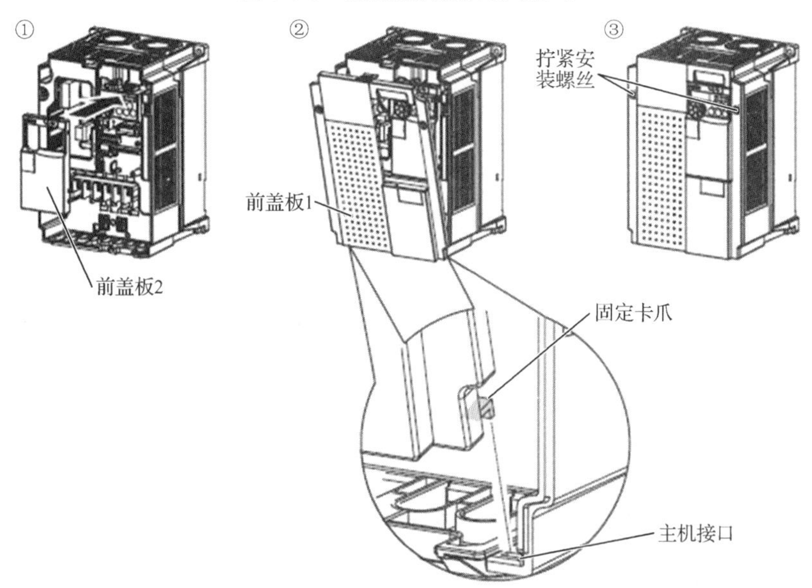

图 6-6-9　11K 变频器的安装

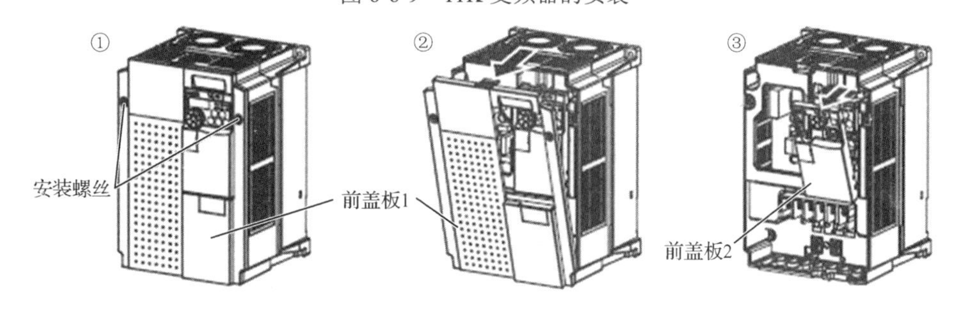

图 6-6-10　11K 变频器的拆卸

6.6.5　三菱 FR-E740 变频器安装环境

变频器中采用的半导体元件很多，为了提高变频器可靠性并确保可长期稳定使用，需要注意变频器的使用环境。例如，在设计制作变频器的控制柜时，须充分考虑控制柜内各装置的发热及使用场所的环境等因素，再决定控制柜的结构、尺寸和装置的配置。变频器具体的安装环境标准规格如表 6-6-6 所示，在超过此条件的场所使用不仅会导致性能降低，寿命缩短，甚至会引起故障。

多台变频器安装时的环境：当在同一个控制柜内需安装多台变频器时，通常按图 6-6-11 所示横向摆放。因控制柜内空间较小而不得不纵向摆放时，由于下部变频器的热量会引起上部变频器的温度上升，从而导致变频器故障，因此应采取安装防护板等措施。另外，应注意换气、通风或将控制柜的尺寸做得大一点，以保证变频器周围的温度不会超过容许值范围，变频器安装的周边环境要求如图 6-6-12 所示。

表 6-6-6　三菱 FR-E740 变频器安装环境

项　目	内　容	对　策
周围环境温度	-10～+50℃（不结冰）	高温：高温时可采用强制换气等冷却方式，或将变频器控制柜安装在有空调的电气室内，避免阳光直射，遮盖板避免直接的热源辐射热及暖风等。 低温：低温时可在控制柜内安装加热器；不切断变频器的电源。 剧烈温度变化：选择无剧烈温度变化的场所安装变频器，避免安装在空调设备的出风口附近，受到门开关影响时请远离门进行安装
周围湿度	45～90%RH	高湿：湿度过高会产生绝缘能力降低及金属部件的腐蚀现象。在高湿环境下，可将控制柜设计为密封结构，放入吸湿剂，或从外部将干燥空气吸入柜内，在控制柜内安装加热器。 低湿：可将适当温度的空气从外部吹入控制柜内，在低湿状态下进行组件单元的安装或检查时，应将人体的带电（静电）放出后再操作，且不可触摸元器件及曲线等。 凝露：因频繁启动停止引起控制柜内温度急剧变化，或外部环境温度发生急剧变化时，会产生凝露，凝露会导致绝缘能力降低或生锈等不良现象。除采取与高湿相同的对策外，可不切断变频器电源
环境	无腐蚀性气体，可燃性气体、尘埃等	尘埃会导致接触部的接触不良，积尘吸湿后会导致绝缘能力降低，冷却效果下降，过滤网孔堵塞会导致控制柜内温度上升等不良现象。另外，在有导电性粉末漂浮的环境下，会在短时间内发生误动作、绝缘劣化或短路等故障，有油雾的情况下也会发生同样的状况。腐蚀性气体会导致印刷线路板的线路及零部件腐蚀，继电器开关部位的接触不良等现象。 对策：安装在密封结构的控制柜内。控制柜内温度上升时采取相应措施并实施空气清洗。从外部将洁净空气压入控制柜内，以保持控制柜内压力比外部气压大。在可能发生爆炸性气体、粉尘引起爆炸的场所下使用时，必须在结构上符合相关法令规定的标准指标并检验合格的控制柜中安装使用
海拔高度	1000m 以下	随着高度升高空气会变得稀薄，引起冷却及气压下降，导致绝缘强度容易劣化，请在此海拔高度以下的地区使用
振动	5.9m/s^2 以下	变频器的耐振强度应在振频 10～55Hz、振幅 1mm、加速度 5.9m/s^2 以下，即使振动及冲击在规定值以下，如果承受时间过长，也会导致机械部件松动、连接器接触不良等问题（特别在反复施加冲击时比较容易产生零部件的松动和折断）。 对策：在控制柜内安装防振橡胶，强化控制柜的结构避免产生共振，安装时远离振动源

变频器控制逻辑有漏型逻辑（SINK）、源型逻辑（SOURCE）两种，输入信号出厂默认设定为漏型逻辑（SINK）。切换控制逻辑时，需要使用控制端子上方的跨接器，可使用镊子或尖嘴钳将漏型逻辑（SINK）上的跨接器转换至源型逻辑（SOURCE）上，如图 6-6-13 所示。切换时需要注意：认真检查前盖板是否牢固安装好；在前盖板上贴有容量铭版，主机上贴有额定铭牌，两张铭牌上印有相同的序列号，拆下的盖板必须安装在原来的变频器上；漏型、源型逻辑的切换跨接器务必只安装在其中一侧，若两侧同时安装，可能会导致变频器损坏；记住跨接器的转换要在未通电的情况下进行。

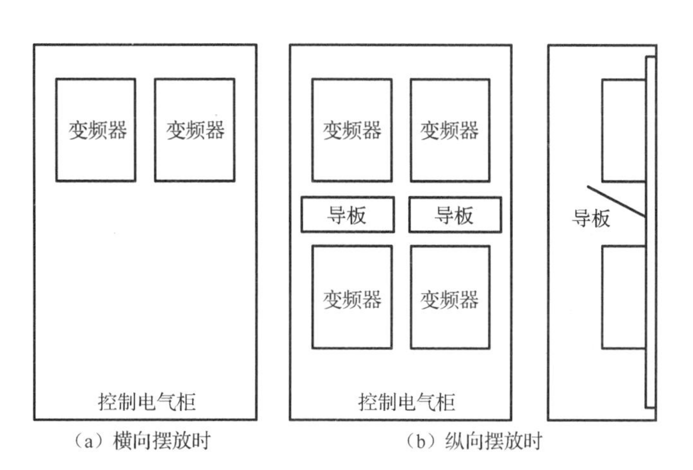

图 6-6-11　多台变频器的安装

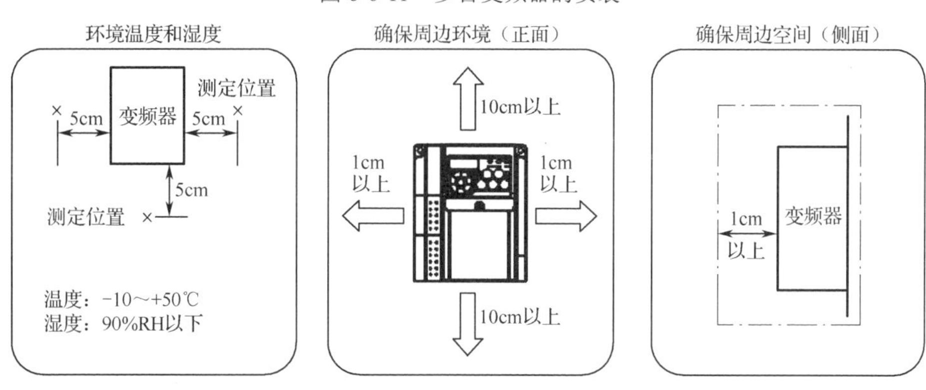

图 6-6-12　变频器安装的周边环境要求

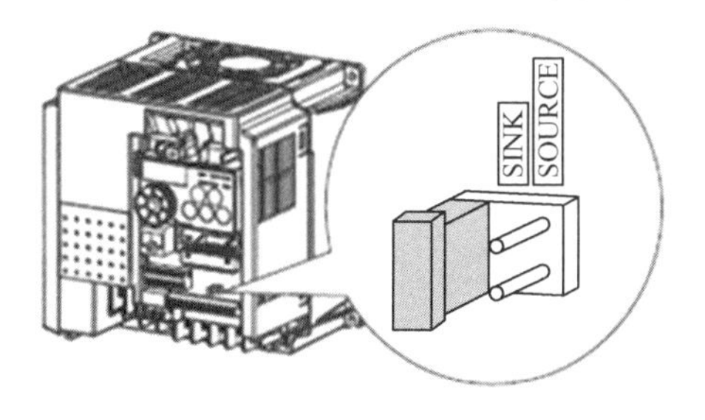

图 6-6-13　变频器控制逻辑切换

6.7　三菱 FR-E740 变频器的操作

FR-E740 变频器操作面板是变频器和用户进行相互交流的主要区域。变频器操作面板具有完成设定运行频率、监视操作指令、设定参数、显示错误和参数复制等基本功能。

常用缩写表示的含义如下。

DU：操作面板（FR-DU07）。

PU：操作面板（FR-DU07）和参数单元（FR-PU04-CH）。

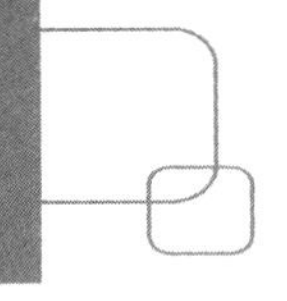

PU 操作：用 PU（FR-DU07/FR-PU04-CH）进行操作。
Pr：参数编号。
外部操作：用控制回路信号进行操作。
组合操作：将 PU（FR-DU07/FR-PU04-CH）和外部控制两种操作组合。
标准电动机：指 SF-JR。
恒转矩电动机：指 SF-HRCA。

6.7.1 三菱 FR-E740 变频器面板介绍

FR-E740 变频器操作面板介绍如图 6-7-1 所示。从左边开始分为：单位显示区、4 位 LED 监视器区、按钮区（共有 M 旋钮、MODE、RUN、SET、STOP/RESET、PU/EXT 五个按钮）、状态显示区（MON、PRM、RUN 运行状态显示、运行模式显示）等几个区域。在上部有"MITSUBISHI"三菱标志和"USB 接口"，在 M 旋钮下方有一个"PU 接口"。

PU 接口盖板的打开方法：如图 6-7-2 所示，用一字螺丝刀插入凹槽撬开盖板。

PU 接口的功能：使用 PU 接口，用户可以通过 FR-PU07 运行变频器（见图 6-7-3，使用选件 FR-CB2XX，一头插入变频器 PU 接口，另一头插入 FR-PU07 接口）。

PU 接口插针排列如表 6-7-1 所示。

利用操作面板上的 USB 接口，通过将计算机与变频器联机（见图 6-7-4），客户端程序可以对变频器进行操作、监视或读写参数。

FR-E740 变频器操作面板上除了能显示十个阿拉伯数字，还能显示多个字母或符号，为了使用方便，表 6-7-2 给出了该变频器显示符号与实际符号的对照表。

三菱 FR-E740 变频器监视显示画面一共分四类，其名称、顺序及实际显示画面如表 6-7-3 所示。变频器默认显示画面是第一监视器状态，设定参数 Pr.52=0，能按输出频率监视器（第一监视器）→异常显示监视器（第四监视器）的顺序通过按"SET"键监视器转换。如需将某个监视器设为第一监视器时，请显示该监视器，再按住"SET"键 1 秒以上（想恢复到输出频率监视器画面时，首先使监视器显示输出频率，然后持续按住"SET"键 1 秒）。

表 6-7-1 PU 接口插针列表

插针编号	名　　称	内　　容
①	SG	接地，与端子 5 导通
②	—	参数单元电源
③	RDA	变频器接收+
④	SDB	变频器发送+
⑤	SDA	变频器发送-
⑥	RDB	变频器接收-
⑦	SG	接地，与端子 5 导通
⑧	—	参数单元电源

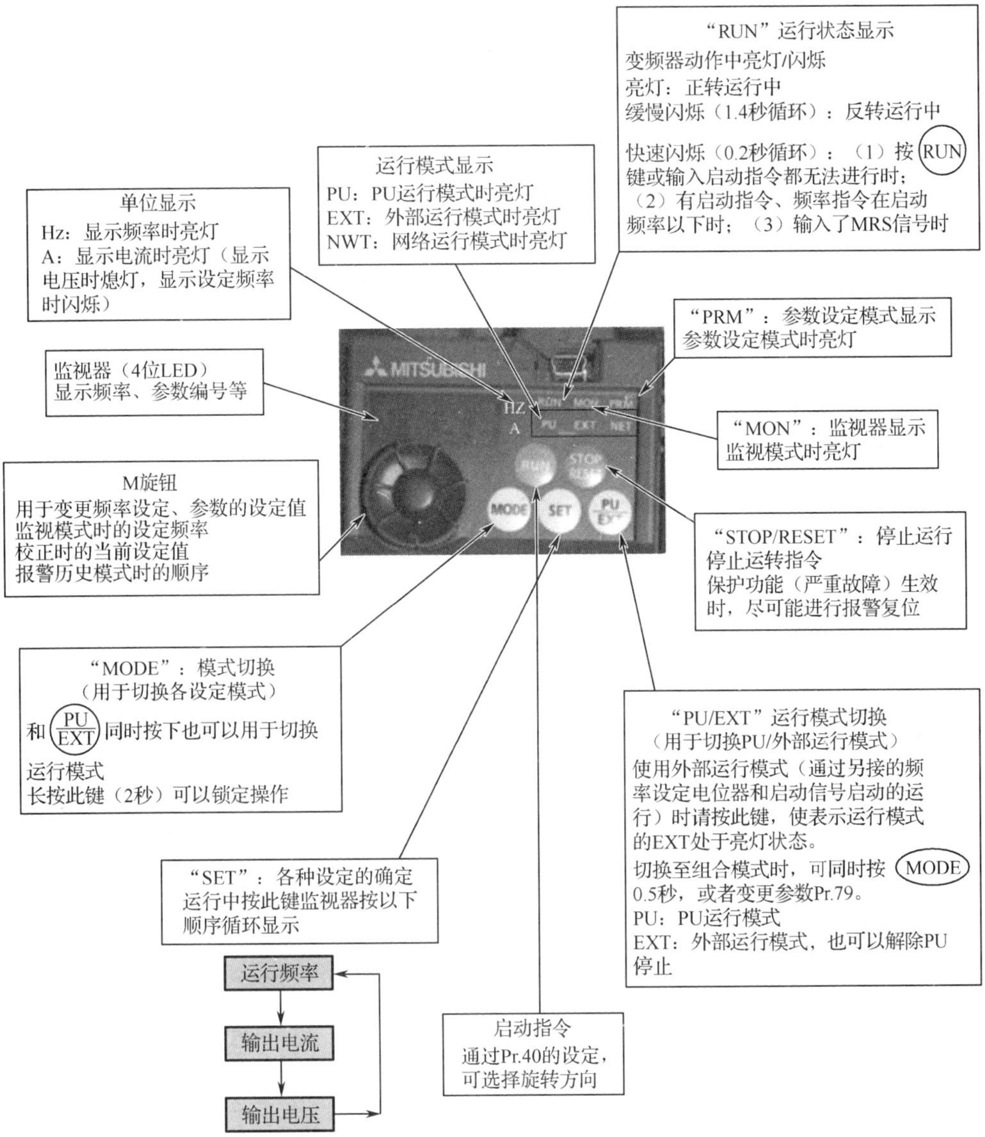

"RUN"运行状态显示
变频器动作中亮灯/闪烁
亮灯：正转运行中
缓慢闪烁（1.4秒循环）：反转运行中
快速闪烁（0.2秒循环）：（1）按 RUN 键或输入启动指令都无法进行时；（2）有启动指令、频率指令在启动频率以下时；（3）输入了MRS信号时

运行模式显示
PU：PU运行模式时亮灯
EXT：外部运行模式时亮灯
NWT：网络运行模式时亮灯

单位显示
Hz：显示频率时亮灯
A：显示电流时亮灯（显示电压时熄灯，显示设定频率时闪烁）

"PRM"：参数设定模式显示
参数设定模式时亮灯

监视器（4位LED）
显示频率、参数编号等

"MON"：监视器显示
监视模式时亮灯

M旋钮
用于变更频率设定、参数的设定值
监视模式时的设定频率
校正时的当前设定值
报警历史模式时的顺序

"STOP/RESET"：停止运行
停止运转指令
保护功能（严重故障）生效时，尽可能进行报警复位

"MODE"：模式切换
（用于切换各设定模式）
和 PU/EXT 同时按下也可以用于切换运行模式
长按此键（2秒）可以锁定操作

"PU/EXT"运行模式切换
（用于切换PU/外部运行模式）
使用外部运行模式（通过另接的频率设定电位器和启动信号启动的运行）时请按此键，使表示运行模式的EXT处于亮灯状态。
切换至组合模式时，可同时按 MODE 0.5秒，或者变更参数Pr.79。
PU：PU运行模式
EXT：外部运行模式，也可以解除PU停止

"SET"：各种设定的确定
运行中按此键监视器按以下顺序循环显示

运行频率 → 输出电流 → 输出电压 →（返回运行频率）

启动指令
通过Pr.40的设定，可选择旋转方向

图 6-7-1　FR-E740 变频器面板介绍

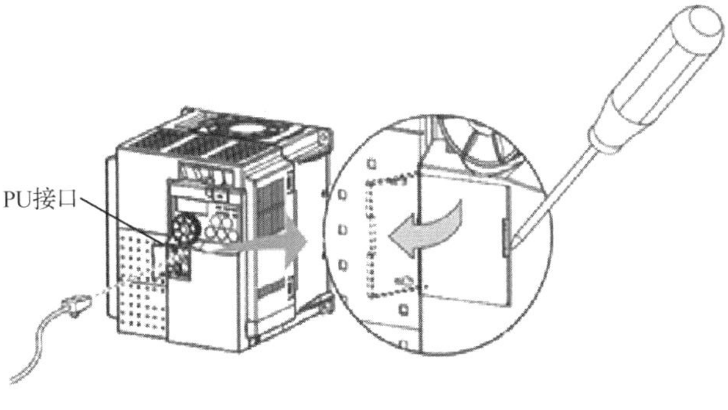

PU接口

图 6-7-2　PU 接口盖板打开

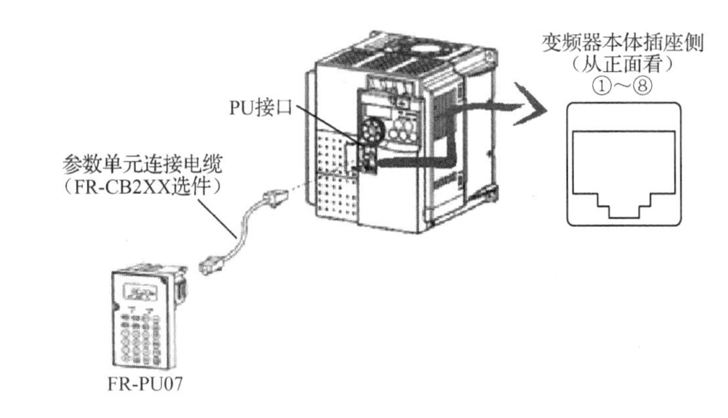

图 6-7-3　PU 接口插针

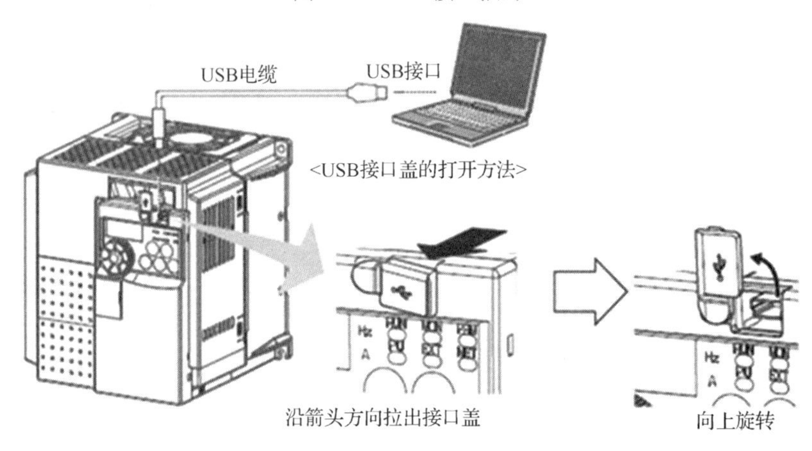

图 6-7-4　利用 USB 接口将变频器、计算机联机

表 6-7-2　操作面板显示符号与实际符号对照表

实际符号	显示	实际符号	显示	实际符号	显示
0	0	A	A	M	Π
1	1	B	b	N	n
2	2	C	C	O	O
3	3	D	d	o	o
4	4	E	E	P	P
5	5	F	F	S	S
6	6	G	G	T	Γ
7	7	H	H	U	U
8	8	I	I	V	u
9	9	J	J	r	r
		L	L	-	-

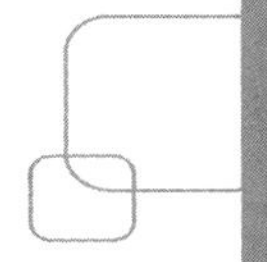

表 6-7-3　FR-E740 变频器监视器

变频器监视器序号	名　　称	画　　面	显 示 单 位
第一监视器	输出频率监视器	0.00	Hz
第二监视器	输出电流监视器	10.00	A
第三监视器	输出电压监视器	200	无
第四监视器	参数报警监视器 （或称异常显示监视器）	E.OC1	无

如设定 Pr.52=100，变频器可以在停止中显示设定频率，运行中显示输出频率（停止中显示单位 Hz 的 LED 闪烁，运行时点亮），如表 6-7-4 所示。

表 6-7-4　参数 Pr.52 设定为 100 时，变频器监视器显示情况

变频器监视器	Pr.52		
	0	100	
	运行中/停止中	停止中	运行中
输出频率	输出频率	设定频率①	输出频率
输出电流	输出电流		
输出电压	输出电压		
异常显示	异常显示		

注：① 设定频率显示的是启动指令 ON 时输出的频率，与 Pr.52=5 时显示的频率设定值不同，其显示的考虑到上限/下限频率，频率跳变后的值。

操作面板的输入/输出端子监视器如表 6-7-5 所示。

如果设定参数 Pr.52=55～57，可以在操作面板上监视输入/输出端子的状态。此时变频器监视画面以“第三监视器”的方式显示。端子 ON 时 LED 点亮，端子 OFF 时 LED 熄灭，中间的 LED 始终点亮，如表 6-7-5 中的示例。例如，设定 Pr.52=55，变频器监视器显示主机输入/输出端子状态，LED 上部显示的是输入端子状态，LED 下部显示的是输出端子状态。

表 6-7-5　操作面板输入输出端子监视器

Pr.52 设定值	监 视 内 容	示　　例
55	显示变频器主机的输入/输出端子 ON/OFF 状态	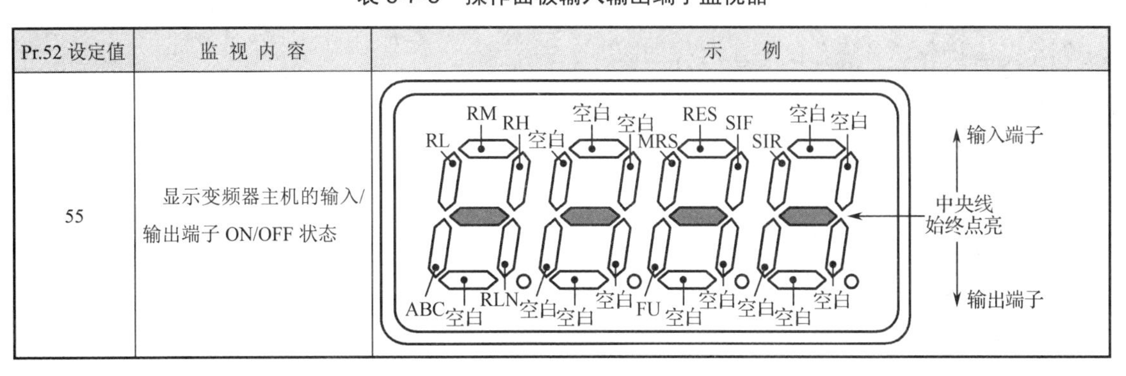

续表

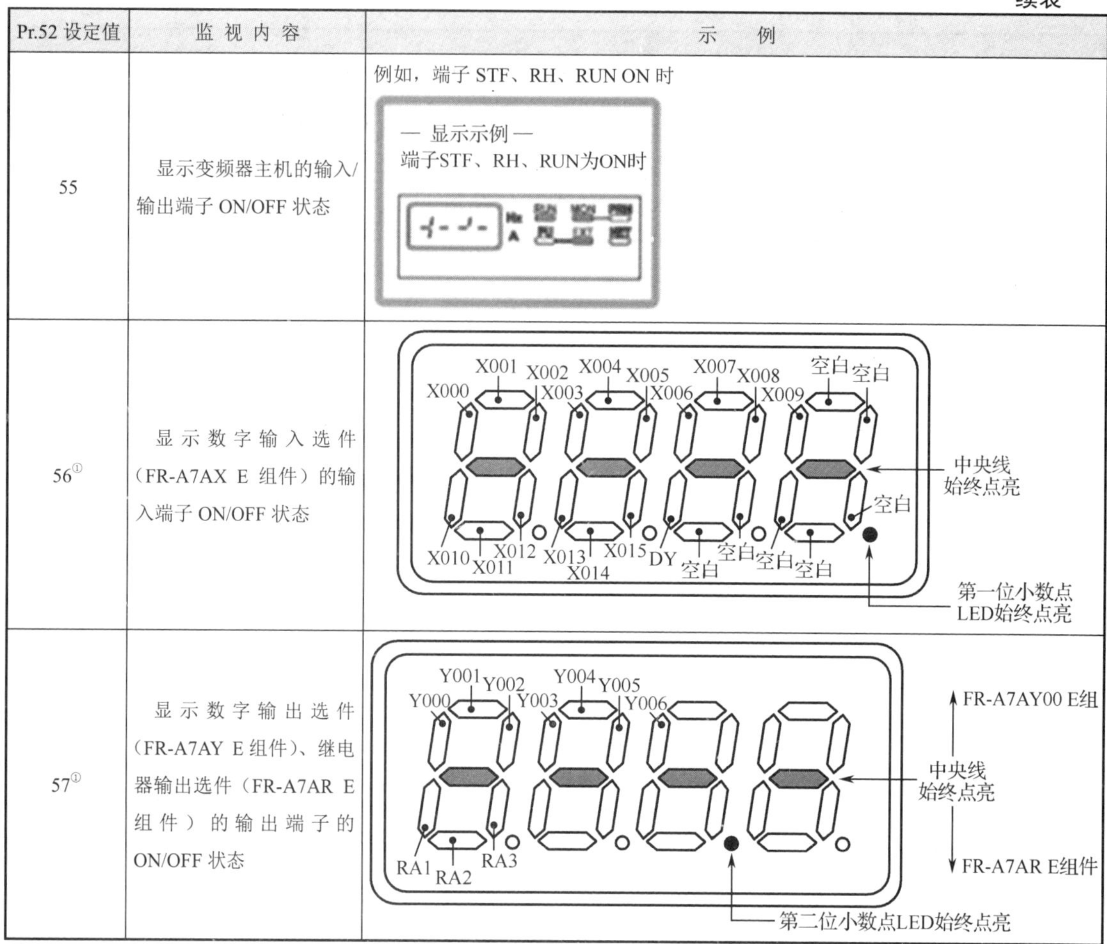

Pr.52 设定值	监 视 内 容	示 例
55	显示变频器主机的输入/输出端子 ON/OFF 状态	例如，端子 STF、RH、RUN ON 时 — 显示示例 — 端子STF、RH、RUN为ON时
56①	显示数字输入选件（FR-A7AX E 组件）的输入端子 ON/OFF 状态	X000 X001 X002 X003 X004 X005 X006 X007 X008 X009 空白 空白 中央线始终点亮 空白 X010 X011 X012 X013 X014 X015 DY 空白 空白 空白 空白 第一位小数点LED始终点亮
57①	显示数字输出选件（FR-A7AY E 组件）、继电器输出选件（FR-A7AR E 组件）的输出端子的 ON/OFF 状态	Y000 Y001 Y002 Y003 Y004 Y005 Y006 FR-A7AY00 E组 中央线始终点亮 FR-A7AR E组件 RA1 RA2 RA3 第二位小数点LED始终点亮

注：① 即使未安装选件，也可以将设定值设定为 56 或 57，未安装时选件时，所有监视器显示均为 OFF 状态。

6.7.2 三菱 FR-E740 变频器面板基本操作

1. 基本操作流程

变频器基本操作有运行模式切换、频率设定和输出电压/电流监视、参数设定、报警历史四个基本操作，各操作的基本流程如图 6-7-5 所示。

在操作过程中，要注意以下特殊按钮在按键过程中所具有的作用。

（1）按旋转按钮（“◎”）可读取其他参数；

（2）按复位键“SET”可再次显示设定值；

（3）按复位键（“SET”）两次可显示下一个参数；

（4）按模式键（“MODE”）两次可返回频率监视画面。

在操作时，会涉及很多参数（如 Pr.1 等），变频器的参数非常重要，变频器的每项功能都与参数密切相关。

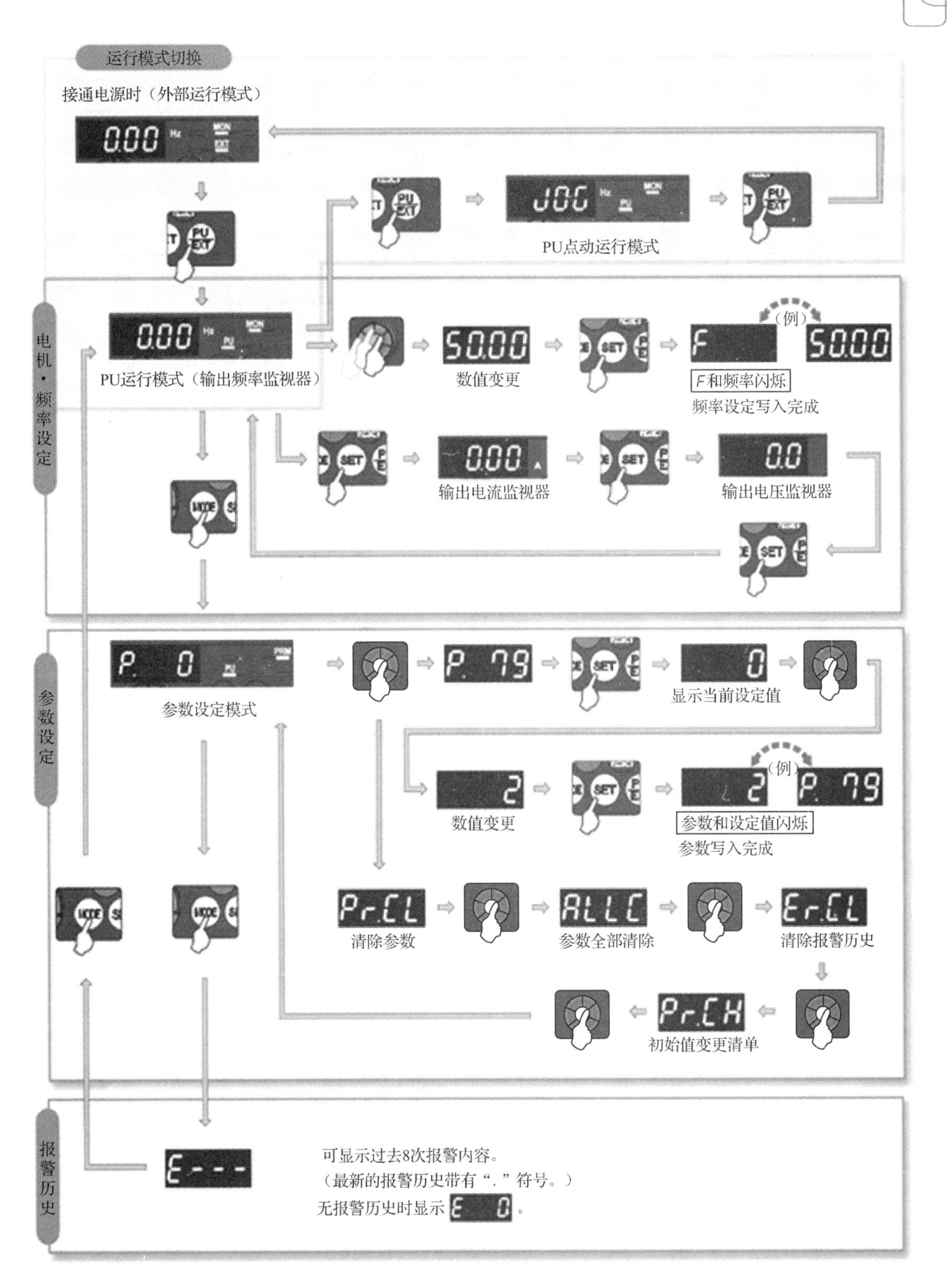

图 6-7-5　变频器基本操作流程

2．设定参数操作

设定参数是变频器操作过程中最常见的操作之一，除各参数对应的功能外，应熟练设定参数的操作。本例假设需要设定 Pr.1 参数的频率值为 50Hz，具体的操作过程如表 6-7-6 所示。

表 6-7-6　参数设定操作示例表

操作步骤	操作说明	显示画面
1	电源接通时显示的监视器画面	0.00 Hz MON EXT
2	按“PU/EXT”键，进入 PU 运行模式	PU 显示灯亮 0.00 PU
3	按“MODE”键，进入参数设定模式	PRM 显示灯亮（显示以前读取的参数编号）P. 0 PRM
4	旋转“ ”M 旋钮，将参数编号设定为 1	P. 1
5	按“SET”键，读取当前设定值（显示初始设定值为 120.0Hz）	120.0 Hz
6	旋转“ ”M 旋钮，将值设定为 50Hz	50.00 Hz
7	再次按“SET”键设定，当出现闪烁时参数设定完成	50.00 Hz　P. 1

3．旋转按钮（M 旋钮）操作

与老变频器相比，FR-E740 变频器上增加了旋钮带来了操作上的便利，使用 M 旋钮可以像使用电位器一样设定频率，操作过程的实例如表 6-7-7 所示。注意在按键过程中以下特殊按钮的作用。按下 M 旋钮（ ），将显示现在的设定频率［PU 运行模式、外部组合运行模式 1（Pr.79=3）时显示］。

使操作面板的 M 旋钮、键盘无效的操作方法。

为了避免参数的变更及始料未及的启动、频率变更，有时需要使操作面板的 M 旋钮、键盘无效。使操作面板的 M 旋钮、键盘无效的方法是：长按“MODE”键 2 秒。例如，将 Pr.161 参数设置为“10”或“11”，然后按住“MODE”键 2 秒左右，此时 M 旋钮与键盘操作均变为无效。

M 旋钮与键盘操作无效化后操作面板会显示“HOLD”字样，在 M 旋钮、键盘操作无效的状态下旋转 M 旋钮或者进行键盘操作将显示“HOLD”（2 秒之内无 M 旋钮、键盘操作时则回转监视器画面）。如果要再次使 M 旋钮、恢复键盘操作，请按住“MODE”键 2 秒左右。

4．清除变频器故障操作

变频器一旦发生故障，将进行报警并在报警历史中有所显示，通过查看报警历史可以检查变频器出现的故障，同时也需要经常清除报警历史，清除报警历史的方法是：设定 Er.CL（报警历史清除）=1，可以清除报警历史，如果设定 Pr.77（参数写入选择）=1，则无法清除，其操作示例如表 6-7-8 所示。变频器发生故障产生的错误消息提示如表 6-7-9 所示。

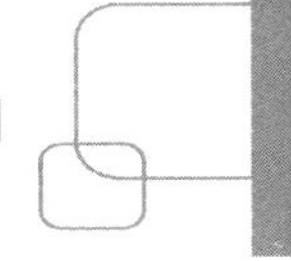

表 6-7-7　按 M 旋钮操作示例表

操作步骤	操作说明	显示画面
1	电源接通时显示的监视器画面	0.00 Hz MON EXT
2	按“PU/EXT”键，进入 PU 运行模式	PU 显示灯亮 0.00 PU
3	按“MODE”键，进入参数设定模式	PRM 显示灯亮（显示以前读取的参数编号） P. 0 PRM
4	旋转“⊛”M 旋钮，将参数编号设定为 161	P.161
5	按“SET”键，读取当前设定值（显示初始设定值为“0”）	0
6	旋转“⊛”M 旋钮，将数值设定为“1”	1
7	再次按“SET”键设定，当出现闪烁时参数设定完成	1 ↔ P.161
8	模式/监视确认：按两次“MODE”键，显示频率/监视画面	0.00 Hz MON PU
9	按“RUN”键，运行变频器	0.00 Hz RUN MON PU
10	旋转“⊛”，将值设定为“50.00”。闪烁的数值即为设定频率。没有必要按“SET”键	闪烁约 5 秒 0 → 50.00

表 6-7-8　清除变频器故障操作示例表

操作步骤	操作说明	显示画面
1	电源接通时显示的监视器画面	0.00 Hz MON EXT
2	按“MODE”键，进入参数设定模式	PRM 显示灯亮（显示以前读取的参数编号） P. 0 PRM
3	旋转“⊛”M 旋钮，将参数编号设定为“Er.CL”（报警历史清除）	Er.CL
4	按“SET”键，读取当前设定值（显示初始设定值为“0”）	0
5	旋转“⊛”M 旋钮，将数值设定为“1”	1
6	按“SET”键确定	1 ↔ Er.CL

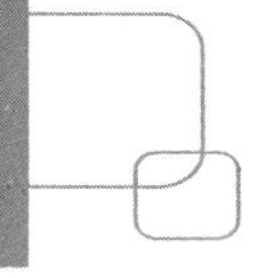

表 6-7-9　变频器错误消息提示表

标　识	信　息	标　识	信　息	标　识	信　息
E---	报警历史	Er.1	禁止写入错误	Er.2	运行中写入错误
Er.3	校正错误	Er.4	模式指定错误	Err.	变频器复位中

5．参数清除操作

变频器的参数需要设定，但有时需要清除变频器的参数，设定 Pr.CL（参数清除）、ALLC（参数全部清除）=1，可使参数恢复为初始值［注意如果设定 Pr.77（参数写入选择）=1，则无法清除］，参数设定如表 6-7-10 所示，参数清除操作示例如表 6-7-11 所示。

表 6-7-10　参数设定

设 定 值	内　容
0	不执行清除
1	参数返回初始值（参数清除是将除校正参数 C1（Pr.901）～C7（Pr.905）之外的参数全部恢复为初始值）

表 6-7-11　参数清除操作示例表

操 作 步 骤	操 作 说 明	显 示 画 面
1	电源接通时显示的监视器画面	0.00 Hz MON EXT
2	按“(PU/EXT)”键，进入 PU 运行模式	PU 显示灯亮 0.00 PU
3	按“(MODE)”键，进入参数设定模式	PRM 显示灯亮（显示以前读取的参数编号） P. 0 PRM
4	旋转“◎”M 旋钮，将参数编号设定为“Pr.CL”或“ALLC”	Pr.CL 参数全部清除 ALLC
5	按“(SET)”键，读取当前设定值（显示初始设定值为“0”）	0
6	旋转“◎”M 旋钮，将数值设定为“1”	1
7	按“(SET)”键确定	Pr.CL（参数清除） 1 ALLC（参数全部清除）

6．变频器报警历史确认（查看）操作

如图 6-7-6 所示，连续按“MODE”键进入变频器的报警历史确认阶段，此时显示标志为“E---”，通过旋转 M 旋钮可以显示变频器过去 8 次报警的内容，其中，带有“.”符号标志的表示是变频器最新的报警历史，其基本操作如图 6-7-6 所示。

以上操作过程中若发生错误，会有 Er.1 等的错误提示，可以根据表 6-7-9 进行对应的

错误处理，处理完毕后可继续相应操作，其他错误消息提示参见附录 C“FR-E740 变频器错误一览表”。

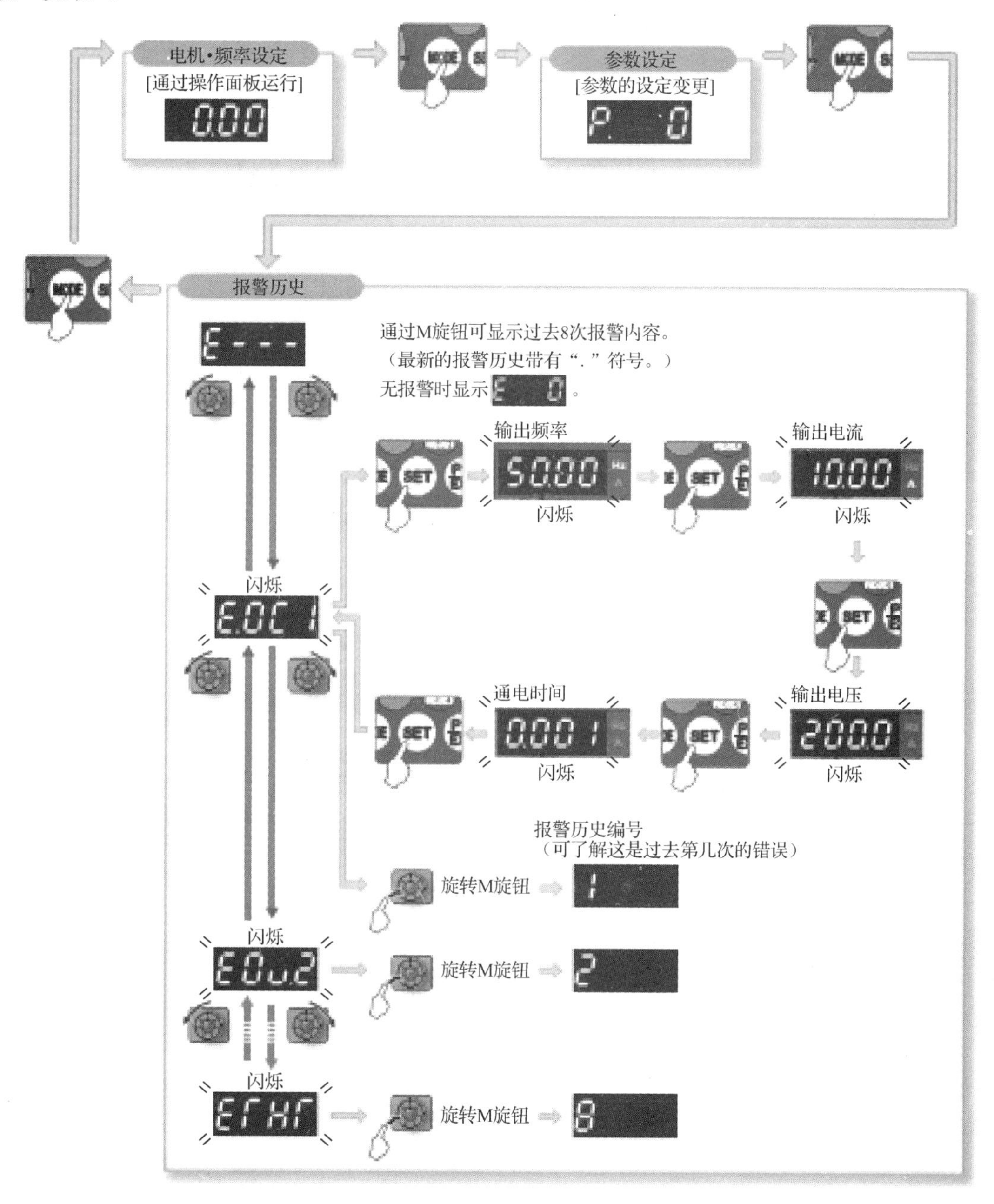

图 6-7-6　变频器报警历史确认（查看）操作

7．初始值变更参数操作

FR-E740 变频器具有显示初始值变更清单的功能，操作步骤如表 6-7-12 所示。

表 6-7-12 初始值变更操作示例表

操作步骤	操作说明	显示画面
1	电源接通时显示的监视器画面	0.00 Hz MON EXT
2	按"PU/EXT"键，进入 PU 运行模式	PU 显示灯亮 0.00 PU
3	按"MODE"键，进入参数设定模式	PRM 显示灯亮（显示以前读取的参数编号）P. 0 PRM
4	旋转"◎"M 旋钮，将参数编号设定为"Pr.CH"	Pr.CH
5	按"SET"键显示初始值变更清单画面	P.--- 初始值变更清单的生成要等待数秒的时间，等待期间"P---"会闪烁
6	6.1 旋转"◎"M 旋钮会显示变更过的参数编号	P. 7
	6.2 若要变更设定值，先按"SET"键读取当前的设定值 旋转"◎"M 旋钮，然后按"SET"键可以变更当前的设定值	3.0 4.0 P. 7 闪烁后参数设定完成
	6.3 旋转"◎"M 旋钮，可读取其他参数	P. 11
	6.4 显示到最后时，将返回"P----"	P.---
7	在"P----"状态下，按"SET"键将返回到参数设定模式（旋转 M 旋钮可设定其他参数；按"SET"键可再次显示变更清单）	Pr.CH

8. 参数单元/操作面板设定操作

变频器启动后，默认显示语言、操作面板等动作选择，可以自行选择设定、操作步骤，如表 6-7-13 所示。

表 6-7-13 参数单元/操作面板设定

目的	参数	参数名称	设定范围	内容
通过操作面板的 RUN 键选择方向	40	RUN 键旋转方向的选择	0（默认初始值）	正转
			1	反转
切换参数单元的显示语言	145	切换 PU 显示语言	0	日语
			1（默认初始值）	英语
			2	德语
			3	法语
			4	西班牙语
			5	意大利语
			6	瑞典语
			7	芬兰语

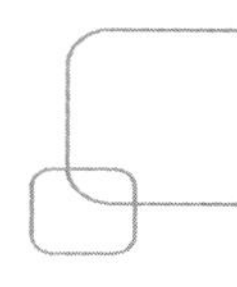

续表

目　的	参数	参数名称	设定范围	内　容
通过操作面板的M旋钮，可以像使用电位器一样设定频率/操作面板键盘锁定	161	操作面板动作选择	0（默认初始值、M旋钮频率设定模式）	键盘锁定模式无效
			1（M旋钮电位器模式）	
			10（M旋钮频率设定模式）	键盘锁定模式有效
			11（M旋钮电位器模式）	
通过操作面板的M旋钮，可以变更频率设定的变化量	295	频率变化量设定	0（默认初始值）	功能无效
			0.01	通过M旋钮，设定频率最小变化幅度
			0.10	
			1.00	
			10.00	
控制参数单元的蜂鸣器音	990	PU蜂鸣器音控制	0	无蜂鸣音
			1（默认初始值）	有蜂鸣音
调整参数单元的LCD对比度	991	控制PU对比度调整	0～63（默认初始值58）	0（弱） 63（强）

在参数Pr.160（用户参数组读取选择）=0时设定以下值。

（1）变频器声音设定：设定参数 Pr.990=1（默认值），可有蜂鸣器响，在操作参数单元如FR-PU07的按键时，能够发出“哔”的声音；若设定为0，则蜂鸣器不响。

（2）LCD 亮度设定：设定参数 Pr.991 在 0～63 之间变化，可以控制参数单元（FR-PU04-CH/FR-PU07）的LCD对比度调整。

（3）频率变化量设定：使用操作面板的 M 旋钮设定频率时，初始状态下频率以 0.01Hz 为单位进行变化。通过参数 Pr.295 的设定，可以增大与 M 旋钮的旋转量相对应的频率变化量，从而改善操作性。例如，在图 6-7-7 中，当设定 Pr.295=1.00Hz 时，M 旋钮每转动 1 格（1 个移动量），频率按 1.00Hz→2.00Hz→3.00Hz 以 1.00Hz 为单位进行变化（M 旋钮每旋转1圈为24个移动量）。

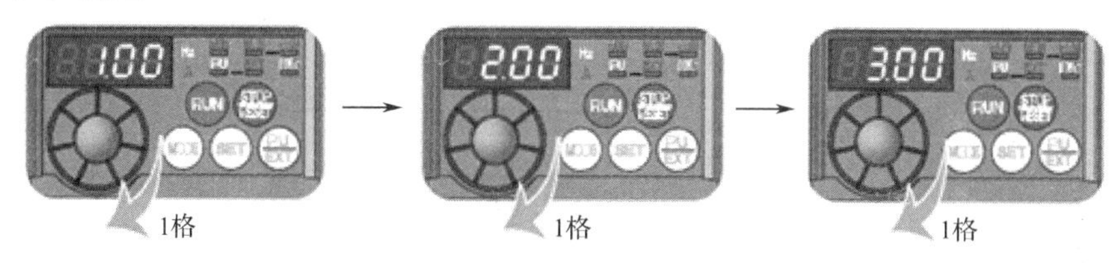

图6-7-7　M旋钮设定频率变化

9．变频器复位操作

如表6-7-14所示，变频器复位有三种方法。复位时，电子过电流保护器的内部热累计值和再试次数被清零，复位解除约1s后恢复。

表 6-7-14　变频器复位操作

方　法	内　容	图　例
1	按变频器操作面板上的“复位键” 只有变频器保护功能（重故障）动作时才可操作	
2	断开（OFF）电源，然后恢复通电	ON OFF
3	接通复位信号（RES）0.1 秒或以上，RES 信号保持 ON 时，显示“Err”闪烁，表明正处于复位状态	变频器 RES SD

6.7.3　三菱 FR-E740 变频器的四种操作模式

1．变频器运行模式

所谓运行模式，是指对输入变频器的启动指令和频率指令的输入场所的指定。FR-E740 变频器共有外部运行模式、PU 运行模式、外部/PU 组合运行模式、网络运行模式四种运行模式。一般来说，使用控制电路端子，在外部设置电位器和开关来进行外部操作运行的是“外部运行模式”（变频器的默认模式），通过操作面板及参数单元（FR-PU04-CH/FR-PU07）输入启动指令、频率指令来使变频器运行工作的是“PU 运行模式”，通过 PU 运行、外部运行的组合方式来使变频器运行的是“外部/PU 组合运行模式”，通过 PU 接口进行 RS-485 通信或使用通信选件来操作变频器的是网络运行模式（或称 NET 运行模式），变频器的运行模式如图 6-7-8 所示，不同运行模式如图 6-7-9～图 6-7-12 所示。

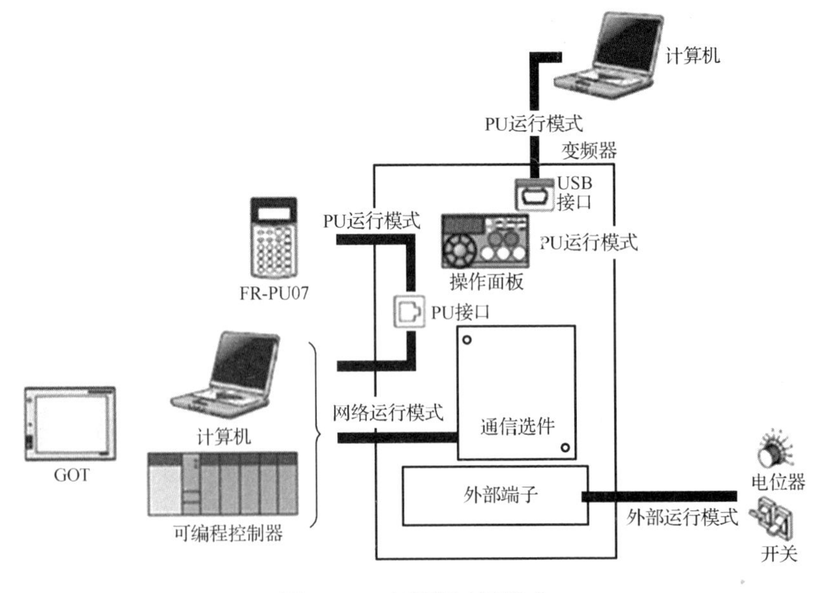

图 6-7-8　变频器运行模式

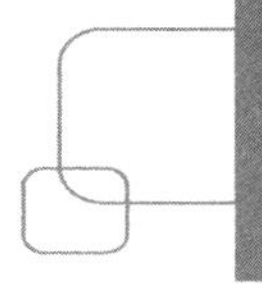

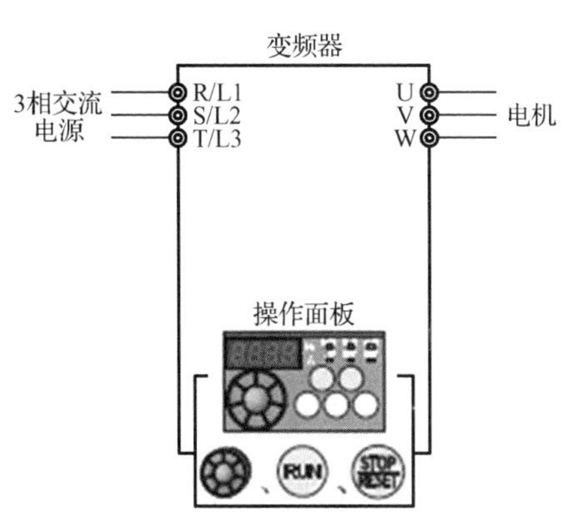

图 6-7-9　PU 运行模式（Pr.79=1）

图 6-7-10　外部运行模式接线图（Pr.79=2）

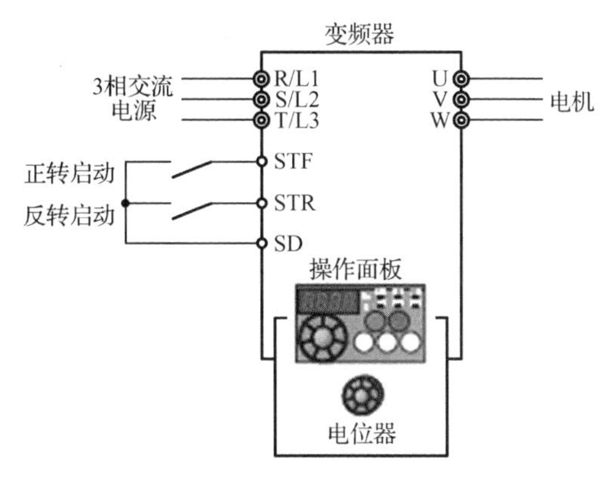

图 6-7-11　外部/PU 组合运行模式 1（Pr.79=3）

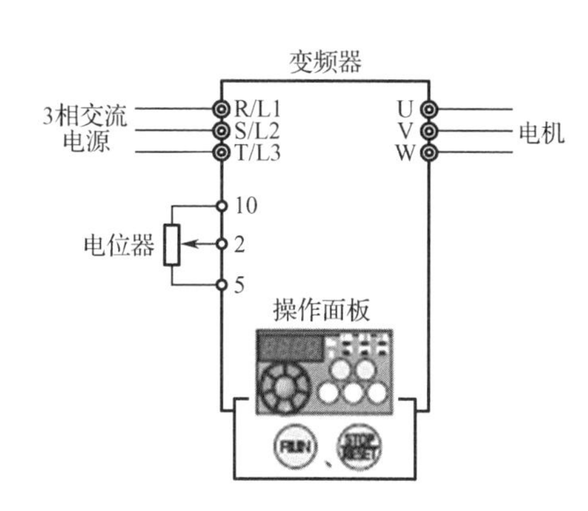

图 6-7-12　外部/PU 组合运行模式 2（Pr.79=4）

Pr.79 是运行模式选择参数，默认值为 0，对应变频器在电源接通时的默认状态（外部运行模式），表 6-7-15 列出了 Pr.79 设定不同值时的含义和运行标志。表 6-7-16 列出的是 Pr.79=1～4 时四种运行模式的启动、运行指令及显示标志。

表 6-7-15　运行模式选择参数 Pr.79 的设定与标志

设定值	设定值含义	运行标志
0	默认状态，接通电源时为外部运行模式，但通过“PU/EXT”键可以在 PU 运行模式与外部运行模式之间切换	外部运行模式 EXT PU 运行模式 PU
1	PU 运行模式（固定）	PU
2	外部运行模式（固定） 但可以在外部、网络模式之间切换	外部运行模式 EXT 网络运行模式 NET

续表

<table>
<tr><th>设 定 值</th><th colspan="2">设定值含义</th><th>运 行 标 志</th></tr>
<tr><td rowspan="3">3</td><td colspan="2">外部/PU 组合运行模式 1</td><td rowspan="6">PU EXT
（PU 灯、EXT 灯同时亮）</td></tr>
<tr><td>频率指令</td><td>启动指令</td></tr>
<tr><td>用操作面板、PU（FR-PU04-CH/FR-PU07）设定或外部信号输入（多段速设定，端子 4-5 间（AU 信号 ON 时有效））</td><td>外部信号输入
（端子 STF、STR）</td></tr>
<tr><td rowspan="3">4</td><td colspan="2">外部/PU 组合运行模式 2</td></tr>
<tr><td>频率指令</td><td>启动指令</td></tr>
<tr><td>外部信号输入（端子 2、4、JOG、多段速选择等）</td><td>通过操作面板的“RUN”键、PU（FR-PU04-CH/FR-PU07）的“RWD”“REV”键来输入</td></tr>
<tr><td>6</td><td colspan="2">切换模式
可以在保持运行状态的同时，进行 PU 运行、外部运行、网络运行模式的切换</td><td>外部运行模式
EXT
PU 运行模式
PU
网络运行模式
NET</td></tr>
<tr><td>7</td><td colspan="2">外部运行模式（PU 运行互锁）
X12 信号 ON：切换到 PU 运行模式，外部运行中输出停止
X12 信号 OFF：禁止切换到 PU 运行模式</td><td>PU 运行模式
PU
外部运行模式
EXT</td></tr>
</table>

表 6-7-16　四种运行模式的 Pr.79 设定与运行

<table>
<tr><th rowspan="2">参 数 设 定</th><th colspan="2">运 行 方 法</th><th rowspan="2">操作面板显示结果</th></tr>
<tr><th>启 动 指 令</th><th>频 率 指 令</th></tr>
<tr><td>Pr.79=1</td><td>RUN 键</td><td>M 按钮</td><td>闪烁
79-1 PU
闪烁</td></tr>
<tr><td>Pr.79=2</td><td>外部
（STF、STR）</td><td>模拟量输入</td><td>闪烁
79-2 EXT
闪烁</td></tr>
<tr><td>Pr.79=3</td><td>外部
（STF、STR）</td><td>M 按钮</td><td>闪烁
79-3 PU EXT
闪烁</td></tr>
<tr><td>Pr.79=4</td><td>RUN 键</td><td>模拟量输入</td><td>闪烁
79-4 PU EXT
闪烁</td></tr>
</table>

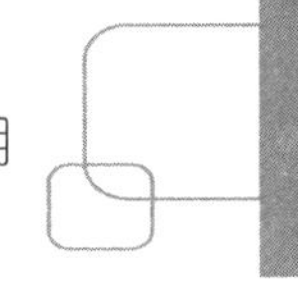

2. PU 运行模式（Pr.79=1）

变频器的操作可以用操作面板上的键盘来完成，不需要外接信号，只用电动机就可以启动。这里假定用操作面板来操作变频器，以 50Hz 来运行，首先设定参数 Pr.79=1，如图 6-7-9 所示，PU 运行模式的操作步骤如下：

（1）按下启动按钮 RUN，电动机启动。

（2）调节操作面板上的 M 旋钮，使变频器运行在给定频率对应的速度上。

（3）按下停止按钮 STOP，变频器停止运行。

注意：此模式只需通过操作面板、参数单元（FR-PU04-CH/FR-PU07）的按键操作就可以发出启动指令和频率指令，最好选择 PU 运行模式，当使用 PU 接口进行通信时也建议选择此模式。当选择 Pr.79=1 后，接通电源时变频器为 PU 运行模式，无法变更为其他运行模式。另外，电动机在运行过程中只要重复上面的第 2 步就可以改变频率。

3. 外部运行模式（用外部控制信号操作 Pr.79=2）

按图 6-7-10 所示接线，用连接到端子板的外部操作信号来控制变频器的运行，当电源接通后，启动信号（STF 或 STR）接通，电动机运行。其中 STF 为电动机正转信号，STR 为电动机反转信号，其启动信号一般为开关、继电器等。频率控制信号一般为电位器或变频器以外的其他直流信号 0～5V、0～10V 或者 4～20mA。假设变频器以 50Hz 运行为例，其操作步骤如表 6-7-17 所示。

表 6-7-17　外部操作模式（Pr.79=2）示例表

操作步骤	操作说明	操作图示
1	上电：确认运行状态 变频器出厂默认设定状态是：当电源处于 ON 时，变频器处于外部操作模式。“EXT”灯应为亮，如果不亮，请将“Pr.79”参数设定为 2	ON EXT
2	开始 按下启动信号（STF 或 STR）电动机运行。当 STF 信号 ON 时电动机正转，“RUN”灯亮，当 STR 信号 ON 时电动机反转时，“RUN”灯闪烁。当正转和反转开关都处于 ON 时，电动机不启动，如果在运行期间，两开关同时处于 ON，则电动机减速至停止状态	正转 反转 Hz RUN MON EXT
3	加速→恒速 把端子 2、5 间（或 4、5 间）连接的频率设定器旋钮慢慢向右转到满刻度，显示的频率数值逐渐增大到 50.00Hz	外部旋钮 50.00
4	减速→电动机停止 把端子 2、5 间（或 4、5 间）连接的频率设定器旋钮慢慢向左转到头，显示的频率数值逐渐减小到 0.00Hz	外部旋钮 0.00

续表

操作步骤	操作说明	操作图示
5	停止 将启动开关信号 STF 或 STR 置于 OFF	正转 反转 停止 OFF

注意：当 Pr.79=0 或 Pr.79=2 时，为外部运行模式，但如果不需要经常变更参数，建议设定 Pr.79=2，固定为外部运行模式。当需要频繁变更参数时，最好设定 Pr.79=0（初始值），这样可以方便地通过操作面板的“PU/EXT”组合键变更为 PU 运行模式。

4．外部/PU 组合运行模式 1（同时用外部信号和 PU 操作面板来运行，Pr.79=3）

此模式启动信号用外部输入信号来设定，而频率设定信号用 PU 来操作。

首先按图 6-7-11 所示接线。

再按表 6-7-18 变频器运行模式简单设定方法所示，把参数 Pr.79 设置为 3（外部/PU 运行模式 1）。

按下启动按钮 STR 或者 STF，电动机启动。

调节操作面板上的 M 旋钮，使变频器运行在给定频率所对应的速度上。

按下停止按钮 STR 或者 STF，变频器停止运行。

表 6-7-18　变频器运行模式简单设定方法

操作步骤	操作说明	显示画面
1	电源接通时进入默认的外部运行模式	0.00 Hz MON EXT
2	同时按住“MODE”“PU/EXT”两键 0.5s	79-- PRM
3	旋转 按钮，将参数 Pr.79 设置为 3	79-3 PU EXT PRM
4	按SET键设定，闪烁后参数设定完成	79-3 79-- 3 秒后会显示如下画面 0.00 Hz MON PU EXT

注意：

（1）运行中不能设定，设定时请关闭启动指令（RUN、STF 或 STR）。

（2）按“SET”键前按“MODE”键可以取消设定，返回监视器画面，如果此时在 PU 运行模式则切换到外部运行模式，若在外部运行模式则切换到 PU 运行模式。按“STOP/RESET”键可复位。

5．外部/PU 组合运行模式 2（同时用外部信号和 PU 操作面板来运行，Pr.79=4）

此模式启动信号用 PU 操作面板来操作，而频率设定信号用外部频率电位器来设定。

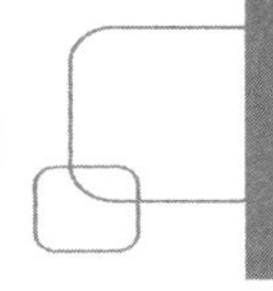

首先按图 6-7-12 所示接线。
再按表 6-7-18 所示，把参数 Pr.79 设置为 4（外部/PU 运行模式 2）。
按下操作面板上的启动按钮 RUN 键，电动机启动。
调节主控箱上的频率给定电位器，使变频器运行在给定的频率所对应的速度上。
按下操作面板上的停止按钮 STOP，变频器停止运行。

习　　题

6-1　为什么要使用变频器？变频器的主要性能指标有哪些？
6-2　三菱 FR-E740 变频器的四种操作模式应如何设定运行模式参数？

第7章　三菱PLC及变频器控制系统应用设计实践

为适应高校加强高级自动化实用技术人才的培养、提高学生动手能力的需要，本章围绕PLC、变频器的应用设计了15个项目，按从简单到复杂依次展开，供读者学习参考，项目内容较多、超过2个学时的可以视实际学时进行删减和调整。

项目1　三菱PLC逻辑实验

一、实验目的

1. 了解和熟悉PLC结构和外部接线方法。
2. 了解和熟悉编程软件的使用方法。
3. 了解写入和编辑用户程序的方法。
4. 掌握与、或、非等逻辑基本指令。
5. 学习组态软件的设计和使用。

二、实验设备

1. 三菱 FX_{2N} PLC装置一台。
2. 装有三菱PLC编程软件和组态软件的计算机一台。

三、实验内容

如图7-1-1所示，利用按键输入信号和指示灯输出信号来模仿实现逻辑与、逻辑或和逻辑非等基本逻辑关系，按要求编制出程序，观察输入、输出结果与理论值是否相符。

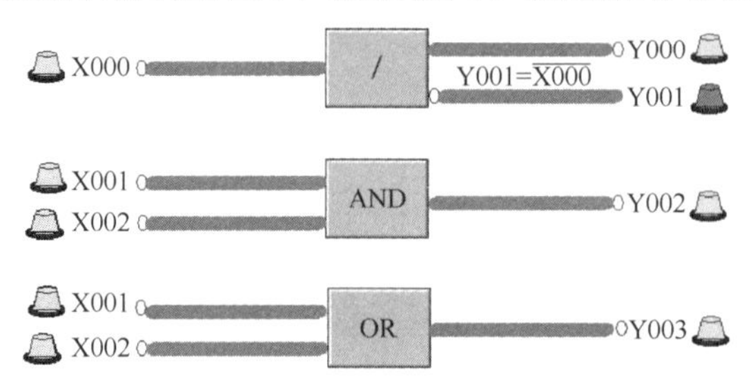

图7-1-1　与、或、非基本逻辑关系

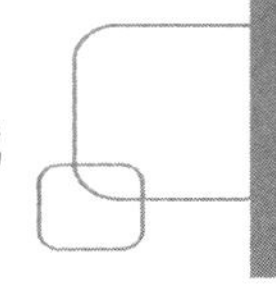

四、实验步骤

1．编写满足要求的 PLC 程序，如图 7-1-2 所示，下载到 PLC 中。

```
0   X000 —| |— ( Y000 )
                ( Y001 )
4   X001 —| |— X002 —| |— ( Y002 )
7   X001 —| |— ( Y003 )
    X002 —| |—
10  [ END ]
```

图 7-1-2　逻辑实验程序

2．使用组态软件，绘制出图 7-1-1 所示的界面（可使用 MCGS、组态王等组态软件，视情况，此步可以省略）。

3．按程序要求中的输入/输出，将 PLC 的各输入/输出端都连接好导线。

4．如表 7-1-1 所示，假设“0”表示没有按下按钮或者没有接通（无输出），“1”代表按下按钮或者接通（有输出），按表 7-1-1 中“X000”的情况进行操作，观察 Y000、Y001 的通断情况。根据观测结果，将 Y000、Y001 的结果填入表 7-1-1 的左边；按下 X001、X002 按钮，根据观测结果，将 Y002、Y003 的通断情况填入表 7-1-1 的右边。

表 7-1-1　逻辑真值表

输　入	输　出		输　入		输　出	
X000	Y000	Y001	X001	X002	Y002	Y003
0			0	0		
1			0	1		
			1	0		
			1	1		

五、实验报告要求

1．将以上的实验写出 I/O 分配表，整理程序梯形图。

2．将图 7-1-3 所示的实验程序编译后运行，仔细观察实验现象，认真记录实验中发现的问题、错误、故障及解决方法，在实验报告中描述观察到的实验现象，并填入制作的逻辑真值表中。

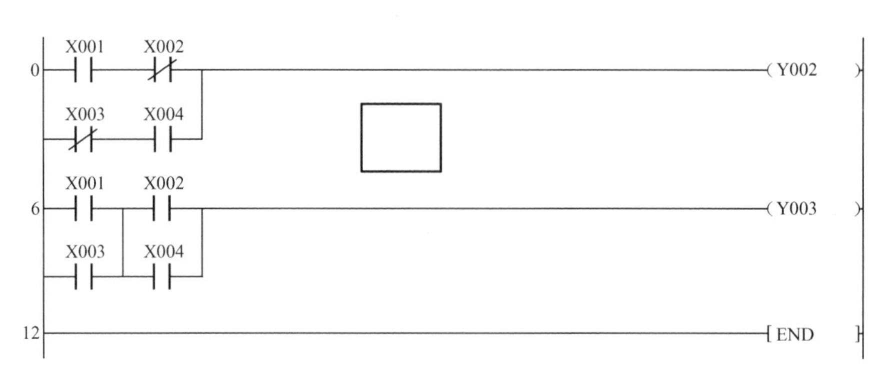

图 7-1-3　逻辑实验程序

项目 2　定时、计数、移位功能实验

一、实验目的

1．了解和熟悉三菱 PLC 编程软件的使用方法。
2．了解写入和编辑用户程序的方法。
3．掌握定时功能的使用。
4．掌握计数功能的使用。
5．掌握移位功能的使用。

二、实验设备

1．三菱 FX_{2N} PLC 装置一台。
2．装有三菱 PLC 编程软件和组态软件的计算机一台。

三、实验内容

定时、计数是 PLC 最基本的功能，三菱 PLC 中最通用的定时器是 100ms（即 0.1s）的定时器，编号为 T0～T191（见表 2-2-9），通用的计数器是 16 位加计数器，编号为 C0～C99（见表 2-2-10）。

1．定时器指令

输入图 3-3-3 所示程序，当按下启动按钮 X000 后，Y000 接通，同时 T0 开始以“加”方式进行计时工作（即三菱 PLC 的定时器“顺计时”方式定时），当设定的 10s 时间到后，定时器 T0 接通，Y001 也接通。通过 3.3.2 节介绍的仿真程序，理解并掌握三菱 PLC 定时器的应用，并画出该程序的时序图。

输入图 5-3-13 所示程序，掌握定时器串联的方法。编写一个简单的程序，实现定时器并联控制。

2．计数器指令

输入图 7-2-1 所示三菱计数器实验程序，当每按下一次按钮 X000 后，三菱计数器 C0 在计数触发信号 M0 的触发下，以“增计数”的方式计一次数，当达到所设定的计数 5 时，计

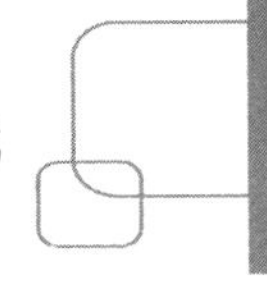

数器 C0 接通，因而 Y000 接通。在按下停止按钮 X001 后，计数器停止计数并复位。

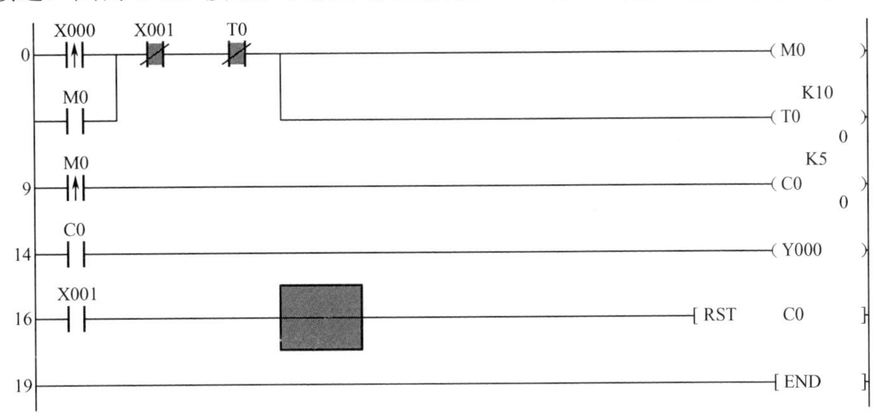

图 7-2-1　三菱计数器实验程序

3．定时器计数器综合应用

输入图 7-2-2 所示定时器、计数器程序，其中，程序的前半段是扫描计数电路，输出 Y000、Y001、Y002 视设定的计数器 C0 计数值不同而不同，完成实验并观察监控程序的运行后填空：

Y000 接通的条件是计数器 C0 中的值等于________，Y000 接通________s 后断开；

Y001 接通的条件是计数器 C0 中的值等于________，Y001 接通________s 后断开；

Y002 接通的条件是计数器 C0 中的值等于________，Y002 接通________s 后断开；

计数器 C0 的计数信号是________，程序的循环条件是________。

要求画出程序的监控时序波形。

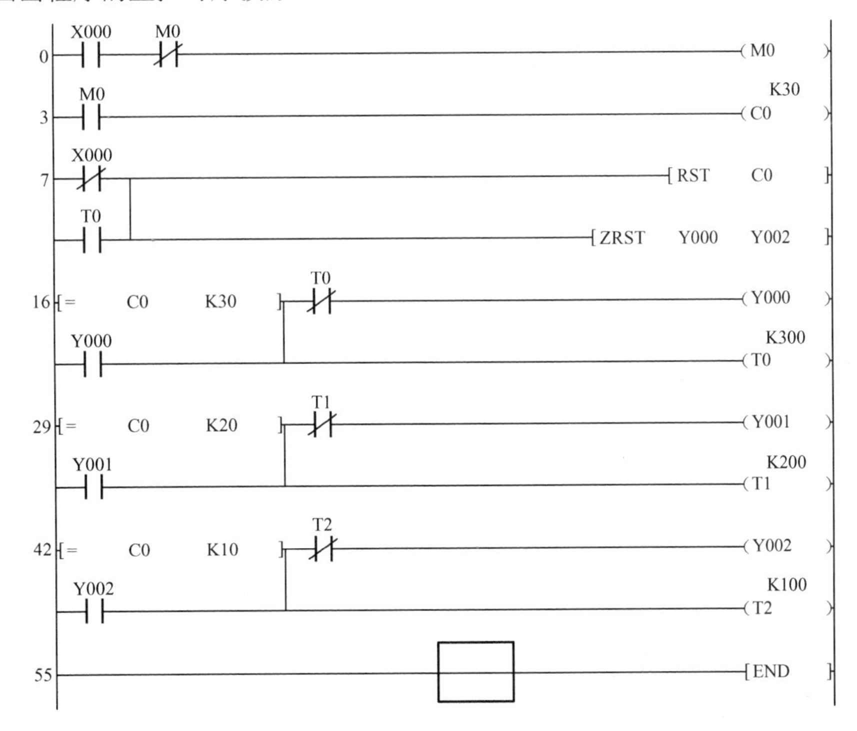

图 7-2-2　定时器、计数器程序

4．移位功能

输入图 7-2-3 所示移位功能程序，程序采用 1ms 积算定时器 T248 作为脉冲发生器，X000 为正反转控制开关，当 X000=OFF 时，电动机正转，当 X000=ON 时，电动机反转。

程序中，使用脉冲型的 SFTLP 左移指令和脉冲型的 SFTRP 右移指令，控制三相三拍步进电动机的脉冲序列由 Y010～Y012 晶体管输出，实现电动机的正反转控制。每次脉冲接通，SFTLP 左移一次，移位对象为以 Y010 为起点的三位（Y010～Y012），每次移 1 位，Y012 溢出 1 次。每次脉冲接通，SFTRP 右移一次，移位对象为以 Y010 为起点的三位（Y010～Y012），每次移 1 位，Y010 溢出 1 次。由于 M0、M1 的控制，每次移入的都是高电平。

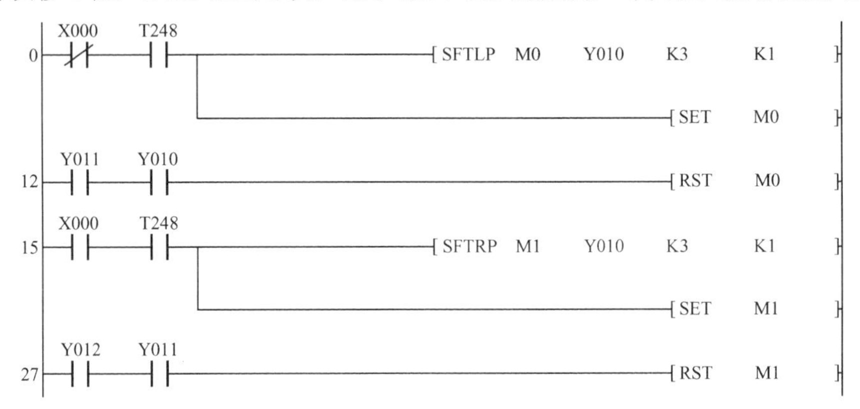

图 7-2-3　移位功能程序

四、实验步骤

1．按实验内容的顺序，依次输入程序，下载到 PLC 中。

2．按不同的内容，连接导线，运行 PLC，并按下各程序中所对应的按钮（如 X000 等）。

3．观察记录各程序运行的波形或者数据变化。

五、实验报告要求

1．写出 I/O 分配表，在实验报告中附上程序梯形图。

2．仔细观察实验现象，认真记录实验中发现的问题、错误、故障及解决方法。用时序图记录各输出波形，有数据变化的程序（如计数和移位指令）要用数据监控功能监控有关“数据寄存器”中数的变化。

项目 3　数据处理功能实验

一、实验目的

1．熟悉编程软件及编程方法。

2．掌握数据处理功能。

3．学习和掌握算术运算、数据传送比较与交换、查找数据和数据排序。

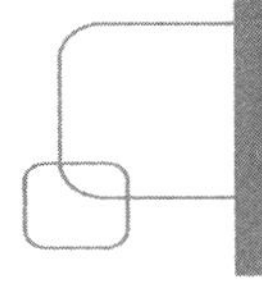

二、实验设备

1．三菱 FX_{2N} PLC 装置一台。

2．装有编程软件和开发软件的计算机一台。

三、实验内容

PLC 最早的时候，只有逻辑运算功能，处理的主要是开关 ON 或者 OFF 的逻辑切换，随着 PLC 功能越来越强大和完善，以及自动控制越来越高的控制要求，PLC 也要能够处理数据运算便成为一种基本的功能要求，本项目主要介绍三菱 PLC 的数据处理功能。

1．用算术运算指令完成下式的计算

$$\frac{(1234+4321)\times123-4565}{1234}$$

要求：

- X001=ON 时计算，X000=ON 时全清零。
- 各步运算结果存入 D0～D6 中，并记录下来。
- 若要将运算结果与正确答案进行比较，当结果等于 550 且没有余数时，Y000=ON，否则 Y001=ON。

用算术运算指令编写的梯形图程序及监控结果如图 7-3-1 所示。程序首先使用 ADD 指令将 1234+4321 的结果存入 D0 中，在 D0×123 后结果已经超过 16 位数据寄存器所能存储的数据大小，必须存在 32 位寄存器中，因此紧接着应该使用 32 位的减法指令 DSUB 而不是 16 位的 SUB 指令。使用 DDIV 指令将商放入 D6 中，再使用比较指令，由于结果等于 550 且没有余数，所以 Y000=ON。

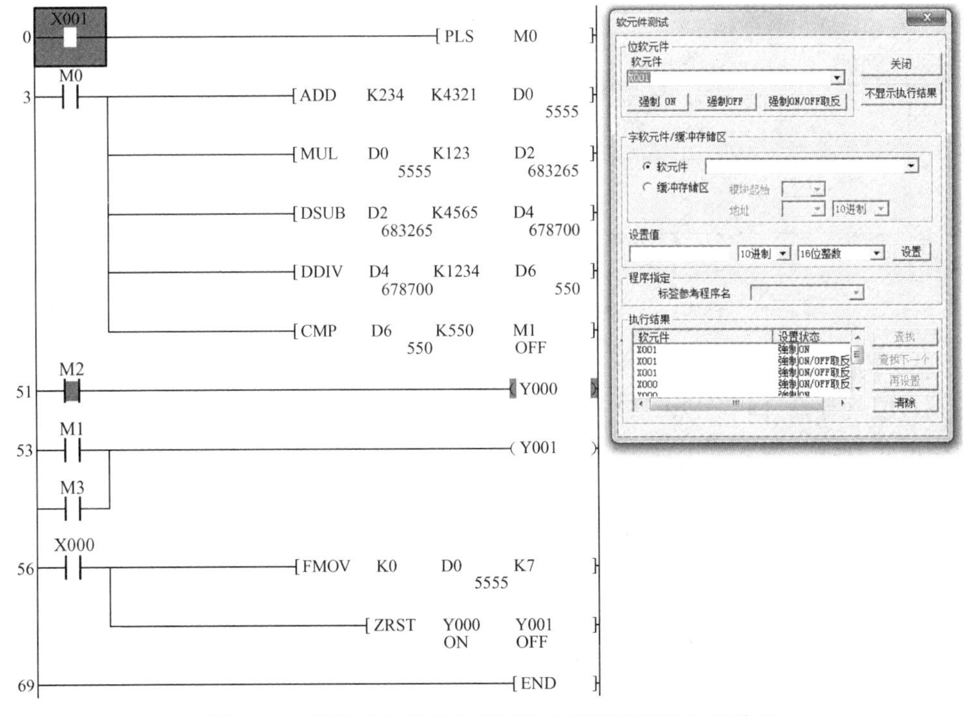

图 7-3-1　用算术运算指令编写的梯形图程序及监控结果

2．数据的传输和交换

假设数据寄存器 D0= H0111、D1= H0555、D2= H0ABC、D3= H0100，试将 D0 和 D1 中的数据进行交换，D2 中的数据高 8 位和低 8 位进行交换。

编写的程序如图 7-3-2 所示。

程序一上电，使用 32 位脉冲传送指令，将 H0111、H0555、H0ABC、H0100 传入数据寄存器 D0～D3 中。

当按下 X000 时，交换 D0 和 D1 中的数据，并交换 D2 中数据的高 8 位和低 8 位。

操作的最后结果为 D0=H0555、D1=H0111、D2=HBC0A，如图 7-3-3 所示。

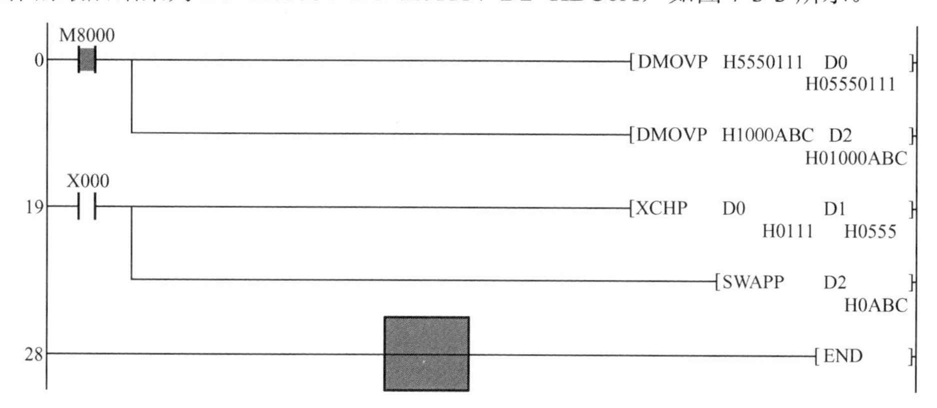

图 7-3-2　数据传送、交换程序（X000=OFF 时）

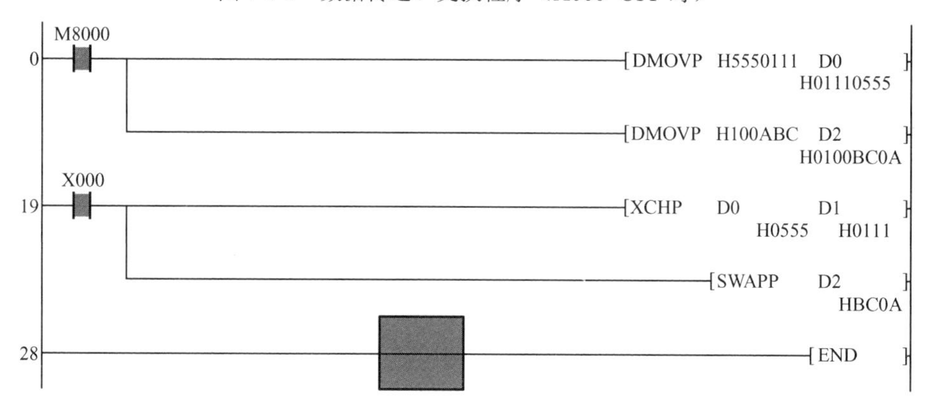

图 7-3-3　数据传送、交换程序（X000=ON 时）

3．求平均值、最大值、最小值，查找数据、数据排序

假设数据寄存器 D0=K120、D1=K445、D2=K678、D3=K11、D4=K99、D5=K3215，求以上数据的平均值、最大值、最小值，查找是否有数据 99，并对数据按从小到大的顺序重新排列。

编写的程序如图 7-3-4 所示，监控结果如图 7-3-5 所示。

其中，图 7-3-5（a）是求平均值、最大值、最小值，查找数据的监控结果，程序中 X000 为求平均值按钮，当按下 X000 时，可见 D6 中存入的平均值是 K761；X001 为查找数据按钮，这一条指令即可以查找出某数据，也可以把一堆数据的最大值、最小值找出来。当按下 X001 时，可见 D10=1，表示要查找的数据只有 1 个，D11=4，表示数据 99 出现在 D4

的位置上，D12=4，表示最末一个数据 99 出现在 D4 的位置上（因为只找到一个数据 99，出现的第一个位置与最末一个位置都是 D4），在 D10～D14 中的五个寄存器中，最后一个寄存器 D14 存放的是保存最大值的地址，本例中 D14=5，说明最大值保存在 D5 中，倒数第二个寄存器 D13 中保存的是最小值的地址，D13=3，说明 D3 中保存的是最小值，把 D5、D3 中的数据显示出来就是最大值、最小值，所以一条 SER 指令可以完成好几个功能。

X002 为排序按钮，D0～D5 是一个 6 行 1 列的数据表，当按下 X002 时，把从 D0 开始的这样一个数据表，按第一列从小到大的顺序重新排列在从 D10 开始的数据表中，图 7-3-5（b）是对原始数据重新排序的监控结果，至于 M8029，是排序结束指令的标志，当排序结束后，指示灯 Y000 接通。

四、实验步骤

1．按实验内容的顺序，依次输入程序，下载到 PLC 中，使 PLC 处于运行状态，RUN 指示灯亮。

2．按不同的内容，连接好导线，运行 PLC，并按下各程序中所对应的按钮（如 X000 等）。

3．观察记录各程序运行的波形或者数据变化。

五、实验报告要求

1．仔细观察实验现象，认真记录实验中发现的问题、错误、故障及解决方法。

2．想一想数据处理中你还可能存在哪些问题？尝试解决。

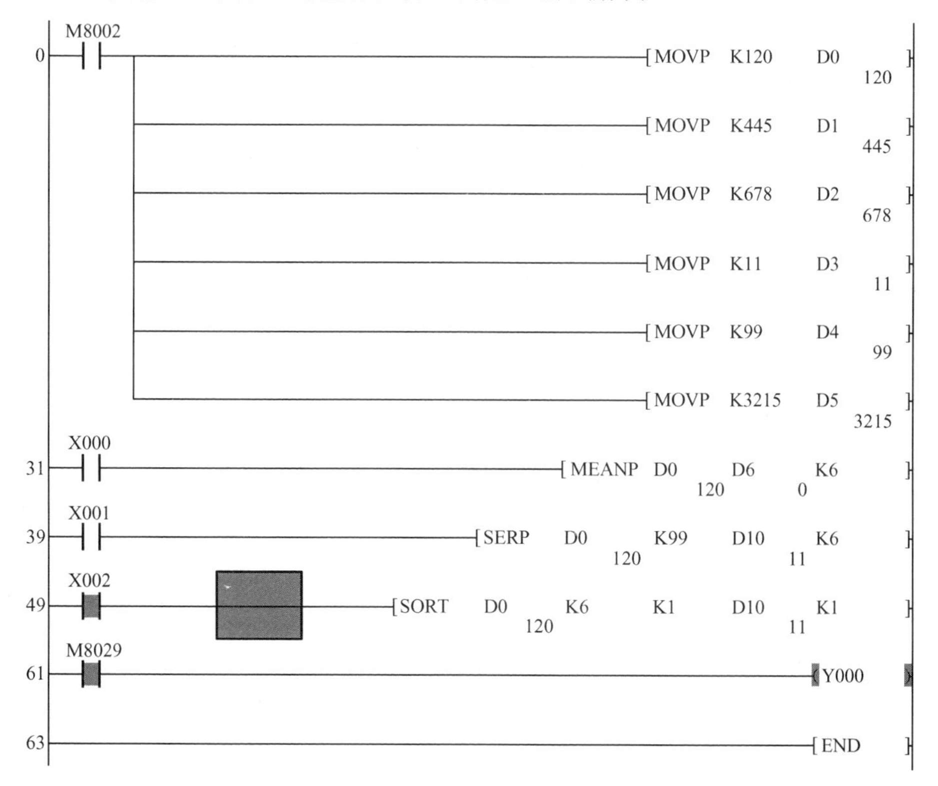

图 7-3-4　数据查找、排序程序

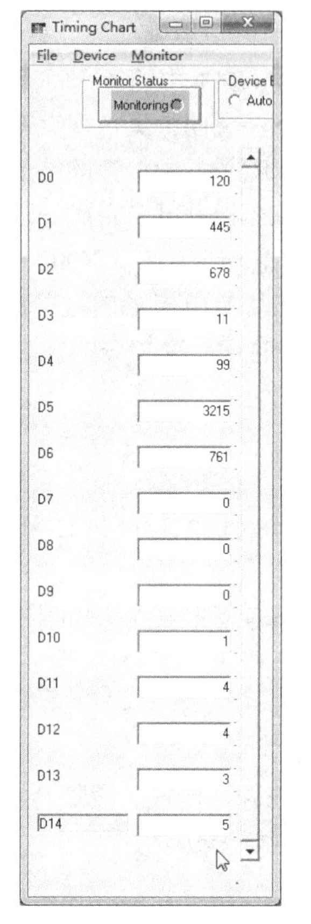

（a）求平均值等及查找数据监控结果

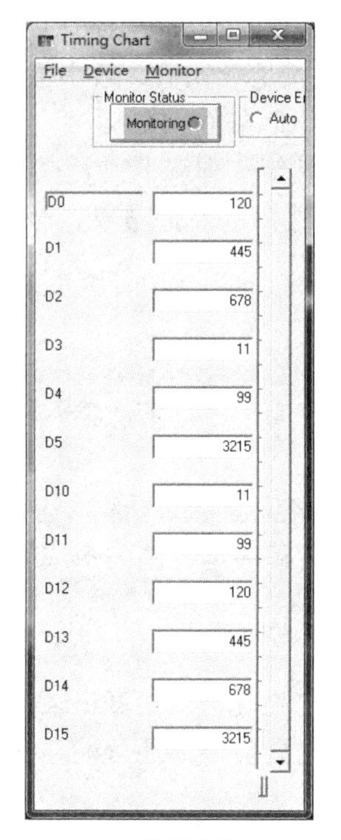

（b）排序结果

图 7-3-5　监控结果

项目 4　程序流程控制实验

一、实验目的

1．熟悉编程软件及编程方法。
2．掌握控制 PLC 程序流程的设计和使用方法。
3．掌握步进、跳转、子程序、中断等指令的使用。

二、实验设备

1．三菱 FX_{2N} PLC 装置一台。
2．装有编程软件和开发软件的计算机一台。

三、实验内容

默认情况下，PLC 程序一般都是按从上到下、从左到右的顺序方式执行，但有时候也需

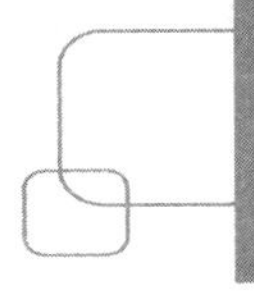

要改变程序的执行方向，控制 PLC 程序的流程走向可以有步进指令 STL、跳转指令 CJ、子程序、中断等多种方法，本实验主要在于掌握控制程序流程走向的方法。

1．步进指令实验

输入图 4-2-27、图 4-2-28 所示程序，掌握步进指令 STL、RET 是如何控制程序流向的，分析状态继电器 S 的作用，并记录监控程序的结果，画出步进梯形图控制流程图，总结步进指令的使用注意事项。

2．跳转分支实验

跳转指令 CJ 是简单常用的控制程序流程的方式。程序设计流程如图 7-4-1 所示。

当按下按键 X000 后，偶数灯亮，奇数灯灭。即 LED 灯 2、LED 灯 4、LED 灯 6 亮，LED 灯 1、LED 灯 3、LED 灯 5 灭。程序及监控结果如图 7-4-2 所示。

当抬起按键 X000 后，奇数灯亮，偶数灯灭。即 LED 灯 1、LED 灯 3、LED 灯 5 亮，LED 灯 2、LED 灯 4、LED 灯 6 灭。程序及监控结果如图 7-4-3 所示。

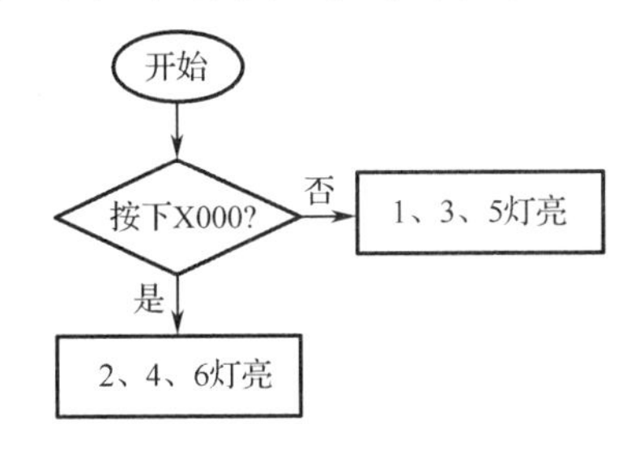

图 7-4-1　跳转分支实验程序设计流程图

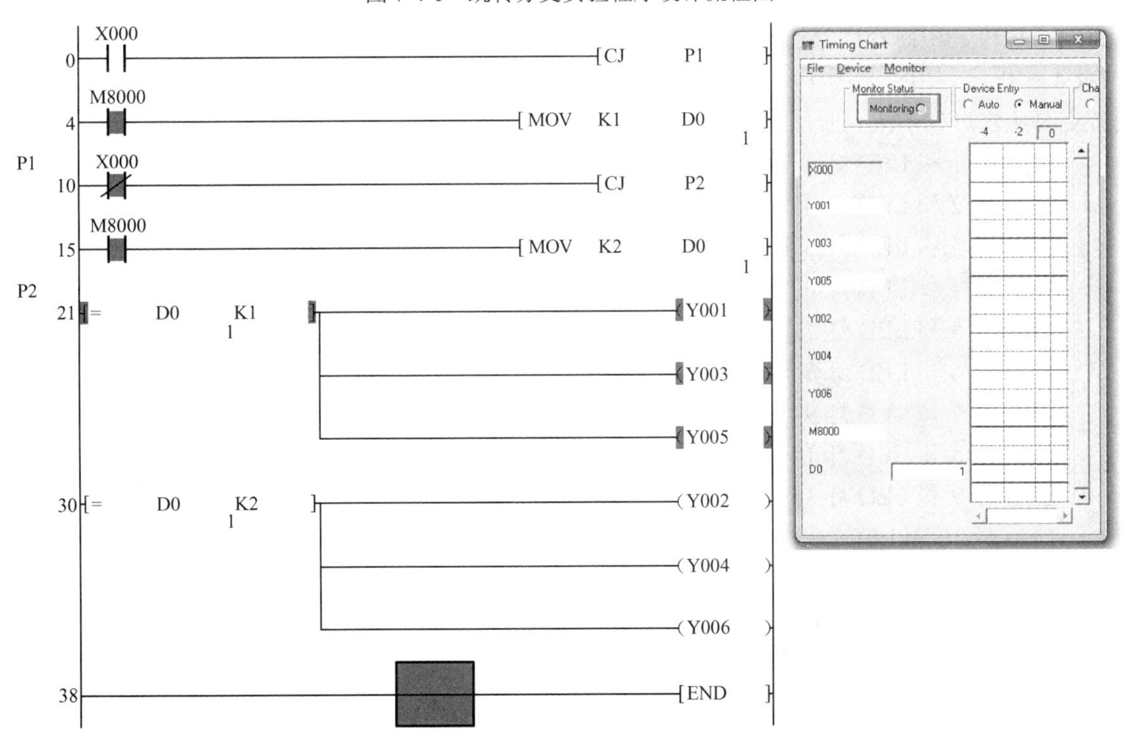

图 7-4-2　跳转分支实验程序（X000=OFF）及监控结果

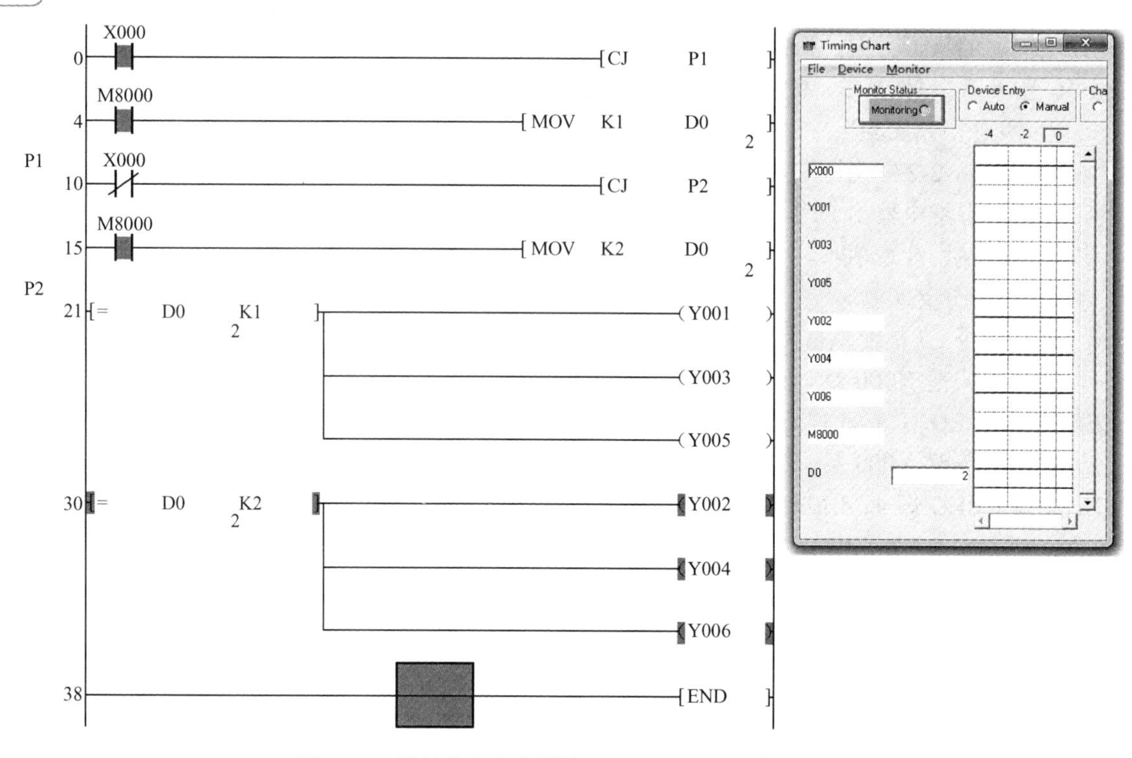

图 7-4-3　跳转分支实验程序（X000=ON）及监控结果

3．子程序、中断程序实验

子程序、中断程序都能改变程序的流程，有关子程序、中断程序的用法见第 4 章。图 7-4-4 的程序利用了子程序和 PLC 的定时中断功能来实现 15 个 LED 指示灯中间隔两个灯交替点亮流水灯的效果，时间间隔为 1s，图 7-4-5 是参考程序。实现的动作如下：

LED 灯 1 和 LED 灯 3 亮，其余灯灭，持续 1s；

LED 灯 2 和 LED 灯 4 亮，其余灯灭，持续 1s；

LED 灯 3 和 LED 灯 5 亮，其余灯灭，持续 1s；

LED 灯 4 和 LED 灯 6 亮，其余灯灭，持续 1s；

LED 灯 5 和 LED 灯 7 亮，其余灯灭，持续 1s；

LED 灯 6 和 LED 灯 8 亮，其余灯灭，持续 1s；

LED 灯 7 和 LED 灯 9 亮，其余灯灭，持续 1s；

LED 灯 8 和 LED 灯 10 亮，其余灯灭，持续 1s；

LED 灯 9 和 LED 灯 11 亮，其余灯灭，持续 1s；

LED 灯 10 和 LED 灯 12 亮，其余灯灭，持续 1s；

LED 灯 11 和 LED 灯 13 亮，其余灯灭，持续 1s；

LED 灯 12 和 LED 灯 14 亮，其余灯灭，持续 1s；

LED 灯 13 和 LED 灯 15 亮，其余灯灭，持续 1s；

LED 灯 14 和 LED 灯 1 亮，其余灯灭，持续 1s；

LED 灯 15 和 LED 灯 2 亮，其余灯灭，持续 1s，如此重复。

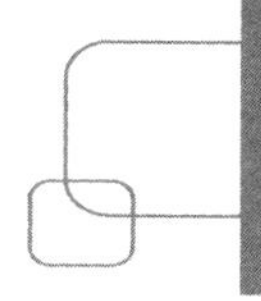

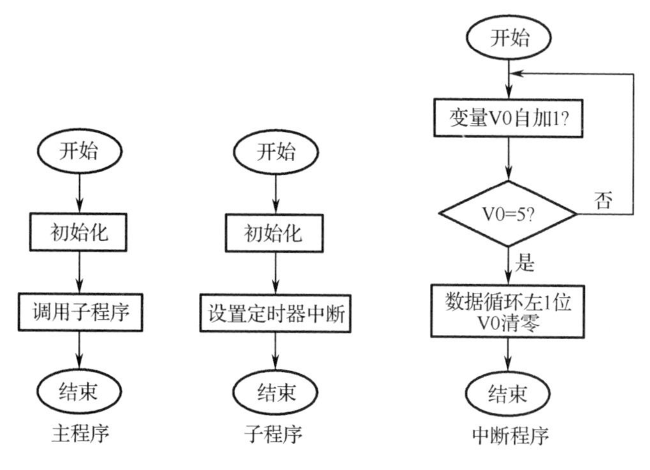

图 7-4-4　中断程序流程图

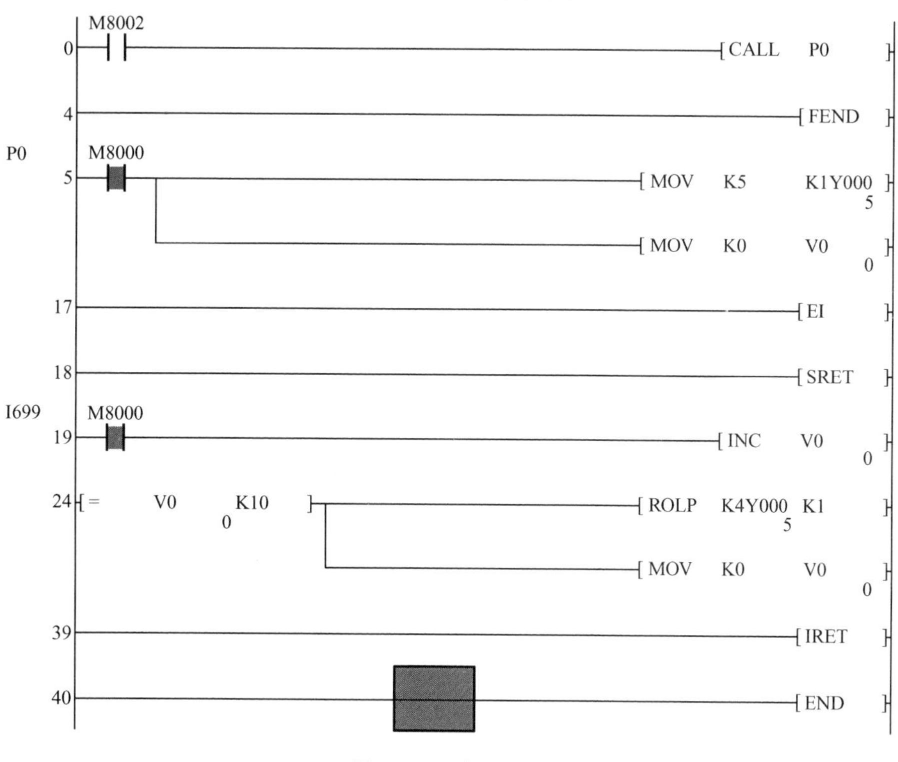

图 7-4-5　中断程序

四、实验步骤

1．按照实验内容，依次输入程序，下载到 PLC 中，使 PLC 处于运行状态，RUN 指示灯亮。

2．按不同的内容，连接好导线，运行 PLC，并按下各程序中所对应的按钮（如X000 等）。

3．观察记录各程序运行后灯的接通情况，记录波形、数据或者灯的变化。

五、实验报告要求

1．仔细观察实验现象，认真记录实验中发现的问题、错误、故障及解决方法。

2．总结控制程序的流程走向有哪些常见方法？你可能存在那些问题？编个小程序试试。

项目 5　模拟量输入/输出、采集与滤波实验

一、实验目的

1．了解和熟悉扩展模块的结构和外部接线方法。

2．了解和熟悉编程软件的使用方法。

3．了解和掌握 PLC 系统中模拟量的输入/输出与采集方法。

4．了解和掌握一种 PLC 的滤波方法。

二、实验设备

1．三菱 FX_{2N} PLC 装置一台。

2．装有编程软件和开发软件的计算机一台。

3．外扩模拟量模块一台。

三、实验内容

1．实验内容

利用 PLC 的模拟接口来实现由模拟输入量（模拟输入信号是可调电位器的输出电压信号，可调节的范围为 0～10V），先经过 A/D 转换器转换为 CPU 能够使用的数字量，转换结束后再经过 D/A 转换器转换成模拟量进行滤波输出。

2．特殊功能模块位置及编号

三菱 PLC 要实现 A/D 和 D/A 转换，需要用为三菱 PLC 配备特殊模块（见表 2-2-6,）这些特殊模块也称为特殊单元，或者功能扩展板，按功能分有模拟量模块、脉冲计数模块、运动量模块、定位模块、通信模块等。专门针对模拟量的模块有 9 块，分为模拟量输入/输出和温度传感器输入两类。下面根据本实验需要介绍常见的几类，如表 7-5-1、表 7-5-2、表 7-5-3 所示。

表 7-5-1　FX_{2N} 模拟量输入模块性能规格表

项　目	FX_{2N}-2AD 模拟量模块		FX_{2N}-4AD 模拟量模块	
	电 压 输 入	电 流 输 入	电 压 输 入	电 流 输 入
模拟量输入范围	DC 0～10V，DC 0～5V（输入阻抗 200KΩ）绝对最大输入为-0.5V，+15V	DC 4～20mA（输入阻抗 250Ω）绝对最大输入为-2mA，+60mA	DC 0～10V（输入阻抗 200KΩ）绝对最大输入为±15V	DC -20～20mA（输入阻抗 250Ω）绝对最大输入为±32mA
有效数字量输出	12 位二进制		11 位二进制+1 位符号位	10 位二进制+1 位符号位
分辨率	2.5mV（10V×1/4000）1.25mV（5V×1/4000）	4μA（(4～20mA)×1/4000）	5mV（10V×1/2000）	20μA（20mA×1/4000）
综合精度	±1%（10V 满量程）	±1%（20mA 满量程）	±1%（10V 满量程）	±1%（20mA 满量程）
转换速度	2.5ms/一个通道		15ms×（1～4 个通道）/普通模式 6ms×（1～4 个通道）/高速模式	
隔离方式	输入和 PLC 的电源间采用光耦及 DC/DC 转换器进行隔离			
电源	DC 5V 20mA（PLC 内部供电）DC 24V 50mA（外部供电）		DC 5V 30mA（PLC 内部供电）DC 24V 55mA（外部供电）	
占用 PLC 点数	8 点			
适用 PLC	FX_{1N}、FX_{2N}、FX_{2NC}、FX_{3U}、FX_{3UC}			

表 7-5-2　FX_{2N} 模拟量输出模块性能规格表

项　目	FX_{2N}-2DA 模拟量模块		FX_{2N}-4DA 模拟量模块	
	电 压 输 出	电 流 输 出	电 压 输 出	电 流 输 出
模拟量输出范围	DC 0～10V，DC 0～5V（外部负载电阻 2kΩ～1MΩ）	DC 4～20mA（外部负载电阻 400Ω 以下）	DC 0～10V（外部负载电阻 2kΩ～1MΩ）	DC -20～20mA（外部负载电阻 400Ω 以下）
有效数字量输入	12 位二进制		11 位二进制+1 位符号位	10 位二进制
分辨率	2.5mV（10V×1/4000）1.25mV（5V×1/4000）	4μA（(4～20mA)×1/4000）	5mV（10V×1/2000）	20μA（20mA×1/4000）
综合精度	±1%（10V 满量程）	±1%（16mA 满量程）	±1%（10V 满量程）	±1%（20mA 满量程）
转换速度	4ms/1 个通道		2.1ms/4 个通道	
隔离方式	输入和 PLC 的电源间采用光耦及 DC/DC 转换器进行隔离			
电源	DC 5V 30mA（PLC 内部供电）DC 24V 85mA（外部供电）		DC 5V 30mA（PLC 内部供电）DC 24V 200mA（外部供电）	
占用 PLC 点数	8 点			
适用 PLC	FX_{1N}、FX_{2N}、FX_{2NC}、FX_{3U}、FX_{3UC}			

三菱 PLC 设置了 2 条指令（读指令 FROM、写指令 TO）对模拟量模块进行控制操作。但 PLC 对模块的读写操作必须首先区分特殊模块的位置编号。如图 7-5-1（a）所示，当多个模块相连时，三菱 PLC 特殊模块的位置编号是从基本单元最近的模块算起，由近到远分别以#0、#1、#2、……、#7 来编号；如果中间含有扩展单元，如图 7-5-1（b）所示，三菱

PLC 特殊模块的位置编号是从基本单元最近的模块算起，跳过扩展单元（扩展单元不编号），由近到远分别以#0、#1、#2、……、#7 来编号。

表 7-5-3　FX_{2N} 模拟量（温度传感器）输入模块性能规格表

项　目	FX_{2N}-4AD-PT 温度传感器（PT-100 铂热电阻）		FX_{2N}-4AD-TC 温度传感器（K、J 型热电偶）	
	摄氏度（℃）	华氏度（℉）	摄度氏（℃）	华氏度（℉）
输入信号	铂金测温电阻 3 线式 4 通道		热电偶（K、J 型）4 通道	
传感器电流	1mA（定电流方式）		—	
额定温度范围	-100～600℃	-148～1112℉	K：-100～1200℃ J：-100～600℃	K：-148～2192℉ J：-148～1112℉
有效数字量输出	-1000～6000	-1480～11120	K：-1000～12000 J：-1000～6000	K：-1480～21920 J：-1480～11120
分辨率	0.2～0.3℃	0.36～0.54℉	K：0.4℃ J：0.3℃	K：-0.72℉ J：0.54℉
综合精度	±1%（满量程）		±0.5%（满量程+1℃）	
转换速度	15ms×4 通道		（240ms±2%）×4 通道（不包括不使用通道）	
隔离方式	输入和 PLC 的电源间采用光耦及 DC/DC 转换器进行隔离			
电源	DC 5V 30mA（PLC 内部供电） DC 24V 50mA（外部供电）		DC 5V 30mA（PLC 内部供电） DC 24V 50mA（外部供电）	
占用 PLC 点数	8 点			
适用 PLC	FX_{1N}、FX_{2N}、FX_{2NC}、FX_{3U}、FX_{3UC}			

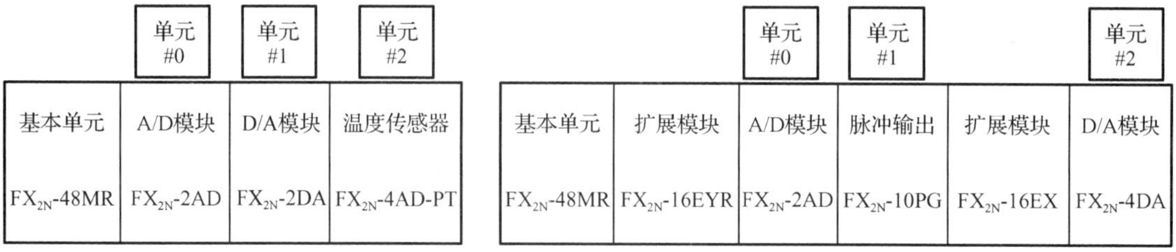

	单元#0	单元#1	单元#2
基本单元	A/D模块	D/A模块	温度传感器
FX_{2N}-48MR	FX_{2N}-2AD	FX_{2N}-2DA	FX_{2N}-4AD-PT

（a）

		单元#0	单元#1		单元#2
基本单元	扩展模块	A/D模块	脉冲输出	扩展模块	D/A模块
FX_{2N}-48MR	FX_{2N}-16EYR	FX_{2N}-2AD	FX_{2N}-10PG	FX_{2N}-16EX	FX_{2N}-4DA

（b）

图 7-5-1　三菱 PLC 特殊功能模块位置编号示意图

3．读、写指令

三菱 PLC 的特殊功能模块内部都有不同的 16 位存储器，叫作缓冲存储器 BFM。三菱 FX_{2N} PLC 机型的模拟量模块有 32 个 BFM 缓冲单元，编号为 BFM#0～BFM#31。PLC 与特殊模块的信息交流就是通过 FROM（读）/TO（写）指令与某个编号的特殊模块里面的某个 BFM 缓冲单元进行信息交换。

图 7-5-2 是 FROM 读指令的格式，图 7-5-3 是 TO 写指令的格式。

例如，图 7-5-2 的意思是，当触发信号接通时，把位置编号为#m1 的特殊模块中缓冲单元以 BFM#m2 为首地址的 n 个缓冲存储器的内容读到 PLC 中以 S 为首地址的 n 个 16 位数据单元中。具体到本例，就是把#1 特殊模块中缓冲单元 BFM#0 为起始地址的 2 个缓冲存储器中的内容，读到 PLC 内 M20 为起始地址的继电器中去，一共 8 个（即 M20、

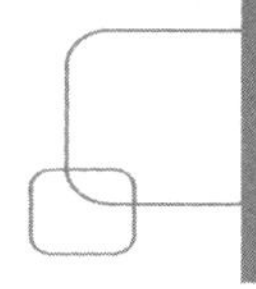

M21、……、M27)；其中各值的范围如下：

m1：0～7；

m2：0～32767；

S：KnY、KnM、KnS、D、C、V、Z；

n：1～32767。

图 7-5-3 的意思是，当触发信号接通时，把 PLC 中以 S 为首地址的 *n* 个 16 位数据，写入到位置编号为#m1 模块里以缓冲单元 BFM#m2 为首地址的 *n* 个缓冲寄存器里。具体到本例，就是把 PLC 中 M10 起始的 16 个状态继电器（M10～M25）的状态值，写入#1 特殊模块中缓冲单元 BFM#4 中去。其中各值的范围如下：

m1：0～7；

m2：0～32767；

S：K、H、KnX、KnY、KnM、KnS、D、C、V、Z；

n：1～32767。

这些指令常用脉冲型。

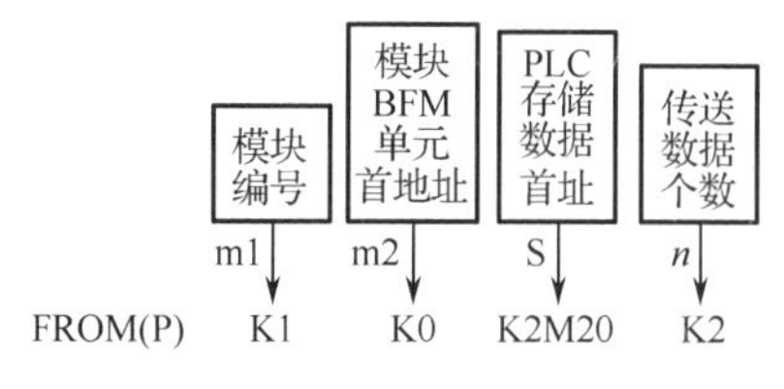

图 7-5-2　三菱 PLC 模拟量读指令

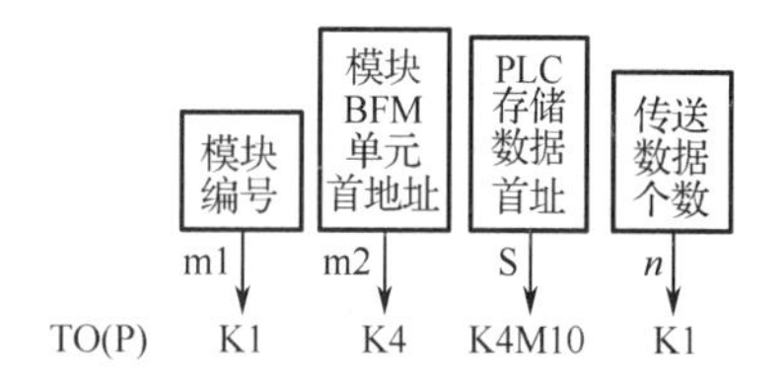

图 7-5-3　三菱 PLC 模拟量写指令

4．中位值平均滤波法

PLC 模数转换后需要滤波，滤波的方法有多种，这里介绍中位值平均滤波法：就是在连续采样的 *N* 个数据中，去掉最大值最小值，然后计算剩下来的 *N*-2 个数据的算术平均值。一般 *N* 的取值为 3～14。中位值平均滤波法结合了“中位值滤波法”“算术平均滤波法”两种滤波法的优点，既能够抑制随机干扰，也能够滤去明显的脉冲干扰，缺点是速度慢、耗内存。

假定基本单元为 FX_{2N}-48MR，特殊模块是 FX_{2N}-2AD（电压输入），其位置编号为#1，采样数据为 10 个，要求 A/D 转换后的数据存入 D0 中，滤波后的数据存入 D100 中。编写的中位值平均滤波参考程序如图 7-5-4 所示。程序中最后一条是从 10 个数据中，减去最大值、最小值 2 个数据，因此先排序后，再使用 MEAN 指令求中间 8 个数据的平均值放入 D100 中。

四、实验步骤

1．在断电的情况下，用编程电缆连接好 PLC 和计算机（如使用通信接口 COM1）。

2．将 PLC 与模拟量模块连接好，注意公共端 COM 接 GND。

3．下载实验程序到 PLC 中，成功完成后，使 PLC 处于运行状态，RUN 指示灯亮。

4．使用一个通用模板，转动可调电位器进行模拟量采集。

5．如果可能，用组态软件组态，做成模拟量采集曲线，使输入不同的电压值，界面上对应改变 AI0 的值，并显示出随时间变化的实时趋势图。

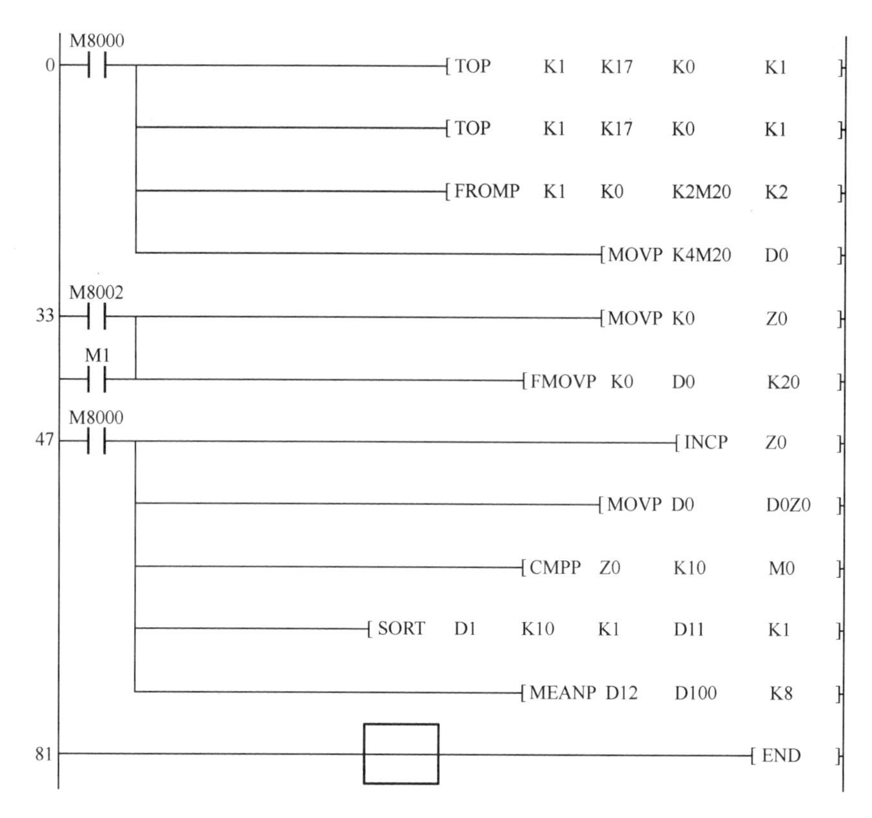

图 7-5-4　三菱 PLC 模拟量输入/输出、采集与滤波程序

五、实验报告要求

整理出运行和监视程序时观察到的现象。

1．写出 I/O 分配表、程序梯形图、清单。

2．仔细观察实验现象（本实验中，比如注意观察 PLC 数据的读出、写入和滤波），认真记录实验中发现的问题、错误、故障及解决方法。

项目 6　PLC 控制电动机实验

一、实验目的

1．了解各种继电器的功能及使用方法。

2．掌握通过 PLC 来进行电动机的控制方法。

3．掌握中间继电器的使用方法。

4．掌握电路的布线方法。

二、实验设备

1．三菱 FX_{2N} PLC 装置一台。

2．装有编程软件和开发软件的计算机一台。

3．三相笼型异步电动机 1 台和磁粉制动器 1 台。

4．下列元件：

三相刀开关	1 个	转换开关	1 只
熔断器	5 只	交流接触器	3 只
时间继电器	2 只	按钮	3 只
接线端子板	2 组	万用表	1 块
秒表	1 块	电工工具	1 套
导线	若干根	中间继电器	2 个

三、实验内容

1．实验原理

由于 PLC 的输出是 24V 直流电，而电动机控制电路要求是 220V 交流电，所以，不能直接用 PLC 去控制各种继电器。这样就要求用中间继电器来进行低压到高压的电气转换。

本实验及以后实验所配的电动机和磁粉制动器实物如图 7-6-1 所示。它们的参数如下：

① 异性三相交流电动机型号 YS5624G，频率 50Hz，工作制 S1，额定电压 220V，额定电流 0.78A，额定功率 80W，额定转速 1400r/min，绝缘等级 F。

② 磁粉制动器型号 CZ-0.2，滑差功率 100W，冷却方式为自冷，励磁电流 0.4A，额定转矩 2N・m。

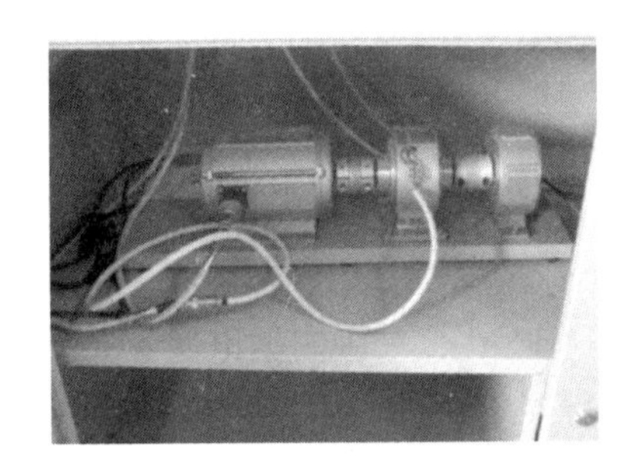

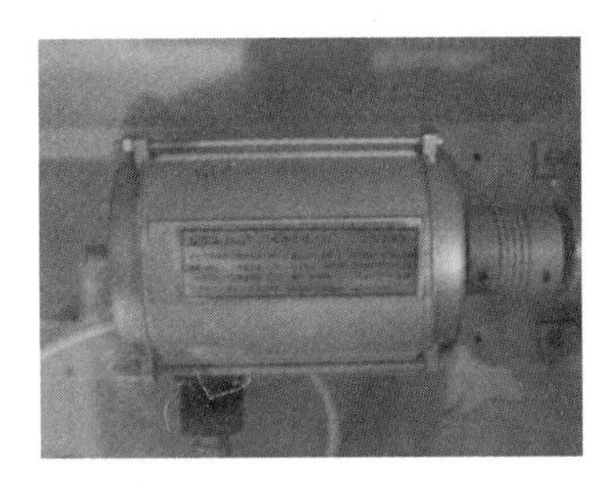

图 7-6-1　电动机和磁粉制动器实物图

2．控制要求

--------------------PLC 控制电动机点动、连动的控制要求--------------------

① 电动机的点动控制：

按下点动启动按钮，电动机启动运行；松开点动启动按钮，电动机停止运行。

② 电动机的连动（常动）控制：

按下连动启动按钮，电动机启动运行；松开连动启动按钮，电动机仍然继续运行；只有当按下停止按钮时，电动机才停止运行。

注意：

系统中有失压、欠压保护，过载保护。

PLC 的带载能力有限，不可以直接驱动电动机，而是通过中间继电器 KA 控制接触器线圈再控制电动机。

--------------------PLC 控制电动机正/反转的控制要求--------------------

电动机能正/反转、停车；正/反转可任意切换；有自锁、互锁环节，有热保护功能。

按下正转启动按钮，电动机应正转，同时要保证反转的继电器不能得电，否则容易烧坏电动机。

按下反转按钮，电动机就会反转，同样，不能够正转。

按下停止按钮，无论电动机是正转还是反转，电动机都要能够停止运行。

--------------------PLC 控制电动机星-△转换的控制要求--------------------

启动时用星型，因为启动的时候要求电动机的启动电流要小，要平稳，而△接线方式要求每项的电压都要达到 380V，电流大，能满足大负载的需要。

3．信号定义

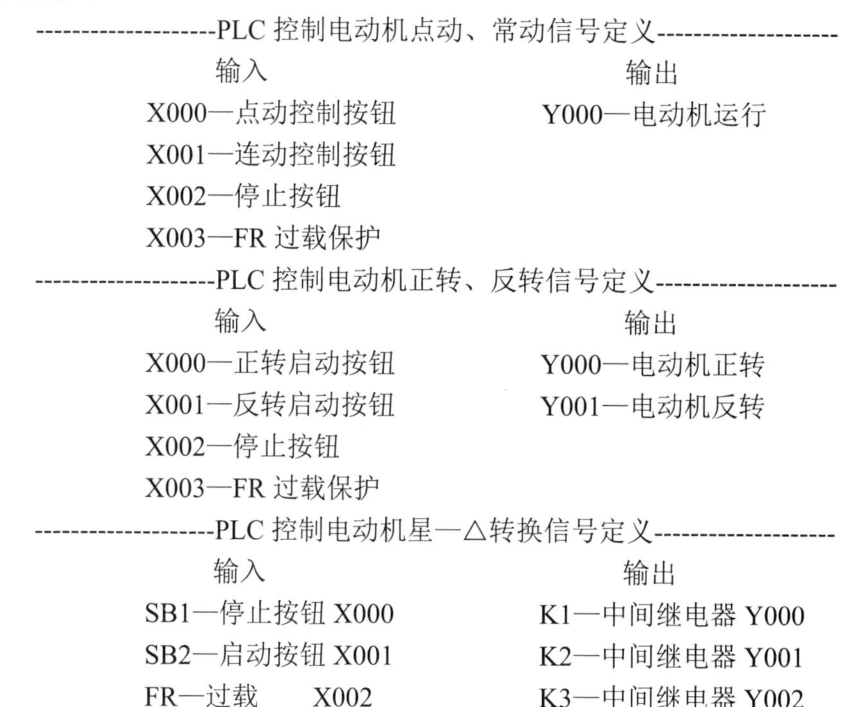

--------------------PLC 控制电动机点动、常动信号定义--------------------

输入	输出
X000—点动控制按钮	Y000—电动机运行
X001—连动控制按钮	
X002—停止按钮	
X003—FR 过载保护	

--------------------PLC 控制电动机正转、反转信号定义--------------------

输入	输出
X000—正转启动按钮	Y000—电动机正转
X001—反转启动按钮	Y001—电动机反转
X002—停止按钮	
X003—FR 过载保护	

--------------------PLC 控制电动机星—△转换信号定义--------------------

输入	输出
SB1—停止按钮 X000	K1—中间继电器 Y000
SB2—启动按钮 X001	K2—中间继电器 Y001
FR—过载　　X002	K3—中间继电器 Y002

4．PLC 程序设计

PLC 控制电动机点动、连动的梯形图程序如图 7-6-2 所示。

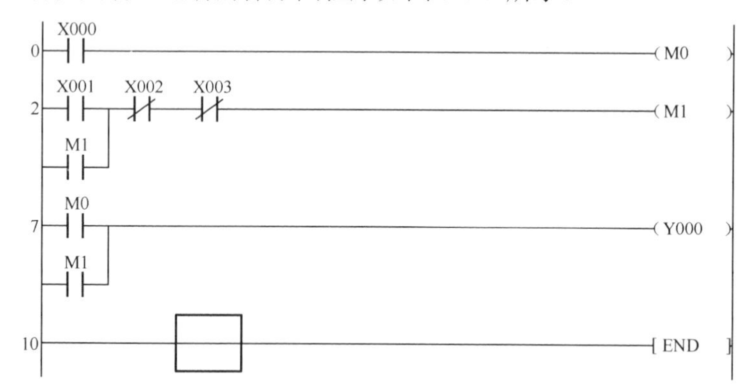

图 7-6-2　PLC 控制电动机点动、连动梯形图程序

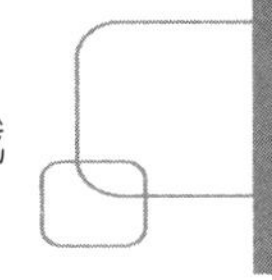

PLC 控制电动机正转、反转的梯形图程序如图 7-6-3 所示。

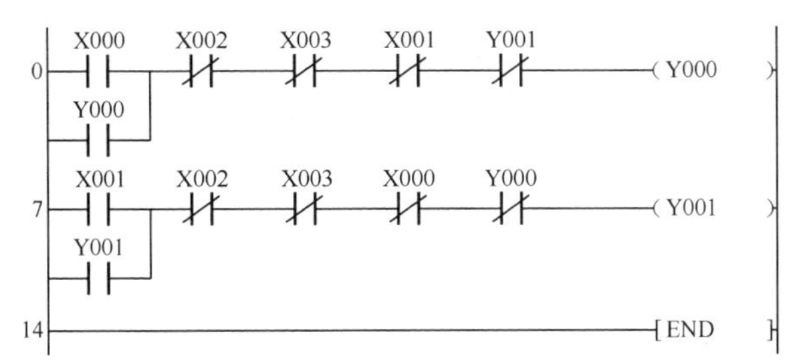

图 7-6-3　PLC 控制电动机正转、反转的梯形图程序

PLC 控制电动机星-△转换的梯形图程序如图 7-6-4 所示。

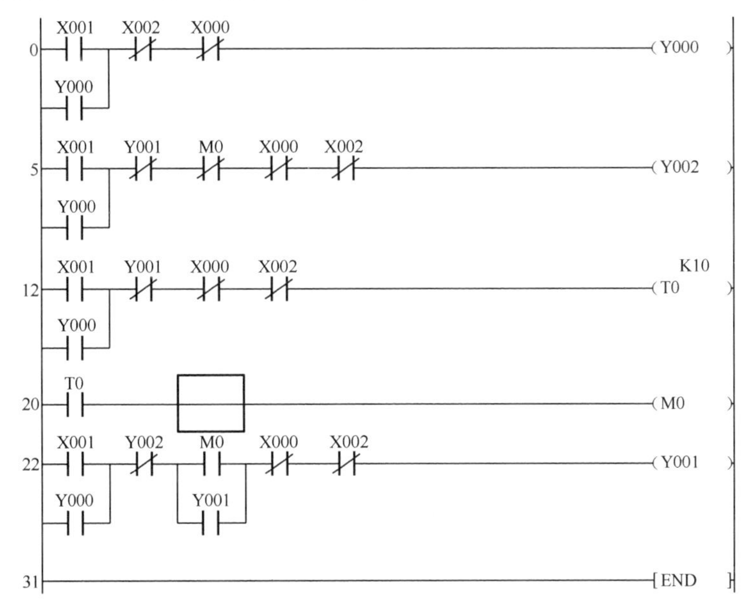

图 7-6-4　PLC 控制电动机星-△转换的程序梯形图

5．PLC 电路接线图

点动、连动 PLC 电气接线图如图 7-6-5 所示。

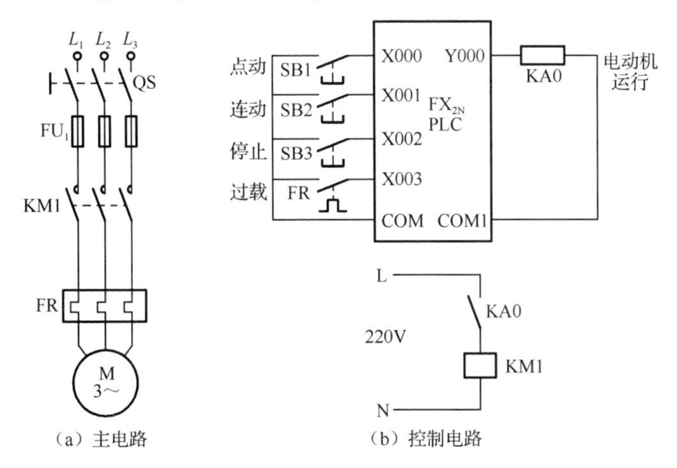

图 7-6-5　电动机点动、连动电气接线图

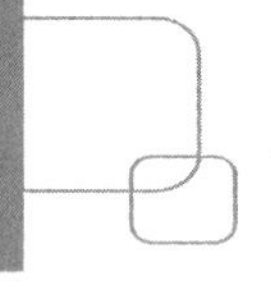

正转、反转 PLC 电气接线图如图 7-6-6 所示。

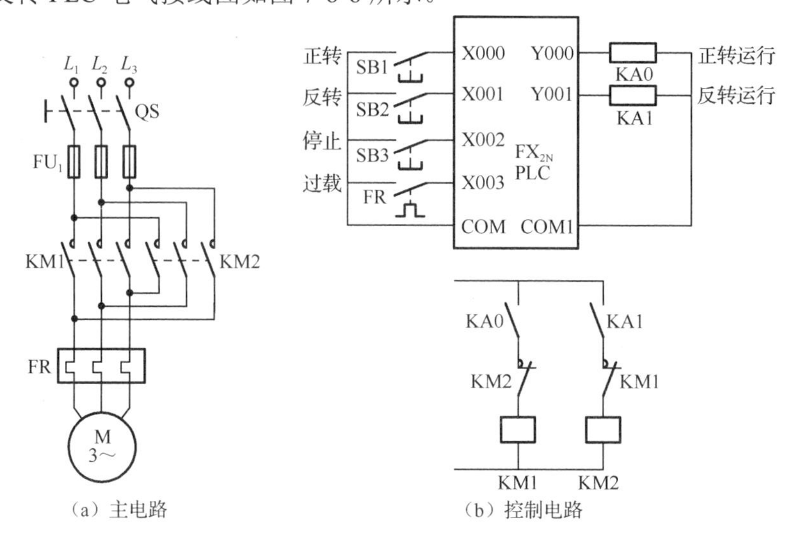

（a）主电路　　（b）控制电路

图 7-6-6　电动机正转、反转电气接线图

星—△转换 PLC 电气接线图如图 7-6-7 所示。

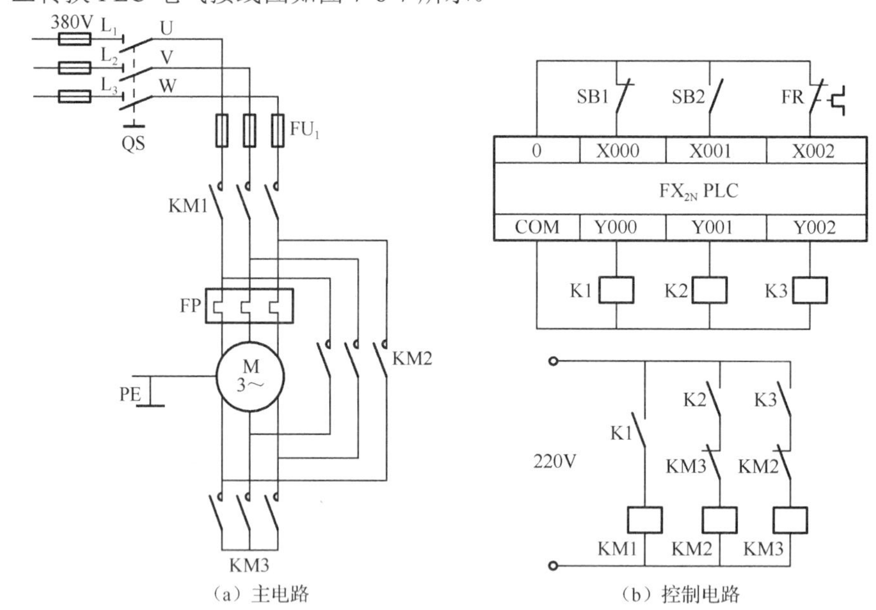

（a）主电路　　（b）控制电路

图 7-6-7　PLC 控制电动机星-△转换的接线图

接线时注意要把 PLC 的 COM1（端子牌上的标号）公共端接 24V 即可，热继电器常闭触点用一个开关代替。

四、实验步骤

1．按图 7-6-5、图 7-6-6、图 7-6-7 来进行对应任务的接线，经过检查后合上空气开关。

2．按不同的任务，输入对应的图 7-6-2、图 7-6-3、图 7-6-4 的 PLC 程序，在编译没有错误后通过下载电缆下载到 PLC 中。

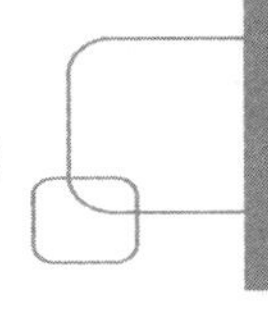

3．首先按下过载按钮，从硬件上要保持电气相通。

4．根据不同的信号定义，按下对应的按钮，完成对应的控制任务。

举例来说，按下点动按钮 X000，电动机应该转动，松开点动按钮后电动机就停止转动。再按下连动按钮 X001，电动机转动，当松开连动按钮后，电动机还会继续转动，直到按下停止按钮 X002 后，电动机才会停止运行。PLC 控制电动机的正反转操作类似。

对 PLC 控制电动机星—△转换操作的特殊说明：

（1）按着图 7-6-7 所示的电路进行布线，经过检查后合上空气隔离开关。

（2）按下启动按钮 SB2，接触器 KM1 和 KM2 同时闭合，电动机实现星型降压启动，同时定时器开始定时，当延时到 10s 后，接触器 KM3 闭合，而 KM2 断开，那么此时电动机以△运行。

（3）按下停止按钮后，电动机停止运行，各种继电器恢复原来的状态。

（4）反复实验多次，发现问题，及时解决，同时注意人身和设备的安全。

五、实验报告要求

1．按各实验功能，写出 I/O 分配表、程序梯形图、清单。

2．仔细观察实验现象，认真记录实验中发现的问题、错误、故障及解决方法。

注意事项：

凡是用 PLC 来控制继电器的实验中用到的中间继电器都是线圈电压为直流 24V 的。如果用继电器直接控制的话，那么用到的中间继电器都是线圈电压为交流 220V 的。不能混用，否则就会烧坏继电器。

如果要做星-△降压启动，不管是用继电器控制，还是用 PLC 来控制，那么应该选择电动机的型号为 SY6314（220/380V，120W）。最好不要用 SY5024 电动机，因为它的线圈电压设计的电压只能承受 220V，而△型运行的话，每项线圈承受的电压为 380V，所以发热量比较大，容易烧毁。

当用磁粉制动器来给电动机加载时，最好在启动电动机之前把磁粉制动器输出制动力矩设置为 0.2nm，不然的活，因为继电器控制电动机没有调速功能，直接把 50Hz 的工频加到电动机上，会对电源有一定的冲击，从而造成磁粉驱动电路上的单片机死机，这也就是黑屏的原因。

项目 7　变频器控制电动机实验

变频器也可以像 PLC 一样控制电动机，变频器控制电动机有多种模式。

一、实验目的

1．熟悉变频器各端子的功能并能正确使用，能对三菱 FR-E740 系列变频器进行接线。

2．能独立安装、调试变频器的外部操作。

3．能够用变频器以多种方式控制电动机运转。

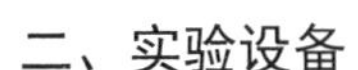

二、实验设备

1. 三菱 FX_{2N} PLC 装置一台。
2. 装有编程软件和开发软件的计算机一台。
3. 三相笼型异步电动机 1 台和磁粉制动器 1 台。
4. 三菱 FR-E740 系列变频器一台。

三、实验内容

--------------------变频器外部运行模式控制电动机的控制要求--------------------

外部运行操作，就是用变频器的控制端子上的外部接线来控制电动机的启动和停止及运行频率的一种方法。例如，为了模拟某升降机的运动曲线，可以用外部接线的方式来控制电动机的升降运行。该种方式控制电动机的接线图如图 7-7-1 所示，变频器升降运行曲线如图 7-7-2 所示，主电路的接线图如图 7-7-3 所示。

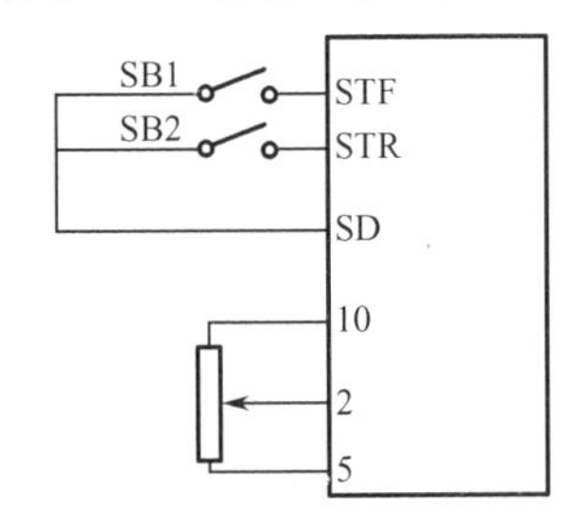

图 7-7-1 外部控制电动机启动的接线图

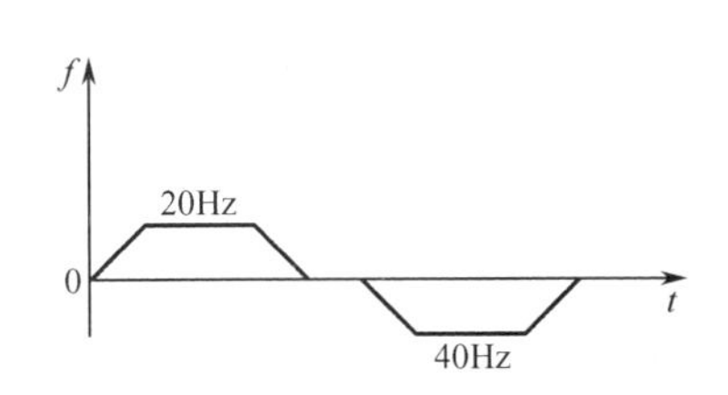

图 7-7-2 变频器升降运行曲线

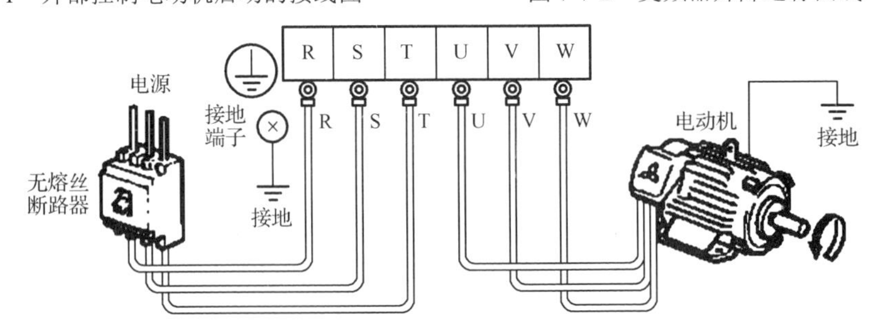

图 7-7-3 主电路接线

注意：不能用 R、S、T 来接电动机，否则很容易烧毁变频器，当使用单相电源时，必须要接 R、S 两个端子，以下同，不再赘述。

--------------------变频器 3 段速运行模式控制电动机的控制要求--------------------

组合运行操作是应用参数单元和外部接线共同控制变频器运行的一种方法。

有两种表现形式。一是用参数单元控制电动机的启停，外部接线控制电动机的运行频率；另一种方法是用参数单元控制电动机的运行频率，外部接线控制电动机的启停。

本实验方法是用上面第二种方法模拟工厂车间内在各个工段之间来回运送钢材等重物时常使用的平板车，它的运动过程就是用变频器来控制电动机的正反转实现的。图 7-7-4 是它的运行曲线图，从图中可以看出，AC 段为装载时的正转运行阶段，CE 段为卸下重物后空载

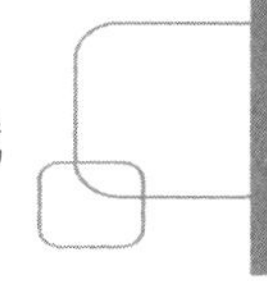

返回时的反转运行阶段。在前进到 B 点后，由于快要到卸货地点，所以要减速到 10Hz 运行，以减小停止的惯性。而在后退到 D 点时，由于快要到装货的地方，所以同样也要减速到 10Hz。外部控制电动机启动的接线图如图 7-7-5 所示，主电路接线图如图 7-7-6 所示。

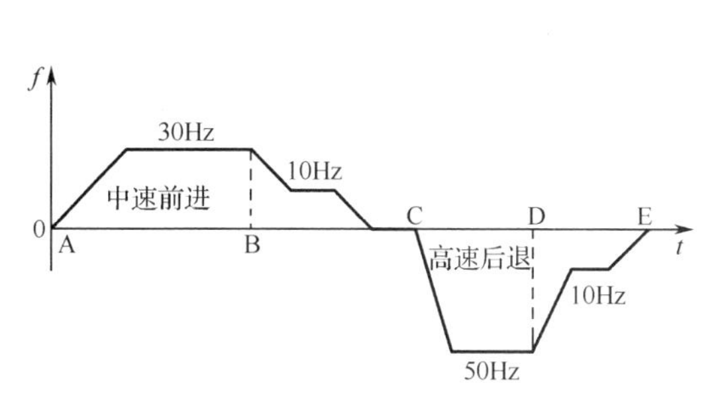

图 7-7-4　变频器升降运动曲线

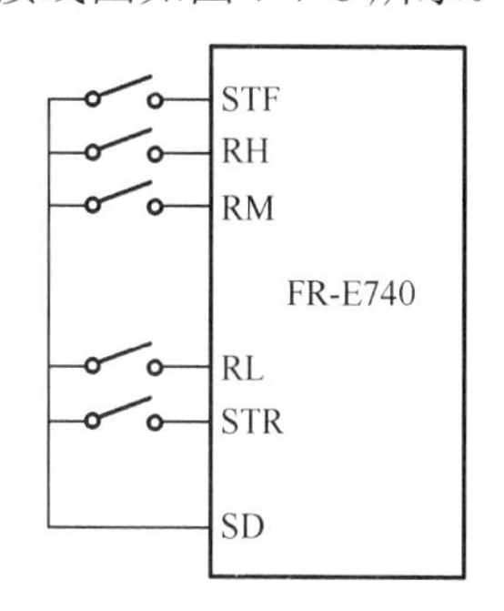

图 7-7-5　外部控制电动机启动的接线图

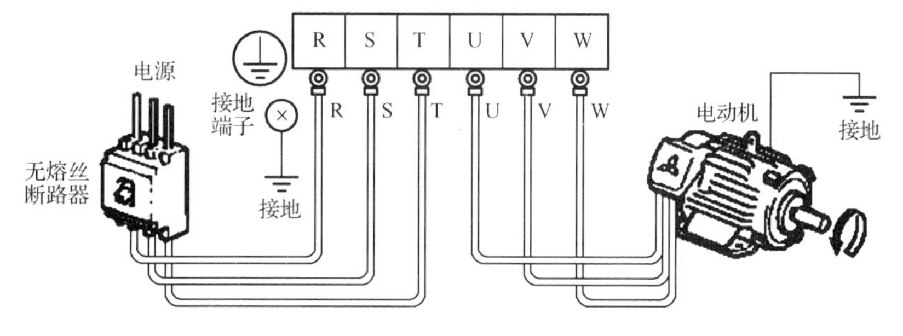

图 7-7-6　外部控制电动机启动的主电路接线图

--------------------变频器控制电动机的点动控制要求--------------------

点动运行的目的主要是用于运输机械的位置调整和试运行。变频器控制点动运行的方式主要有外部运行模式和 PU 运行模式。点动运行的主要参数：点动频率、点动运行的加减速时间，如表 7-7-1 所示的参数能够设定点动运行用的频率和加减速时间。

表 7-7-1　参数设定

参数号	参数名称	初始值	设定范围	说　明
Pr .15	点动频率	5Hz	0～400Hz	点动运行时的频率
Pr .16	点动加减速时间	0.5s	0～3600/360s①	点动加减速时间 加减速时间是指加、减速到 Pr.20 加减速基准频率中设定的频率（初始值为 50Hz）的时间，点动加减速时间不能分别设定

注：① Pr.16 参数的设定范围为 0～3600/360s，最小设定单位为 0.1/0.01s，初始设定值为 0.5s。具体的设定需要根据 Pr.21“加减速时间单位的设定值”来定，当 Pr.21 设定为“0”（初始值）时，Pr.16 的设定范围为“0～3600s”，设定单位为 0.1s；当 Pr.21 设定为“1”时，Pr.16 的设定范围为“0～360s”，设定单位为 0.01s。

四、实验步骤

--------------------变频器外部运行模式控制电动机的实验步骤--------------------

1. 按图 7-7-1 接线，经检查确认无误后，合上空气开关，通电。

2．按主电路原理图 7-7-3 接线，经检查确认无误后，进行通电。

3．在 PU 运行模式下如表 7-7-2 所示设置变频器的运行参数。

表 7-7-2　变频器的运行参数

参数名称	参数号	设置值	备注
上升时间	Pr.7	5s	—
下降时间	Pr.8	4s	—
加减速基准频率	Pr.20	45Hz	—
基底频率	Pr.3	45Hz	—
上限频率	Pr.1	45Hz	—
下限频率	Pr.2	0Hz	—
运行模式	Pr.79	2	—
基准频率电压	Pr.19	380V	默认值
电子过电流保护	Pr.9	0.5A	默认值

4．设 Pr.79 =2，EXT 灯亮（变频器外部运行模式）。

5．按下按钮 SB1，电动机正向启动，转动电位器，电动机正向逐渐加速到 20Hz。

6．断开按钮 SB1，电动机停止。

7．按下按钮 SB2，电动机反向启动，转动电位器，电动机反向逐渐加速到 40Hz，再转动电位器，电动机最高反向加速到设定的最高上限频率。

8．断开按钮 SB2，电动机停止。

注意：电动机的设定值应该根据你所使用的电动机的铭牌上所标示的值来进行设置，否则会影响电动机的性能。

--------------------变频器 3 段速运行模式控制电动机的实验步骤--------------------

1．按图 7-7-5 接线，经过检查确认无误后，合上空气开关，通电。

2．按主电路原理图 7-7-6 接线，经过检查确认无误后，进行通电。

3．在 PU 参数单元模式下如表 7-7-3 所示设置变频器的运行参数。

表 7-7-3　变频器的运行参数

参数名称	参数号	设置值
组合操作模式 1	Pr.79	3
上限频率	Pr.1	50Hz
下限频率	Pr.2	0Hz
基底频率	Pr.3	50Hz
高速反转频率	Pr.4	50Hz
中速转动频率	Pr.5	30Hz
低速正转频率	Pr.6	10Hz
加速时间	Pr.7	3s

续表

参 数 名 称	参 数 号	设 置 值
减速时间	Pr.8	5s
电子过流保护	Pr.9	0.5A（默认值）
基底频率电压	Pr.19	380V（默认值）
加减速基底频率	Pr.20	50 Hz

4．设定 Pr.79 =3（组合操作模式 1），EXT 灯和 PU 灯同时亮。

5．设置 Pr.4=40Hz 为 RH 端子对应的运行频率，设 Pr.6=15Hz 为 RL 端子对应的运行频率。

6．接通 RH 和 SD，然后接通 SD 和 STF，电动机以 40Hz 的频率正转运行；当接通 SD 和 STR 时，电动机反转运行在 40Hz 的频率上。

7．接通 RL 和 SD，然后接通 SD 和 STR，电动机正转运行在 15Hz 的频率上；当接通 SD 和 STR 时，电动机反转运行在 15Hz 的频率上。

8．在频率设定画面下，设定频率为 30Hz，仅接通 SD 和 STF（STR），电动机运行在 30Hz 的频率上。

9．在两种速度下，每次断开 SD 和 STR 或 SD 和 STF，电动机都会停止运行。

10．改变高速反转频率参数 Pr.4 和低速正转频率参数 Pr.6 的值，反复进行调试。

--------------------变频器控制电动机的点动实验步骤--------------------

1．外部点动运行

点动信号 ON 时通过启动信号（STF、STR）启动、停止。图 7-7-7 是点动、正转、反转关系图，图 7-7-8 是外部点动运行的布线图。

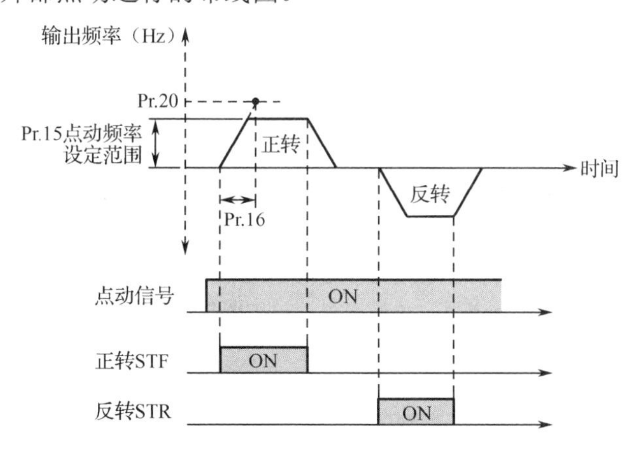

图 7-7-7　点动、正转、反转关系图

点动运行选择所使用的端子，可通过将输入端子功能选择参数（P178～P184）设定为“5”来分配功能。注意：把参数 Pr.182 设置成 5，就是把 RH 端子设置成 JOG 端子来实现点动的功能。外部模式进行点动操作的步骤如表 7-7-4 所示。需要设置的参数如表 7-7-5 所示。

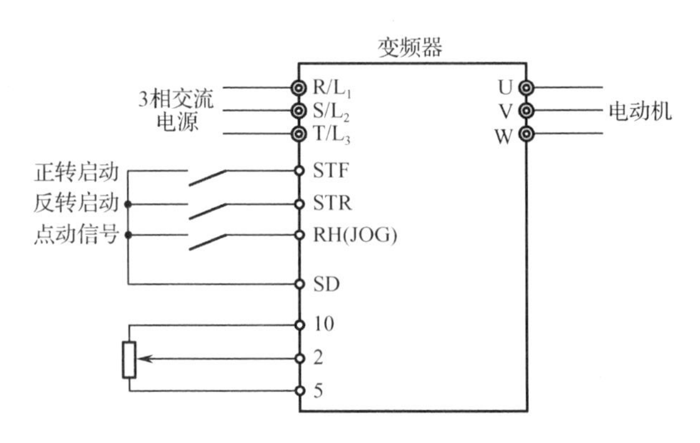

图 7-7-8 外部点动运行的布线图

表 7-7-4 点动（外部模式）操作步骤

序号	操作	显示
1	电源接通时显示“EXT”外部模式，若不是，要设定 Pr.79=2，为外部运行模式	0.00 Hz MON EXT
2	将点动开关置为 ON　ON JOG	
3	将启动开关置为 ON（启动开关 STF、STR 置为 ON 时，电动机以 5Hz 正转或反转）　ON 正转 反转	5.00 Hz MON EXT
4	将启动开关 STF、STR 设置 OFF　OFF 正转 反转	停止

表 7-7-5 外部端子设置点动需设置的参数

参数号	参数名称	设定值	说明
Pr .1	上限频率	50Hz	设定电动机运行的最大频率
Pr .3	基准频率	50Hz	设定基准频率
Pr .19	基准频率电压	380V	设定基准频率的电压
Pr .79	操作模式选择	2	在外部操作中要求设定为 2
Pr .15	点动频率	20Hz	设定点动频率为 20Hz
Pr .16	点动加减速时间	5s	设定点动加减速时间 5s
Pr.180	把端子 RL 的功能设置成 JOG	5	设定 RL 端子功能为点动
Pr.182	把端子 RH 的功能设置成 JOG	5	设定 RH 端子功能为点动
Pr .9	电子过电流保护	0.5A	防止过电流报警

2．PU 模式点动

通过操作面板及 FR-PU04-CH/FR-PU07 可设置为点动运行模式。从操作面板来运行 PU 运行模式。其接线图如图 7-7-9 所示，按键的基本操作如表 7-7-6 所示。设置好后，仅在按

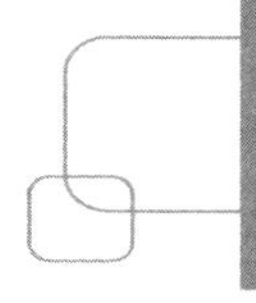

下操作面板上的“RUN”键时就可运行。

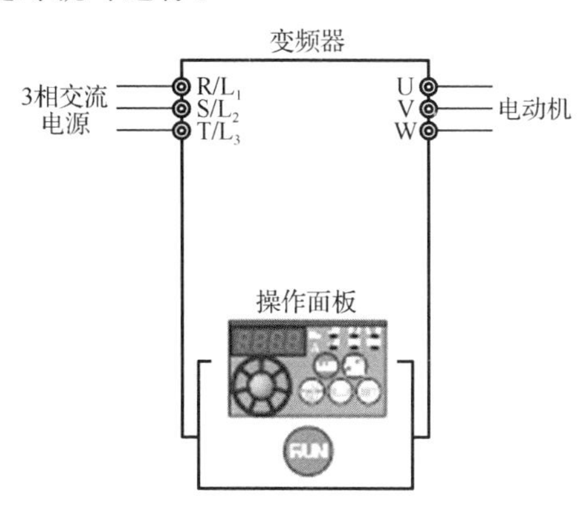

图 7-7-9　PU 模式点动运行接线图

表 7-7-6　PU 模式按键的基本操作

序　号	操　作	显　示
1	电源接通时确认进入监视和停止中状态	0.00 Hz MON EXT
2	按 “PU/EXT”键进入 PU 运行模式	JOG Hz MON PU
3	按“RUN”，电动机以 5Hz 频率旋转	5.00 Hz MON PU
4	松开“RUN”键，电动机停转	停止
5	按“MODE”等键，重新设定 Pr.15=10Hz	
6	重复 1～4 步骤，电动机以 10Hz 点动运转	10.00 Hz MON PU

五、实验报告要求

1．仔细观察实验现象，认真记录实验中发现的问题、错误、故障及解决方法。

2．总结归纳变频器控制电动机的方法和要点。

项目 8　PLC、变频器的通信实验

一、实验目的

1．熟练掌握变频器与可编程控制器（PLC）间的连接方法。

2．了解变频器与 PLC 相连接的触点与接口。

3．掌握 PLC 通过 485 通信的方法。

4．理解 485 通信的协议。

二、实验设备

1．三菱 FX_{2N} PLC 装置一台。

2．装有编程软件和开发软件的计算机一台。

3．三菱 FR-E740 变频器一台。

4．三相笼型异步电动机 1 台和磁粉制动器 1 台。

三、实验内容

1．PLC 与变频器之间的 RS-485 通信协议和数据格式

PLC 与变频器之间进行通信，其通信规格必须在变频器的初始化中设定，如果没有进行设定或设定有错误，那么数据将不能进行通信。且每次参数设定后，需要复位变频器，确保参数设定有效，设定好的参数按三菱变频器专用通信协议进行数据通信。

（1）通信时序

PLC 与三菱变频器通信时，通信时序如图 7-8-1 所示，共分 5 个步骤。

① 查询：PLC 向变频器发送数据信息。

② 通信等待时间：变频器从 PLC 接收信息后，到发送返回数据的等待时间。

③ 应答：从变频器返回数据到 PLC，与数据格式有关。

④ 处理时间：PLC 收到变频器的应答后的处理时间。

⑤ 再次应答：PLC 收到变频器的数据后，再次应答变频器，主要是确定收到的应答是否正确，如不正确则要求再次传送。

如图 7-8-1 所示，写入数据时，数据流向为变频器→PLC，通信时序为①→④，共 4 步。读取数据时，如对变频器接线监控并读取参数，数据流向为 PLC→变频器，通信时序为①→⑤，共 5 步。

（2）控制代码

在 PLC 与变频器的通信中，查询、应答还是传送数据，都需要视情况根据表 7-8-1 写入由 ASCII 码表示的控制代码。

表 7-8-1　控制代码

代　码	ASCII 码	定　义
STX	02H	数据开始
ETX	03H	数据结束
ENQ	05H	通信请求
ACK	06H	无错
LF	0AH	换行
CR	0DH	回车
NAK	15H	有错

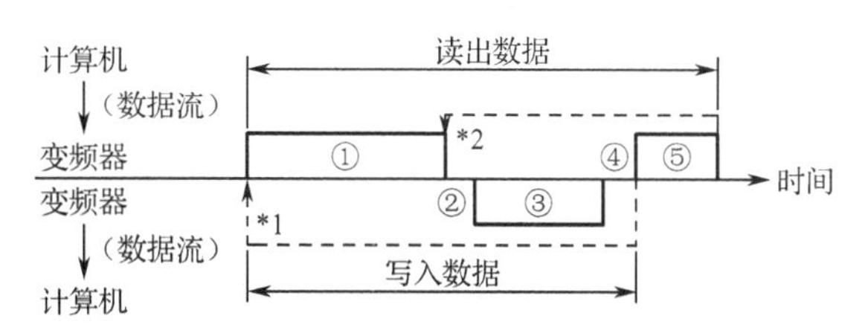

*1：发生数据错误而需要再试时，请通过客户端程序来执行再试动作。连续再试次数超过参数的设定值时，变频器会报警并停止。

*2：接收到发送数据错误的信息后，变频器会重新向计算机发送恢复数据。数据错误连续发生的次数超过参数的设定值时，变频器会报警并停止。

图 7-8-1　通信时序图

（3）数据格式

数据格式分以下几种情况。

① 从 PLC 到变频器的通信请求数据。

使用 16 进制数，在 PLC 和变频器之间进行数据通信时都用 ASIIC 码的形式来进行。变频器在查询时，有 A、A′、A″、B 四种格式，如图 7-8-2、图 7-8-3 所示。

图 7-8-2～图 7-8-6 中，注释符*1～*4 的注解如下：

*1：代表控制码（见表 7-8-1）；

*2：变频器站号以 16 进制在 H00～HFF（0～31 站）范围内指定；

*3：设定 Pr.123≠9999 时，制作通信请求数据时请将数据格式设为无“等待时间”（字符数减少 1 位），Pr.123 参数为“等待时间设定”；

*4：指 CR、LF 代码：从计算机发送数据到变频器时，有的计算机可以自动设定数据群末尾的 CR（回车）代码、LF（换行）代码。此时，变频器也有必要对计算机进行设定。另外，通过 Pr.124（有无 CR/LF 选择）可以选择 CR、LF 代码的有无。

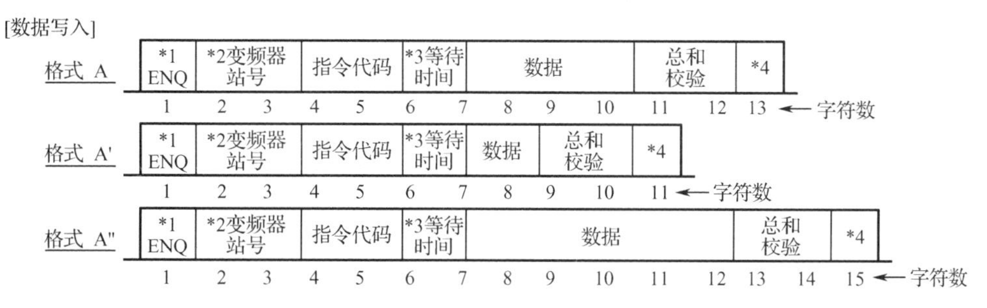

图 7-8-2　数据写入时的数据格式（PLC 到变频器）

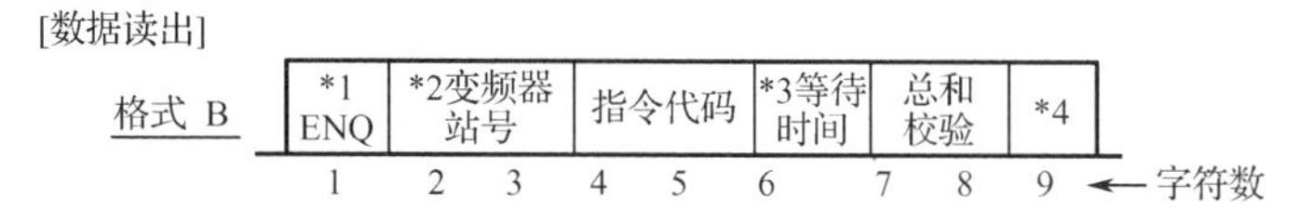

图 7-8-3　数据读取时的数据格式（PLC 到变频器）

② 写入数据时从变频器到 PLC 的通信（见图 7-8-4）。

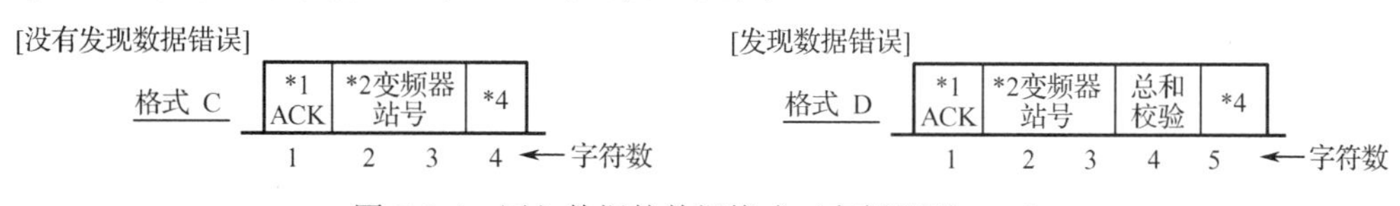

图 7-8-4　写入数据的数据格式（变频器到 PLC）

③ 读出数据时从变频器到 PLC 的应答数据（见图 7-8-5）。

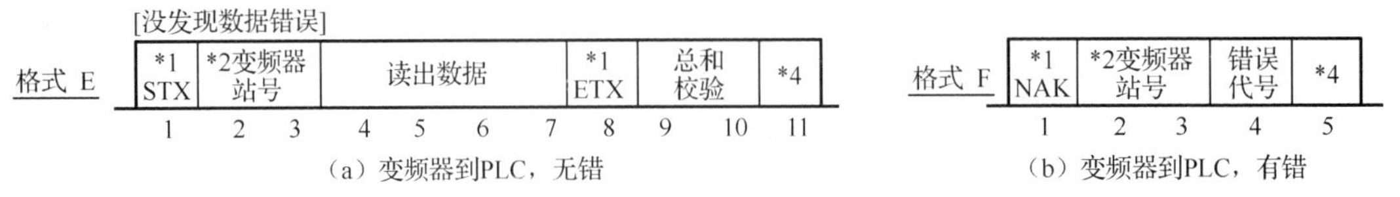

图 7-8-5 读出数据时的数据格式（变频器到 PLC）

④ 读出数据时从 PLC 到变频器发送数据（见图 7-8-6）。

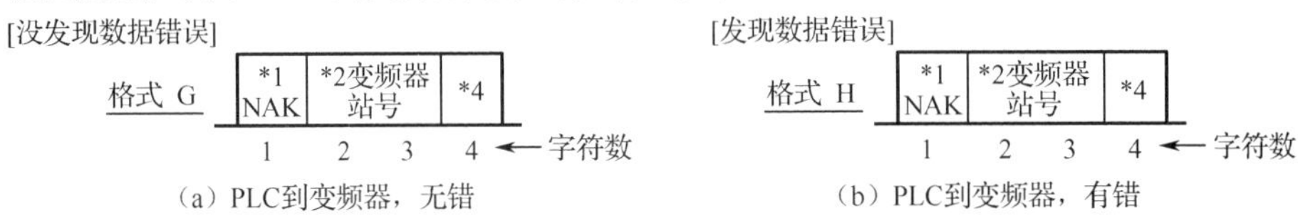

图 7-8-6 读出数据时的数据格式（PLC 到变频器）

（4）数据格式结构

以查询数据格式 A 为例（见图 7-8-2），一个通信数据格式的结构包含如下几个部分。

① 起始码：如通信请求 ENQ，它的 ASCII 码为 05H。

② 变频器站号：规定 PLC 通信的站号在 00～31（00H～1FH）之间进行选择。

③ 指令代码（即功能码）：占 2 个 HEX 长度，由 PLC 给变频器发指令，表明程序的工作状态，因此通过响应指令代码，变频器可以工作在运行和监视等状态下。附录 D 给出了三菱变频器 FR-E740 运行控制、监控、频率读出/写入的操作功能码。

④ 等待时间：变频器从接收 PLC 来的数据到传输应答数据之间的等待时间，占 1 个 HEX 长度，当 Pr.123=9999 时，此项必须设置，当 Pr.123=0～150 时，此项可忽略。

⑤ 数据：表示 PLC 与变频器交流的通信数据内容，占 2～4 个 HEX 长度。

⑥ 总和校验：专用通信协议规定，指被校验数据（从站号到数据内容）的 ASCII 码数据的总和（二进制），表示为 2 个 ASCII 码（十六进制），占 2 个 HEX 长度。

四、参数设置

1．三菱变频器专用通信协议，控制电动机运行（正反转、停止等）的指令代码为 HFA，当填入不同的数据内容时，表示不同的运行控制。具体内容如表 7-8-2 所示。

表 7-8-2 控制电动机运行指令代码及内容

操作指令	指令代码	数据内容
电动机正转	HFA	H02
电动机反转		H04
电动机停止		H00

2．对变频器按表 7-8-3 进行参数设置。

表 7-8-3 参数设置

参数号	名称	设定值	说明
Pr.117	站号	0	设定变频器站号为 0

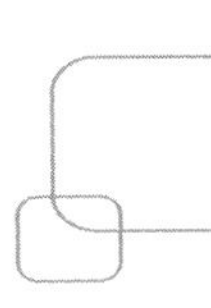

续表

参数号	名　称	设定值	说　明
Pr.118	通信频率	192	设定波特率为 19200bps
Pr.119	停止位长/ 数据位长	1	数据位为 8 位
Pr.120	奇偶校验有/无	2	设定为偶校验
Pr.121	通信在试次数	9999	即使变频器发生错误也不停止
Pr.122	通信校验时间间隔	9999	通信校验终止
Pr.123	等待时间设定	20	用通信数据来设定
Pr.124	CR、LF 有/无选择	0	选择无 CR、LF
Pr.1	上限频率	50	设定电动机运行的最大频率
Pr.3	基准频率	50	设定基准频率
Pr.19	基准频率电压	380	设定基准频率的电压
Pr.77	参数写入禁止选择	2	在运行中也可以输入参数
Pr.79	操作模式选择	1	在通信中要求设定为 1
Pr.9	电子过电流保护	0.5	电子过电流保护
Pr.340	以网络模式启动	10	用操作面板和网络模式切换
Pr.551	PU 模式指令权选择	2	PU 模式指令权选择

五、程序设计

PLC 程序首先应进行 FX_{2N}-485-BD 通信适配器的初始化、控制命令字的组合、代码转换和变频器应答数据的处理工作。本实验通信程序如图 7-8-7 所示。

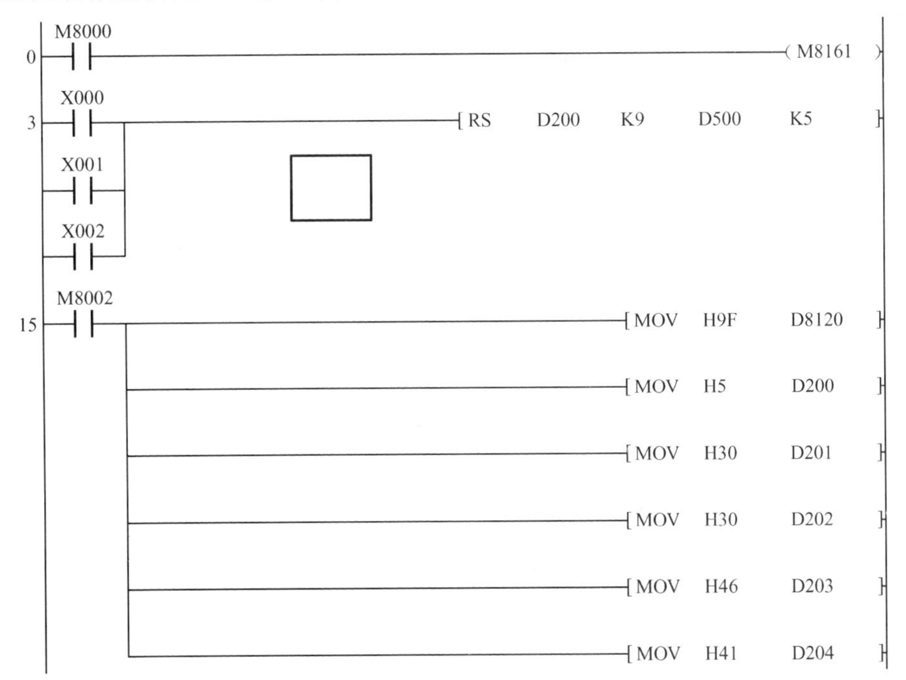

图 7-8-7　PLC 与变频器通信程序

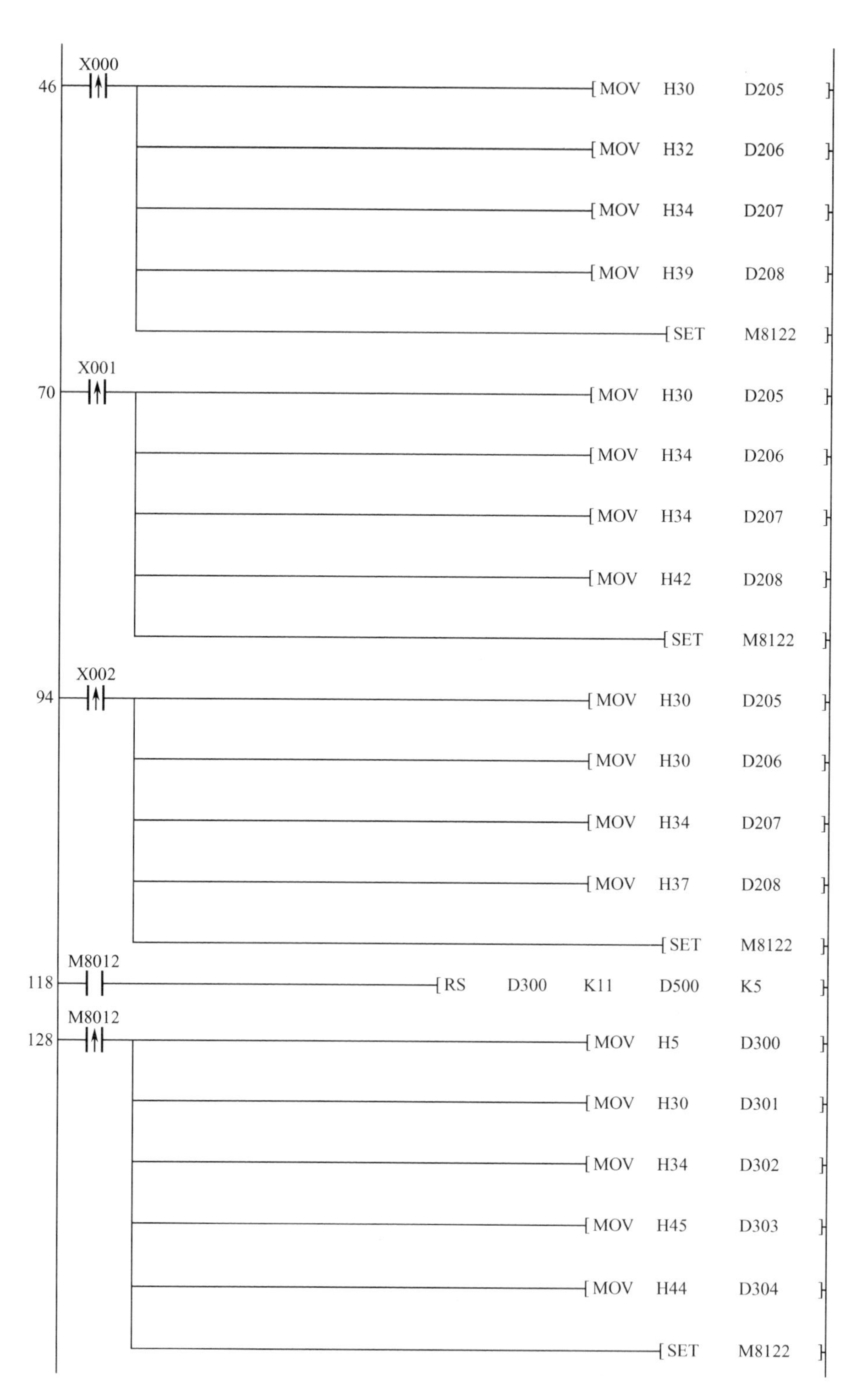

图 7-8-7 PLC 与变频器通信程序（续）

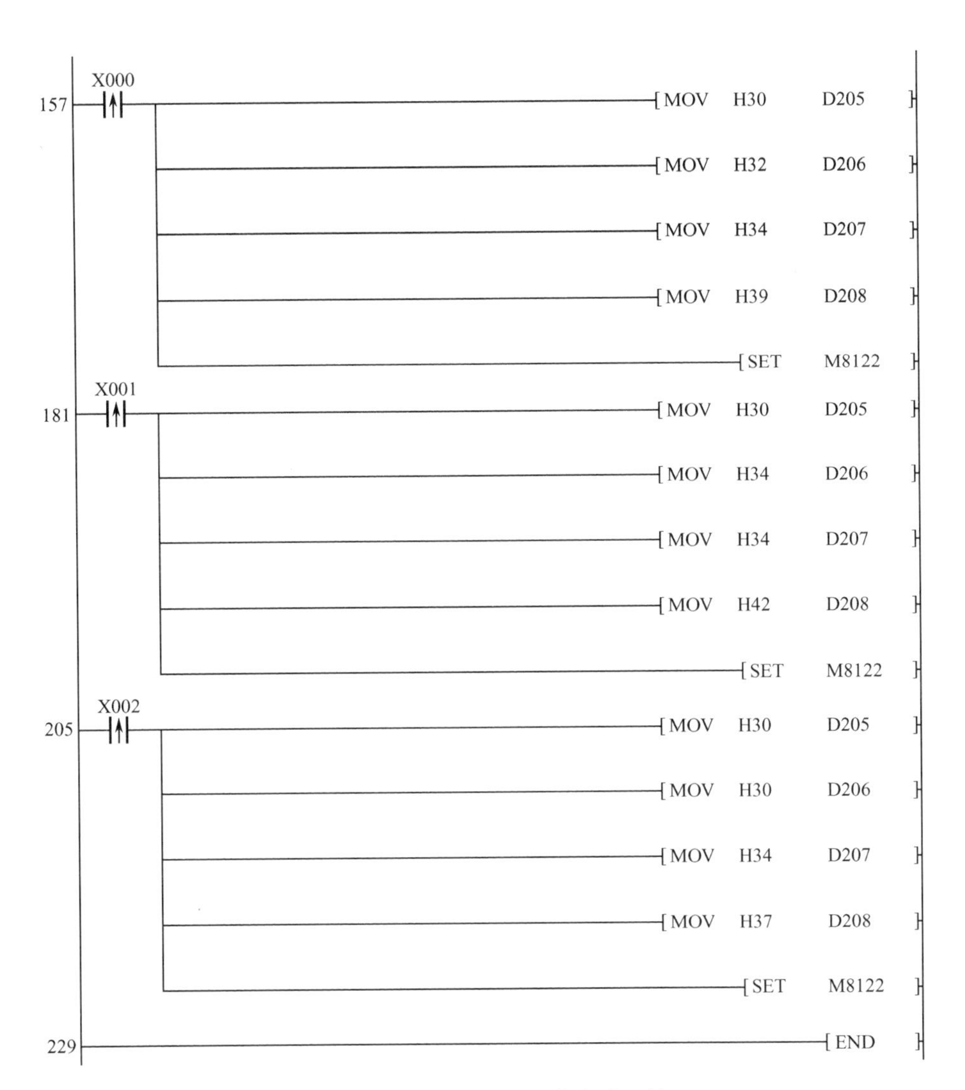

图 7-8-7　PLC 与变频器通信程序（续）

说明：

第一条指令是当 M8000=ON 时，置 M8161=ON。

M8161 表示有 2 种模式，当 M8161=ON 时，表示处理 8 位数据，当 M8161=OFF 时，表示处理 16 位数据，三菱大多数变频器都采用 8 位数据，所以要置 M8161=ON。

第二条指令是串行通信指令，当 X000 或 X001 或 X002=ON 时，存放在 D200～D208 中的 9 个数据等待发送，按通信数据格式最多接收 5 个数据，存放在 D500～D504 中。

六、接线

1．FX_{2N}-RS485 通信板

三菱 FX_{2N}-RS485 通信板实物如图 7-8-8 所示。FX_{2N}-485-BD 模块的接口从它的正面看，从左到右的顺序为：1-RDA，2-RDB，3-SDA，4-SDB，5-SG。

2．PLC 和变频器进行 485 通信的连接

三菱 FR-E740 变频器的 485 接口定义如图 7-8-9 所示。

3．PLC、变频器电路接线图

PLC 与变频器进行 485 通信的连接关系如图 7-8-10 所示。

PLC 与变频器的电路接线示意图如图 7-8-11 所示。

图 7-8-8　FX_{2N}-RS485 通信板

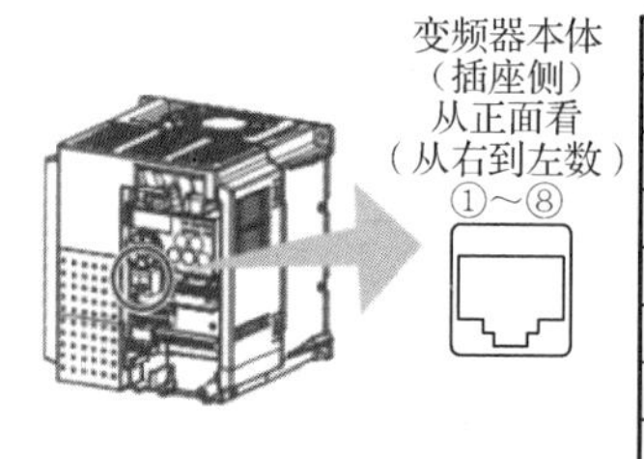

插针编号	名称	内容
①	SG	接地，与端子5导通
②	—	参数单元电源
③	RDA	变频器接收+
④	SDB	变频器发送−
⑤	SDA	变频器发送+
⑥	RDB	变频器接收−
⑦	SG	接地，与端子5导通
⑧	—	参数单元电源

图 7-8-9　三菱 FR-E740 变频器的 485 接口定义

计算机侧端子		连接电缆和信号方向	变频器 PU接口
信号名	说明		
RDA	接收数据	← 10 BASE-T电缆	SDA
RDB	接收数据	←	SDB
SDA	发送数据	→	RDA
SDB	发送数据	→	RDB
RSA	请求发送		
RSB	请求发送		
CSA	可发送		
CSB	可发送		
SG	信号地	← $0.3mm^2$以上	SG
FG	外壳地		

图 7-8-10　PLC 与变频器 485 连接

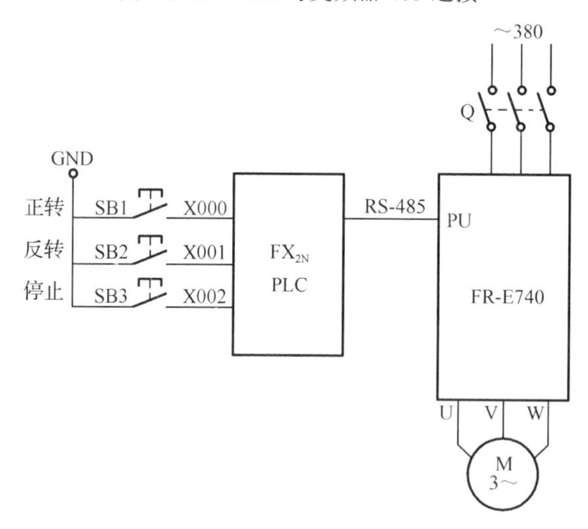

图 7-8-11　PLC 与变频器 FR-E740 接线

七、实验步骤

1．按照原理接线图进行接线，检查正确后，合上空气隔离开关。

2．在 PU 模式下，按表 7-8-3 设置参数。

3．编写 PLC 控制程序，编译下载到 PLC 的程序存储器中。

4．将变频器断电，把网线的插头插入 PU 接口中，然后将变频器上电，此时能看到显示的频率为 0Hz，而且只有监视指示灯是亮的，说明变频器正常。

5．把 PLC 打到 RUN 位置，此时按下按钮 SB1，电动机正转。

6．按下 SB2 按钮，电动机反转。

7．任何时候按下 SB3 按钮，电动机都会停止。

注意：要想把通信的网络模式恢复到 PU 模式，首先要在参数设置模式下把 Pr.340 设置成 0，把 Pr.551 设置成 9999，然后再把变频器断电，然后再上电，此时在面板上可以看到 PU 指示灯和监视指示灯亮，说明已经恢复到 PU 模式了。

八、实验报告要求

1．按各实验功能，写出 I/O 分配表、程序梯形图、清单。

2．仔细观察实验现象，认真记录实验中发现的问题、错误、故障及解决方法。

项目 9　PLC 控制变频器实现电动机正反转实验

一、实验目的

1．掌握利用 PLC、变频器控制电动机正反转的方法。

2．能够正确地进行 PLC 和变频器之间的接线。

3．能够根据功能要求来设置变频器的运行参数。

4．理解控制电动机正反转的原理。

二、实验设备

1．三菱 FX_{2N} PLC 装置一台。

2．装有编程软件和开发软件的计算机一台。

3．三菱 FR-E740 变频器一台。

4．三相笼型异步电动机 1 台和磁粉制动器 1 台。

三、实验内容

1．PLC 控制变频器实现电动机正反转原理接线图

利用普通电网电源运行的交流拖动系统，为了实现电动机的正反转切换，必须利用接触器来进行电源的切换，而利用变频器进行调速控制时，只需要改变变频器内部的逆变电路换流器的开关顺序，就可以达到对输出进行交换的目的，很容易实现电动机正反转的切换，大大节省了系统资源。利用 PLC 控制变频器实现电动机正反转的原理接线图如图 7-9-1 所示。

注意：图中的 GND 表示 PLC 上的接线端子的标号（COM 已经连接到 GND 了，COM0、COM1、COM2 也连接到接线端子的 COM1 上了，所以在接线上只要接线端子标号 COM1 接 GND 就可以了）。

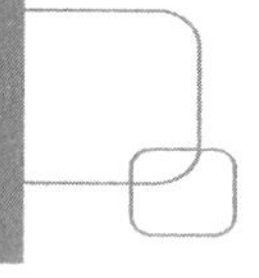

2．PLC、变频器的管脚定义

PLC 的管脚定义：

X000—SB1　电动机正转启动按钮

X001—SB2　电动机停止按钮

X002—SB3　电动机反转启动按钮

Y000—STF　电动机正转的输出继电器

Y001—STR　电动机反转的输出继电器

变频器的管脚定义：

2、5、10—外接电位器，进行频率调节

STF—电动机正转

STR—电动机反转

A、B、C—故障和外接端子

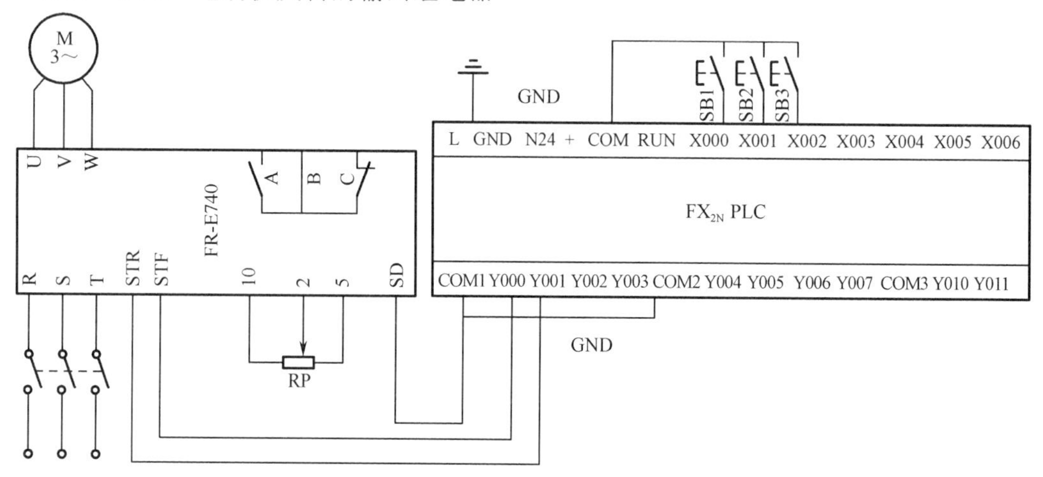

图 7-9-1　PLC 控制变频器实现电动机正反转原理接线图

3．原理分析

当按下 SB1，输入继电器 X000 得到信号并动作，输出继电器 Y000 动作，电动机正转，并稳定运行于所设定的转速上。当按下 SB2 按钮后，输入继电器 X001 得到信号并动作，输出继电器 Y000 复位，电动机停止。当按下 SB3 按钮后，输入继电器 X002 得到信号并动作，输出继电器 Y001 动作，电动机反转，并运行于所设定的速度上。

4．PLC 梯形图程序

PLC 控制变频器实现电动机正反转的梯形图程序如图 7-9-2 所示。

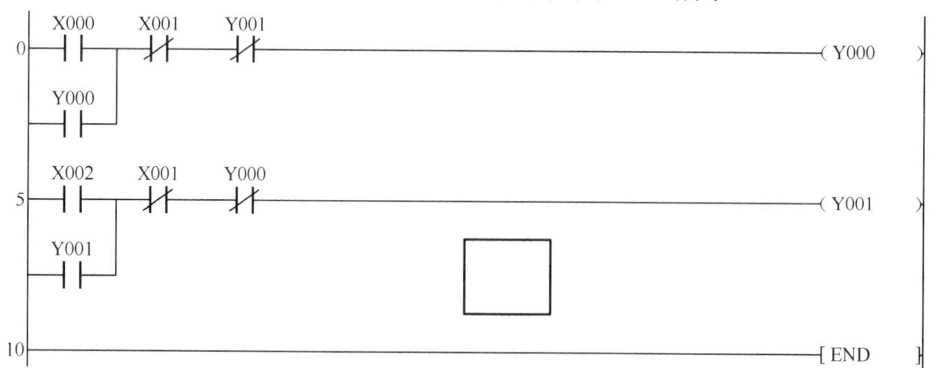

图 7-9-2　PLC 控制变频器电动机正反转梯形图程序

四、实验步骤

1．按图 7-9-1 原理接线图，进行接线并检查确认正确后，合上空气隔离开关。

2．按下启动开关，变频器上电。

3．按照运行要求设置变频器的各种参数（见表 7-9-1）。

表 7-9-1　参数设置

参数名称	参数号	设置值
上升时间	Pr.7	4s
下降时间	Pr.8	3s
加减速基准频率	Pr.20	50Hz
基底频率	Pr.3	50Hz
上限频率	Pr.1	50Hz
下限频率	Pr.2	0Hz
运行模式	Pr.79	2
电子过电流保护	Pr.9	0.5
基准频率电压	Pr.19	380V

4．连接上位机和 PLC 的通信电缆，编译程序，并下载到 PLC 的程序存储器中。

5．把开关 SB1 旋到“正转”的位置，电动机正转运行，SB2 旋到“停止”位置，电动机停止，SB3 旋到“反转”的位置，电动机反转运行。

6．反复修改变频器的运行参数，通电运行，比较电动机运行的结果。

7．实验完成，断电整理现场。

五、实验报告要求

1．按实验功能，写出 I/O 分配表、程序梯形图、清单。

2．仔细观察实验现象，认真记录实验中发现的问题、错误、故障及解决方法。

六、实验注意事项

1．不能把 R、S、T 和 U、V、W 接错，否则会烧毁变频器。

2．PLC 的输出端子只是相当于一个触点，不能接电源，否则会烧毁电源。

3．电动机接成星型接法。

4．操作完成后注意断电，并且清理现场。

5．运行中出现报警现象，要复位后重新操作。

项目 10　PLC、变频器控制电动机多段速度调速实验

一、实验目的

1．掌握 PLC、变频器实现组合控制的形式。

2．掌握实现多段速调速的方法。
3．能够根据控制的要求，来设置变频器相关的各种参数。
4．能够根据控制要求来编写控制程序。

二、实验设备

1．三菱 FX_{2N} PLC 装置一台。
2．装有编程软件和开发软件的计算机一台。
3．三菱 FR-E740 变频器一台。
4．三相笼型异步电动机 1 台和磁粉制动器 1 台。

三、实验内容

1．变频器多段速控制功能及参数设置

三菱 FR-E740 变频器实现多段转速控制主要通过外接开关器件改变其输入端的状态组合来实现，同时还要设置变频器的运行参数如 Pr.4～Pr.6、Pr.24～Pr.27 等。用设置功能参数的方法将多种速度先行设定，运行时由输入端子控制转换，其中 Pr.4、Pr.5、Pr.6 对应高速（RH）、中速（RM）、低速（RL）三个速度的频率。

其控制特点简述如下：

（1）变频器每个输出频率的档次由三个输入端的状态决定（见图 7-10-1）。

（2）切换转速所用的开关器件，每次只有一个触点。因此必须解决好转速选择开关的状态和变频器各控制端状态之间的变换问题，常用的方法就是用 PLC 来控制变频器的 RH、RM、RL 端子的组合来切换。

2．多段速运行操作

（1）设要控制的 7 段速度运行曲线如图 7-10-2 所示。

（2）7 段速运行参数设定。根据图 7-10-2 的运行曲线，首先设定 7 段速度运行参数如表 7-10-1 所示。

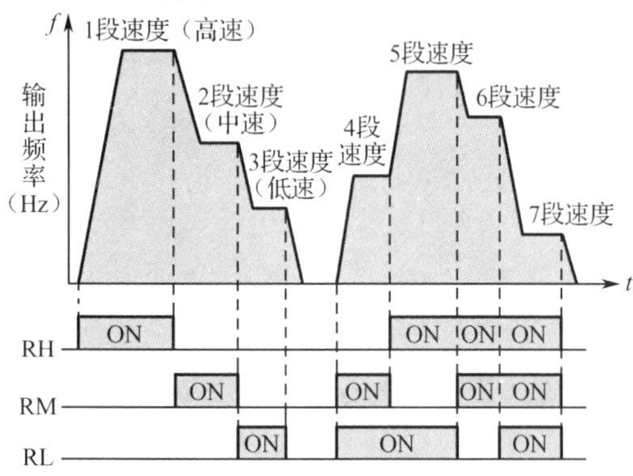

图 7-10-1　多段速控制示意图

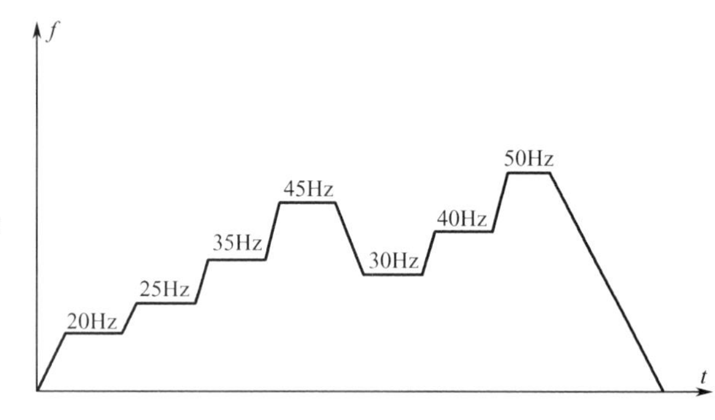

图 7-10-2　7 段速度运行曲线

表 7-10-1　7 段速度运行参数设定表

控制端子	RH	RM	RL	RM RL	RH RL	RH RM	RHRMRL
参数号	Pr.4	Pr.5	Pr.6	Pr.24	Pr.25	Pr.26	Pr.27
设定值	20Hz	45Hz	25Hz	40Hz	35Hz	30Hz	50Hz

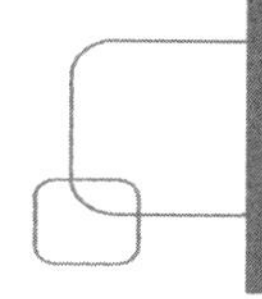

（3）基本参数的设定。再按表 7-10-2 设置变频器的其他基本参数。

表 7-10-2　变频器基本参数

参数名称	参数号	设定值
提升转矩	Pr.0	5%
上限频率	Pr.1	50Hz
下限频率	Pr.2	0Hz
基底频率	Pr.3	50Hz
加速时间	Pr.7	4s
减速时间	Pr.8	3s
电子过流保护	Pr.9	0.5A
基准频率电压	Pr.19	380V
加减速基准时间	Pr.20	50Hz
操作模式	Pr.79	3

（4）多段速的控制接线按图 7-10-3 所示连接。

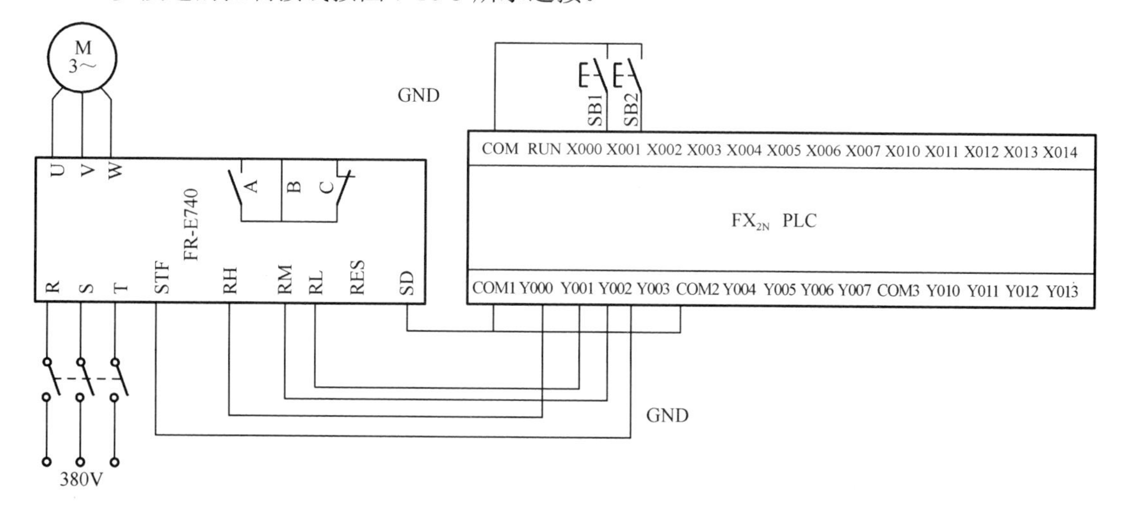

图 7-10-3　多段速调控接线图

注意：图中的 GND 表示 PLC 上的接线端子的标号（COM 已经连接到 GND 了，COM0、COM1、COM2 也接到接线端子的 COM1 上了，所以在接线上只要接线端子标号 COM1 接 GND 就可以了）

其中，PLC 的管脚定义如下：

SB1—X000　电动机启动；

SB2—X001　电动机停止；

Y000、Y001、Y002、Y003 进行速度选择控制。

7 段速度与 RH、RM、RL 各输入端状态的关系如表 7-10-3 所示。在表 7-10-3 中，各输入端子“0”代表“OFF”，“1”代表“ON”。多段速梯形图程序如图 7-10-4 所示。

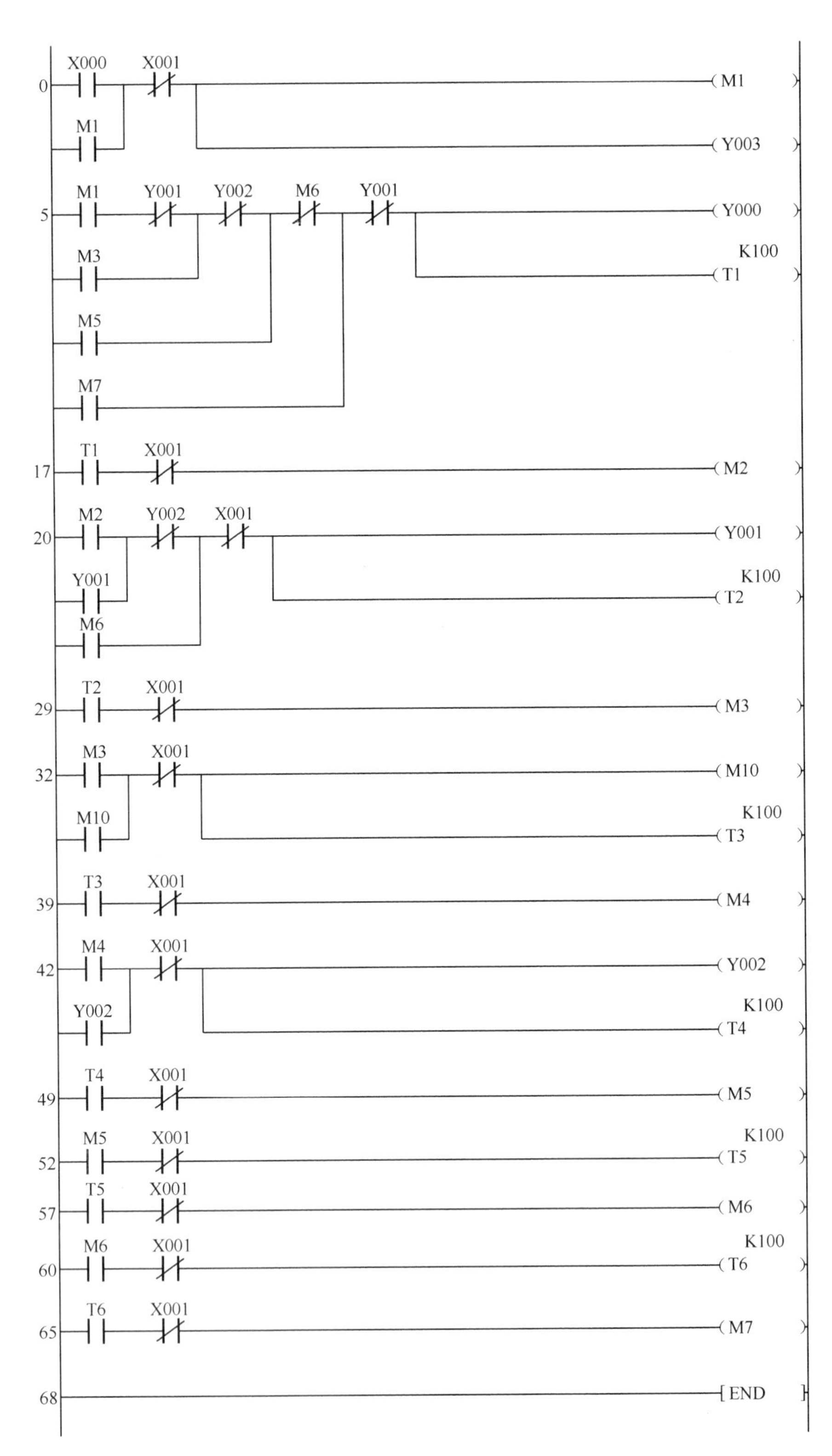

图 7-10-4 多段速梯形图程序

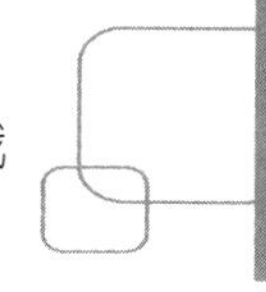

表7-10-3　7段速与输入端子关系

各输入端的状态			转速档次
RH	RM	RL	
0	0	1	1
0	1	0	2
0	1	1	3
1	0	0	4
1	0	1	5
1	1	0	6
1	1	1	7

四、实验步骤

1. 按照原理接线图进行接线，检查正确后，合上空气隔离开关。
2. 在PU模式下，设置参数表。
3. 编写PLC控制程序，编译下载到PLC的程序存储器中。
4. 按下SB1，变频器接通电源，电动机运行。
5. 按下SB2，变频器输出停止。
6. 改变变频器的运行参数，反复进行实验。

实验结束后，停电，清理现场物品。

五、实验报告要求

1. 按实验功能，写出I/O分配表、程序梯形图、清单。
2. 仔细观察实验现象，认真记录实验中发现的问题、错误、故障及解决方法。

项目11　电镀生产线实验

一、实验目的

1. 掌握电镀生产线实验的工作原理和工作过程。
2. 了解和熟悉PLC结构和外部接线方法。
3. 了解和熟悉编程软件的使用方法。
4. 了解写入和编辑用户程序的方法。

二、实验设备

1. 三菱FX_{2N} PLC装置一台。
2. 装有编程软件和开发软件的计算机一台。

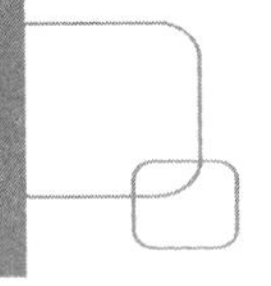

3．电镀生产线实验模块一块。

三、实验内容

1．实验原理

本实验主要模拟工业电镀生产线上电镀的整个工艺过程，如上料、电镀、回收、清洗和下料五个工序（见图 7-11-1），实验的控制工作过程模式如下。

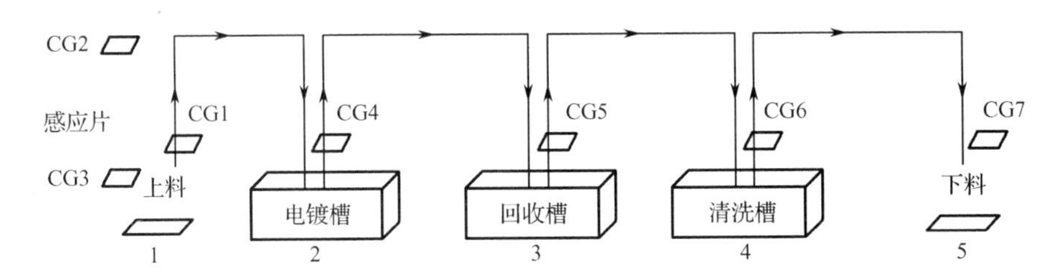

图 7-11-1　电镀生产线示意图

当按下启动按钮后，上料机械手指示灯亮，上料机械手把工件放到上料的工位，然后上料指示灯亮，吊钩向上移动，当吊钩到达高限位后，吊钩停止上升，然后行车电动机带着工件向右移动，当运动到电镀工位后，行车停止，吊钩向下移动，当吊钩运动到下限位后，工件在电镀槽中开始电镀，电镀时间为 20s，吊钩上移，当运动到上限位后，行车启动继续右移，当移动到回收槽的正上方后，吊钩下移，当到达下限位后，工件开始进行回收工艺，定时 10s，时间到后，吊钩开始上移，当到达上限位后，行车开始右移，当到达清洗槽上方后，吊钩下移，当到达下限位后，在清洗槽中开始清洗 10s，时间到后，吊钩开始上移，到达上限位后，行车开始右移，当到达下料位上方后，吊钩开始向下移动，到达下限位后，出料机械手把工件取走，然后重复以上过程。

2．信号分析与接线

----------输入信号----------

系统停止输入信号 TL0，低电平有效，系统启动输入信号 TL1，低电平有效。

上料到位传感器（CG1）输入信号 TL5，低电平有效。

吊钩上升到位传感器（CG2）输入信号 TL4，低电平有效。吊钩下降到位传感器（CG3）输入信号 TL3，低电平有效。

电镀工位到位传感器（CG4）输入信号 TL6，低电平有效。

回收工位到位传感器（CG5）输入信号 TL7，低电平有效，清洗工位到位传感器（CG6）输入信号 TL8，低电平有效。

下料到位传感器（CG7）输入信号 TL9，低电平有效。

----------输出信号----------

上料机械手指示灯输出信号 TL2，低电平有效，下料机械手指示灯输出信号 TL17，低电平有效。

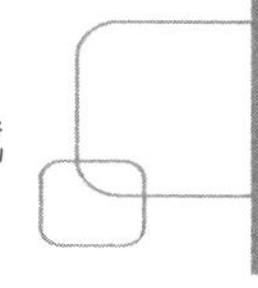

吊钩到高位指示灯输出信号 TL15，低电平有效，吊钩到低位指示灯输出信号 TL16，低电平有效。

电镀指示灯输出信号 TL11，低电平有效。

回收指示灯输出信号 TL12，低电平有效，清洗指示灯输出信号 TL13，低电平有效。

上料工序指示灯输出信号 TL10，低电平有效，下料工序指示灯输出信号 TL14，低电平有效。具体的接线如表 7-11-1 所示。

表 7-11-1　电镀生产线实验单元信号接线表

信号分类	模块插孔	PLC 输入/输出（I/O 分配）	对应指示灯信号
输入	TL0	X007	系统停止输入信号
	TL1	X000	系统启动输入信号
	TL3	X002	吊钩下降到位传感器输入信号
	TL4	X001	吊钩上升到位传感器输入信号
	TL5	X008	上料到位传感器输入信号
	TL6	X003	电镀工位到位传感器输入信号
	TL7	X004	回收工位到位传感器输入信号
	TL8	X005	清洗工位到位传感器输入信号
	TL9	X006	下料到位传感器输入信号
输出	TL2	Y000	上料机械手指示灯输出信号
	TL10	Y007	上料工序指示灯输出信号
	TL11	Y004	电镀工序指示灯输出信号
	TL12	Y005	回收工序指示灯输出信号
	TL13	Y006	清洗工序指示灯输出信号
	TL14	Y008	下料工序指示灯输出信号
	TL15	Y002	吊钩到高位指示灯输出信号
	TL16	Y003	吊钩到低位指示灯输出信号
	TL17	Y001	下料机械手指示灯输出信号
	TL18	Y009	电镀工艺指示灯输出信号
	TL19	Y010	回收工艺指示灯输出信号
	TL20	Y011	清洗工艺指示灯输出信号
COM0，COM1 接 GND			

3．程序设计流程图

程序设计流程图如图 7-11-2 所示，梯形图程序如图 7-11-3 所示。

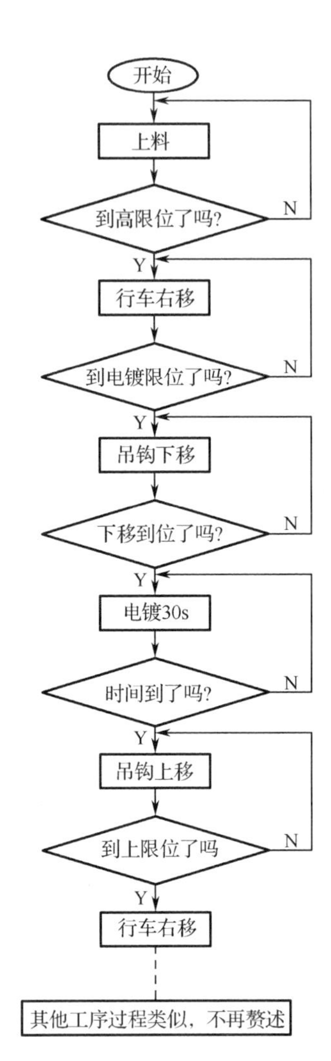

图 7-11-2　电镀生产线流程图

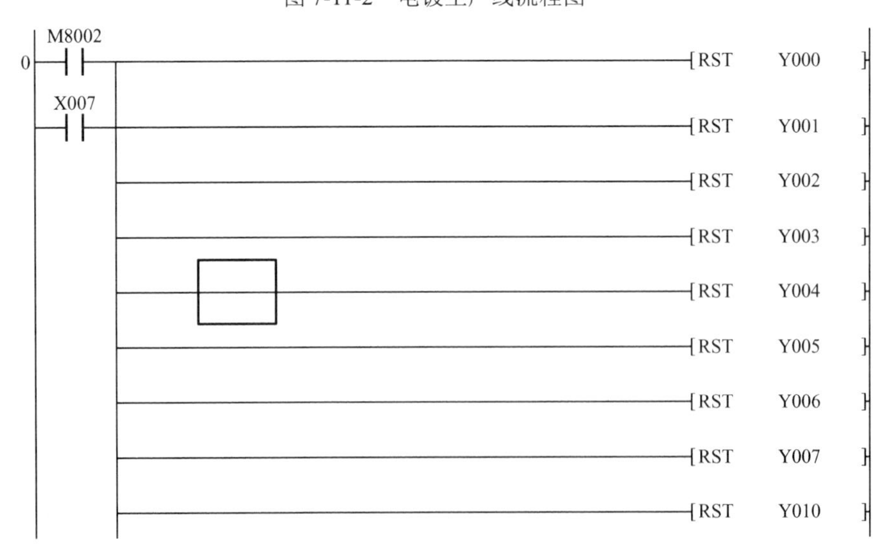

图 7-11-3　电镀生产线梯形图程序

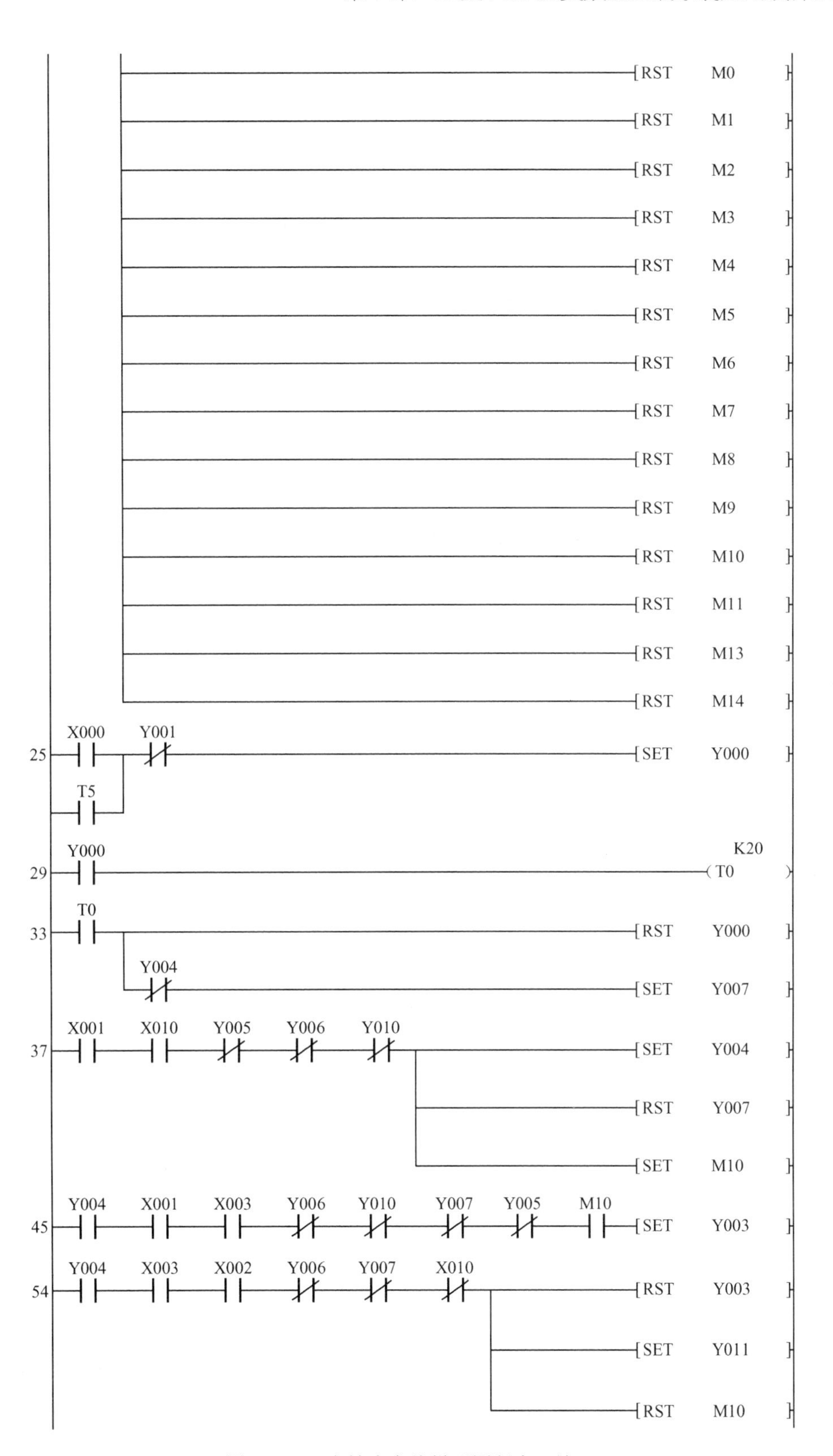

图 7-11-3　电镀生产线梯形图程序（续）

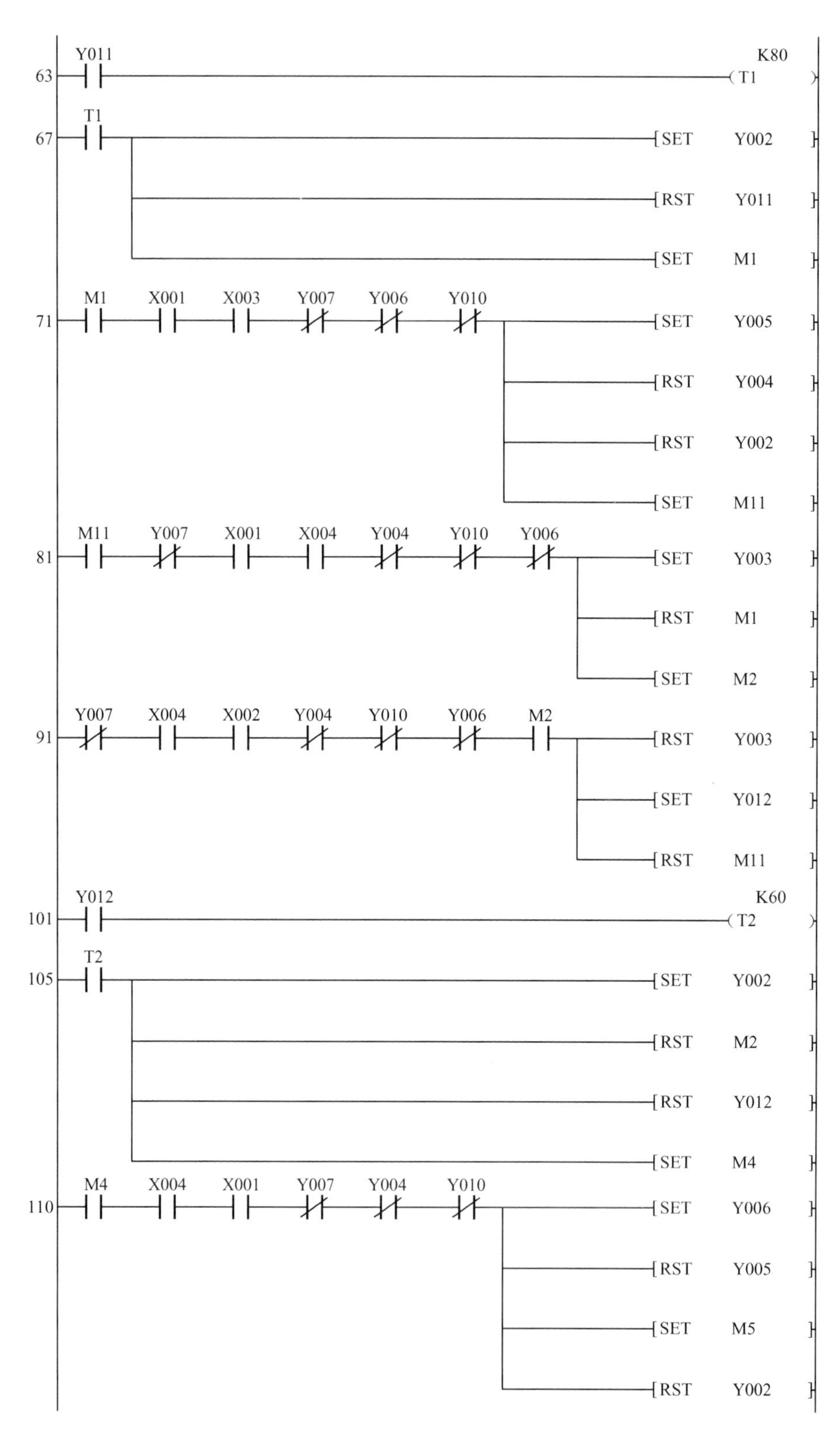

图 7-11-3　电镀生产线梯形图程序（续）

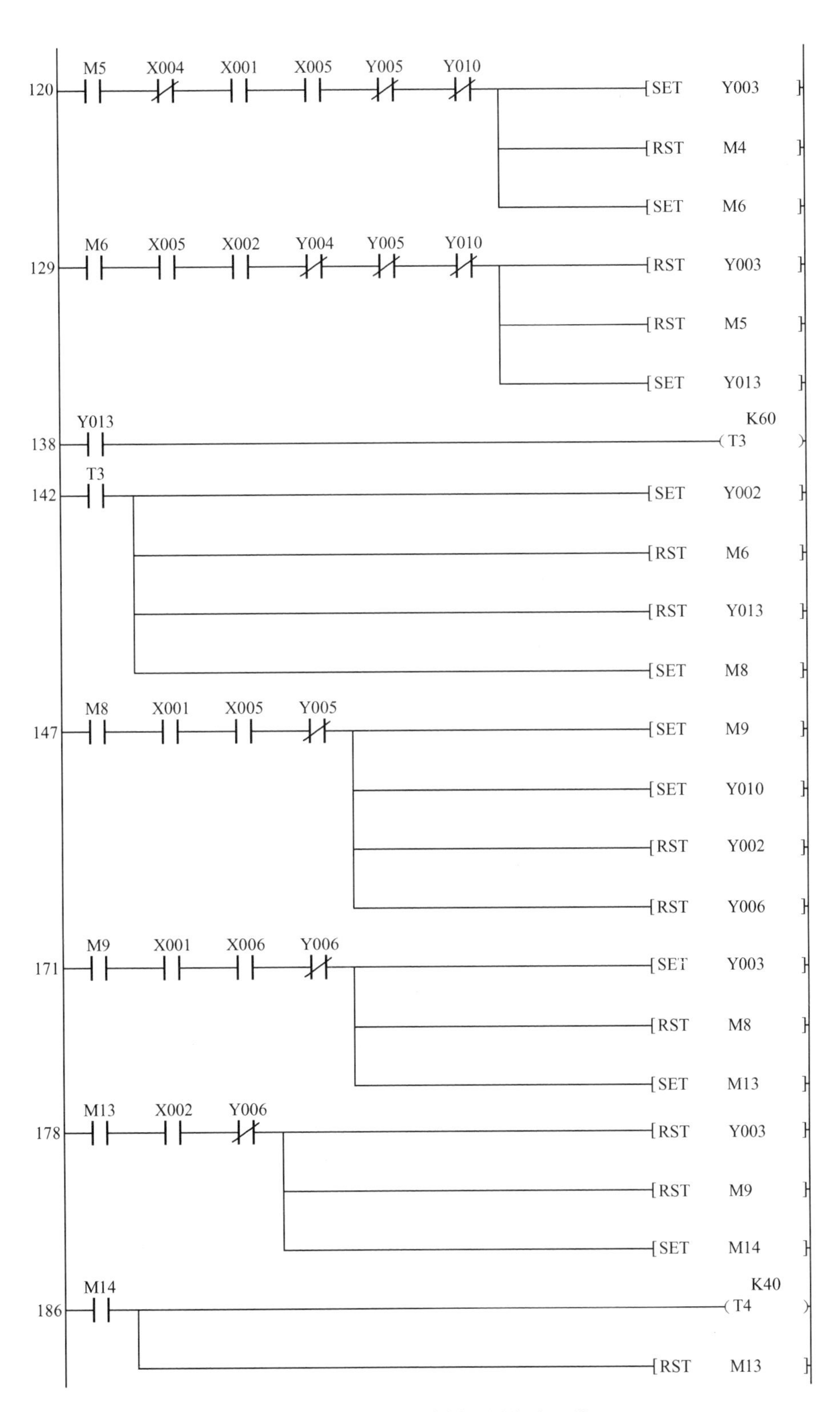

图 7-11-3　电镀生产线梯形图程序（续）

图 7-11-3　电镀生产线梯形图程序（续）

四、实验步骤

1．把编译好的电镀程序成功下载到 PLC 后，使 PLC 处于运行状态，RUN 指示灯亮。

2．上料段：按下启动按钮 S1 后，上料机械手指示灯 L2 亮，2s 后上料工序指示灯 L10 亮。同时可以看到表示上料吊钩的光栅在逐渐上升，当上升到上限位后，L4、L5 灯亮，表示吊钩已经到高限位，而且行车电动机也已经到位。

3．电镀段：接着电镀工序指示灯 L11 亮，L10、L5 灯灭。这时可以看到代表行车电动机的光栅在逐渐向右移动。当移动到电镀工位限位后，电镀工位限位指示灯 L6 灯亮。同时电动机停在电镀限位位置处。吊钩下行指示灯 L16 亮，同时光栅逐渐向下移动，L4 灯灭，当光栅运动到低限位后，L3 灯亮，L18 灯亮，L16 灯灭。延时 8s 后，上行指示灯 L15 亮，光栅接着就向上移动。当运动到高限位后，L4 灯亮。

4．回收段：同时回收工位指示灯 L12 灯亮，L11、L6 灯灭，此时可以看到表示行车电动机的光栅在逐渐向右移动，当到达回收工位限位后，L7 灯亮，光栅停在该位置时，下行指示灯 L16 亮，光栅接着向下移动，L4 灯灭，当光栅移动到下限位时，L3 灯亮，L19 灯亮，L16 灯灭，延时 6s 后，上行指示灯 L15 亮，然后光栅就向上移动。到上限位后，L4 灯亮，L15 灯灭，

5．清洗段：清洗工序指示灯 L13 亮，行车电动机向右移动，当到达清洗工位后，L8 灯亮，同时行车电动机停止在此处，这时下行指示灯 L16 亮，吊钩光栅逐渐向下移动，L4 灯灭，当运动到下限位时，L3 灯亮，L20 灯亮，L16 灯灭，延时 6s 后，上行指示灯 L15 亮，吊钩光栅向上移动，L3 灯灭，当到高限位后，L4 灯亮，L15，L13 灯灭，同时下料工位指示灯 L14 亮，行车电动机光栅向右继续移动，

6．下料段：当到达下料工位后停止，L9 灯亮，同时下行指示灯亮，吊钩光栅下移，L4 灯灭，当移动到下限位后，L3 灯亮，L16 灯灭，延时 3s 后出料机械手指示灯 L17 亮，延时 2s 后上料机械手 L2 亮，重复进行动作。

7．停止段：在任意阶段如果按下停止按钮，系统将停止运行，当再按下启动按钮后，系统重新开始运行。

正确接线与运行的电镀生产线实验图如图 7-11-4 所示。

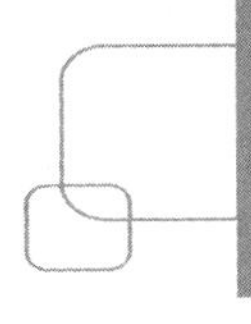

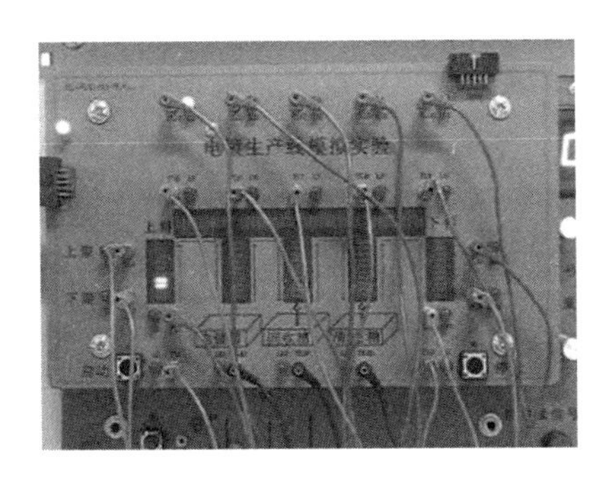

图7-11-4 正确接线与运行的电镀生产线实验图

五、实验报告要求

整理出运行和监视程序时观察到的现象。

1. 写出I/O分配表、程序梯形图、清单。
2. 仔细观察实验现象，认真记录实验中发现的问题、错误、故障及解决方法。

项目12 自动售货系统实验

一、实验目的

1. 熟悉编程软件及编程方法。
2. 熟悉脉冲输出编程原理及方法。
3. 掌握自动售货系统工作原理和控制技巧。

二、实验设备

1. 三菱 FX_{2N} PLC装置一台。
2. 装有编程软件和开发软件的计算机一台。
3. 自动售货系统实验模块一块。

三、实验内容

1．实验原理

自动售货机的面板上设有3个投币口，分别可以投1元、5元和10元，有饮料和口香糖两个出口。使用PLC数字量输入、输出控制自动售货系统，实验控制要求为：

（1）当投币总数小于15元时，口香糖按钮指示灯亮。

（2）当投币总数等于或超过15元时，口香糖和饮料按钮指示灯亮。

（3）按下口香糖按钮，排出口香糖，同时口香糖按钮指示灯亮，3s后指示灯自动停止。

（4）按下饮料按钮，排出饮料，同时饮料按钮指示灯亮，3s后指示灯自动停止。

（5）投币总值超过所选产品价值时，自动退还余款。

（6）按下手动计数复位键，则取消本次操作，退还投入的钱币。

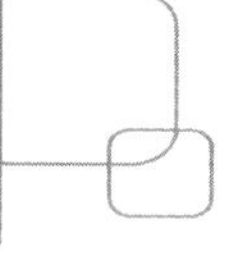

2．信号分析与接线

输入信号：

TL1 信号是 1 元按钮的输入信号；

TL2 信号是 5 元按钮的输入信号；

TL3 信号是 10 元按钮的输入信号；

TL12 信号是口香糖按钮输入信号；

TL13 信号是饮料按钮输入信号；

TL14 信号是手动复位按钮输入信号。

输出信号：

TL4 信号是 1 元投币按钮的指示灯信号；

TL5 信号是 5 元投币按钮的指示灯信号；

TL6 信号是 10 元投币按钮的指示灯信号；

TL11 信号是饮料出口指示灯信号；

TL10 信号是口香糖出口指示灯信号；

TL7 信号是找零输出信号指示灯；

TL8 信号是口香糖按钮的指示灯信号；

TL9 信号是饮料按钮的指示灯信号。

具体的接线如表 7-12-1 所示。

表 7-12-1　自动售货系统实验信号分析表

信号分类	模块插孔	PLC 输入/输出（I/O 分配）	对应指示灯信号
输入	TL1	X000	1 元按钮的输入信号
	TL2	X001	5 元按钮的输入信号
	TL3	X002	10 元按钮的输入信号
	TL12	X003	口香糖按钮输入信号
	TL13	X004	饮料按钮输入信号
	TL14	X005	手动复位按钮输入信号
输出	TL8	Y000	口香糖按钮的指示灯信号
	TL9	Y001	饮料按钮的指示灯信号
	TL4	Y002	1 元投币按钮的指示灯信号
	TL5	Y003	5 元投币按钮的指示灯信号
	TL6	Y004	10 元投币按钮的知识灯信号
	TL11	Y005	饮料出口指示灯信号
	TL10	Y006	口香糖出口指示灯信号
	TL7	Y007	找零输出信号指示灯

3．程序流程

程序流程图如图 7-12-1 所示。

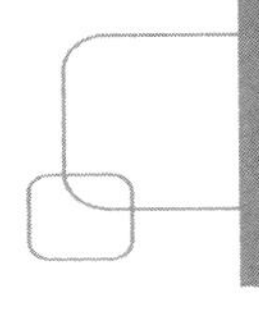

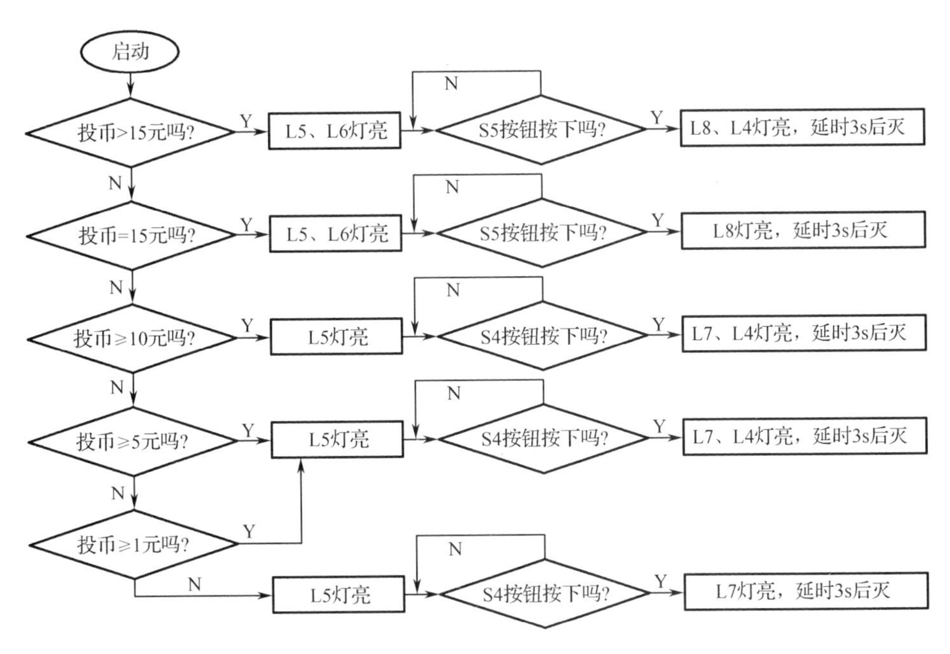

图 7-12-1　程序流程图

4．PLC 程序设计

正确接线与运行的自动售货系统实验图如图 7-12-2 所示，PLC 程序如图 7-12-3 所示。

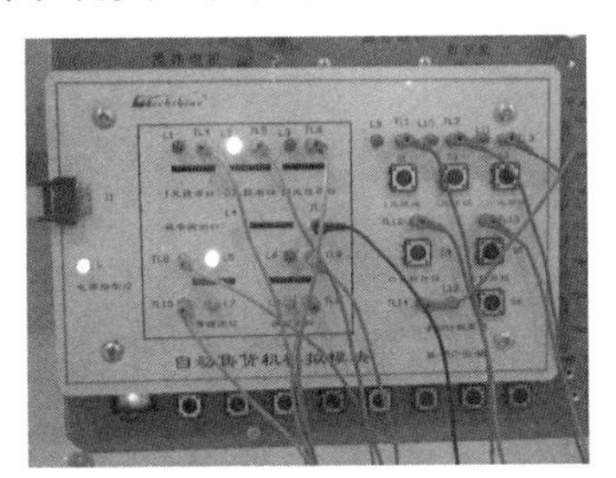

图 7-12-2　正确接线与运行的自动售货机实验

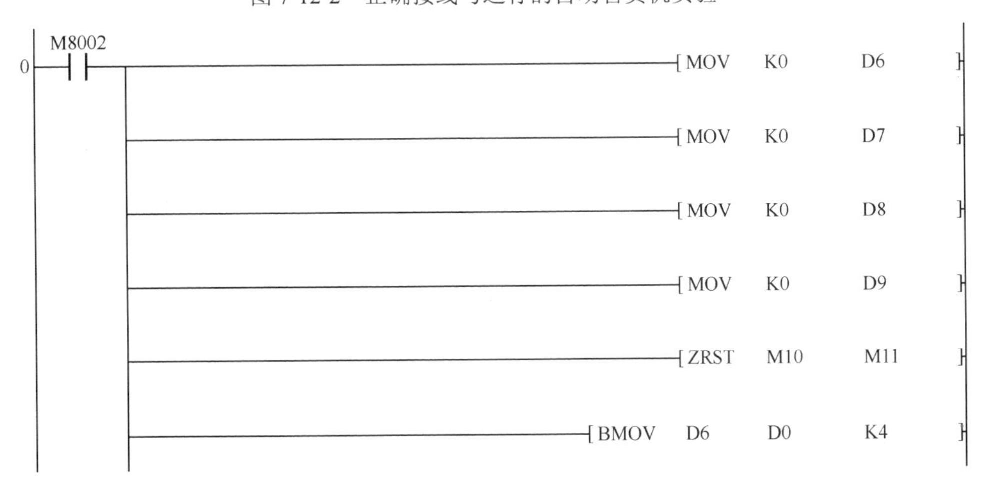

图 7-12-3　自动售货机梯形图程序

```
                                             [ZRST  M0     M5   ]
                                             [ZRST  Y000   Y007 ]
     X000   Y007
 43--| |----|/|-------------------------------------[SET   M0 ]
                                       [ADDP  D0    K1    D0 ]
     M0
 53--| |--------------------------------------------(Y002     )
     X001   Y007
 55--| |----|/|-------------------------------------[SET   M1 ]
                                       [ADDP  D1    K5    D1 ]
     M1
 65--| |--------------------------------------------(Y003     )
     X002   Y007
 67--| |----|/|-------------------------------------[SET   M2 ]
                                       [ADDP  D2    K10   D2 ]
     M2
 77--| |--------------------------------------------(Y004     )
     M8000
 79--| |---------------------------------[ADD   D0    D1    D3 ]
                                         [ADD   D2    D3    D3 ]
     M0
 94--| |---------------------------------[CMP   D3    K15   M5 ]
     M1      M7     M8002
   --| |----| |----|/|------------------------------[SET   M10]
     M2      M6     M8002
   --| |----| |----|/|------------------------------[SET   M10]
             M5
            | |                                     [SET   M11]
     M10
115--| |--------------------------------------------(Y001     )
     M11
117--| |--------------------------------------------(Y000     )
     Y001   X003
119--| |----| |-------------------------------------[SET   M3 ]
                                                    [RST   M4 ]
```

图 7-12-3　自动售货机梯形图程序（续）

```
123  M3                                  (Y006 )
                                         [PLSY  K2   K20  Y001]
                                         [CMP   D3   K1   M20 ]
     M20                                 [SET   M12           ]
                                         [BMOV  D6   D0   K4  ]
     M21                                 [BMOV  D6   D0   K4  ]
     M22
                                         [ZRST  M0   M2       ]
                                         [ZRST  M10  M11      ]
     M8029                               [ZRST  M3   M4       ]
                                         [RST   M12           ]
185  M12                                 (Y007 )
                                          K100
                                         (T0   )
190  T0                                  [RST   M12           ]
192  Y000  X004                          [SET   M4            ]
                                         [RST   M3            ]
196  X005  Y005  Y006                    [ZRST  Y000 Y006     ]
                                         [SET   M12           ]
                                         [ZRST  M0   M4       ]
                                         [ZRST  M10  M11      ]
                                         [ZRST  M20  M24      ]
                                         [BMOV  D6   D0   K4  ]
```

图 7-12-3　自动售货机梯形图程序（续）

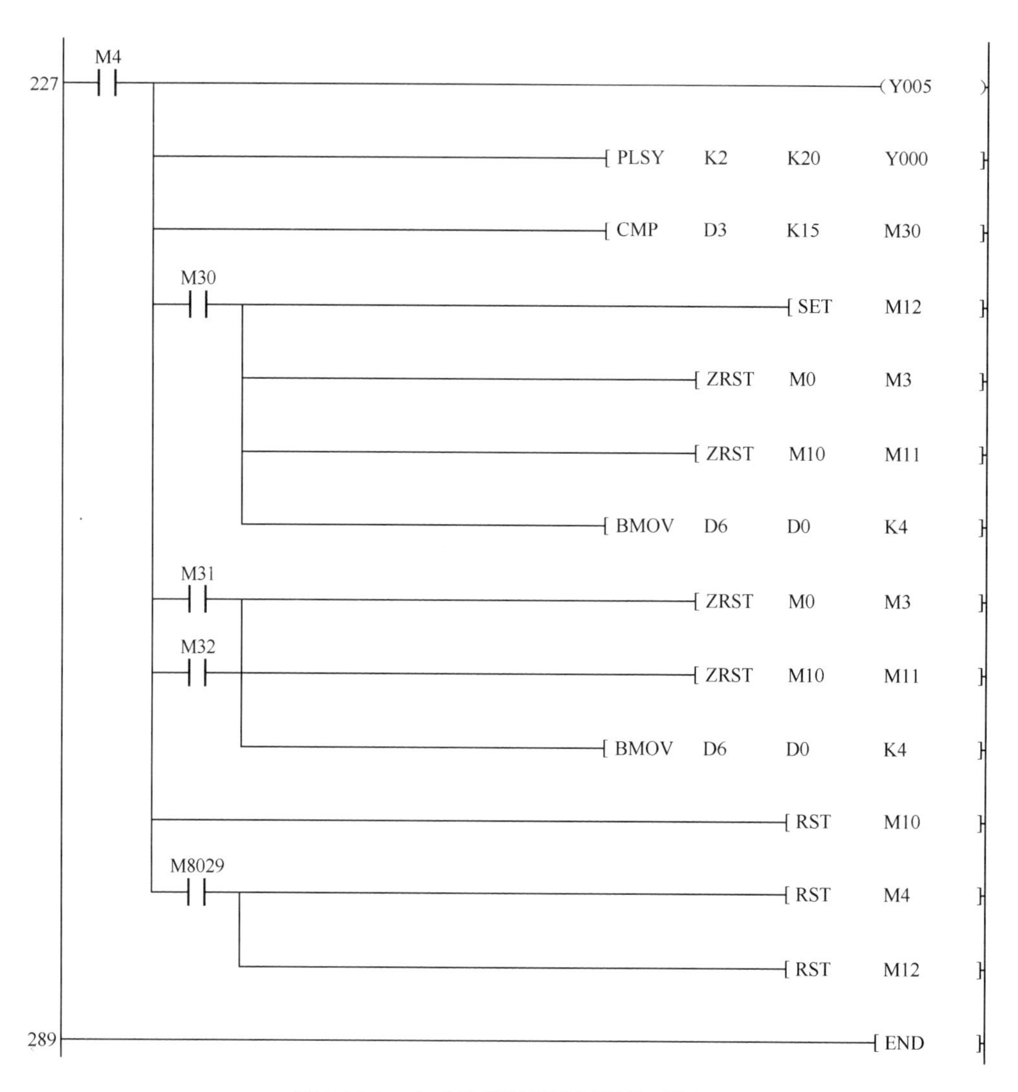

图 7-12-3　自动售货机梯形图程序（续）

四、实验步骤

1. 成功下载自动售货机程序后，使 PLC 处于运行状态，RUN 指示灯亮。

2. 上电后，模块上的 L 指示灯亮，如果不亮，先检查原因后再做实验。

3. 按下模块上的 S1 按键，L1、L5 指示灯亮，按下模块上的 S4 按键，L1 指示灯灭，L7 指示灯亮，L5 指示灯亮，3s 后，L5、L7 指示灯灭。

4. 按下模块上的 S2 按键，L2、L5 指示灯亮，按下模块上的 S4 按键，L2 指示灯灭，L7、L4 指示灯亮，L5 指示灯亮，3s 后，L5、L7、L4 指示灯灭。

5. 按下模块上的 S3 按键，L3、L5 指示灯亮，按下模块上的 S4 按键，L3 指示灯灭，L7、L4 指示灯亮，L5 指示灯亮，3s 后，L5、L7、L4 指示灯灭。

6. 按下模块上的 S2 和 S3 按键，L2、L3、L5、L6 指示灯亮，按下模块上的 S5 按键，L2、L3、L5 指示灯灭，L8 指示灯亮，L6 指示灯亮，3s 后，L6、L8 指示灯灭。

7. 按下模块上的 S1、S2 和 S3 按键，L1、L2、L3、L5、L6 指示灯亮，按下模块上的

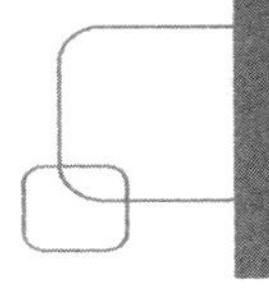

S5 按键，L1、L2、L3、L5 指示灯灭，L8、L4 指示灯亮，L6 指示灯亮，3s 后，L4、L6、L8 指示灯灭。

8．按下模块上的 S1、S2 和 S3 按键，L1、L2、L3、L5、L6 指示灯亮，按下模块上的 S6 按键，L1、L2、L3、L5、L6 指示灯灭，L4 指示灯亮，3s 后，L4 指示灯灭。

9．实验结束，完成实验报告。

五、实验报告要求

整理出运行和监视程序时观察到的现象。

1．写出 I/O 分配表、程序梯形图、清单。

2．仔细观察实验现象，认真记录实验中发现的问题、错误、故障及解决方法。

项目 13　全自动洗衣机实验

一、实验目的

1．掌握全自动洗衣机的原理和工作过程。

2．了解和熟悉 PLC 结构和外部接线方法。

3．了解和熟悉编程软件的使用方法。

4．了解写入和编辑用户程序的方法。

二、实验设备

1．三菱 FX_{2N} PLC 装置一台。

2．装有编程软件和开发软件的计算机一台。

3．全自动洗衣机实验模块一块。

三、实验内容

1．实验原理

启动时，首先进水，到高水位时停水，开始洗涤。正转洗涤 10s，暂停 2s 后反转洗涤 10s，暂停 2s 后再正转洗涤，如此反复 5 次。洗涤结束后，开始排水，当水位下降到低水位时，进行脱水（同时排水），排水时间为 10s。这样完成一次从进水到脱水的大循环过程。经 2 次上述大循环后，洗衣完成报警，报警音乐响 10s 后结束全过程，自动停机。

2．信号分析与接线

输入信号：

启动输入信号 TL1，低电平有效；低水位输入信号 TL2，低电平有效；高水位输入信号 TL3，低电平有效。

输出信号：

进水指示灯输出信号 TL8，低电平有效；排水指示灯输出信号 TL7，低电平有效。

洗涤正转指示输出信号 TL5，低电平有效；洗涤反转指示灯输出信号 TL6，低电平有效。

脱水指示灯输出信号 TL4，低电平有效；音乐报警指示灯输出信号 TL9，低电平有效。具体的接线如表 7-13-1 所示。

表 7-13-1　全自动洗衣机实验单元信号分析表

信号分类	模块插孔	PLC 输入/输出（I/O 分配）	对应指示灯信号
输入	TL1	X000	启动输入信号，低电平有效
	TL2	X001	低水位输入信号，低电平有效
	TL3	X002	高水位输入信号，低电平有效
输出	TL4	Y004	脱水电动机指示灯输出信号
	TL5	Y005	洗涤电动机正转指示灯输出信号
	TL6	Y000	洗涤电动机反转指示灯输出信号
	TL7	Y001	排水指示灯输出信号
	TL8	Y002	进水指示灯输出信号
	TL9	Y003	音乐报警指示灯输出信号
COM0，COM1 接 GND			

3．程序流程图

设计的程序流程图如图 7-13-1 所示。

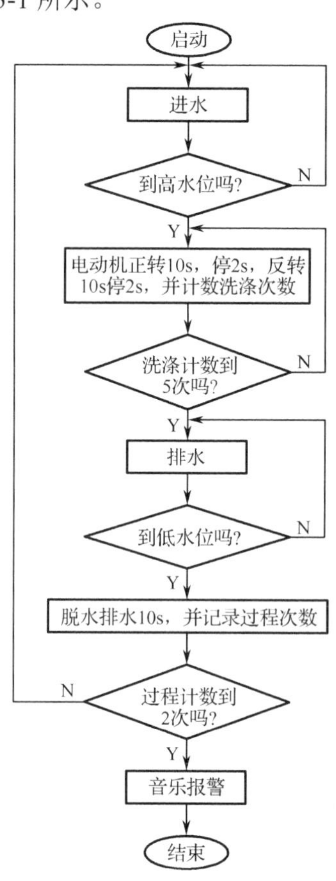

图 7-13-1　洗衣机程序流程图

四、实验步骤

1．将图 7-13-2 所示自动洗衣机程序下载到 PLC，使 PLC 处于运行状态，RUN 指示灯亮。

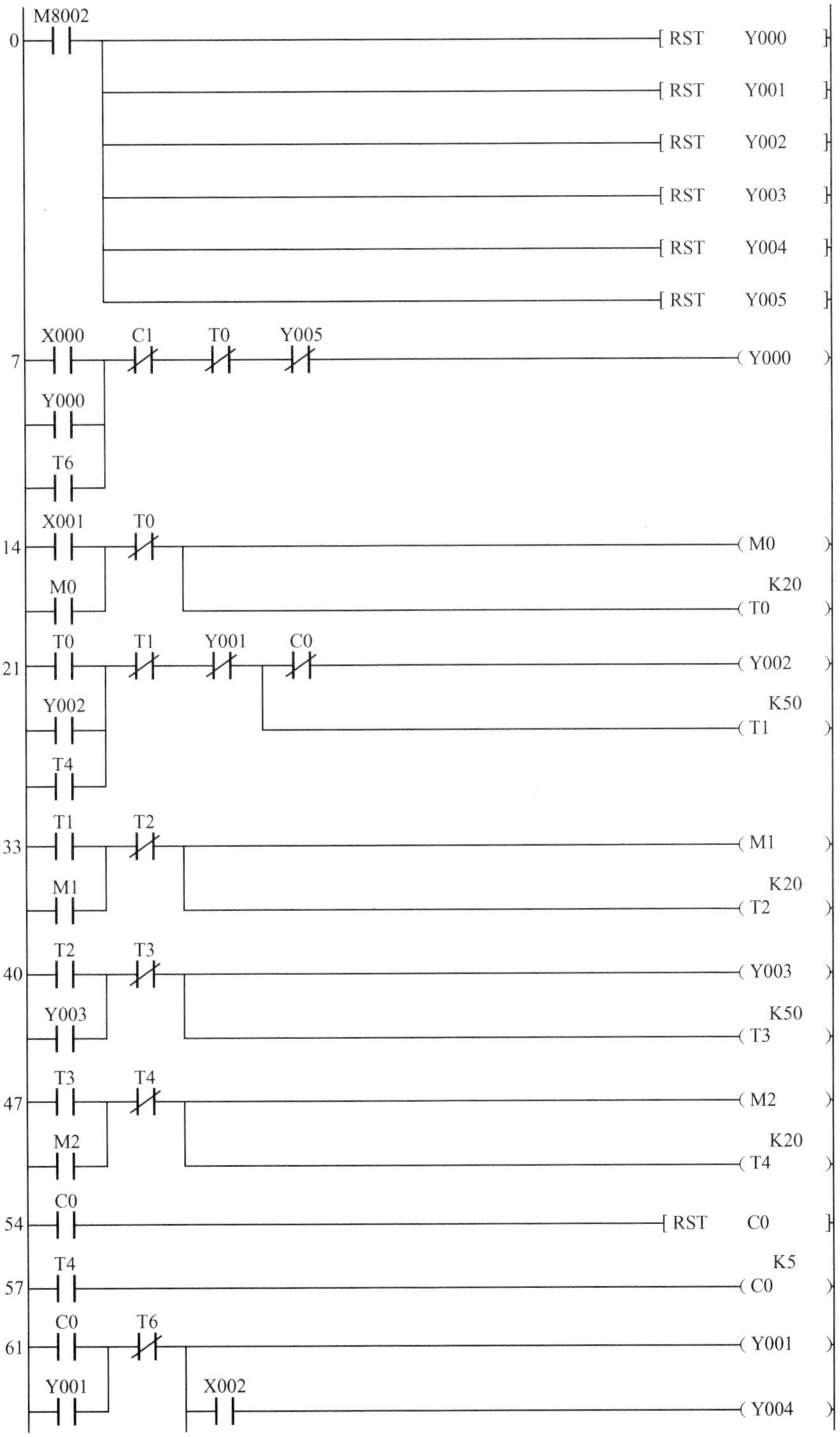

0 M8002 — RST Y000; RST Y001; RST Y002; RST Y003; RST Y004; RST Y005
7 X000, Y000, T6, C1, T0, Y005 — Y000
14 X001, M0, T0 — M0; K20 T0
21 T0, Y002, T4, T1, Y001, C0 — Y002; K50 T1
33 T1, M1, T2 — M1; K20 T2
40 T2, Y003, T3 — Y003; K50 T3
47 T3, M2, T4 — M2; K20 T4
54 C0 — RST C0
57 T4 — K5 C0
61 C0, Y001, T6 — Y001; X002 — Y004

图 7-13-2　自动洗衣机梯形图程序

图 7-13-2 自动洗衣机梯形图程序（续）

2．按下启动按钮后，进水指示灯 L8 亮，这时可以看到光栅向上逐步点亮，表示加水过程。当到达高水位后，高水位指示 L3 亮，洗涤正转电动机指示灯 L5 亮，同时旋转电动机的 LED 灯就会转动，表示开始洗涤，延时 10 秒后，L5 灭，2s 后，L6 亮，重复 5 次后，排水指示灯 L7 亮，当到达低水位时，低水位指示灯 L2 亮，同时脱水指示灯 L4 亮，10s 后，L4 灯灭。

3．重复以上过程 2 次后，音乐报警器指示灯 L9 亮，同时音乐开始响，10s 后，L9 灯灭，同时音乐停止，本次洗涤结束。

正确接线与运行的自动洗衣机实验图如图 7-13-3 所示。

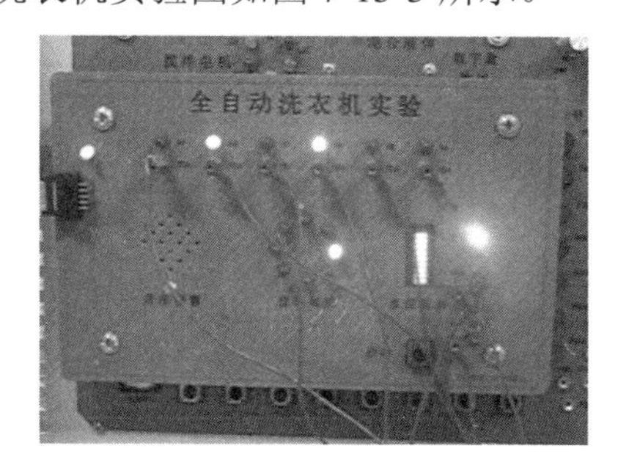

图 7-13-3 正确接线与运行的自动洗衣机实验图

五、实验报告要求

整理出运行和监视程序时观察到的现象。

1．写出 I/O 分配表、程序梯形图、清单。

2．仔细观察实验现象，认真记录实验中发现的问题、错误、故障及解决方法。

项目 14 变频器的闭环控制运行操作

一、实验目的

1．掌握变频器 PID 操作的参数设定方法。

2．理解 PID 控制的原理。

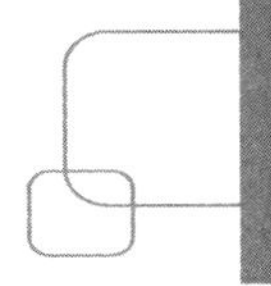

3．掌握变频器 PID 控制的接线方法。

二、实验设备

1．三菱 FR-E740 系列变频器一台。
2．三相笼型异步电动机 1 台和磁粉制动器 1 台。

三、实验内容

1．PID 的含义

PID 控制就是比例、微分和积分控制。PID 控制是利用 PI 控制和 PD 控制的优点组合而成的控制。PI 控制根据偏差及时间变化，产生一个执行量。而 PD 控制则根据改变动态特性的偏差速率，产生一个执行量。可以分为两种情况：一种是变频器内置的 PID 控制功能，给定信号通过变频器的端子输入反馈信号反馈给变频器的控制端，在变频器内部进行 PID 调节以改变输出频率；另一种是外部的 PID 调解器将给定量与反馈量比较后输出给变频器，加到控制端子作为控制信号，变频器 PID 控制原理图如图 7-14-1 所示。

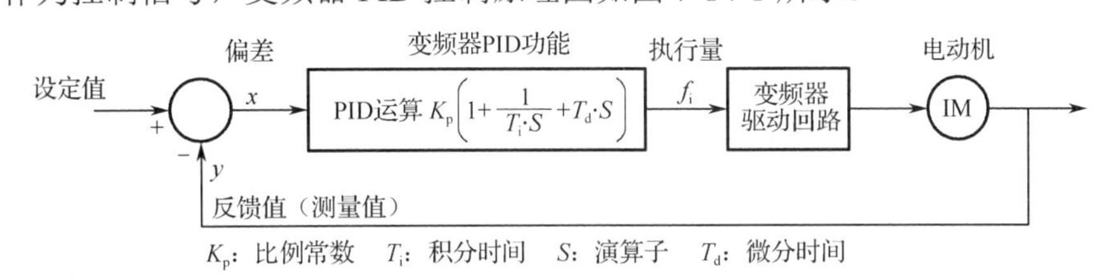

图 7-14-1　变频器 PID 控制原理图

2．PID 闭环控制

将被控量的检测信号（即由传感器测得的实际值）反馈到变频器，并与被控量目标信号相比较，以判断是否已经达到预定的控制目标。如果尚未到达，则根据两者的差值进行调整，直到达到预定的控制目标为止。

3．反馈信号的输入方法

（1）给定输入法

变频器在使用 PID 功能的时候，将传感器测得的反馈信号直接接到给定信号端，其目标信号由键盘给定。

（2）独立输入法

变频器专门配置了独立的反馈信号输入端，有的变频器还专门为传感器配置了电源，其目标值可以由键盘给定，也可以由指定输入端输入。

4．PID 调节功能的预置

（1）PID 调节功能的预置

预置的内容是变频器的 PID 调节功能是否有效。因为变频器的 PID 调节功能有效后，其升降速过程将完全取决于由 P、I、D 数据所决定的动态响应过程，而原来的预置的“升速时间”和“降速时间”都将不再起作用。

（2）目标值的预置

PID 调节的根本依据是反馈量与目标值之间进行比较的结果。主要有以下两种方法来进行预置。①面板输入式：只需要通过键盘输入目标值即可，目标值通常是被测量实际大小与传感器量程之比的百分数。②外接给定式：由外接电位器进行预置，调整比较方便。

5．变频器按 P、I、D 调节规律运行时的特点

（1）变频器的输出频率 F，只根据实际数值与目标数值的比较结果进行调整，与被控量之间无对应关系。

（2）变频器的输出频率 F 始终处于调整状态，其数值不稳定。

四、实验步骤

1．参数设置

按闭环 PID 控制要求来进行参数设置，需要设置有关的 PID 参数，如表 7-14-1 所示。

表 7-14-1　运行参数设定表

参数号	作用	功能
Pr.127=100	PID 自动切换频率	PID 控制自动切换的功能，等于 9999 时无切换
Pr.128=20	检测值从端子 4 输入	选择 PID 对压力信号的控制
Pr.129=10	确定 PID 的比例调节范围	PID 比例范围常数设定（比例带设定）
Pr.130=2	确定 PID 的积分时间	PID 积分时间常数设定
Pr.131=100%	设定上限调节值	上限值设定参数
Pr.132=0%	设定下限调节值	下限值设定参数
Pr.133=9999	外部操作时设定值由 2～5 端子之间的电压确定	外部模式下控制设定值的确定
Pr.134=3s	确定 PID 的微分时间	PID 微分时间常数设定

变频器 PID 自动切换功能由参数 Pr.127 决定（见图 7-14-2），当 Pr.127=9999 时，表示无切换；当 Pr.127 等于其他值时，表示变频器在启动后，快速加速到 Pr.127 参数指定的频率，变频器再自动切换到 PID 控制运行，此时 PID 状态输出信号才置 ON。切换到 PID 运行后，即使输出频率在 Pr.127 以下，变频器也继续处于 PID 控制运行中。

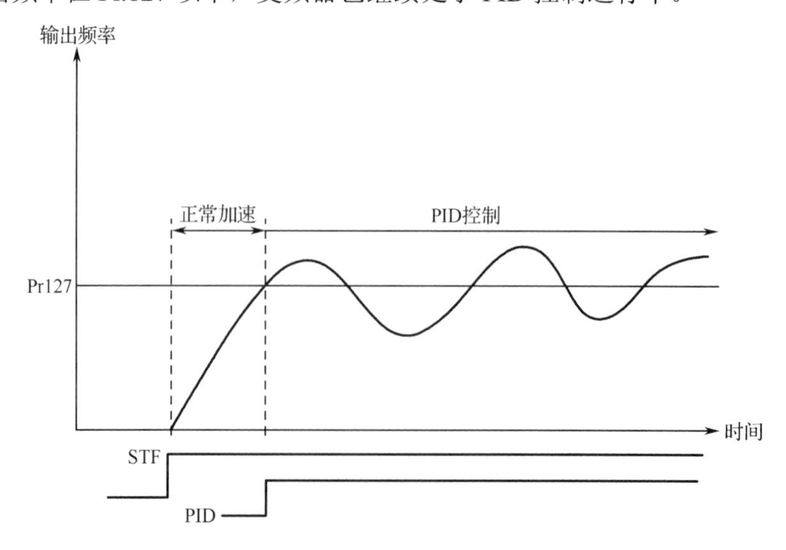

图 7-14-2　PID 控制自动切换功能图

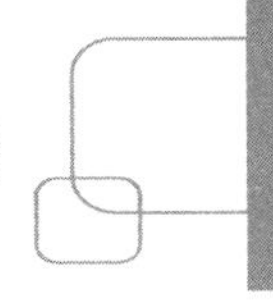

2．接线

按 PID 闭环控制的要求来进行原理图接线，具体如图 7-14-3 所示。

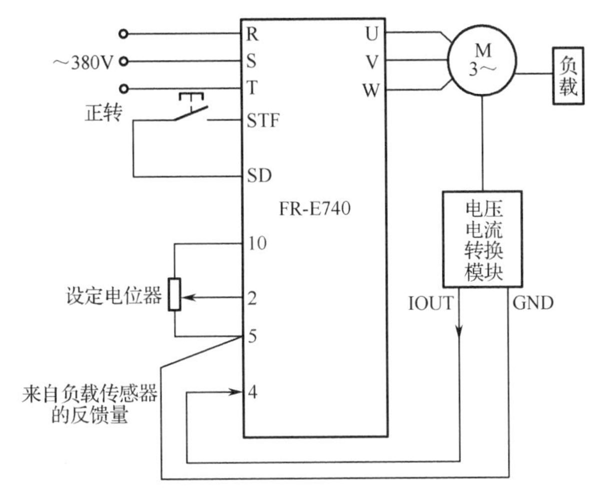

图 7-14-3　变频器 PID 控制接线

3．设置 Pr.79=2，EXT 灯亮，调节 2～5 端子间的电压至 2.5V。

4．接通 SD 和 STF，电动机正转。改变 2～5 端子之间的电压值，电动机转速也会随着变化。比如把电动机速度调到 1000 转，此时对应的频率为 30Hz，当给电动机加载时，能看到电动机的转速基本上保持不变，而变频器所输出的频率却是增加的。说明 PID 参数设置的是合适的，闭环控制在运行，否则不能闭环运行。

五、实验报告要求

整理出运行和监视程序时观察到的现象。

1．写出 I/O 分配表、程序梯形图、清单。

2．仔细观察实验现象，认真记录实验中发现的问题、错误、故障及解决方法。

项目 15　PLC-变频器锅炉加热排水自动控制系统

一、实验目的

1．掌握变频器操作、设定方法。

2．理解 PLC 控制的原理、掌握 PLC 的使用方法。

3．掌握变频器、PLC 控制的接线方法。

二、实验设备

1. 三菱 FR-E 740 系列变频器一台。
2. 三菱 FX_{2N} PLC 1 台。
3. 配备温度检测开关、液位检测开关等的锅炉 1 台。

三、实验内容

如图 7-15-1 所示是 PLC-变频器锅炉加热排水自动控制系统，当锅炉进水到高液位被检测到时，停止进水，锅炉开始加热，当到达设定温度时（如 45℃）停止加热，电动机启动排水，为避免水泵频繁起停和节省电力，在高液位时，电动机高速排水，到达中限位时，改为中速排水，到达低限位时，改为低速排水，低速排水延迟 30s 确保锅炉里不存在旧水后电动机停止，并启动进水阀补水，如此进行自动控制。

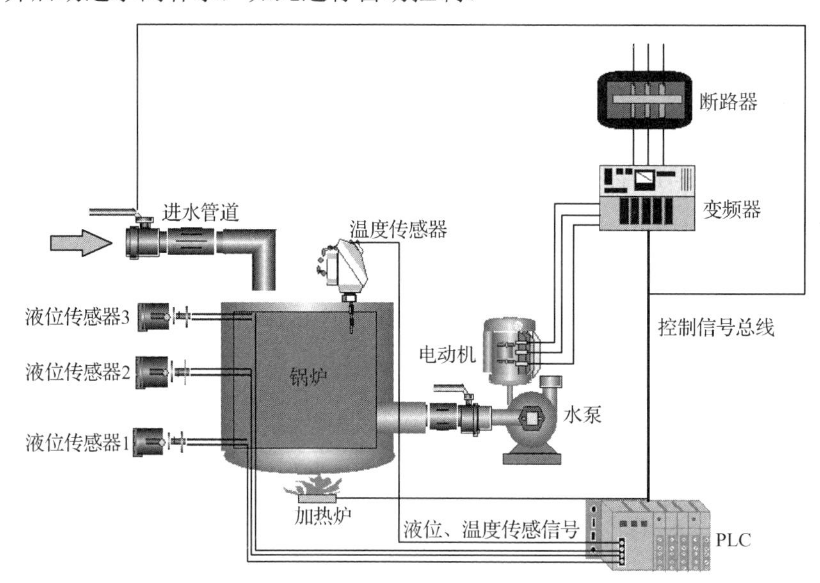

图 7-15-1　PLC-变频器锅炉加热排水自动控制系统示意图

四、实验步骤

（1）列出 I/O 分配表如表 7-15-1 所示。

表 7-15-1　PLC 变频器锅炉加热控制 I/O 分配表

输　入		输　出	
X000	液位传感器 1：液位下限	Y000	低速控制
X001	液位传感器 2：液位中限	Y001	中速控制
X002	液位传感器 3：液位上限	Y002	高速控制
X003	温度传感器：水温	Y003	系统运行
—	—	Y004	液位下限指示
—	—	Y005	液位中限指示

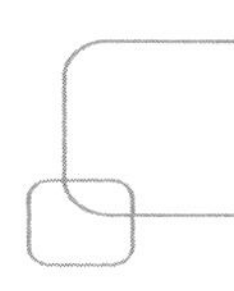

续表

输　入		输　出	
X006	按钮：系统启动	Y006	液位上限指示
X007	按钮：系统停止	Y007	温度指示
—	—	Y010	加热控制
—	—	Y011	进水控制

（2）绘制控制原理图及接线图。绘制出控制 PLC、变频器系统的电路接线图如图 7-15-2 所示，合上电源开关 QF，电动机通过变频器与电网相连，PLC 上电工作。其中，变频器设定三段速运行频率（如 10Hz、30Hz、50Hz），分别对应 RL、RM 及 RH 与 SD 之间的通断情况，使电动机工作在三种速度状态，即低速运行状态、中速运行状态和高速运行状态，有关变频器多段速控制的原理如图 7-10-1 所示。

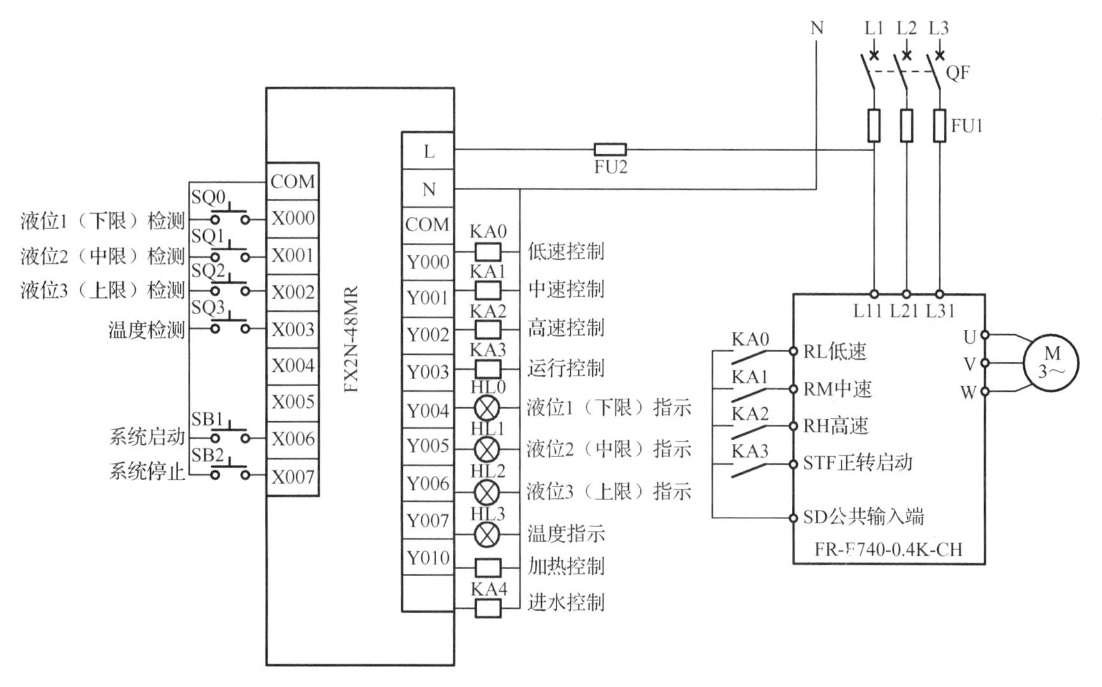

图 7-15-2　控制 PLC、变频器系统的电路接线图

（3）按下启动按钮 SB1，Y003 接通上电，系统处于“运行控制”监控中；当 SQ2 接通，即高液位检测到时，加热控制接通，进水控制关闭；当加热到达设定值时，停止加热，同时电动机接通并高速运转排水；当 SQ1 接通，即液位（中限）检测到时，电动机由高速转为中速排水；当 SQ0 接通，即液位（下限）检测到时，电动机由中速转为低速排水至排净后电动机关闭；当按下停止按钮 SB2，Y003 清零，系统断电，所有设备应复位。

（4）有关的安装注意事项。根据电路图绘制接线图，合理规划元器件位置。PLC 尽可能水平放置，并与周围元器件保持适当距离；检查传感器、按钮等设备的规格是否符合要求，检测传感器、按钮等设备的质量是否完好。按照各元器件规划位置，安装 DIN 导轨及走线槽，固定元器件或者设备。根据配线原则及工艺要求，对照原理图进行配线安装，包括板上元器件的配线安装，外围设备的配线安装；对照原理图检查是否掉线、错线，是否漏编、错编，接线是否牢固等；使用万用表检测安装的电路，应按先一次主电路，后两次控制电路的顺序进行。检查时注意：电源一定不能接到变频器输出端上（U,V,W），否则将损坏变频器。控制电路检测时，应重点检查 PLC 配线中的输入回路及输出元件 KA0～KA5 接法是否正确，保证 PLC 输出回路与变频器输入回路之间可靠隔离。为安全起见，系统应具有必要的过载保护和短路保护等保护措施。

（5）程序设计。采用启-保-停电路设计的 PLC-变频器锅炉加热排水自动控制程序如图 7-15-3 所示。程序中按下系统启动按钮 X006，系统启动并进水，高液位传感器 X002 和中液位传感器 X001、低液位传感器 X000 在接线时是相反的，并假设经过模数转换后的温度值保存在数据寄存器 D0 中。

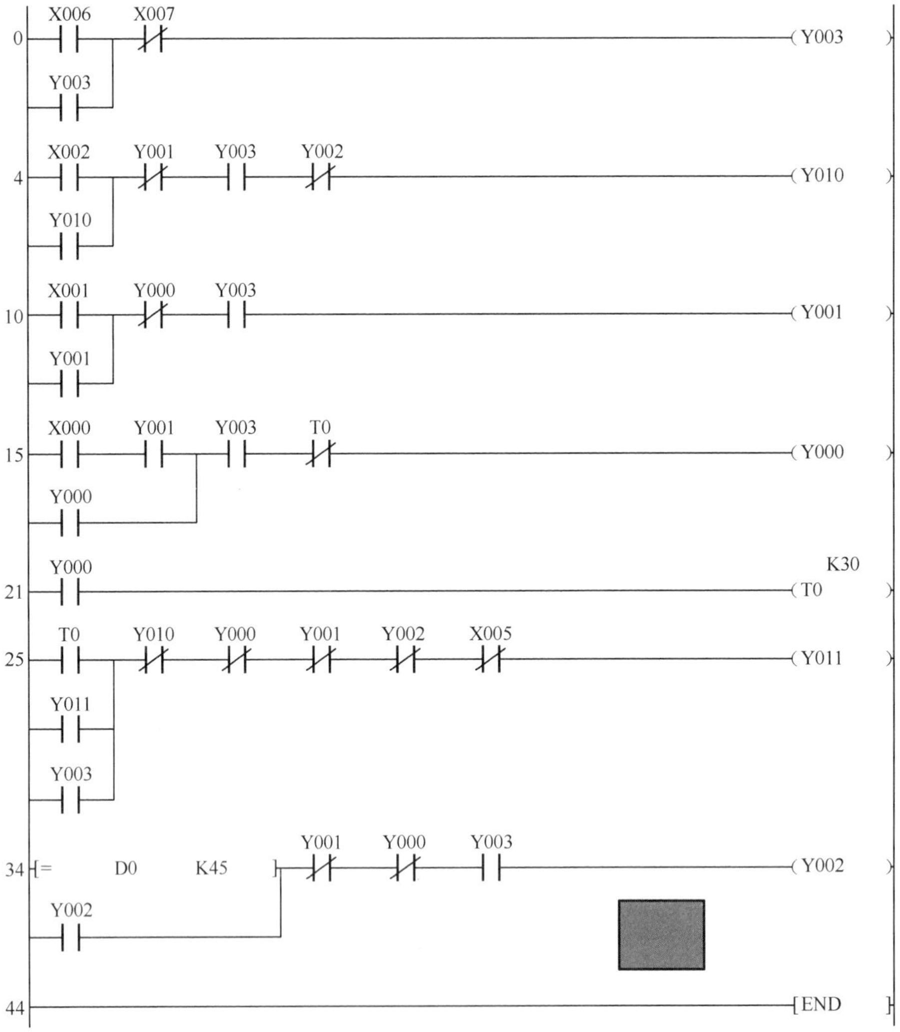

图 7-15-3　PLC-变频器锅炉加热排水自动控制程序

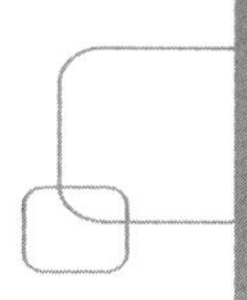

五、实验报告要求

整理出运行和监视程序时观察到的现象。

1．写出 I/O 分配表、程序梯形图、清单。

2．仔细观察实验现象，认真记录实验中发现的问题、错误、故障及解决方法。

附录A　三菱FX_{2N} PLC特殊辅助继电器功能

FX_{2N} PLC 的特殊元件种类及其功能如下表所示。表中如[M]、[D]这样带有[　]的软元件、未使用的软元件，以及未写入下表的未定义软元件，都不允许在程序上运行或写入数据。

PC状态					
编　号	名　称	备　注	编　号	名　称	备　注
[M]8000	RUN监控a接点	RUN运行时为ON	D8000	监控定时器	初始值200ms
[M]8001	RUN监控b接点	RUN运行时为OFF	[D]8001	PC型号和版本	*5
[M]8002	初始脉冲a接点	RUN后1操作为ON	[D]8002	存储器容量	*6
[M]8003	初始脉冲b接点	RUN后1操作为OFF	[D]8003	存储器种类	*7
[M]8004	出错	M8060-M8067检测*8	[D]8004	出错特M地址	M8060-M8067
[M]8005	电池电压降低	锂电池电压下降	[D]8005	电池电压	0.1V单位
[M]8006	电池电压降低锁存	保持降低信号	[D]8006	电池电压降低检测	3.0V（0.1单位）
[M]8007	瞬停检测		[D]8007	瞬停次数	电源关闭清除
[M]8008	停电检测		D 8008	停电检测时间	初始值10ms，上电时读入系统ROM中数据
[M]8009	DC 24V降低	检测24V电源异常	[D]8008	下降时间单元	降低的起始输出编号
时钟					
编　号	名　称	备　注	编　号	名　称	备　注
[M]8010			[D]8010	扫描当前值	0.1ms单位包括常数扫描等待时间
[M]8011	10ms时钟	10ms周期振荡	[D]8011	最小扫描时间	
[M]8012	100ms时钟	100ms周期振荡	[D]8012	最大扫描时间	
[M]8013	1s时钟	1s周期振荡	D 8013	秒0～59预置值或当前值	
[M]8014	1min时钟	1min周期振荡	D 8014	分0～59预置值或当前值	
M 8015	计时停止或预置		D 8015	时0～23预置值或当前值	
M 8016	时间显示停止		D 8016	日1～31预置值或当前值	
M 8017	±30秒修正		D 8017	月1～12预置值或当前值	
[M]8018	内装RTC检测	常时ON	D 8018	公历预置值或当前值	公历四位（1980—2079）内置时钟
M 8019	内装RTC出错		D 8019	星期0（日）～6（六）预置值或当前值	

续表

标记					
编　号	名　称	备　注	编　号	名　称	备　注
[M]8020	零标记	应用命令运算标记	[D]8020	初始输入滤波器	初始值 10ms
[M]8021	借位标记		[D]8021		
M 8022	进位标记		[D]8022		
[M]8023			[D]8023		
M 8024	RMOV 方向指定		[D]8024		
M 8025	HSC 方式（FN53-55）		[D]8025		
M 8026	RAMP 方式（FN67）		[D]8026		
M 8027	FR 方式（FN77）		[D]8027		
M 8028	执行 FROM/TO 命令时允许中断		[D]8028	Z0（Z）寄存器内存	寻址寄存器 Z 内存
[M]8029	执行指令结束标记	应用命令用	[D]8029	V0（Z）寄存器内存	寻址寄存器 V 内存
PC 方式					
编　号	名　称	备　注	编　号	名　称	备　注
M 8030	电池关灯	关闭面板灯*4	[D]8030		
M 8031	非保存存储清除	清除元件的 ON/OFF 和当前值*4	[D]8031		
M 8032	保存存储清除		[D]8032		
M 8033	存储保存停止	图像存储保持	[D]8033		
M 8034	全输出禁止	外部输出均为 OFF*4	[D]8034		
M 8035	强制 RUN 方式		[D]8035		
M 8036	强制 RUN 指令		[D]8036		
M 8037	强制 STOP 指令		[D]8037		
M 8038			[D]8038		
M 8039	恒定扫描方式	定周期运作	D 8039	常数扫描时间	初始值 0（1ms 单位）
步进梯形图					
编　号	名　称	备　注	编　号	名　称	备　注
M 8040	禁止转移*1	状态间禁止转移	[D]8040	ON 状态号 1*4	M8047 为 ON 时，将在 S0～S999 中动作的最小号存入 D8040，其他动作的状态编号存入 D8041～D8047 中（最多 8 点）
M 8041	开始转移	FNC60（IST）命令用	[D]8041	ON 状态号 2*4	
M 8042	启动脉冲		[D]8042	ON 状态号 3*4	
M 8043	复原完毕*1		[D]8043	ON 状态号 4*4	
M 8044	原点条件*1		[D]8044	ON 状态号 5*4	
M 8045	禁止全输出复位		[D]8045	ON 状态号 6*4	
[M]8046	STL 状态工作*1	S0～899 工作检测	[D]8046	ON 状态号 7*4	
M 8047	STL 监视有效*1	D8040～D8047 有效	[D]8047	ON 状态号 8*4	
[M]8048	报警工作*4	S900～999 工作检测	[D]8048	—	
M 8049	报警有效*4	D8049 有效	[D]8049	ON 状态最小号*4	S900～S999 最小 ON 号

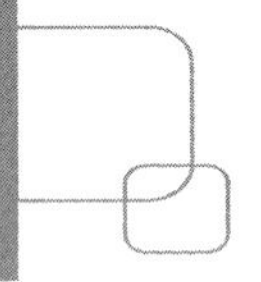

续表

中断禁止					
编　号	名　称	备　注	编　号	名　称	备　注
M 8050	100□禁止	输入中断禁止	[D]8050	未使用	
M 8051	110□禁止		[D]8051		
M 8052	120□禁止		[D]8052		
M 8053	130□禁止		[D]8053		
M 8054	140□禁止		[D]8054		
M 8055	150□禁止		[D]8055		
M 8056	160□禁止	定时中断禁止	[D]8056		
M 8057	170□禁止		[D]8057		
M 8058	180□禁止		[D]8058		
M 8059	1010～1060 全禁止	计数中断禁止	[D]8059		
出错检测					
编　号	名　称	备　注	编　号	名　称	备　注
[M]8060	I/O 配置出错	可编程序控制器 RUN 继续	[D]8060	出错的 I/O 起始号	
[M]8061	PC 硬件出错	可编程序控制器停止	[D]8061	PC 硬件出错代码	存储出错代码，参考下面的出错代码
[M]8062	PC/PP 通信出错	可编程序控制器 RUN 继续	[D]8062	PC/PP 通信出错代码	
[M]8063	并行连接出错	可编程序控制器 RUN 继续*2	[D]8063	连接通信出错代码	
[M]8064	参数出错	可编程序控制器停止	[D]8064	参数出错代码	
[M]8065	语法出错	可编程序控制器停止	[D]8065	语法出错代码	
[M]8066	电路出错	可编程序控制器停止	[D]8066	电路出错代码	
[M]8067	运算出错	可编程序控制器 RUN 继续	[D]8067	运算出错*2	
M 8068	运算出错锁存	M8067 保持	D 8048	运算出错产生的步	步编号保持
M 8069	I/O 总线检查	总线检查开始	[D]8069	M8065-7 出错产生步号	*2
并行连接功能					
编　号	名　称	备　注	编　号	名　称	备　注
M 8070	并行连接主站说明	主站时 ON*2	[D]8070	并行连接出错判定时间	初始值 500ms
M 8071	并行连接主站说明	主站时 ON*2	[D]8071		
[M]8072	并行连接运转中为 ON	运行中 ON	[D]8072		
[M]8073	主站/从站设置不良	M8070.8071 设定不良	[D]8073		

续表

采样跟踪

编号	名称	备注	编号	名称	备注
[M]8074			[D]8074	采样剩余次数	采样跟踪功能，详细内容请见编程手册
[M]8075	准备开始命令	采样跟踪功能	D 8075	采样次数设定（1～512）	
[M]8076	执行开始指令		D 8076	采样周期	
[M]8077	执行中监测		D 8077	指定触发器	
[M]8078	执行结束监测		D 8078	触发器条件元件号	
[M]8079	跟踪512次以上		D 8079	取样数据指针	
			D 8080	位元件号No.0	
[D]8090	位元件号No.10	采样跟踪功能	D 8081	位元件号No.1	
[D]8091	位元件号No.11		D 8082	位元件号No.2	
[D]8092	位元件号No.12		D 8083	位元件号No.3	
[D]8093	位元件号No.13		D 8084	位元件号No.4	
[D]8094	位元件号No.14		D 8085	位元件号No.5	
[D]8095	位元件号No.15		D 8086	位元件号No.6	
[D]8096	字元件号No.0		D 8087	位元件号No.7	
[D]8097	字元件号No.1		D 8088	位元件号No.8	
[D]8098	字元件号No.2		D 8089	位元件号No.9	

存储容量

编号	名称	备注	
[D]8102	存储容量		0002=2K步 0004=4K步 0008=8K步 0016=16K步

输出更换

编号	名称	备注	编号	名称	备注
[M]8109	输出更换错误生成		[D]8109	输出更换错误生成	0、10、20…被存储

高速环形计数器

编号	名称	备注	编号	名称	备注
[M]8099	高速环形计数器工作	允许计数器工作	D 8099	0.1ms环形计数器	0～32767增序

特殊功能

编号	名称	备注	编号	名称	备注
[M]8120			D 8120	通信格式*3	详细内容请见各通信适配器使用手册
[M]8121	RS232C发送待机中*2	RS232通信	D 8121	设定局编号*3	
M 8122	RS232C发送标记*2		[D]8122	发送数据余数*2	
M 8123	RS232C发送标记*2		[D]8123	接收数据数*2	
[M]8124	RS232C载波接收		D 8124	标题（STX）	
[M]8125			D 8125	终结字符（ETX）	
[M]8126	全信号		[D]8126		

续表

编　号	名　称	备　注	编　号	名　称	备　注
[M]8127	请求手动信号	RS485 通信	D 8127	指定请求用起始号	详细内容请见各通信适配器使用手册
M 8128	请求出错标记		D 8128	请求数据数的指定	
M 8129	请求字/位切换		D 8129	判定时间输出时间	
高速列表					
编　号	名　称	备　注	编　号	名　称	备　注
[M]8130	HSZ 列表比较方式		[D]8130	HSZ 列表计数器	详细内容请见编程手册
[M]8131	同上执行完标记		[D]8131	HSZ PLSY 列表计数器	
M 8132	HSZ PLSY 速度图形		[D]8132	速度图形频率 HSZ, PLSY 下位	
M 8133	同上执行完标记		[D]8133	空	
			[D]8134	速度图形目标 下位	
编　号	名　称	备　注	[D]8135	脉冲数 HSZ, PLSY 上位	
[D]8140	输出给 PLSY PLSR Y000 的脉冲数	详细内容请见编程手册	[D]8136	输出脉冲数 下位	
[D]8141			[D]8137	PLSY ,PLSR 上位	
[D]8142	输出给 PLSY PLSR Y001 的脉冲数		[D]8138		
[D]8143			[D]8139		
扩展功能			**脉冲捕捉**		
编　号	名　称	备　注	编　号	名　称	备　注
M 8160	XCH 的 SWAP 功能	同一元件内交换	M 8170	输入 X000 脉冲捕捉	详细内容请见编程手册*2
M 8161	8 位单位切换	16/8 位切换*8	M 8171	输入 X001 脉冲捕捉	
M 8162	高速并串连接方式		M 8172	输入 X002 脉冲捕捉	
[M]8163			M 8173	输入 X003 脉冲捕捉	
[M]8164			M 8174	输入 X004 脉冲捕捉	
[M]8165		写入十六进制数据	M 8175	输入 X005 脉冲捕捉	
[M]8166	HKY 的 HEX 处理	停止 BCD 切换	[M]8176		
M 8167	SMOV 的 HEX 处理		[M]8177		
M 8168			[M]8178		
[M]8169			[M]8179		
寻址寄存器当前值					
编　号	名　称	备　注	编　号	名　称	备　注
[D]8180		寻址寄存器当前值	D 8190	Z5 寄存器的数据	寻址寄存器当前值
[D]8181			D 8191	V5 寄存器的数据	
[D]8182	Z1 寄存器的数据		[D]8192	Z6 寄存器的数据	
[D]8183	V1 寄存器的数据		[D]8193	V6 寄存器的数据	
[D]8184	Z2 寄存器的数据		[D]8194	Z7 寄存器的数据	
[D]8185	V2 寄存器的数据		[D]8195	V7 寄存器的数据	

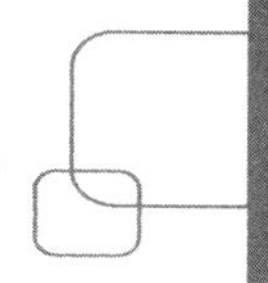

续表

编号	名称	备注	编号	名称	备注
[D]8186	Z3 寄存器的数据	寻址寄存器当前值	[D]8196		寻址寄存器当前值
[D]8187	V3 寄存器的数据		[D]8197		
[D]8188	Z4 寄存器的数据		[D]8198		
[D]8189	V4 寄存器的数据		[D]8199		

内部增降序计数器

编号	名称	备注
M 8200	驱动 M8□□□时 C□□□降序计数 M8□□□在不驱动时 C□□□增序计数（□□□为 200～234）	详细内容请见编程手册
M 8201		
⋮		
⋮		
⋮		
⋮		
⋮		
⋮		
M8233		
M8234		

高速计数器

编号	名称	备注	编号	名称	备注
M 8235	M8□□□被驱动时，1 相高速计数器 C□□□为降序方式，不驱动时为增序计数（□□□为 235～245）	详细内容请见编程手册	[M]8246	根据 1 相 2 输入计数器 C□□□的增、降序，M8□□□为 ON/OFF □□□为 246～250	详细内容请见各通信适配器使用手册
M 8236			[M]8247		
M 8237			[M]8248		
M 8238			[M]8249		
M 8239			[M]8250		
M 8240			[M]8251	根据 2 相计数器 C□□□的增、降序，M8□□□为 ON/OFF □□□为 251～255	
M 8241			[M]8252		
M 8242			[M]8253		
M 8243			[M]8254		
M 8244			[M]8255		

注：*1：RUN→STOP 时清除。

*2：STOP→RUN 时清除。

*3：电池后备。

*4：END 指令结束时处理。

*5：24　100

↑　↑

FX_{2N}　版本 1.00

*6：0002=2K 步 0004=4K 步；

0008=8K 步（16K 步）；

D8102 加在以上项目，0016=16K 步。

*7：00H=FX-RAM8；

01H=FX-EPRAM-8；

02H=FX-EEPROM-4.8.16（保护为 OFF）；

0AH=FX-EEPROM-4.8.16（保护为 ON）；

10H=可编程控制的内置 RAM。

*8：M8062 除外。

附录 B　FX 系列 PLC 功能指令一览表

分　类	功能号	指令助记符	功能	FX_{2N} PLC	FX_{3U} PLC
程序流向	0	CJ	条件跳转	○	○
	1	CALL	子程序调用	○	○
	2	SRET	子程序返回	○	○
	3	IRET	中断返回	○	○
	4	EI	允许中断	○	○
	5	DI	禁止中断	○	○
	6	FEND	主程序结束	○	○
	7	WDT	警戒时钟	○	○
	8	FOR	循环范围开始	○	○
	9	NET	循环范围结束	○	○
传送与比较	10	CMP	比较	○	○
	11	ZCP	区间比较	○	○
	12	MOV	传送	○	○
	13	SMOV	移位传送	○	○
	14	CML	取反传送	○	○
	15	BMOV	块传送	○	○
	16	FMOV	多点传送	○	○
	17	XCH	交换	○	○
	18	BCD	BCD 转换	○	○
	19	BIN	BIN 转换	○	○
算术与逻辑运算	20	ADD	BIN 加法	○	○
	21	SUB	BIN 减法	○	○
	22	MUL	BIN 乘法	○	○
	23	DIV	BIN 除法	○	○
	24	INC	BIN 加 1	○	○
	25	DEC	BIN 减 1	○	○
	26	WAND	逻辑字与	○	○
	27	WOR	逻辑字或	○	○
	28	WXOR	逻辑字异或	○	○
	29	NEG	求补码	○	○

续表

分　类	功能号	指令助记符	功能	FX_{2N} PLC	FX_{3U} PLC
循环与移位	30	ROR	循环右移	○	○
	31	ROL	循环左移	○	○
	32	RCR	带进位循环右移	○	○
	33	RCL	带进位循环左移	○	○
	34	SFTR	位右移	○	○
	35	SFTL	位左移	○	○
	36	WSFR	字右移	○	○
	37	WSFL	字左移	○	○
	38	SFWR	移位写入	○	○
	39	SFRD	移位读出	○	○
数据处理	40	ZRST	区间复位	○	○
	41	DECO	译码	○	○
	42	ENCO	编码	○	○
	43	SUM	求 ON 位数	○	○
	44	BON	ON 位判别	○	○
	45	MEAN	求平均值	○	○
	46	ANS	报警器置位	○	○
	47	ANR	报警器复位	○	○
	48	SOR	BIN 数据开方运算	○	○
	49	FLT	BIN 整数-二进制浮点数转换	○	○
高速处理	50	REF	输入输出刷新	○	○
	51	REFF	滤波器调整	○	○
	52	MTR	矩阵输入	○	○
	53	HSCS	比较置位（高速计数器）	○	○
	54	HSCR	比较复位（高速计数器）	○	○
	55	HSZ	区间比较（高速计数器）	○	○
	56	SPD	速度检测	○	○
	57	PLSY	脉宽输出	○	○
	58	PWM	脉冲调制	○	○
	59	PLSR	带加减速的脉冲输出	○	○
方便指令	60	IST	置初始状态	○	○
	61	SER	数据查找	○	○
	62	ABSD	凸轮控制（绝对方式）	○	○
	63	INCD	凸轮控制（增量方式）	○	○
	64	TIMR	示教定时器	○	○
	65	STMP	特殊定时器	○	○

续表

分　类	功能号	指令助记符	功能	FX_{2N} PLC	FX_{3U} PLC
	66	ALT	交替输出	○	○
	67	BAMP	斜坡信号	○	○
	68	ROTC	旋转工作台控制	○	○
	69	SORT	数据排序	○	○
外围设备 I/O	70	TKY	10 键输入	○	○
	71	HKY	16 键输入	○	○
	72	DSW	数字式开关	○	○
	73	SEGD	七段译码显示	○	○
	74	SEGL	带锁存的七段码显示	○	○
	75	ARWS	方向开关	○	○
	76	ASC	ASCII 码转换	○	○
	77	PR	ASCII 码打印输出	○	○
	78	FROM	BFM 读出	○	○
	79	TO	BFM 写入	○	○
外围设备 SER	80	RS	串行数据传送	○	○
	81	PRUN	八进制位传送	○	○
	82	ASCI	HEX→ASCII 转换	○	○
	83	HEX	ASCII→HEX 转换	○	○
	84	CCD	求校验码	○	○
	85	VRRD	电位器读出	○	○
	86	VRSC	电位器刻度	○	○
	87	RS2	串行数据传送 2		○
	88	PID	PID 运算	○	○
数据传送 2	102	ZPUSH	变址寄存器的批次存储		○
	103	ZPOP	变址寄存器的复位		○
浮点数	110	ECMP	二进制浮点数比较	○	○
	111	EZCP	二进制浮点数区间比较	○	○
	112	EMOV	二进制浮点数数据传送		○
	116	ESTR	二进制浮点数→字符串转换		○
	117	EAVL	字符串转换→二进制浮点数		○
	118	EBCD	二进制浮点数→十进制浮点数转换	○	○
	119	EBIN	二进制浮点数→十进制浮点数转换	○	○
	120	EADD	二进制浮点数加法	○	○
	121	ESUB	二进制浮点数减法	○	○
	122	EMUL	二进制浮点数乘法	○	○
	123	EDIV	二进制浮点数除法	○	○

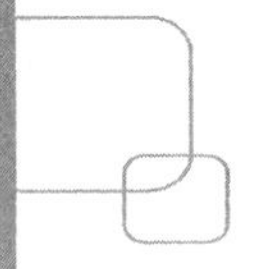

续表

分　类	功能号	指令助记符	功能	FX_{2N} PLC	FX_{3U} PLC
	124	EXP	二进制浮点数指数运算		○
	125	LOGE	二进制浮点数自然对数运算		○
	126	LOG10	二进制浮点数常用对数运算		○
	127	ESOR	二进制浮点数开方运算	○	○
	128	ENEG	二进制浮点数符号反转		○
	129	INT	二进制浮点数→BIN 整数转换	○	○
	130	SIN	浮点数正弦运算	○	○
	131	COS	浮点数余弦运算	○	○
	132	TAN	浮点数正切运算	○	○
	133	ASIN	浮点数反正弦运算		○
	134	ACOS	浮点数反余弦运算		○
	135	ATAN	浮点数反正切运算		○
	136	RAD	浮点数角度→弧度运算		○
	137	DEG	浮点数弧度→角度运算		○
数据处理 2	140	WSUB	数据总值运算		○
	141	WTOB	字节单位数据分离		○
	142	BTOW	字节单位数据组合		○
	143	UNI	16 位数据的 4 位组合		○
	144	DIS	16 位数据的 4 位分离		○
	147	SWAP	上下字节转换	○	○
	149	SORT2	数据排列 2		○
定位功能	150	DSZR	带 DOG 搜索的原点回归		○
	151	DVIT	中断定位		○
	152	TBL	表格设定定位		○
	155	ABS	ABS 现在值读出		
	156	ZRN	原点回归		
	157	PLSY	可变速度的脉冲输出		
	158	DRVI	相对定位		
	159	DRVA	绝对定位		
时钟运算	160	TCMP	时钟数据比较	○	○
	161	TZCP	时钟数据区间比较	○	○
	162	TADD	时钟数据加法	○	○
	163	TSUB	时钟数据减法	○	○
	164	HTOS	“时、分、秒”数据的秒转换		○
	165	STOH	秒数据的“时、分、秒”转换		○
	166	TRD	时钟数据读出	○	○

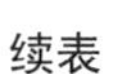

续表

分　类	功能号	指令助记符	功能	FX_{2N} PLC	FX_{3U} PLC
	167	TWR	时钟数据写入	○	○
	169	HOUR	计时仪		
外围设备	170	GRY	格雷码转换	○	○
	171	GBIN	格雷码逆转换	○	○
	176	RD3A	读取 FX_{0N}-3A		
	177	WR3A	写入 FX_{0N}-3A		
其他指令	182	CPMRD	读元件的注释		○
	184	RND	产生随机数		○
	186	DUTY	出现时序脉冲		○
	188	CRC	CRC 运算		○
	189	HCMOV	高速计数器传送		○
模块数据处理	192	BK+	块数据加法		○
	193	BK-	块数据减法		○
	194	BKCMP=	块数据比较（S1）=（S2）		○
	195	BKCMP>	块数据比较（S1）>（S2）		○
	196	BKCMP<	块数据比较（S1）<（S2）		○
	197	BKCMP<>	块数据比较（S1）≠（S2）		○
	198	BKCMP<=	块数据比较（S1）≤（S2）		○
	199	BKCMP>=	块数据比较（S1）≥（S2）		○
字符串控制	200	STR	BIN→字符串转换		○
	201	VAL	字符串→BIN 转换		○
	202	$+	连接字符串		○
	203	LEN	计算串长		○
	204	RIGHT	取右串		○
	205	LEFT	取左串		○
	206	MIDR	串的任意读取		○
	207	MIDW	串的任意置换		○
	208	INSTR	串检索		○
	209	$MOV	串传送		○
数据处理 3	210	FDEL	数据表的数据删除		○
	211	FINS	数据表的数据插入		○
	212	POP	读取后入数据		○
	213	SFR	16 位数据右移 n 位（带移位）		○
	214	SFL	16 位数据左移 n 位（带移位）		○
接点比较	224	LD=	（S1）=（S2）	○	○
	225	LD>	（S1）>（S2）	○	○

续表

分　类	功能号	指令助记符	功能	FX_{2N} PLC	FX_{3U} PLC
	226	LD<	（S1）<（S2）	○	○
	228	LD<>	（S1）≠（S2）	○	○
	229	LD≤	（S1）≤（S2）	○	○
	220	LD≥	（S1）≥（S2）	○	○
	232	AND=	（S1）=（S2）	○	○
	233	AND>	（S1）>（S2）	○	○
	234	AND<	（S1）<（S2）	○	○
	236	AND<>	（S1）≠（S2）	○	○
	237	AND≤	（S1）≤（S2）	○	○
	238	AND≥	（S1）≥（S2）	○	○
	240	OR=	（S1）=（S2）	○	○
	241	OR>	（S1）>（S2）	○	○
	242	OR<	（S1）<（S2）	○	○
	244	OR<>	（S1）≠（S2）	○	○
	245	OR≤	（S1）≤（S2）	○	○
	246	OR≥	（S1）≥（S2）	○	○
数据表处理	256	LMIT	上下限位控制		○
	257	BAND	死区控制		○
	258	ZONE	区域控制		○
	259	SCL	量程（各点的坐标数据）		○
	260	DABIN	十进制 ASCII→BIN 转换		○
	261	BINDA	BIN→十进制 ASCII 转换		○
	269	SCL2	量程 2（各 X/Y 的坐标数据）		
变频器通信	270	IVCK	监控变频器的运行		○
	271	IVDR	控制变频器的运行		○
	272	IVRD	变频器参数的读取		○
	273	IVWR	变频器参数的写入		○
	274	IVBWR	变频器参数的批次写入		○
数据处理 3	278	RBFM	BFM 分割读取		○
	279	WBFM	BFM 分割写入		○
高速处理 2	280	HSCT	高速计数表比较		○
扩展文件寄存器控制	290	LOADR	扩展文件寄存器的读取		○
	291	SAVER	扩展文件寄存器批次写入		○
	292	INITR	扩展文件寄存器初始化		○
	293	LOGR	扩展文件寄存器记录		○
	294	RWER	扩展文件寄存器的清除和写入		○
	295	INITER	扩展文件寄存器的初始化		○

附录 C　FR-E740 变频器错误一览表

错 误 分 类	操作面板显示	实际对应字符	错 误 名 称
错误信息	E - - -	E———	报警历史
	HOLd	HOLD	操作面板锁定
	Er1~Er4	Er1～4	参数写入错误
	Err.	Err	变频器复位中
报警	OL	OL	失速防止（过电流）
	oL	oL	失速防止（过电压）
	rb	RB	再生制动预报警
	ΓH	TH	电子过电流保护预报警
	PS	PS	PU 停止
	ΠΓ	MT	维护信号输出
	Uu	UV	电压不足
轻故障	Fn	FN	风扇故障
重故障	E.OC 1	E.OC1	加速时过电流切断
	E.Ou2	E.OC2	恒速时过电流切断
	E.OC 3	E.OC3	减速、停止中过电流切断
	E.Ou 1	E.OV1	加速时再生过电压切断
	E.Ou2	E.OV2	恒速时再生过电压切断
	E.Ou3	E.OV3	减速、停止中再生过电压切断
	E.ΓHΓ	E.THT	变频器过载切断（电子过电流保护）
	E.ΓHΠ	E.THM	电动机过载切断（电子过电流保护）
	E.FI n	E.F1N	散热片过热
	E.I LF	E.ILF*	输入缺相
	E.OLΓ	E.OLT	失速防止
	E. bE	E.bE	制动晶体管异常检查
	E. GF	E.OF	启动时输出侧接地过电流
	E. LF	E.LF	输出缺相
	E.OHΓ	E.OHT	外部过电流继电器动作
	E.OP 1	E.OPI	通信选件异常
	E.　1	E.　1	选件异常
	E. PE	E.PE	变频器参数存储元件异常
	E.PE2	E.PE2*	内部参数异常

续表

错误分类	操作面板显示	实际对应字符	错误名称
重故障	E.PUE	E.PUE	PU 脱离
	E.rEt	E.RET	再试次数溢出
	E. 6/	E. 6/	CPU 错误
	E. 7/	E. 7/	
	E.CPU	E.CPU	
	E.I OH	E.IOH*	浪涌电流抑制电路异常
	E.AI E	E.AIE*	模拟量输入异常
	E.USb	E.USB*	USB 通信异常
	E.Mb4～E.Mb7	E.MB4 ～E.MB7	制动器顺控错误
	E. 13	E.13	内部电路异常

注：*使用 FR-PU04-CH 时如果发生错误，会在 FR-PU04-CH 上显示“Error 14”

附录D　三菱FR-E740系列参数表

功　能	参 数 号	名　称	设 定 范 围	最小设定单位	初 始 值
基本功能	0	转矩提升	0～30%	0.1%	6/4/3/2% *1
	1	上限频率	0～120Hz	0.01Hz	120Hz
	2	下限频率	0～120Hz	0.01Hz	0Hz
	3	基准频率	0～400Hz	0.01Hz	50Hz
	4	多段速度设定（高速）	0～400Hz	0.01Hz	50Hz
	5	多段速度设定（中速）	0～400Hz	0.01Hz	30Hz
	6	多段速度设定（初速）	0～400Hz	0.01Hz	10Hz
	7	加速时间	0～3600s/0～360s	0.1s/0.01s	5/10/15s *2
	8	减速时间	0～3600s/0～360s	0.1s/0.01s	5s/15s *2
	9	电子过电流保护	0～500A	0.01A	额定输出电流
标准运行功能	10	直流制动动作频率	0～120Hz	0.01Hz	3Hz
	11	直流制动动作时间	0～10s	0.1s	0.5s
	12	直流制动动作电压	0～30%	0.1%	4/2% *3
	13	起动频率	0～60Hz	0.01Hz	0.5Hz
	14	适用负荷选择	0～3	1	0
	15	点动频率	0～400Hz	0.01Hz	5Hz
	16	点动加减速时间	0～3600s/360s	0.1s/0.01s	0.5s
	17	MRS 输入选择	0、2、4	1	0
	18	高速上限频率	120～400Hz	0.01Hz	120Hz
	19	基准频率电压	0～1000、8558、9999	0.1V	9999
	20	加减速参考频率	1～400Hz	0.01Hz	50Hz
	21	加减速时间单位	0、1	1	0
	22	失速防止动作水平	0～200%	0.01%	150%
	23	倍速时失速防止动作水平补偿系统	0～200%、9999	0.01%	9999
	24	多段速设定（4 速）	0～400Hz、9999	0.01Hz	9999
	25	多段速设定（5 速）	0～400Hz、9999	0.01Hz	9999
	26	多段速设定（6 速）	0～400Hz、9999	0.01Hz	9999
	27	多段速设定（7 速）	0～400Hz、9999	0.01Hz	9999
—	29	加减速曲线选择	0、1、2	1	0
—	30	再生制动功能选择	0、1、2	1	0

续表

功　能	参 数 号	名　称	设 定 范 围	最小设定单位	初 始 值
频率跳变	31	频率跳变 1A	0～400Hz、9999	0.01Hz	9999
	32	频率跳变 1B	0～400Hz、9999	0.01Hz	9999
	33	频率跳变 2A	0～400Hz、9999	0.01Hz	9999
	34	频率跳变 2B	0～400Hz、9999	0.01Hz	9999
	35	频率跳变 3A	0～400Hz、9999	0.01Hz	9999
	36	频率跳变 3B	0～400Hz、9999	0.01Hz	9999
—	37	转速显示	0、0.01、9999	0.001	0
—	40	RUN 键旋转方向选择	0、1	1	0
频率检测	41	频率到达动作范围	0～100%	0.1%	10%
	42	输出频率检测	0～400Hz	0.01Hz	6Hz
	43	反转时输出频率检测	0～400Hz、9999	0.01Hz	9999
第 2 功能	44	第 2 加减速时间	0～3600s/360s	0.1s/0.01s	5/10/15s *2
	45	第 2 减速时间	0～3600/360s、9999	0.1s/0.01s	9999
	46	第 2 转矩提升	0～30%、9999	0.1%	9999
	47	第 2V/F（基准频率）	0～400Hz、9999	0.01Hz	9999
	48	第 2 失速防止动作水平	0～200%、9999	0.1%	9999
	51	第 2 电子过电流保护	0～500A、9999	0.01A	9999
监视器功能	52	DU/PU 主显示数据选择	0、5、7～12、14、20、23～25、52～57、61、62、100	1	0
	55	频率监视基准	0～400Hz	0.01Hz	50Hz
	56	电流监视基准	0～500A	0.01A	变频器额定电流
再启动	57	再启动自由运行时间	0、0.1～5s、9999	0.1s	9999
	58	再启动上升时间	0～60s、9999	0.1s	1s
—	59	遥控功能选择	0、1、2、3	1	0
—	60	节能控制选择	0、9	1	0
自动加减速	61	基准电流	0～500A、9999	0.01A	9999
	62	加速时基准值	0～200%、9999	1%	9999
	63	减速时基准值	0～200%、9999	1%	9999
—	65	再试选择	0～5	1	0
—	66	失速防止动作水平降低频率	0～400Hz	0.01Hz	50Hz
再试	67	报警发生时再试次数	0～10、101～110	1	0
	68	再试等待时间	0.1～360s	0.1s	1s
	69	再试次数显示和消除	0	1	0
—	70	特殊再生制动使用频率	0～30%	0.1%	0%

续表

功 能	参 数 号	名 称	设 定 范 围	最小设定单位	初 始 值
—	71	适用电动机	0、1、3～6、13～16、23、24、40、43、44、50、53、54	1	0
—	72	PWM 频率选择	0～15	1	0
—	73	模拟量输入选择	0、1、10、11	1	0
—	74	输入滤波时间常数	0～8	1	0
—	75	复位选择/PU 脱离检测/PU 停止选择	0～3、4～17	1	14
—	77	参数写入选择	0、1、2	1	0
—	78	反转防止选择	0、1、2	1	0
—	79	运行模式选择	0、1、2、3、4、6、7	1	0
电动机常数	80	电动机容量	0.1～15kW、9999	0.01kW	9999
	81	电动机极数	2、4、6、8、10、9999	1	9999
	82	电动机励磁电流	0～500A（0～××××）、9999*5	0.01A（1）*5	9999
	83	电动机额定电压	0～1,000V	0.1V	400V
	84	电动机额定频率	10～120Hz	0.01Hz	50Hz
	89	速度控制增益（磁通矢量）	0～200%、9999	0.1%	9999
	90	电动机常数（R1）	0～50Ω（0～××××）、9999*5	0.001Ω（1）*5	9999
	91	电动机常数（R2）	0～50Ω（0～××××）、9999*5	0.001Ω（1）*5	9999
	92	电动机常数（L1）	0～1000mH（0～50Ω、0～××××）、9999*5	0.1mH（0.001Ω、1）*5	9999
	93	电动机常数（L2）	0～1000mH（0～50Ω、0～××××）、9999*5	0.1mH（0.001Ω、1）*5	9999
	94	电动机常数（X）	0～100%（0～500Ω、0～××××）、9999*5	0.1%（0.01Ω、1）*5	9999
	96	自动调谐设定/状态	0、1、11、21	1	0
PU 接口通信	117	PU 通信站号	0～31（0～247）	1	0
	118	PU 通信频率	48、96、192、384	1	192
	119	PU 通信停止位长	0、1、10、11	1	1
	120	PU 通信奇偶校验	0、1、2	1	2
	121	PU 通信再试次数	0～10、9999	1	1
	122	PU 通信校验时间间隔	0、0.1～999.8、9999	0.1s	0
	123	PU 通信等待时间设定	0～150ms、9999	1	9999
	124	PU 通信有无 CR/LF 选择	0、1、2	1	0

续表

功　能	参 数 号	名　称	设 定 范 围	最小设定单位	初 始 值
—	125	端子 2 频率设定增益频率	0～400Hz	0.01Hz	50Hz
—	126	端子 4 频率设定增益频率	0～400Hz	0.01Hz	50Hz
PID 运行	127	PID 控制自动切换频率	0～400Hz、9999	0.01Hz	9999
	128	PID 动作选择	0、20、21、40～43、50、51、60、61	1	0
	129	PID 比例带	0.1～1000%、9999	0.1%	100%
	130	PID 积分时间	0.1～3600s、9999	0.1s	1s
	131	PID 上限	0～100%、9999	0.1%	9999
	132	PID 下限	0～100%、9999	0.1%	9999
	133	PID 动作目标值	0～100%、9999	0.01%	9999
	134	PID 微分时间	0.01～10s、9999	0.01s	9999
PU	145	PU 显示语言切换	0～7	1	1
—	146	生产厂家设定用参数，请不要设定			
—	147	加减速时间切换频率	0～400Hz、9999	0.01Hz	9999
电流检测	150	输出电流检测水平	0～200%	0.1%	150%
	151	输出电流检测信号延迟时间	0～10s	0.1s	0s
	152	零电流检测水平	0～200%	0.1%	5%
	153	零电流检测时间	0～1s	0.01s	0.5s
—	156	失速防止动作选择	0～31、100、101	1	0
—	157	OL 信号输出延时	0～25s、9999	0.1s	0s
—	158	AM 端子功能选择	1～3、5、7～12、14、21、24、52、53、61、62	1	1
—	160	用户参数组读数选择	0、1、9999	1	0
—	161	频率设定/键盘锁定操作选择	0、1、10、11	1	0
再启动	162	瞬时停电再启动动作选择	0、1、10、11	1	1
	165	再启动失速防止动作水平	0～200%	0.1%	150%
—	168	生产厂家设定用参数，请不要设定			
—	169				
累计监视值清零	170	累计电度表清零	0、10、9999	1	9999
	171	实际运行时间清零	0、9999	1	9999
用户参数组	172	用户参数组注册数显示/一次性删除	9999、（0～16）	1	0
	173	用户参数组注册	0～999、9999	1	9999
	174	用户参数组删除	0～999、9999	1	9999

续表

功　能	参数号	名　称	设定范围	最小设定单位	初始值
输入端子功能分配	178	STF端子功能选择	0～5、7、8、10、12、14～16、18、24、25、60、62、65～67、9999	1	60
	179	STR端子功能选择	0～5、7、8、10、12、14～16、18、24、25、61、62、65～67、9999	1	61
	180	RL端子功能选择	0～5、7、8、10、12、14～16、18、24、25、61、62、65～67、9999	1	0
	181	RM端子功能选择		1	1
	182	RH端子功能选择		1	2
	183	MRS端子功能选择		1	24
	184	RES端子功能选择		1	26
输出端子功能分配	190	RUN端子功能选择	0、1、3、4、7、8、11～16、20、25、26、46、47、64、90、91、93、95、96、98、99、100、101、103、104、107、108、111～116、120、125、126、146、147、164、190、191、193、195、196、198、199、9999	1	0
	191	FU端子功能选择		1	4
	192	ABC端子功能选择	0、1、3、4、7、8、11～16、20、25、26、46、47、64、90、91、95、96、98、99、100、101、103、104、107、108、111～116、120、125、126、146、147、164、190、191、195、196、198、199、9999	1	99
多段速度设定	232	多段速设定（8速）	0～400Hz、9999	0.01Hz	9999
	233	多段速设定（9速）			
	234	多段速设定（10速）			
	235	多段速设定（11速）			
	236	多段速设定（12速）			
	237	多段速设定（13速）			
	238	多段速设定（14速）			
	239	多段速设定（15速）			
—	240	Soft-PWM动作选择	0、1	1	1
—	241	模拟输入显示单位切换	0、1	1	0
—	244	冷却风扇的动作选择	0、1	1	1

续表

功　能	参 数 号	名　称	设 定 范 围	最小设定单位	初 始 值
转差补偿	245	额定转差	0～50%、9999	0.01	9999
	246	转差补偿时间常数	0.01～10s	0.01s	0.5s
	247	恒功率区域转差补偿选择	0、9999	1	9999
—	249	启动时接地检测的有无	0、1	1	0
—	250	停止选择	0～100s、1000～1100s、8888、9999	0.1s	9999
—	251	输出缺相保护选择	0、1	1	0
寿命诊断	255	寿命报警状态显示	（0～15）	1	0
	256	浪涌电流抑制电路寿命显示	（0～100%）	1%	100%
	257	控制电路电容器寿命显示	（0～100%）	1%	100%
	258	主电路电容器寿命显示	（0～100%）	1%	100%
	259	测定主电路电容器寿命	0、1（2、3、8、9）	1	0
掉电停止	261	掉电停止方式选择	0、1、2	1	0
—	267	端子4输入选择	0、1、2	1	0
—	268	监视器小数位数选择	0、1、9999	1	9999
—	269	生产厂家设定用参数，请不要设定			
—	270	挡块定位控制选择	0、1	1	0
挡块电位控制	275	挡块定位励磁电流低速倍速	（0～300%）、9999	0.1%	9999
	276	挡块定位时PWM载波频率	0、9、9999	1	9999
—	277	失速防止电流切换	0、1	1	0
制动顺控功能	278	制动开启频率	0～30Hz	0.01Hz	30Hz
	279	制动开启	0～200%	0.1%	130%
	280	制动开启检测电流	0～2s	0.1s	0.3s
	281	制动操作开始时间	0～5s	0.1s	0.3s
	282	制动操作频率	0～30Hz	0.01Hz	60Hz
	283	制动操作停止时间	0～5s	0.1s	0.3s
固定偏差控制	286	增益偏差	0～100%	0.1%	0%
	287	滤波器偏差时定值	0～1s	0.01s	0.3s
—	292	自动加减速	0、1、7、8、11	1	0
—	293	加速减速个别动作选择模式	0～2	1	0
—	295	频率变化里设定	0、0.01、0.1、1、10	0.01	0
—	298	频率搜索增益	0～32767、9999	1	9999

续表

功　能	参 数 号	名　　称	设 定 范 围	最小设定单位	初 始 值
—	299	再启动时旋转方向检测选择	0、1、9999	1	0
数字输入	300	BCD 输入偏置	0～400Hz	0.01Hz	0
	301	BCD 输入增益	0～400Hz、9999	0.01Hz	50
	302	BIN 输入偏置	0～400Hz	0.01Hz	0
	303	BIN 输入增益	0～400Hz、9999	0.01Hz	50
	304	数字输入及模拟量输入补偿选择	0、1、10、11、9999	1	9999
	305	读取时钟动作选择	0、1、10	1	0
模拟量输出	306	模拟量输出信号选择	1～3、5、7～12、14、21、24、52、53、61、62	1	2
	307	模拟量输出零时设定	0～100%	0.1%	0
	308	模拟量输出最大时设定	0～100%	0.1%	100
	309	模拟量输出信号电压/电流切换	0、1、10、11	1	0
	310	模拟量仪表电压输出选择	1～3、5、7～12、14、21、24、52、53、61、62	1	2
	311	模拟量仪表电压输出零时设定	0～100%	0.1%	0
	312	模拟量仪表电压输出最大时设定	0～100%	0.1%	100
数字输出	313	DO0 输出选择	0、1、3、4、7、8、11～16、20、25、26、46、47、64、90、91、93、95、96、98、99、100、101、103、104、107、108、111～116、120、125、126、146、147、164、190、191、193、195、196、198、199、9999	1	9999
	314	DO1 输出选择			
	315	DO2 输出选择			
	316	DO3 输出选择			
	317	DO4 输出选择			
	318	DO5 输出选择			
	319	DO6 输出选择			
继电器输出	320	RA1 输出选择	0、1、3、4、7、8、11～16、20、25、26、46、47、64、90、91、95、96、98、99、9999	1	0
	321	RA2 输出选择		1	1
	322	RA3 输出选择		1	4
模拟量输出	323	AM0 0V 调整	900～1100%	1%	1000
	324	AM1 0mA 调整	900～1100%	1%	1000
—	329	数字输入单位选择	0、1、2、3	1	1
RS-485 通信	338	通信运行指令权	0、1	1	0
	339	通信速率指令权	0、1、2	1	0
	340	通信启动模式选择	0、1、10	1	0

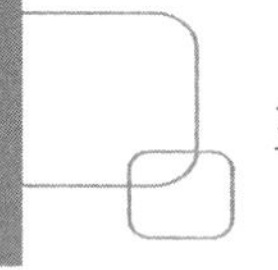

续表

功　能	参 数 号	名　称	设 定 范 围	最小设定单位	初 始 值
	342	通信 EEPROM 写入选择	0、1	1	0
	343	通信错误计数	—	1	0
Device Net	345	Device Net 地址	0～4095	1	63
	346	Device Net 波特率	0～4095	1	132
—	349	通信复位指令	0、1	1	0
LonWorks 通信	387	初始通信延迟时间	0～120s	0.1s	0s
	388	节拍时发送间隔	0～999.8s	0.1s	0s
	389	节拍时最小发送时间	0～999.8s	0.1s	0.5s
	390	%设定基准频率	1～400s	0.01Hz	50Hz
	391	节拍时接收间隔	0～999.8s	0.1s	0s
	392	事件驱动检测范围	0～163.83%	0.01%	0%
第 2 电动机常数	450	第 2 适用电动机	0、1、9999	1	9999
远程输出	495	远程输出选择	0、1、10、11	1	0
	496	远程输出内容 1	0～4095	1	0
	497	远程输出内容 2	0～4095	1	0
通信错误	500	通信异常执行等待时间	0～999.8s	0.1s	0
	501	通信异常发生次数显示	0	1	0
—	502	通信异常时停止模式选择	0、1、2、3	1	0
维护	503	维护定时器	0（1～9998）	1	0
	504	维护定时器报警输出设定时间	0～9998、9999	1	9999
CC-Link	541	频率指令符号选择（CC-Link）	0、1	1	0
	542	通信站号（CC-Link）	1～64	1	1
	543	波特率选择（CC-Link）	0～4	1	0
	544	CC-Link 扩展设定	0、1、12、14、18	1	0
USB 通信	547	USB 通信站号	0～31	1	0
	548	USB 通信检查时间间隔	0～999.8s、9999	0.1s	9999
	549	协议选择	0、1	1	0
	550	网络模式操作权选择	0～2、9999	1	9999
	551	PU 模式操作权选择	2～4、9999	1	9999
电流平均值监视器	555	电流平均时间	0.1～1.0s	0.1s	1s
	556	数据输出屏幕时间	0～20.0s	0.1s	0s
	557	电流平均值监视信号基准输出电流	0～500A	0.01A	变频器额定电流
—	563	累计通电时间次数	0～65535	1	0

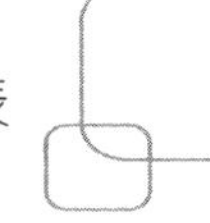

续表

功　能	参 数 号	名　称	设 定 范 围	最小设定单位	初 始 值
—	564	累计运转时间次数	0～65535	1	0
—	571	启动时维持时间	0～10.0s、9999	0.1s	9999
—	611	再启动时维持时间	0～3600.0s、9999	0.1s	9999
—	645	AM 0V 调整	970～1200.0s	1	1000
—	653	速度滤波控制	0～200%	0.1%	0
—	665	再生回避增益	0～200%	0.1%	100
—	800	控制方法选择	20～30	1	20
—	859	转矩电流	0～500A、9999 *7	0.01A *7	9999
保护功能	872	输入缺相保护选择	0、1	1	1
再生回避功能	882	再生回避动作选择	0、1、2	1	0
	883	再生回避动作水平	300～800V	0.1V	DC 780V
	885	再生回避补偿频率限制值	0～10Hz、9999	0.01Hz	6Hz
	886	再生回避电压增益	0～200%	0.1%	100
自由参数	888	自由参数 1	0～9999	1	9999
	889	自由参数 2	0～9999	1	9999
校正参数*6	C1（901）	AV 端子校正	—	—	—
	C2（902）	端子 2 频率设定偏置频率	0～400Hz	0.01Hz	0 Hz
	C3（902）	端子 2 频率设定偏置	0～300%	0.1%	0%
	125（903）	端子 2 频率设定增益频率	0～400Hz	0.01Hz	50 Hz
	C4（903）	端子 2 频率设定增益	0～300%	0.1%	100%
	C5（904）	端子 4 频率设定偏置频率	0～400Hz	0.01Hz	0 Hz
	C6（904）	端子 4 频率设定偏置	0～300%	0.1%	20%
	126（905）	端子 4 频率设定增益频率	0～400Hz	0.01Hz	50 Hz
	C7（905）	端子 4 频率设定增益	0～300%	0.1%	100%
	C22～C25（922、923）	生产厂家设定用参数，请不要自行设定			
PU	990	PU 蜂鸣器音控制	0、1	1	1
	991	PU 对比度调整	0～63	1	58

续表

功　能	参 数 号	名　称	设 定 范 围	最小设定单位	初 始 值
清除参数初始值变量清单	Pr.CL	清除参数	0、1	1	0
	ALLC	参数全部清除	0、1	1	0
	Er.CL	清除报警历史	0、1	1	0
	Pr.CH	初始值变量清单	—	—	—

注：*1　容量不同也各不相同，6% :0.75k 以下、4% :1.5k～3.7k、3% :5.5k～7.5k、2%:11k～15k。

*2　容量不同也各不相同，5s :3.7k 以下、10s :5.5k、7.5k、15s:11k、15k。

*3　容量不同也各不相同，4% :0.4k～7.5k、2%:11k、15k。

*4　从 PU 接口进行的通信（网络运行模式）无法写入。

*5　根据 Pr.71 的设定值不同而不同。

*6　（ ）内为使用 FR-E500 系列用操作面板（FR-PA02-02 ）或参数单元（FR-PU04-Ch 或 FR-PU07）时的参数编号。

*7　通过 RS-485 通信参数进行参数清除（全部清除）时，该通信参数不会被清除。